工业水处理原理及应用

赵文玉　王晓飞　符明明　主编
李海翔　林　华　主审

中国环境出版集团・北京

图书在版编目（CIP）数据

工业水处理原理及应用 / 赵文玉，王晓飞，符明明主编．-- 北京 ：中国环境出版集团，2025.1（2025.6 重印）

ISBN 978-7-5111-5833-8

Ⅰ．①工… Ⅱ．①赵… ②王… ③符… Ⅲ．①工业用水－水处理 Ⅳ．①TQ085

中国国家版本馆 CIP 数据核字（2024）第 069825 号

内容提要

本书结合工业企业的特点，讲述了工业用水处理、工业废水处理的基本原理及基本过程。全书共9章，包括工业用水和工业废水概述、预处理技术、氧化还原法、吸附、离子交换、膜过滤技术、厌氧生物处理、其他处理方法及工业水处理工艺系统。本书对工业水处理技术做了系统全面的概述，并介绍了各项处理技术的最新进展及工程应用。

本书可作为高等院校给排水科学与工程、环境科学与工程、环境规划管理专业，以及理、工、农、林、医等与水处理有关的教师、本科生、研究生的教学或学习用书，也可作为工程设计人员、工程技术管理人员、企业环境保护管理人员的参考用书。

责任编辑 殷玉婷
封面设计 宋　瑞

出版发行 中国环境出版集团
（100062　北京市东城区广渠门内大街 16 号）
网　　址：http: //www.cesp.com.cn
电子邮箱：bjgl@cesp.com.cn
联系电话：010-67112765（编辑管理部）
010-67112736（第五分社）
发行热线：010-67125803，010-67113405（传真）

印　　刷 北京中科印刷有限公司
经　　销 各地新华书店
版　　次 2025 年 1 月第 1 版
印　　次 2025 年 6 月第 2 次印刷
开　　本 787 × 1092　1/16
印　　张 18.75
字　　数 408 千字
定　　价 48.00 元

编委会

主　编　赵文玉（副教授　桂林理工大学　第1章、第2章、第3章）
　　　　王晓飞（正高级工程师　广西科学院　桂润环境科技股份有限公司　第7章、第8章、第9章）
　　　　符明明（副教授　桂林理工大学　第4章、第5章、第6章）

参　编　周礼杰（副教授　深圳大学　第1章）
　　　　朱红祥（教授　广西博世科环保科技股份有限公司　广西大学　第1章）
　　　　邓仁健（教授　湖南科技大学　第2章）
　　　　张林防（讲师　南京林业大学　第2章）
　　　　刘加强（高级工程师　徐州工程学院　第3章）
　　　　王　静（副教授　云南农业大学　第3章）
　　　　许立巍（副教授　桂林理工大学　第4章）
　　　　杨学福（讲师　西安工业大学　第4章）
　　　　刘红波（讲师　长春工程学院　第5章）
　　　　周自坚（副教授　桂林理工大学　第6章）
　　　　刘增超（副教授　西安工业大学　第7章）
　　　　邱　雁（副教授　云南农业大学　第7章）
　　　　魏江州（正高级工程师　桂润环境科技股份有限公司　第8章）
　　　　张小平（高级工程师　桂润环境科技股份有限公司　第9章）
　　　　熊建华（副教授　广西博世科环保科技股份有限公司　广西大学　第9章）

前言 Preface

《工业水处理原理及应用》是一门涉及应用化学、应用物理、水资源利用、能源利用和环境保护等多门学科知识的课程。本教材主要内容是工业用水的预处理及深层次净化（软化和除盐）和工业废水的处理技术。工业水处理技术的正确选择及实施对于确保工业生产的安全经济运行、防止事故发生、节能降耗、保障产品质量、改善生产和生活环境，均有十分明显的作用。

工业生产离不开水，水既可以作为溶剂或原料直接或间接参与工业生产的化学反应，也可以作为能量交换的热载体或冷载体满足并维护工业生产的正常进行。水在工业生产中的用途不同，其质量标准也不相同。通常，对天然水体的取水进行安全、经济、有效的处理。为了防止生产环境和周围的生态环境遭到破坏，必须对工业废水进行相应的处理，以便进行污水的回收利用，或者使其达到排放标准。因此，工业水处理技术直接关系到产品的质量和成本，以及生产安全经济运行，对工业生产有特殊的重要性，是工艺技术人员应该了解和掌握的专业知识。

本书依据《高等学校给排水科学与工程本科指导性专业规范（2023 版）》对工业水处理技术相关知识点的要求，结合工业水处理技术的特点，在桂林理工大学多位教师多年积累的工业水处理技术讲义的基础上，融合生态环保现代产业学院合作单位桂润环境科技股份有限公司在工业水处理方面大量的工程实践，结合扬州大学、华北水利水电大学等多所高校相关教师在工业水处理技术方面的教学经验编写而成。本教材由桂林理工大学赵文玉副教授、广西科学院桂润环境科技股份有限公司王晓飞正高级工程师、桂林理工大学符明明副教授担任主编，桂林理工大学李海翔教授、林华教授主审，具体编写分工如下：赵文玉组织编写了第 1 章、

第 2 章、第 3 章的内容，符明明组织编写了第 4 章、第 5 章、第 6 章的内容，王晓飞组织编写了第 7 章、第 8 章、第 9 章的内容，各章参与编写的人员还有周礼杰（第 1 章）、朱红祥（第 1 章）、邓仁健（第 2 章）、张林防（第 2 章）、刘加强（第 3 章）、王静（第 3 章）、许立巍（第 4 章）、杨学福（第 4 章）、刘红波（第 5 章）、周自坚（第 6 章）、刘增超（第 7 章）、邱雁（第 7 章）、魏江州（第 8 章）、张小平（第 9 章）、熊建华（第 9 章）等。本书由桂林理工大学赵文玉、王晓飞、符明明负责最后的统稿、审校等工作。

本教材得到了广西一流学科建设项目（环境科学与工程）、桂林理工大学生态环保现代产业学院、流域保护与绿色发展广西高校工程研究中心、广西农业面源污染综合治理工程研究中心、广西环境污染控制理论与技术重点实验室、岩溶地区水污染控制与用水安全保障协同创新中心、环境污染防治与生态保护国家级虚拟仿真实验教学中心、水污染控制国家级实验教学示范中心、广西本科高校特色专业及实验实训教学基地（中心）建设项目（环境工程）、桂林理工大学教材建设基金，以及广西高等教育本科教学改革工程项目（2022JGA199、2022JGA200 及 2022JGA206）等平台和项目建设的专项经费资助，在此一并致谢！

由于编著者的理论水平和实践经验有限，书中难免存在不足之处，敬请专家学者和广大读者批评指正。

编者著

2024 年 1 月

目录
Contents

第1章

工业用水和工业废水概述

1.1 工业用水概述

1.1.1 工业用水的含义

社会总用水量可分为工业用水、农业用水和城镇生活用水三部分。所谓工业用水，是指工矿企业各部门，在工业生产过程中或工业生产期间，制造、加工、冷却、空调、洗涤、锅炉等处使用的水及厂内职工生活用水的总称。工业用水的水量、水质、水压和水温要符合工矿企业各自的要求。

1.1.2 工业用水的分类

在工业企业内部，工业用水的种类繁多，不同工厂、不同设备需要的水量、水质是不同的。关于工业用水的分类，由于涉及的企业、工艺面广，涉及的问题十分复杂，至今尚未形成统一的观点。从不同需求、不同角度可以提出不同的分类方法。下面介绍几种目前常用的（或习惯使用的）分类方法。

1.1.2.1 城市工业用水按行业分类

对城市工业用水进行分类时，按不同工业部门即行业进行分类，行业分类可以按照《国民经济行业分类》（GB/T 4754—2017）（含第1号修改单）中的规定并结合工业部门实际情况进行分类，如钢铁行业、医药行业、造纸行业、火力发电行业等。

1.1.2.2 按生产过程主次分类

《节水型企业评价导则》（GB/T 7119—2018）将工业用水分为主要生产用水、辅助生产用水（包括机修、锅炉、运输、空压站、厂内基建等）、附属生产用水（包括厂部、科室、绿化、厂内和车间浴室、保健站、厕所等生活用水）三类。

1.1.2.3 按水的用途分类

《工业用水分类及定义》（CJ 40—1999）对工业用水进行如下分类（图 1-1）。

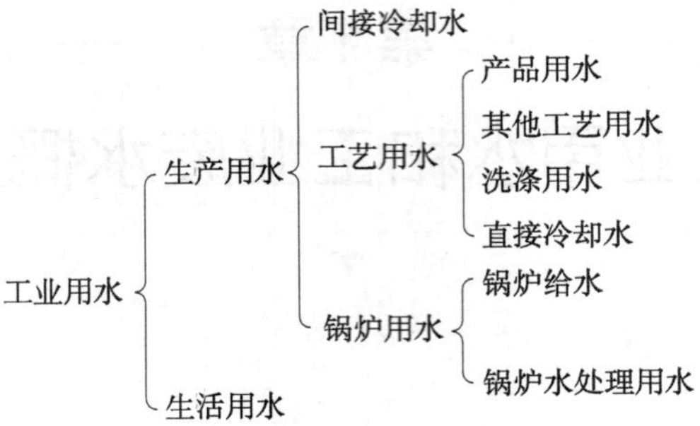

图 1-1　工业用水分类

在工业生产过程中，为保证生产设备能在正常温度下工作，需使用冷却水吸收或转移生产设备多余热量，当此冷却水与被冷却介质之间由热交换器壁或设备隔开时，该冷却水称为间接冷却水。

产品用水是指在生产过程中，作为产品原料的那部分水（此水或为产品的组成部分，或参加化学反应）。

洗涤用水是指在生产过程中，对原材料、物料、半成品进行洗涤处理的水。

直接冷却水是指在生产过程中，为满足工艺过程需要，使产品或半成品冷却所用，并与之直接接触的冷却水（包括调温、调湿使用的直流喷雾水）。

其他工艺用水是指除产品用水、洗涤用水、直接冷却水之外的工艺用水。

锅炉给水是指为直接产生工业蒸汽而进入锅炉的水，它由两部分组成：一部分是回收经蒸汽冷却得到的冷凝水，另一部分是经化学水处理工艺处理好的补给水（软化水或除盐水）。

锅炉水处理用水是指处理锅炉给水的化学水处理工艺所用的再生、冲洗等自用水。

1.1.2.4　在企业内部往往按水的具体用途及水质分类

在啤酒行业分为糖化用水（投料水）、洗涤用水（洗槽用水、刷洗用水、洗涤用水等），洗瓶装瓶用水、锅炉用水、冷却用水、生活用水等。

在味精行业分为淀粉调浆用水、酸解制糖用水、糖液连消用水、谷氨酸冷却用水、交换柱清洗用水、中和脱色用水、结晶离心烘干用水、成品包装用水、锅炉用水等。

在火力发电行业分为锅炉给水、锅炉补给水、冷却水、冲灰水、消防水、生活用水等。

另外，按照水质划分可分为纯水（除盐水、蒸馏水等）、软化水（去除硬度的水）、清水（天然水经混凝、澄清、过滤处理后的水）、原水（天然水）、冷却水、生活用水等。

1.1.3　工业用水的水源

工业用水（Industrial Water）的水源通常为地表水（河水、湖水、水库水）和地下水（井水）。用水量不大的中小型企业，还可以直接使用城市自来水作为水源。在某些特殊场合，如沿海地区和缺水地区，越来越多地使用海水和经二级处理后的城市污水（中水）作为水源。

1.1.3.1 地表水

地表水（Surface Water）通常包括河水、湖水、水库水。这些水主要由雨水、冰川融水和泉水等地面径流汇合而成，所以一般来说水质较好、含盐量较低、含氧量充足、CO_2 含量少；但水质受气候、季节影响大，水质波动大，水中悬浮物多，水中生物及微生物的种类和数量较多。在沿海地区，地表水还易受海水倒灌的影响，含盐量大幅增高。相对河水来讲，湖水、水库水受气候、季节影响小，水质波动小；但由于水体流动性差，水中生物活动频繁，水中腐殖质类有机物含量偏高，有时还会出现一些复杂的有机胶体，给某些要求较高的水处理工艺带来困难。

地表水易受工业废水和生活污水排放的污染物影响，当各种污染物排向地表水时，地表水的水质会急剧恶化。当排向水体的污染物量在水体自身可以承受的范围内时，水体自身会通过一系列物理、化学、生物作用（如稀释、沉淀、生物氧化、细菌死亡等）恢复水体的本来面貌，将被污染的不洁水体变为清洁水体，此过程称为水体自净。当排向水体的污染物量超过水体自净能力时，水质就会急剧恶化，发黑、发臭。

因此，以地表水为水源的工业企业，应定期对水源水质进行分析（通常每月一次），并建立水源水质资料档案。要注意洪水期及枯水期的水质资料，还要了解该企业取水点附近及上游的工业废水和生活污水排放情况与变化趋势，掌握它们对该企业取水水质的影响，必要时需采取相应措施。

1.1.3.2 地下水

地下水（Ground Water）即通常所说的井水或泉水。它是由雨水或地表水经过地层的渗流而形成的。地下水按深度可以分为表层地下水、层间水和深层水。表层地下水包括土壤水和潜水，是地壳不透水层以上的水；层间水是指不透水层以下的中层地下水，是工业使用较多的地下水源；深层水为几乎与外界隔绝的地下水层。由于地壳构造的复杂性，不同地区（甚至是相邻地区）同一深度的井，有的可能引出的是表层地下水，有的可能引出的是中层地下水（图 1-2），水质会有很大不同。

图 1-2 表层水井和层间水井位置示意图

由于地下水长期与土壤、岩石接触，土壤和岩石中的矿物质会逐渐溶解于水中。

一般来说，水层越深，含盐量越高，有的甚至可以达到苦咸水水质。地下水水质还与地下水流经的岩石矿区有关，如流经铁矿区，水中铁、锰含量较高；流经石灰岩地区，水的硬度较高等。

地下水由于与外界隔绝，水质受气候、季节影响小，水质稳定、浊度低、溶解氧少、有机物少、微生物少，但由于地壳活动的原因，地下水含 CO_2 多。

某些地表的工业废水和生活污水污染源，会通过土壤渗流，对附近浅井地下水水质产生影响，使水中污染物增多。近海地区的某些井水也可能会渗入海水，使井水含盐量急剧升高。

以井水为水源的企业也应建立水质档案。由于井水水质相对稳定，水质分析次数可适当减少（如每季度一次），但是应建立取水用井的详细档案，包括本地区的水文地质资料、凿井的地层标本和地质柱状图，以及井位、井深、井管结构、动水位、静水位、流量、水温等有关资料。

浅井附近应禁止污水的排放和污物的堆放。

1.1.3.3 城市自来水

由于经济成本问题，使用城市自来水（City Water）作为水源的都是用水量较少的中小型企业，有时仅是企业的某个车间、某个工段。

城市自来水有的取自地表水，经混凝、澄清、过滤、消毒处理后供出；有的取自地下水（井水、泉水），仅经过滤、消毒后供出。城市自来水的水质应符合《生活饮用水卫生标准》（GB 5749—2006）的规定。

城市自来水水质稳定，受气候影响小，特别是水的浊度，可以很好地稳定在很小的范围内。但是，由于工业企业使用的自来水都是从管网上引出的，有的甚至在管网末端，企业引入的水质会受管道影响，如流经某些使用年代很久的管道（尤其是在长期停运后再投运的管道）时，水质很差、有色、浊度高，有时甚至发黑、发臭，这时应加强管道冲洗、排放。

对城市自来水作为水源的企业，也应对其水质进行定期分析，建立档案。

1.1.3.4 海水

沿海地区的工业企业，经常取用海水（Sea Water）作冷却水。在某些淡水资源紧缺的地区，也可以取用海水，进行淡化处理后，作为工业的其他用途，但其费用昂贵。

海水水质差，含可溶盐多，但水质稳定。海水的盐度（Salinity）可达 3.3%～3.7%，海水总含盐量中氯化物可达 88.7%，硫酸盐为 10.8%，碳酸盐仅为 0.3%（碳酸盐波动较大），海水表层 pH 为 8.1～8.3，深层 pH 约为 7.8。

由于海水水质差，作为冷却水使用时，设备与管道的腐蚀严重，防腐工作十分重要。另外，海生生物在冷却水系统的繁殖和黏附会堵塞管道，影响冷却效果，必须采用有效的措施。

近年来，近海地区的海水常常受工业和生活排放的污染，水质中有机物质，特别是N、P含量上升，水质富营养化，海生生物繁殖严重。由于工业企业多使用近海海水，所以这些工业企业应注意近海海水水质的变化。

1.1.3.5 中水

某些严重缺水的城市地区，工业已广泛使用中水（Reclaimed Water）作为水源。所谓中水是指城市污水或生活污水经二级处理（生化处理及过滤消毒处理）达到一定的水质标准要求后，在非饮用范围内重复使用的水，其应用范围包括厕所冲洗、绿地浇灌、道路清洁、建筑施工、工业冷却水、非食品饮料的工业产品用水等，工业上还可直接将中水作为水源水经过一系列净化处理后作为工艺用水（如锅炉用水、洗涤用水等）。

由于城市生活污水水质差异不大，处理技术也比较成熟，所以中水水质相对比较稳定。中水水质的特点：悬浮物含量不高（<30 mg/L），pH变化不大，碱度、硬度、总溶解固体均在可接受的范围内，但氯离子有时变化大，有机物含量高（$COD_{Cr}<$ 120 mg/L），有腐蚀、结垢、生物繁殖和起泡沫的倾向。

中水可以直接（或稍经处理）作为工业冷却水使用。若要将中水用作工业企业工艺用水水源，则必须对中水进行深度处理，以达到相应工艺用水的水质要求，这在技术上有较高要求，处理费用也相对较高。

1.1.4 工业用水的水质标准

工业用水通常包括工艺用水、锅炉用水、洗涤用水以及冷却用水等。不同用途的水，其标准也不相同，锅炉用水和冷却用水的水质要求如下。

1.1.4.1 锅炉用水

锅炉用水是将水在一定的温度和压力下加热产生蒸汽，用蒸汽作为传热和动力的介质。工矿企业常采用低压或中压锅炉产生蒸汽作为热源或动力，这种锅炉对水质要求稍低；而发电厂或热电站常采用高压锅炉产生蒸汽推动汽轮机来发电，为避免蒸汽腐蚀汽轮机和结垢沉积，这种锅炉对水质要求非常高。因此，锅炉用水的水质要求根据锅炉的工作压力和温度的不同而不同，无论何种锅炉用水，它对水的硬度都有严格的限制。其他凡能导致锅炉、给水系统及其他热力设备腐蚀、结垢及引起汽水共腾现象，使离子交换树脂中毒的杂质，如溶解氧、可溶性二氧化硅、铁以及余氯等都应大部分或全部除去。

1.1.4.2 冷却用水

在工业生产中，冷却的方式很多。有用空气来冷却的，称为空冷；有用水来冷却的，称为水冷，在大多数工业生产中是用水作为传热冷却介质的。这是因为水的化学稳定性好，不易分解；水的热容量大，在常用温度范围内，不会产生明显的膨胀或压缩；水的沸点较高，在通常使用条件下，在换热器中不致汽化；同时水的来源十分广泛，流动性好，易于输送和分配，价格也相对较低。目前，在钢铁、冶金工业中用大量的水来冷却高炉、平炉、转炉、电炉等各种加热炉的炉体；在炼油、化肥、化工等生产中用大量的水来冷却半成品和产品；在发电厂、热电站则用大量的水来冷凝汽轮机回流水；在纺织厂、化纤厂则用大量的水来冷却空调系统及冷冻系统。这些工业冷却水的用量平均约占工业用水总量的67%，其中以石油、化工和钢铁工业为最高。

作为冷却用水的水质虽然不像工艺用水、锅炉用水那样对各项指标有严格的限制，但为了保证生产稳定，延长设备使用寿命，对冷却用水水质的要求还是相当高的，下面分别述之。

（1）水温尽可能低

在同样的设备条件下，水温越低，日产量越高。例如，化肥厂生产合成氨时，需要将压缩机和合成塔中排出的气体进行冷却，冷却水的温度越低，则合成塔的氨产量越高，其相互关系如图 1-3 所示。

冷却水温度越低，用水量也相应减少。例如，制药厂在生产链霉素时，需要用水冷却链霉素的浓缩设备和溶剂回收设备。水的温度越低，用水量就越少，产量越高，其相互关系如图 1-4 所示。

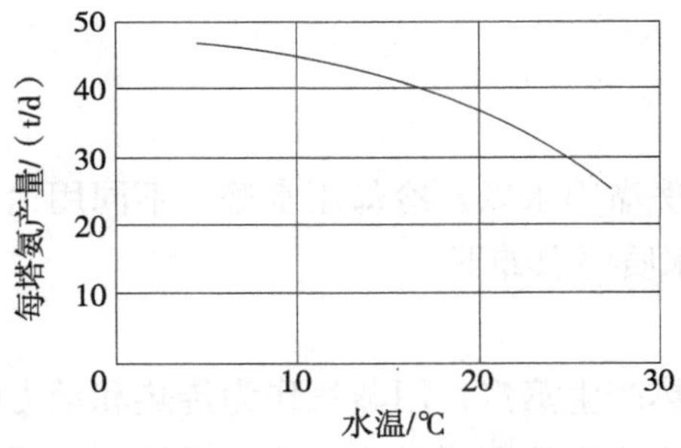

图 1-3　水温对氨产量的影响

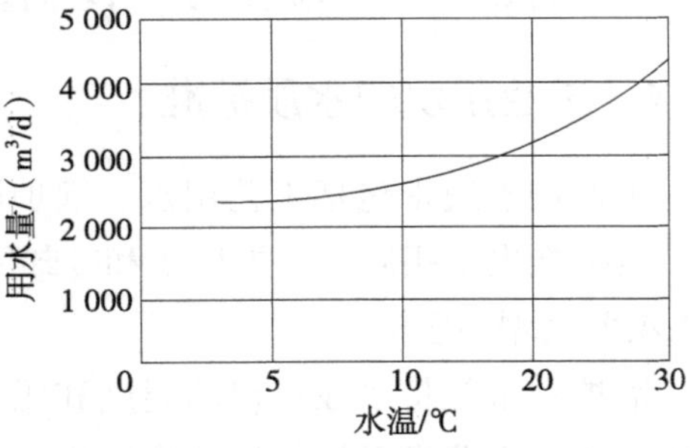

图 1-4　水温对用水量的影响

（2）水的浑浊度要低

水中悬浮物带入冷却水系统，会因流速降低而沉积在换热设备和管道中，影响热交换，严重时会导致管道堵塞。此外，浑浊度过高还会加速金属设备的腐蚀。为此，在国外一些大型化肥、化纤、化工等生产系统中要求冷却水的浊度≤2 mg/L。

（3）水质不易结垢

冷却水在使用过程中，要求其在换热设备的传热表面上不易结成水垢，以免影响换热效果，这是工厂安全生产的关键。生产实践表明，由于水质较差、易结水垢而影响工厂生产的例子屡见不鲜。

（4）水质对金属设备不易造成腐蚀

冷却水在使用过程中，要求对金属设备不造成腐蚀，如果腐蚀不可避免，则要求腐蚀性越小越好，以免传热设备因腐蚀过快而迅速减少有效传热面积或过早报废。

（5）水质不易滋生菌藻

冷却水在使用过程中，要求菌藻等微生物在水中不易滋生繁殖，这样可避免或减少因菌藻繁殖而形成大量的黏泥污垢，过多的黏泥污垢会导致管道堵塞和腐蚀。

1.1.5 工业用水水质指标

评价和了解工业用水水质的好坏，可采用一系列的水质指标。

1.1.5.1 悬浮物

悬浮物用每升水中所含固形物的质量来表示，单位为 mg/L。可用称量分析法、比浊法进行测定。

1.1.5.2 含盐量

含盐量表示水中各种盐含量的总和，可由全分析所测得的全部阳离子和全部阴离子的质量相加得出，单位为 mg/L。含盐量也可用蒸干称重法求得，但其结果误差较大。还可应用电导率法测出。

1.1.5.3 硬度

硬度（H）表示水中高价金属离子的总浓度，单位为 mmol/L。在天然水中金属离子主要是 Ca^{2+} 和 Mg^{2+}，其他金属离子很少，因此通常将 Ca^{2+} 和 Mg^{2+} 的浓度之和称为硬度。硬度是衡量水质的一项重要指标，它表示水中结垢物质的多少。这些结垢物质包括钙盐和镁盐两大类：钙盐部分包括 $Ca(HCO_3)_2$、$CaCO_3$、$CaSO_4$、$CaCl_2$，称为钙硬度；镁盐部分包括 $Mg(HCO_3)_2$、$MgCO_3$、$MgSO_4$、$MgCl_2$，称为镁硬度。钙硬度与镁硬度之和为总硬度。

按水中阴离子的情况，硬度分为碳酸盐硬度和非碳酸盐硬度。

（1）碳酸盐硬度

碳酸盐硬度指水中钙、镁碳酸盐和重碳酸盐之和。在天然水体中 CO_3^{2-} 含量很少，故一般将碳酸盐硬度看作钙、镁的重碳酸盐。含钙、镁的重碳酸盐经长期煮沸后分解释放出 CO_2，并使碳酸盐沉淀析出。这种能用煮沸方法消除的硬度称为暂时硬度。

（2）非碳酸盐硬度

水的总硬度和碳酸盐硬度之差即为非碳酸盐硬度，如钙、镁的氯化物和硫酸盐等。非碳酸盐硬度为不能用煮沸方法消除的硬度，称为永久硬度。

1.1.5.4 碱度

碱度表示水中 OH^-、CO_3^{2-}、HCO_3^- 及其他弱酸强碱盐类的总和。因为这些盐类的水溶液呈碱性，可以用酸中和，所以归纳为碱度。碱度一般用水中 OH^- 的浓度表示，单位为 mmol/L。在天然水体中，碱主要由 HCO_3^- 盐类组成；在低压锅炉炉水中主要由 OH^- 和 CO_3^{2-} 盐类组成，在锅炉内加磷酸处理时，还有 PO_4^{3-} 盐类。

根据水中的阴离子类型，碱度可分为重碳酸根碱度、碳酸根碱度和氢氧根碱度。

由于

$$HCO_3^- + OH^- = CO_3^{2-} + H_2O$$

故 OH^- 和 HCO_3^- 不可能存在于同一水体中。如果测定时用酚酞作指示剂，滴定终点 pH 为 8.3，此时 OH^- 反应生成 H_2O，CO_3^{2-} 生成 HCO_3^-，而 HCO_3^- 不再参加反应，测定的碱度称为酚酞碱度；若用甲基橙作指示剂，滴定终点 pH 为 4.2，测出水中弱酸强碱盐类，因而称为全碱度或者甲基橙碱度。

碳酸盐硬度表示水中 $Ca(HCO_3)_2$、$CaCO_3$、$Mg(HCO_3)_2$、$MgCO_3$ 的含量，其离子形式是 Ca^{2+}、Mg^{2+}、CO_3^{2-}、HCO_3^-，因此，水中的碳酸盐硬度同时也是碱度。在有的水中，含钠的碱性化合物，如 NaOH、$NaHCO_3$ 和 Na_2CO_3 等，由于钠的碱性化合物存在时，水中永久硬度将因如下反应而消失：

$$CaSO_4+Na_2CO_3 = CaCO_3\downarrow +Na_2SO_4$$

故而把钠碱度称为负硬度。

1.1.5.5 酸度

酸度是指水中能与强碱起中和作用的物质含量。这些物质包括

①能全部电离出 H^+ 的强酸类，如 HCl、H_2SO_4、HNO_3 等；

②强酸弱碱盐类，如铵、铁、铝等离子与强酸组成的盐；

③弱酸类，如 H_2CO_3、H_2S、CH_3COOH 等。

1.1.5.6 表示水中有机物含量的指标

水中有机物种类较多，进行有机物单种析测极其困难，所以水中有机物的含量无法像无机离子那样逐个进行测定。目前，常用的方法是利用有机物总体的某种性质（如可以被氧化、含有碳、对紫外光吸收等）来进行测定，间接反映水中有机物的含量。目前，常用的表示水中有机物含量的指标如下。

（1）化学需氧量（COD_{Mn}、COD_{Cr}）

有机物是碳氢化合物及其衍生物，遇到氧化剂会被氧化，氧化产物是 CO_2 和 H_2O，但更多的是在氧化剂的作用下，大分子有机物被氧化成小分子有机物。化学需氧量是在一定条件下，水中有机物被氧化时消耗的氧化剂量（换算成氧量）。化学需氧量的单位为 mg O_2/L。

测定化学需氧量所用的氧化剂有两种，一种是高锰酸钾（$KMnO_4$），其测定结果标示为 COD_{Mn}；另一种是重铬酸钾（KCr_2O_7），其测定结果标示为 COD_{Cr}。重铬酸钾对水中有机物的氧化率比高锰酸钾高。对同一种水，测得的 COD_{Cr} 为 COD_{Mn} 的 2～3 倍，但 COD_{Cr} 与 COD_{Mn} 之间不存在明确的换算关系。

COD_{Cr} 多用于废水中有机物的测定，COD_{Mn} 多用于给水等较清洁水中有机物的测定。

化学需氧量只能用来对不同水中有机物含量进行相对比较，因为影响结果测定的因素除与测定条件有关外，还与水中有机物种类、分子大小、分子结构等有关。利用

化学需氧量定量水中有机物含量比较困难。

（2）生化需氧量（BOD）

在氧存在的条件下，由于水中微生物的作用，使有机物完全氧化分解时所消耗氧的量称为生化需氧量。它是以水样在一定的温度（如20℃）下，在密闭容器中保存一定时间后溶解氧减少的量来表示的。当温度为20℃时，一般有机物需要20天左右就能基本完成氧化分解过程，而全部完成需要100天。时间过长对于实际生产控制的实用价值不大，故目前规定在20℃以下，培养5天作为生化需氧量的标准。此时，测得的生化需氧量称为5日生化需氧量，用BOD_5表示。生化需氧量能够间接地反映出水中有机物质的含量及其水体的污染程度。

BOD_5单位为mg O_2/L，多用于废水中有机物的测定，BOD_5和COD的比值反映水中有机物的可生化程度，当比值大于30%的水才能进行生物氧化处理。

（3）总有机碳（TOC）

总有机碳是水中所有有机物中的碳含量，单位为mg/L。由于有机物都是含碳的，所以与其他测定有机物含量的指标相比，它更能反映水中有机物的含量。

总有机碳测定方法包括燃烧氧化法和紫外-过硫酸盐氧化法两大类。燃烧氧化法是将样品放在680～1 000℃下在氧气或空气中燃烧，用非色散红外线检测技术测定燃烧气中CO_2含量，扣除无机碳含量之后即为有机碳含量。紫外-过硫酸盐氧化法是用紫外线（185 nm）或在二氧化钛催化下的紫外线用过硫酸盐作氧化剂，将水中有机物氧化，利用红外线或电导率进行测量。电导率测量是利用有机物氧化成有机酸而促使电导率上升的原理来测定有机物含碳量。

燃烧氧化法误差较大，只适用于有机物含量大的水的检测，而紫外-过硫酸盐氧化法可用于纯水中低含量的总有机碳测量。

被测水中颗粒状物（如细菌等）影响总有机碳的测量精度和重现性，若对水样进行过滤，去除颗粒状物后再测量水的有机碳，此时称为总溶解有机碳（DOC）。

（4）紫外吸收

天然水中有机物大多为含不饱和键（双键、三键）的化合物，如腐殖质为带有苯环的化合物，这些化合物不饱和键会吸收紫外光，因此可以利用水对紫外光的吸收程度来判断水中有机物含量。

在254 nm处水对紫外光吸收程度与水中有机物量成正比，可以用254 nm紫外光测定水中有机物，称为UV_{254}；还可以用260 nm紫外光来测定水中有机物，称为E_{260}。

UV_{254}或E_{260}的测定值是消光值，可以用消光值大小来比较水中有机物的含量。消光值与天然水中有机物含量之间无明确的定量关系，但对某种单一化合物也可以通过试验求得相互间的定量关系。

浊度干扰紫外吸收的测定，应在被测水样消除浊度干扰后再进行测定。

1.1.6 天然水中的杂质

天然水体是指河流、湖泊、水库等水域环境。天然水中存在的杂质主要由所接触的大气、土壤等自然环境引入，同时人类活动产生的各种污染物也会进入天然水体。按照不同的原则，可以对天然水体中的杂质进行分类。

（1）按水中杂质的尺寸，可分为溶解物、胶体颗粒和悬浮物三种，它们的尺寸和外观特征见表 1-1。表中杂质的颗粒尺寸只是大体的概念，不是严格的界限。杂质在水中所呈现的性质往往与其形状和密度等有关。

表 1-1　水中杂质的尺寸与外观特征

项目	溶解物	胶体颗粒	悬浮物
颗粒大小	0.1～1.0 nm	1.0～100 nm	0.1～100 μm
外观特征	透明	光照下浑浊	浑浊甚至肉眼可见

悬浮物主要是泥沙类无机物以及动植物生存过程中产生的物质或死亡后的腐败产物等有机物。这类杂质由于尺寸较大，在水中不稳定，常悬浮于水流中，当水静置时相对密度小的会浮于水面，相对密度大的则会下沉，因此容易被除去。

胶体颗粒主要是细小的泥沙、矿物质等无机物和腐殖质等有机物。胶体颗粒由于比表面积很大，显示出明显的表面活性，常吸附较多离子而带电，由于胶体带有同性电荷而相互排斥、以微小的颗粒稳定存在于水中。

溶解物主要是呈真溶液状态的离子和分子，如 Ca^{2+}、Mg^{2+}、Cl^- 等离子，HCO_3^-、SO_4^{2-} 等酸根，O_2、CO_2、H_2S、SO_2、NH_3 等溶解性气体分子。从外观看含有这些杂质的水与无杂质的清水没有区别。

（2）按化学结构，可以将水中杂质分为无机杂质、有机杂质、生物（微生物）杂质等。

天然水中所含有的无机杂质主要是溶解性的离子、气体及悬浮性的泥沙。溶解离子有 Ca^{2+}、Mg^{2+}、Na^+ 等阳离子和 HCO_3^-、SO_4^{2-}、Cl^- 等阴离子。离子的存在使天然水表现出不同的含盐量、硬度、pH 和电导率特性，进而表现出不同的物理化学性质。泥沙的存在使水浑浊。

天然水中的有机杂质与水体环境密切相关。常见的有机杂质为腐殖质类以及蛋白质等。腐殖质是土壤的有机组分、植物与动物残骸在土壤分解过程中的产物，属于亲水的酸性物质，分子质量在几百到数万之间。腐殖质本身对人体无直接的毒害作用，但其中的大部分种类可以与其他化合物作用，进而对人体健康造成危害。例如，腐殖酸与氯反应会生成有致癌作用的三氯甲烷。

生物（微生物）杂质主要包括原生动物、藻类、细菌、病毒等。这类杂质会使水产生异臭、异味，增加水的色度和浊度。

（3）按杂质的来源，可分为天然来源的和人工合成的物质。随着人类活动范围的不断拓展和人类社会生产种类及规模的不断扩大，导致天然水体中污染物的种类和数量不断增加，其中数量最多的是人工合成的有机物质，以农药、杀虫剂和有机溶剂为主，如多氯联苯、滴滴涕、六六六、四氯化碳等。目前，全世界已在水中检测出 2 000 多种有机化合物。在美国，水中鉴定出 700 多种有机污染物，其中 100 多种为致畸、致癌和致突变物质。

1.1.7 工业用水量

在社会用水量中，农业用水量所占比例最大，我国农业用水量约占社会总用水量的 80%。随着国民经济的发展，工业化程度加速，工业用水量上升，所占比例也随之提高，而农业用水量虽然有所上升，但在社会总用水量中的比例却会下降。发达国家农业用水量占社会总用水量的 30%～50%，工业用水量占 30%～50%；而我国工业用水量约占 20%。

工业中不同行业的用水量是不同的，工业中高用水行业包括火力发电、纺织、造纸、钢铁和石油化工。表 1-2 列举了我国部分行业用水情况，并列出一些国外节水较好的指标以作对照。

表 1-2 我国部分工业行业用水量统计表

序号	行业		单位	单位产品取水量	国外同类行业用水情况
1	味精		m^3/t	96～603（1995 年） 150～220（2000 年）	—
2	酒精		m^3/t	28～246（1995 年） 40～50（2000 年）	葡萄酒 0.5 （以色列）
3	啤酒		m^3/t	10～27（1995 年） 10～16（2000 年）	6～10 （英国）
4	罐头食品		m^3/t	97.3（1995 年） 50～130（2000 年）	水果罐头 10～30 （塞浦路斯）
5	纺织	棉纱	m^3/t	40～120（1993—1995 年） 80（2000 年）	10～250 （瑞典）
		针织品	$m^3/10^4 m$	150～200（1995 年）	—
		毛纺洗毛	m^3/t	40，35（2000 年）	10
		化纤涤纶短纤维	m^3/t	20.8～60.2（1993—1995 年） 25（2000 年）	—
		印染	$m^3/100 m$	2.5～3.0，1.0～1.5（2000 年）	—

续表

序号	行业		单位	单位产品取水量	国外同类行业用水情况
6	皮革		m^3/张	0.97～4.8，0.8（2000年）	0.7（美国）
7	造纸		m^3/t	50～210（2000年）	15
8	火力发电		m^3/（kW·h）	0.044（1995年）	0.005
9	化学工业	氮肥（尿素）	m^3/t	30～90，15～45（2000年）	—
		硫酸	m^3/t	30～90，20～70（2000年）	—
		氯碱	m^3/t	20～100，10～80（2000年）	9～17
		染料	m^3/t	40～150，25～125（2000年）	—
10	石油化工	石油加工	m^3/t	1.39～5，2（2000年）	—
		橡胶	m^3/t	28.18～63.01，40（2000年）	—
11	医药	化学制药	m^3/万元产值	150～300	—
		制剂	m^3/万元产值	15～80	—
12	建材	水泥	m^3/t	0.41～8.27（1993—1995年） 0.5～0.62（2000年）	1.9（比利时）
		玻璃	m^3/重箱	0.05～1.59（1993—1995年） 0.16～0.52（2010年）	—
13	钢铁		m^3/t	45（1994年） 12～25（2000年）	7～8
14	机械		m^3/万元产值	67，45（2010年）	—

注：除2000年、2010年数值外，其余均为统计值。

1.2 工业废水概述

1.2.1 工业废水的含义

所谓工业废水是指各行业在生产过程中所产生和排出的废水，可分为生产污水（包括生活污水）和生产废水两大类。

（1）生产污水是指在生产过程中形成的，为有机或无机性生产废料所污染的废水（包括温度过高而能够造成热污染的工业废水）。

（2）生产废水是指在生产过程中形成的，但未直接参与生产工艺、只起辅助作用，未被污染物污染或污染很轻的水，有的只是温度稍有上升（如冷却水等）。

1.2.2 工业废水的分类

工业废水通常有以下三种分类方法。

第一种是按行业的产品和加工对象分类：如冶金废水、造纸废水、纺织废水、制革废水等。

第二种是按工业废水中所含的主要污染物性质分类：含无机污染物为主的称无机废水，含有机污染物为主的称有机废水。例如，电镀和矿物加工过程中产生的废水属于无机废水；食品或石油加工过程中产生的废水属于有机废水。

第三种是按废水中所含污染物的主要成分分类：如酸性废水、碱性废水、含氰废水、含酸废水、含铬废水、含有机磷废水等。这种分类方法突出了废水中的主要污染成分，针对性强，有利于制定适宜的处理方法。

除上述分类方法外，还可根据工业废水处理的难易程度和废水的危害性，将废水中的主要污染物归纳为三类。

第一类为易处理、危害小的废水，即生产工艺过程中的热排水或冷却水，对其稍加处理后即可回用或排放。

第二类为常规污染物，水中污染物无明显毒性，含有易于生物降解的物质，可作为生物营养物的化合物悬浮固体。

第三类为有毒污染物，水中污染物含有毒性且不易被生物降解的物质，包括重金属、有毒化合物和生物难以降解的有机化合物。

上述工业废水的分类方法只能作为了解污染源时的参考。实际上，一种工业可以排出几种不同性质的废水，而一种废水又可能含有多种不同的污染物。例如，染料废水，既排出酸性废水，又排出碱性废水。纺织印染废水由于织物和染料的不同，其中污染物和浓度往往有很大的差别。

1.2.3 工业废水的危害

水污染是我国面临的主要环境问题之一。随着我国工业的发展，工业废水的排放量日益增加，达不到排放标准的工业废水排入水体后，会污染地表水和地下水。几乎所有的物质排入水体后都有造成污染的可能性。各种物质的污染程度虽有差别，但超过某一浓度后都会产生危害。

（1）含无毒物质的有机废水和无机废水的污染。有些污染物质本身虽无毒，但由于量大或浓度高而对水体有害。例如，排入水体的有机物，超过允许量时，水体会出现厌氧腐败现象；大量的无机物流入时，会使水体内盐类浓度增高，造成渗透压改变，对生物（动植物和微生物）造成不良影响。

（2）含有毒物质的有机废水和无机废水的污染。例如，含氰、酚等急性有毒物质、重金属等慢性有毒物质及致癌物质等造成的污染。

（3）含有大量不溶性悬浮物废水的污染。例如，纸浆、纤维工业等的纤维素，选煤、造矿等排放的微细粉尘。这些物质沉积水底有的形成“毒泥”，发生毒害事件的例子很多；如果是有机物，则会发生腐败，使水体呈厌氧状态。这些物质在水中还会阻塞鱼类的鳃，导致其呼吸困难，并破坏其产卵场所。

（4）含油废水产生的污染。油漂浮在水面既有损美观，又会散发出令人厌恶的气味。燃点低的油类还有引起火灾的危险。动植物油脂具有腐败性，会消耗水体中的溶解氧。

（5）含高浊度和高色度废水造成的污染。引起光通过量不足，影响生物的生长繁育。

（6）酸性和碱性废水产生的污染。除对生物有危害作用外，还会损坏设备和器材。

（7）含有多种污染物质的废水造成的污染。各种物质之间会产生化学反应，或在自然光和氧的作用下产生化学反应并生成有害物质。例如，硫化钠和硫酸反应产生硫化氢，亚铁氰盐经光分解产生氰等。

（8）含氮、磷工业废水产生的污染。对湖泊等封闭性水域，由于含氮、磷物质的废水流入，会使藻类及其他水生生物异常繁殖，使水体产生富营养化。

1.2.4 工业废水中主要污染物及水质指标

了解工业废水中污染物的种类、性质和浓度，对于废水的收集、处理、处置设施的设计和操作，以及环境质量的技术管理十分重要；对于该废水危害环境的评价，也是至关重要的。废水中污染物种类较多，根据废水对环境污染造成危害的不同，大致可分为固体污染物、有机污染物、油类污染物、有毒污染物、生物污染物、酸碱污染物、需氧污染物、营养性污染物、感官污染物和热污染物等。

水质指标主要有化学需氧量、有毒物质、有机物质、悬浮物、细菌总数、pH、色度、氨氮、磷、生物需氧量等。一种水质指标可能包括几种污染物的综合指标，而一种污染物也可以造成几种水质指标的表征。例如，悬浮物可能包括有机污染物、无机污染物、藻类等，而一种有机污染物就可以造成COD、BOD、pH等多种水质指标的表征。

1.2.5 工业废水的排放标准

《污水综合排放标准》（GB 8978—1996）

按照污水排放去向，分年限规定了69种水污染物最高允许排放浓度及部分行业最高允许排水量。该标准适用于现有单位水污染物的排放管理，以及建设项目的环境影响评价、建设项目环境保护设施设计、竣工验收及其投产后的排放管理。该标准包括四类内容：①第一类污染物最高允许排放浓度；②第二类污染物最高允许排放浓度；③部分行业污染物最高允许排水量；④该标准采用的测定方法。

第一类污染物是指汞、镉、砷、铅、镍、苯并［a］芘等在动植物体内长期蓄积、毒性较大、影响长远的有毒物质。含有此类污染物的废水，不分其排放去向和方式，也不按受纳水体功能区分，一律在车间或车间处理设施的排出口取样，其最高允许浓度必须符合规定。

第二类污染物是指pH、色度、SS、COD、BOD、石油类等20项污染物质。这类污染物的排放标准，按污水排放去向分别执行一、二、三级标准，而对新老企业又制定了不同的标准。这就使排放标准与地面水环境质量标准有机地联系起来，与不同水域的环境目标联系起来，污水排入不同的水域功能区则执行不同的标准值。

废水排向渔业水体或海洋时应符合《渔业水质标准》（GB 11607—89）及《海水水质标准》（GB 3097—1997）的规定。

我国有关部门规定，各地方可以根据当地情况制定水质标准，但在原则上应严格执行国家、部和行业标准。

课后习题

1. 什么是工业用水？有哪几种分类方式？
2. 工业用水水源的特点有哪些？
3. 硬度和碱度之间有什么联系？
4. 什么是BOD？如何以BOD判断水质的好坏？
5. 什么是工业废水？如何分类？有哪些特征？
6. 简述工业废水污染的来源。
7. 废水中的主要污染物可分为几类？简述各类污染的主要来源、特点及去除方法。
8. 简述工业废水在我国的研究现状和发展趋势。

第2章

预处理技术

2.1 工业用水的预处理技术

2.1.1 地下水除铁

我国含铁的地下水分布颇广，一般含铁量在 4～30 mg/L。含铁地下水由于在地下，铁以 Fe^{2+} 状态存在。含铁地下水刚抽到地面时，水质清澈干净，但有铁腥味；时间略长，水质即发浑，用于洗涤织物及器具时会留下锈色斑点。Fe^{2+} 极易污染离子交换树脂，使树脂中毒而降低交换能力。当用含铁水作锅炉补给水时，容易在锅炉受热面上结成铁垢，不仅影响传热，还易引起管壁腐蚀。冷却水中铁含量超过 0.5 mg/L 时，会促使铁细菌繁殖，产生的黏泥不仅会堵塞管路，还会加速换热设备的腐蚀。因此，要对除铁足够的重视。

常用的除铁方法有曝气除铁法和锰砂过滤除铁法。

2.1.1.1 曝气除铁法

Fe^{2+} 极易被氧气、氯气、高锰酸钾等氧化剂氧化成 Fe^{3+}。地下水中 Fe^{2+} 常以 $Fe(HCO_3)_2$ 的形式存在。当地下水被提到地面遇到空气中的氧时，Fe^{2+} 即被氧化成 Fe^{3+}，形成难溶的红棕色 $Fe(OH)_3$ 沉淀。因此，可利用空气中的氧气使水中 Fe^{2+} 氧化成 Fe^{3+}，形成 $Fe(OH)_3$ 沉淀，从而达到除铁的目的。这个过程称为曝气除铁，其反应如下：

$$4Fe^{2+}+O_2+10H_2O=\!=\!=4Fe(OH)_3\downarrow+8H^+$$

曝气后的水再经过滤处理即可除去 $Fe(OH)_3$ 沉淀物。

曝气氧化法除铁一般适用于含铁浓度在 5～10 mg/L、pH 在 6.5～7.0 的水。处理后水中含铁浓度可降至 0.3 mg/L 以下。

常用的曝气装置有莲蓬头曝气除铁装置和跌水曝气装置。

莲蓬头曝气除铁装置（图 2-1）一般直接置于重力式过滤池上面，使喷头

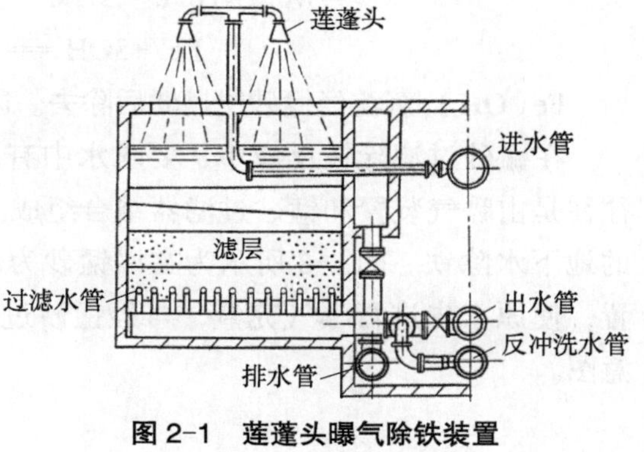

图 2-1 莲蓬头曝气除铁装置

淋水量与过滤池出水量保持相等即可。当原水中 Fe^{2+} 含量小于 5 mg/L 时，喷头距水面高 1.5 m 即可；当原水中 Fe^{2+} 含量大于 10 mg/L 时，高度宜为 2.5 m。喷头直径为 150～300 mm，喷头上孔眼直径为 3～6 mm。这种装置结构简单、操作方便；但喷淋时水易散失，喷头孔眼易被铁的沉积物所堵塞，影响喷水效果。

另一种装置为跌水曝气装置，如图 2-2 所示。地下水被提至地面后经溢流堰或者水管自高处自由下落，使水流变薄变细。地下水在下落过程中，可与空气充分接触，达到曝气的目的。

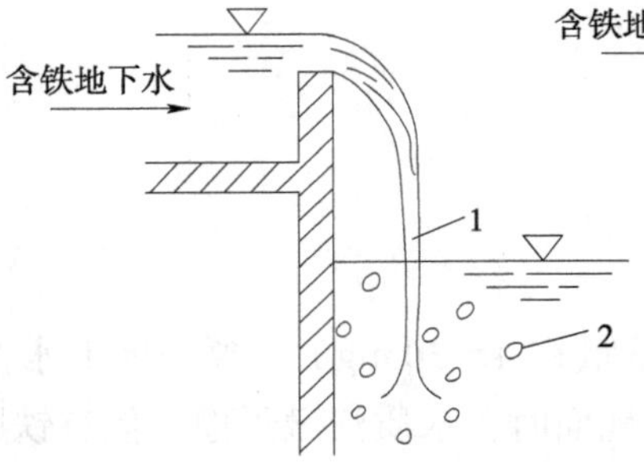

（a）溢流堰曝气

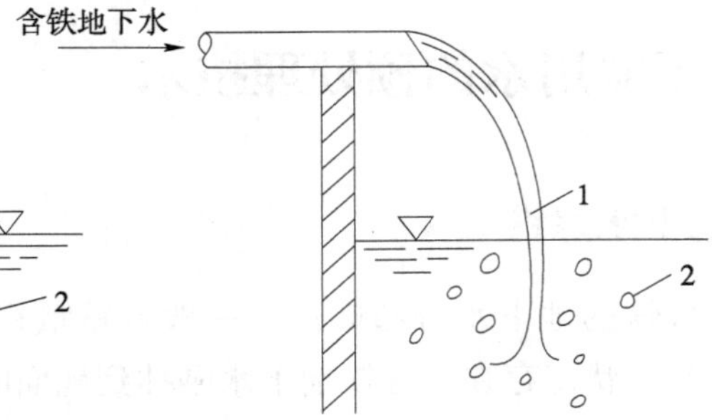

（b）水管跌水曝气

1—水舌；2—空气泡

图 2-2　跌水曝气示意图

通常将重力式无阀滤池的跌水装置的高度适当增加。跌水高度在 0.5～1.0 m 时，即可满足含铁量在 5～10 mg/L 的地下水的除铁要求。若原水的 pH 低于 6.5，这种装置除铁效果较差，因在曝气过程中，空气中的 O_2 可充分溶入水中，但水中 CO_2 不易逸出，原水 pH 提高有限。在低 pH 不利于除铁反应的进行时也可设置一个小型的跌水曝气水池，将曝气后的水经过机械压力过滤器进行过滤净化。

2.1.1.2　锰砂过滤除铁法

天然锰砂中含有 MnO_2，它是将 Fe^{2+} 氧化成 Fe^{3+} 的良好催化剂，其催化反应为

$$4MnO_2+3O_2 = 2Mn_2O_7$$

$$Mn_2O_7+6Fe^{2+}+3H_2O = 2MnO_2+6Fe^{3+}+6OH^-$$

$$Fe^{3+}+3OH^- = Fe(OH)_3\downarrow$$

$Fe(OH)_3$ 沉淀经锰砂层过滤后除去。因此，锰砂既是催化剂又是滤料。

在锰砂过滤除铁反应中，要求水中有足够的溶解氧。因此，锰砂过滤除铁装置往往是由曝气装置和锰砂过滤器结合组成。锰砂除铁一般适用于含铁量小于 20 mg/L 的地下水除铁。图 2-3 所示为在以锰砂为滤料的压力式过滤器前加一个气水混合装置，使原水先进行曝气充氧，再经锰砂过滤器催化、净化。图 2-4 为气水混合器示意图。

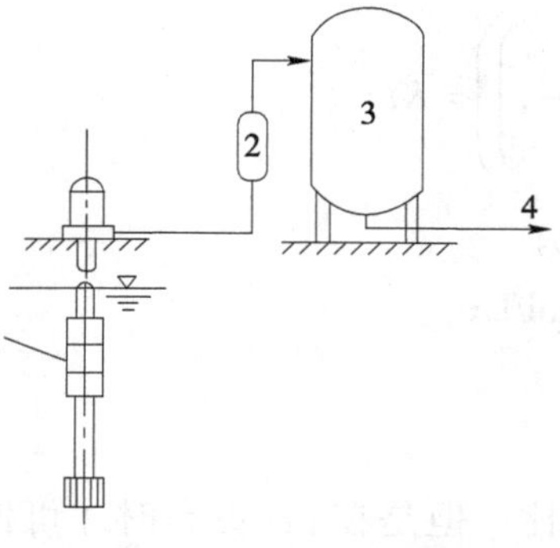

1—水泵；2—气水混合器；3—锰砂过滤器；4—清水

图 2-3 气水混合器曝气除铁系统

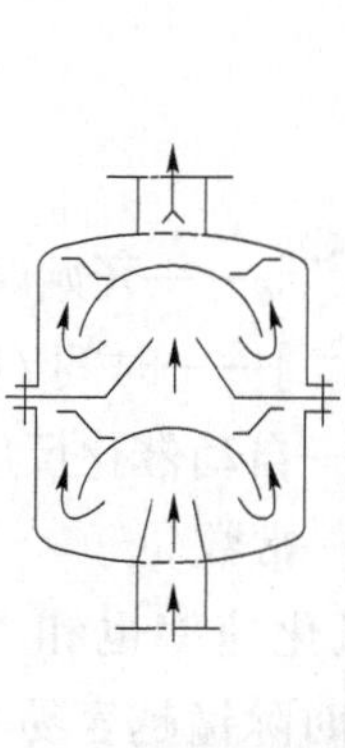

图 2-4 气水混合器示意图

此外，还可选用水射流泵（亦称加气阀），通过高速水流在加气阀中形成的真空将空气吸入，与原水充分混合曝气后，再进入锰砂过滤器进行催化、净化。图 2-5 与图 2-6 分别为加气阀曝气除铁系统和加气阀结构。

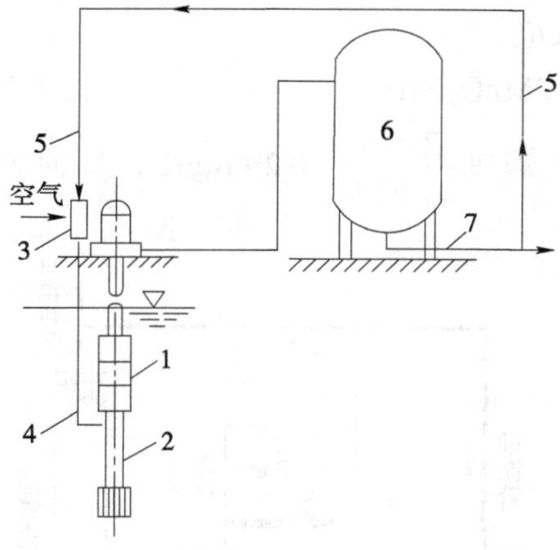

1—水泵；2—吸水管；3—加气阀；4—空气混合水；5—除铁水；6—锰砂过滤器；7—清水

图 2-5 加气阀曝气除铁系统

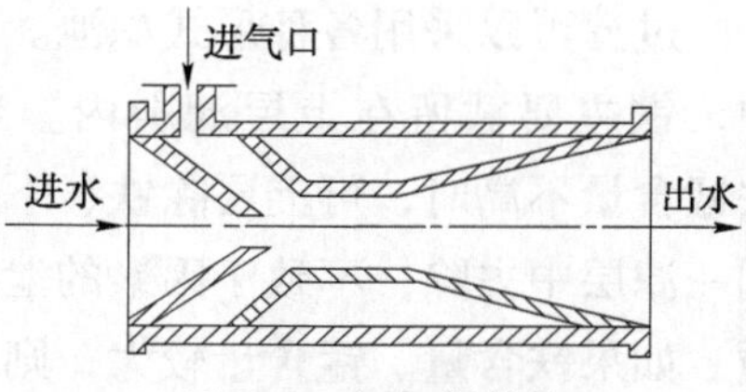

图 2-6 加气阀结构

2.1.2 地下水除锰

铁和锰的化学性质相近，所以常共存于地下水中，但铁的氧化还原电位低于锰，容易被 O_2 氧化，pH 相同时二价铁比二价锰的氧化速率快，以致影响二价锰的氧化，因此地下水除锰比除铁困难。

地下水中 Mn^{2+} 被 O_2 氧化时的动力学和铁的氧化不同，$[Mn^{2+}]$ 随时间 t 的变化不再是线性关系，而且在 $pH<9.5$ 时，Mn^{2+} 的氧化速率很慢。试验结果表明，Mn^{2+} 的氧化和去除是自动催化氧化过程，反应如下：

$$\lg\left(A\left(\frac{\left[Mn^{2+}\right]_0}{\left[Mn^{2+}\right]}-1\right)\right)=Kt \tag{2-1}$$

式中：$[Mn^{2+}]_0$——开始时二价锰浓度，mol/L；

$[Mn^{2+}]$——时间 t 时的二价锰浓度，mol/L；

K——自动催化反应速率常数；

A——常数。

锰的氧化速率也和 $[OH^-]^2$ 以及 P_{O_2} 成正比，但是在 pH 更高时才可使氧化较快，即 pH 越高时除锰越容易。

除锰时的自动催化性质表现为：在反应过程中缓慢生成 MnO_2 沉淀，然后水中的 Mn^{2+} 很快吸附在 MnO_2 上成为 $Mn^{2+}MnO_2$，此后吸附的 Mn^{2+} 以缓慢的速度氧化。

除锰时所采用的工艺流程为

原水→曝气→催化氧化过滤

上述工艺适用于含铁量小于 2.0 mg/L、含锰量小于 1.5 mg/L 的情况。

曝气装置和除铁时相同，根据锰氧化时的反应：

$$2Mn^{2+}+O_2+2H_2O=\!=\!=2MnO_2+4H^+ \tag{2-2}$$

根据化学计量关系，每氧化 1 mg/L Mn^{2+} 需氧 $\frac{2\times16}{2\times54.9}=0.29$ mg/L，同时产生 0.036 mg/L H^+。实际上所需氧量较理论值偏高。

过滤可以采用各种形式滤池。在同一滤层中，铁主要截留在上层滤料内。当地下水中铁锰含量不高时，可上层除铁、下层除锰且在同一滤层中去除，不致于因锰的泄漏而影响水质。如果铁含量、锰含量较大，则除铁层的范围增大，剩余的滤层不能截留水中的锰，因而部分锰泄漏，滤后水不符合水质标准。显然，原水含铁量越高，锰的泄漏时间越早，因此缩短了过滤周期，所以铁对除锰的干扰是除铁、除锰时需要注意的问题。为了防止锰的泄漏，可在流程中建造两个滤池，前面是除铁滤池，后面是除锰滤池。在压力滤池中也可将滤层做成两层，上层用以除铁，下层用以除锰，如图 2-7 所示。

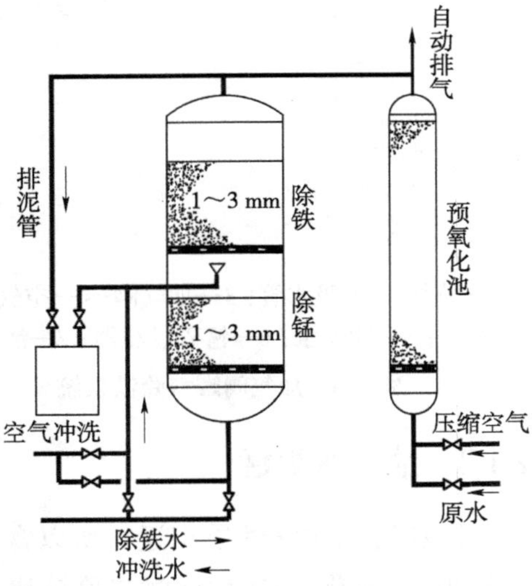

图 2-7　除铁、除锰双层滤池

除锰滤池的滤料可用石英砂或锰砂，滤料粒径、滤层厚度和除铁时相同。滤速为 5～8 m/h，石英砂滤料的冲洗强度为 12～14 L/（s·m^2），膨胀率为 28%～35%，冲洗时间为 5～15 min。

除锰滤池成熟后，滤料上有催化活性的滤膜，外观为黑褐色，据仪器分析，它的成分是高价铁锰混合氧化物，以铁锰为主，可优先吸附 Mn^{2+}、Fe^{2+}、Ca^{2+} 等进行催化氧化反应而沉积在滤料上，使活性滤膜不断增长。它是使 Mn^{2+} 较快地形成高锰氧化物的催化剂，并且是在除铁、除锰很短的曝气、过滤过程中能够氧化和去除 Mn^{2+} 的原因。

除锰过程中，除溶解氧将水中 Mn^{2+} 氧化成 MnO_2，以及某些催化剂参与反应外，也不能忽视铁细菌的作用。微生物的生化反应速率远大于溶解氧氧化 Mn^{2+} 的速率，随着滤料的成熟，可观测到滤料上或滤料孔隙之间有铁细菌群体，数量为 10×10^4～20×10^4 个 /mL，对于长成活性滤膜具有促进作用。

2.1.3 自来水脱氯

自来水是经过混凝、沉淀澄清和过滤处理的水，无须进行除浊处理。但自来水在消毒处理时，为了抑制细菌的再度繁殖，需在自来水管网中维持少量游离性余氯。我国生活饮用水标准规定，出厂水游离性余氯含量为 0.5～1.0 mg/L，管网末端为 0.05～0.1 mg/L。水中的游离性余氯实质上并不都是以溶解氯分子形态存在的，大约有 1/3 水解生成次氯酸。由于次氯酸具有很强的氧化性，它不仅能够破坏水中有机物和杀死病原微生物，而且能破坏离子交换树脂的结构，使其强度变差，容易破碎。所以，以自来水作离子交换处理的水源时，必须在进行离子交换处理之前将水中的游离性余氯去除。通常采用的方法有化学还原法和活性炭脱氯法。

2.1.3.1 化学还原法

化学还原法是向含有游离性余氯的水中加入一定量的还原剂，使之发生脱氯反应。常用的还原剂有 SO_2 和 Na_2SO_3。

SO_2 的脱氯反应为

$$SO_2+HClO+H_2O = 3H^++Cl^-+SO_4^{2-}$$

此反应几乎在瞬间完成，脱氯效果较好，但由于反应生成强酸，会使水的 pH 有所降低。

Na_2SO_3 的脱氯反应为

$$Na_2SO_3+HClO = Na_2SO_4+HCl$$

Na_2SO_3 具有较强的还原性，除与次氯酸反应外，还能与水中的溶解氧发生反应。反应式为

$$2Na_2SO_3+O_2 = 2Na_2SO_4$$

所以用 Na_2SO_3 处理自来水，会起到脱氯和脱氧的双重效果。

Na_2SO_3 的加药量可按下式估算：

$$[Na_2SO_3] = 63a([O_2]/8+[Cl_2]/71)$$

式中：$[Na_2SO_3]$——每升自来水需投加纯 Na_2SO_3 的量，mg/L；

a——投药系数，可取2～3；

[O_2]——水中溶解氧的浓度，mg/L；

[Cl_2]——水中游离性余氯含量，mg/L；

63、8、71——分别表示［Na_2SO_3］、［O_2］、［Cl_2］的基本计量单元。

Na_2SO_3的加药方式，可采用泵前加药或水力喷射加药，也可采用孔板加药，用转子流量计控制加药量。

这种方法具有设备简单、操作方便，以及同时实现脱氯和除氧效果等优点。但采用原水顶压加药，容易造成加药过程中浓度不均匀，并且会增加水中的含盐量。

2.1.3.2 活性炭脱氯法

活性炭是用木炭、煤、果核和果壳经高温炭化与活化制得的。活性炭固体颗粒具有多孔结构，内部充满互相连通的毛细管，因此具有很大的表面积，1 g 活性炭的表面积可达 800～2 000 m^2，因此其吸附能力很强。活性炭不仅能够去除游离性余氯，还能除去水中的臭味、色度及有机物等。

活性炭脱氯作用并非单纯的物理吸附过程，在其表面也同时发生了一系列的化学反应。当含有游离性余氯的水通过活性炭表面时，次氯酸首先被吸附在活性炭表面，然后立即分解成氯化氢和原子氧，其反应式如下：

$$HClO = HCl + O$$

原子氧与碳原子由吸附状态迅速转变成化合状态，如下式所示：

$$C_{吸}O \longrightarrow CO\uparrow$$

$$C_{吸}O \longrightarrow CO_2\uparrow$$

由上述反应可见，活性炭脱氯不存在吸附饱和问题，只是损耗少量活性炭而已。因此，活性炭用于脱氯时，可以运行相当长的时间。例如，用 19.6 m^3 的粒状活性炭滤料处理游离性余氯为 4 mg/L 的自来水时，可连续制取 2.65×10^6 m^3 的游离性余氯量小于 0.01 mg/L 的水；处理游离性余氯量为 2 mg/L 的水时，其寿命可延长 6 年左右。

活性炭过滤装置通常采用单流式机械过滤器。过滤器内活性炭滤层高度一般为 1.0～1.5 m，脱氯和除浊同时进行时，过滤速度为 6～12 m/h；单纯用于脱氯时，过滤速度为 40～50 m/h。当活性炭过滤器因截留的悬浮物较多而使水流阻力增大或者出水水质恶化时，应进行反冲洗，反冲洗方法与普通过滤器相同，滤层膨胀率为 10%～15%。

活性炭用于除臭、脱色度或除去有机物时，在使用一定时间后，其吸附能力便会衰竭。为了恢复吸附活性，需对其进行再生。再生方法较多，通常采用热力再生法，即将活性炭在 500～1 000℃的高温条件下再生，使吸附在活性炭表面的有机物分解为 CO_2 和水；也可以用高压蒸汽吹洗，或用 NaOH 溶液再生。

活性炭脱氯是一种简单、经济、行之有效的方法，应用非常广泛。

2.2 工业废水的预处理技术

2.2.1 调节池

从工业企业和居民区排出的废水，其水量和水质都是随时间而变化的，工业废水的变化幅度一般比城市污水大。为了保证后续处理构筑物或设备的正常运行，需对废水的水量和水质进行调节。调节水量和水质的构筑物称为调节池。

2.2.1.1 水量调节池

常用的水量调节池如图 2-8 所示。进水为重力流，出水用泵抽升，池中最高水位不高于进水管的设计水位，有效水深一般为 2～3 m。最低水位为死水位。

调节池的容积可用图解法计算。例如，某工厂的废水在生产周期（T）内的废水流量变化曲线如图 2-9 所示。曲线下在 T 小时内所围的面积等于废水总量 W_T（m^3）。

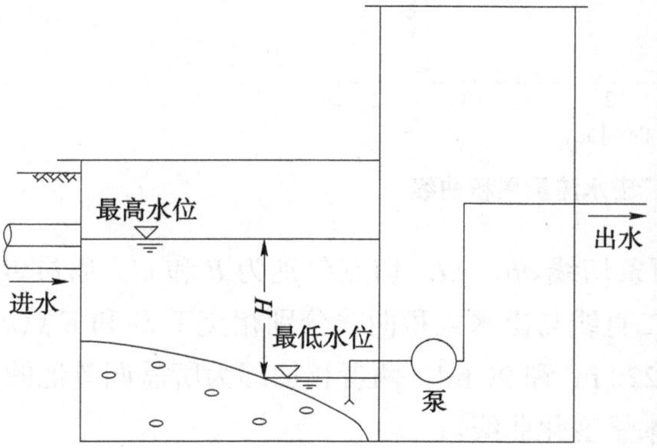

图 2-8 水量调节池

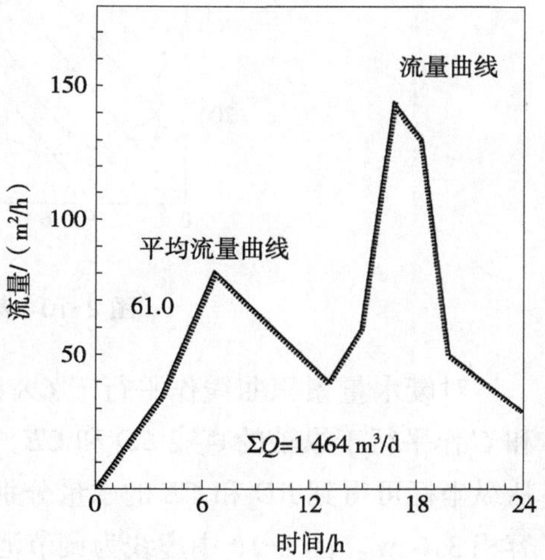

图 2-9 某工厂废水流量曲线

$$W_T=\sum_{i=0}^{T}q_i t_i \tag{2-3}$$

式中：q_i——t_i 时段内废水的平均流量，m^3/h；

t_i——时段，h。

在周期 T 内废水平均流量 Q 为

$$Q=\frac{W_T}{T}=\frac{\sum_{i=0}^{T}q_i t_i}{T} \tag{2-4}$$

根据废水量变化曲线，可绘制如图 2-10 所示的废水流量累积曲线。流量累积曲线与周期 T（本例为 24 h）的交点 A 读数为 W_T（1 464 m^3），连接 OA 直线，其斜率为 Q（61 m^3/h）。假设一台水泵工作，该线即为泵抽水量的累积水量。

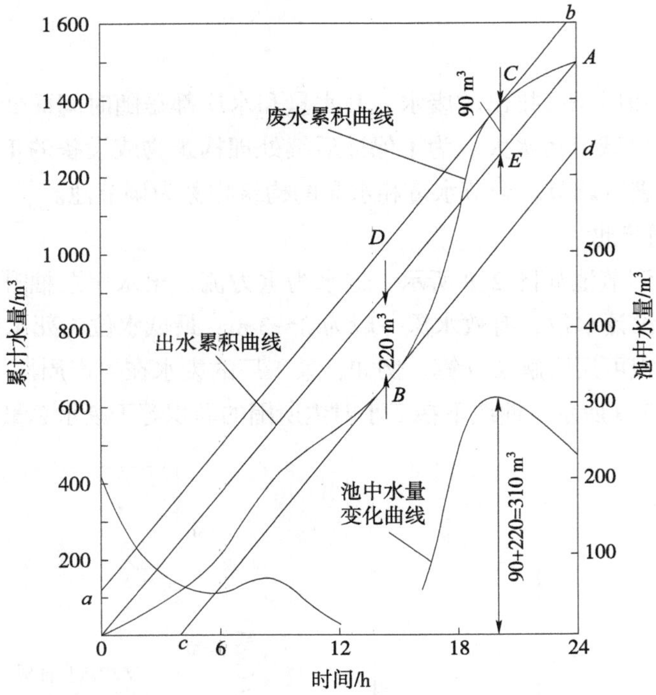

图 2-10　某工厂废水流量累积曲线

对废水量累积曲线作平行于 OA 的两条切线 ab、cd，切点分别为 B 和 C，通过 B 和 C 作平行于纵轴的直线 BD 和 CE，此二直线与出水累积曲线分别相交于 D 和 E 点。从纵坐标可得到 BD 和 CE 的水量分别为 220 m^3 和 90 m^3，两者相加即为所需调节池的容积 310 m^3。图 2-10 中虚线为调节池内水量变化曲线。

2.2.1.2　水质调节池

（1）普通水质调节池

对调节池可写出物料平衡方程：

$$C_1QT+C_0V=C_2QT+C_2V \tag{2-5}$$

式中：Q——取样间隔时间内的平均流量，m^3/min；

C_1——取样间隔时间内进入调节池污物的浓度，mg/L；

T——取样间隔时间，min；

C_0——取样间隔开始时调节池内污物的浓度，mg/L；

V——调节池容积，m^3；

C_2——取样间隔时间终了时调节池出水污物的浓度，mg/L。

假设在一个取样间隔时间内出水污物浓度不变，将式（2-5）变化后，每一个取样间隔后的出水污物浓度为

$$C_2=\frac{C_1T+C_0V/Q}{T+V/Q} \tag{2-6}$$

当调节池容积已知时，利用上式可求出各间隔时间的出水污物浓度。

例 2-1 某工厂生产周期为 8 h，废水水量和BOD浓度变化如表 2-1 所示。取样间隔时间为 1 h。求调节池停留时间为 8 h 和 4 h 时出水 BOD 的浓度。

表 2-1 流量和进出水 BOD 浓度

时段	流量 /（m^3/min）	进水浓度 /（mg/L）	出水浓度 /（mg/L）	
			t=8 h	t=4 h
1	6.1	245	187	198
2	0.8	64	185	193
3	3.8	54	173	169
4	4.5	167	172	169
5	6.0	329	194	208
6	7.6	48	169	162
7	4.5	55	157	141
8	3.8	395	179	181
平均	4.63	178	178	178
P	—	—	1.09	1.17

解：从表 2-1 查得平均流量为 4.63 m^3/min，停留时间为 8 h，调节池的容积为

$$V=Qt=4.63\times 8\times 60\approx 22\ 224\ m^3$$

第一时间间隔后的出水浓度为

$$\begin{aligned}C_2&=\frac{C_1T\times C_0V/Q}{T+V/Q}\\&=\frac{245\times 1+179\times 22\ 224\div(6.1\times 60)}{1+22\ 224\div(6.1\times 60)}\\&\approx 187\ mg/L\end{aligned}$$

其他时间间隔后的出水浓度列于表 2-1 中。

调节池进水最大浓度与最小浓度比 P 为

$$P=\frac{395}{48}\approx 8.2$$

调节池出水最大浓度与平均浓度比 P 为

$$P=\frac{194}{178}\approx 1.09$$

同样，可计算出停留时间为 4 h，调节池的容积、各时间间隔后的出水浓度及出水的 P 值。

调节池出水的 P 值应小 1.2。实际调节池采用 4 h。

（2）穿孔导流槽式水质调节池

穿孔导流槽式水质调节池如图 2-11 所示。同时，进入调节池的废水，由于流程长短不同，使前后进入调节池的废水相混合，均和水质。

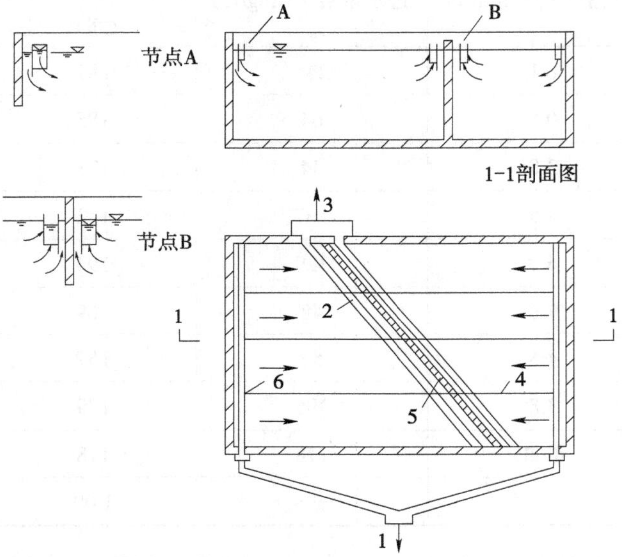

1—进水；2—集水；3—出水；4—纵向隔墙；5—斜向隔墙；6—配水槽

图 2-11　穿孔导流槽式水质调节池

穿孔导流槽式水质调节池的容积可按下式计算：

$$W_T=\sum_{i=1}^{t}\frac{q_i}{2} \tag{2-7}$$

考虑废水在池内流动可能出现短路等因素，一般引入 $\eta=0.7$ 的容积加大系数，则上式应为

$$W_T=\sum_{i=1}^{t}\frac{q_i}{2\eta} \tag{2-8}$$

水质调节池的型式除上述矩形调节池外，还有方形调节池和圆形调节池。圆形调节池如图 2-12 所示。

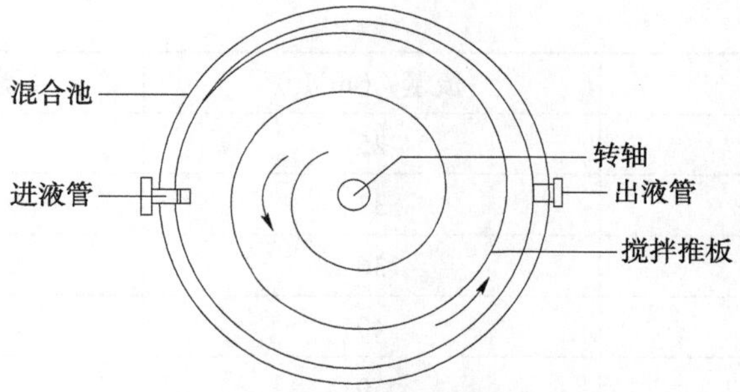

图 2-12 圆形无动力调节池

例 2-2 已知某化工厂的酸性废水的平均流量为 1 000 m^3/d，废水流量及盐酸浓度列于表 2-2 中，求 6 h 的平均浓度和调节池的容积。

解：（1）将表 2-2 中的数据绘制成水质和水量变化曲线，如图 2-13 所示。

表 2-2 某化工厂酸性废水浓度与流量的变化

时间 /h	流量 /（m^3/h）	浓度 /（mg/L）
0～1	50	3 000
1～2	29	2 700
2～3	40	3 800
3～4	53	4 400
4～5	58	2 300
5～6	36	1 800
6～7	38	2 800
7～8	31	3 900
8～9	48	2 400
9～10	38	3 100
10～11	40	4 200
11～12	45	3 800
12～13	37	5 700
13～14	68	4 700
14～15	40	3 000
15～16	64	3 500
16～17	40	5 300
17～18	40	4 200
18～19	25	2 600

续表

时间 /h	流量 /（m^3/h）	浓度 /（mg/L）
19～20	25	4 400
20～21	33	4 000
21～22	36	2 900
22～23	40	3 700
23～24	50	3 100

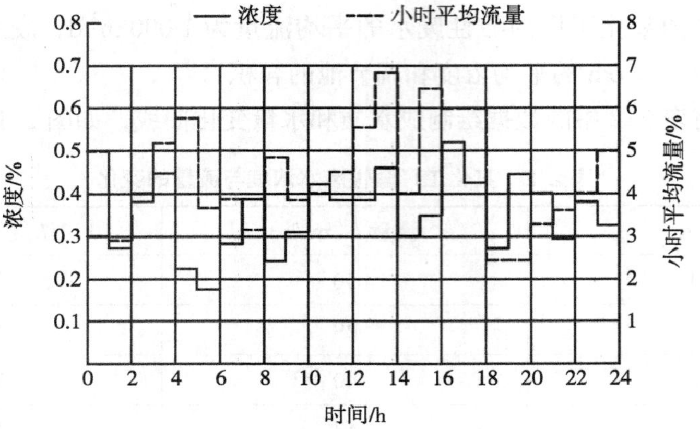

图 2-13　某化工厂酸性废水浓度和流量变化曲线

（2）从图 2-13 中可以看出，废水流量和浓度较高的时段为 12～18 h。此 6 h 废水的平均浓度为

$$\frac{5\,700\times37+4\,700\times68+3\,000\times40+3\,500\times64+5\,300\times40+4\,200\times40}{37+68+40+64+40+40}$$

$\approx$4 341（mg/L）

（3）调节池容积选用矩形平面对角线出水调节池，其容积为

$$W_T=\frac{\sum_{i=1}^{t}q}{2\eta}=\frac{284}{2\times0.7}\approx203\text{（m}^3\text{）}$$

（4）调节池尺寸有效水深取 1.5 m，池面积为 137 m^2，池宽取 6 m，池长为 23 m。纵向隔板间距采用 1.5 m，将池宽分为 4 格。沿调节池长度方向设 3 个污泥斗，沿宽度方向设 2 个污泥斗，污泥斗坡取 50°，如图 2-14 所示。

2.2.1.3　分流贮水池

对于某些工厂，如有偶然泄漏或周期性冲击负荷发生时，宜设分流贮水池。当废水浓度超过某一设定值时，将废水放进分流贮水池，如图 2-15 所示。

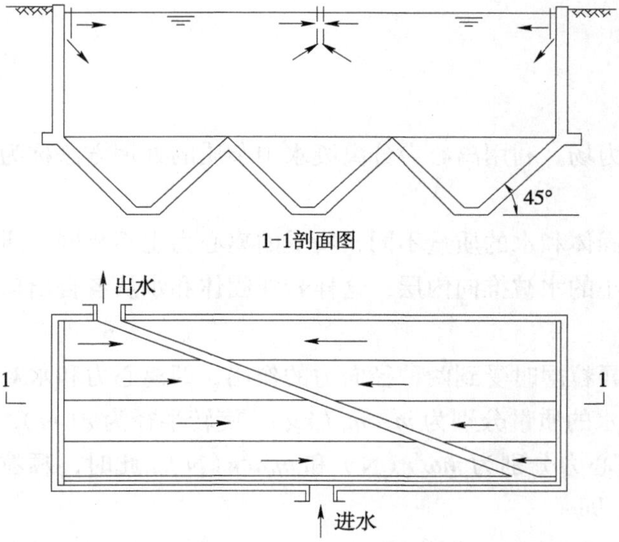

图 2-14 矩形平面对角线出水调节池

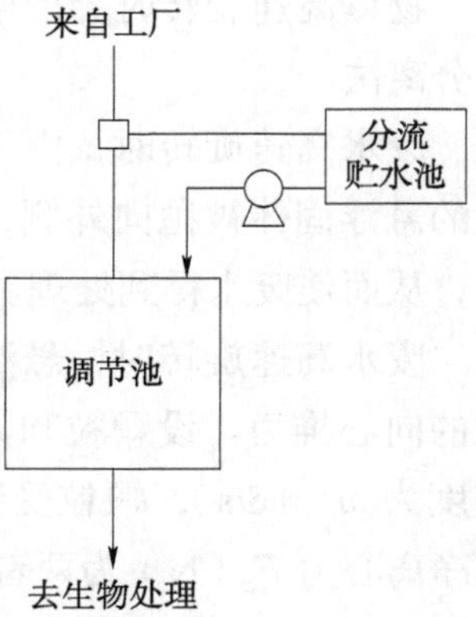

图 2-15 分流贮水池

2.2.1.4 调节池的搅拌

为使废水充分混合和避免悬浮物沉淀，调节池需安装搅拌设备进行搅拌。

（1）水泵强制循环搅拌

如图 2-16 所示，在调节池底设穿孔管，穿孔管与水泵压水管相连，用压力水进行搅拌。其优点是简单易行，缺点是动力消耗较多。

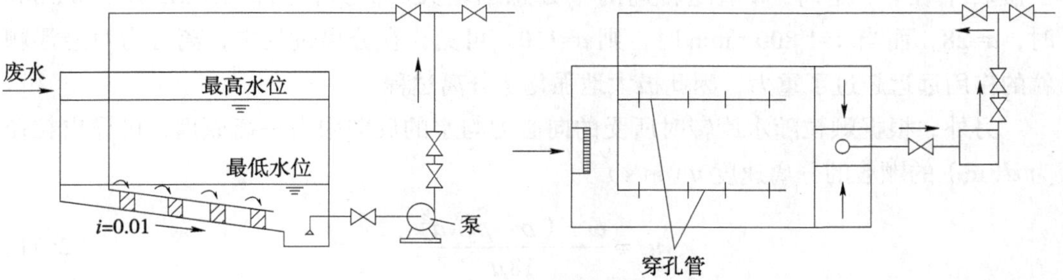

图 2-16 水泵强制循环搅拌

（2）空气搅拌

在池底多设穿孔管，穿孔管与鼓风机空气管相连，用压缩空气进行搅拌。空气用量，采用穿孔管曝气时可取 2～3 m^3/（h · m 管长）或 5～6 m^3/（h · m^2 池面积）。该种方式搅拌效果较好，还可起到预曝气的作用，但运行费用较高。

（3）机械搅拌

在池内安装机械搅拌设备，机械搅拌设备有多种形式，如桨式、推进式、涡流式等。该种方式搅拌效果较好，但设备常年浸于水中，易被腐蚀，且运行费用较高。

2.2.2 离心分离

2.2.2.1 离心分离原理

物体高速旋转时会产生离心力场。利用离心力分离废水中杂质的处理方法称为离心分离法。

废水高速旋转时，由于悬浮固体和水的质量不同，所受的离心力也不相同，质量大的悬浮固体被抛向外侧，质量小的水被推向内层，这样悬浮固体和水从各自出口排出，从而使废水得到处理。

废水高速旋转时，悬浮固体颗粒同时受到两种径向力的作用，即离心力和水对颗粒的向心推力。设颗粒和同体积水的质量分别为 m、m_0（kg），旋转半径为 r（m），角速度为 ω（rad/s），颗粒受到的离心力分别为 $m\omega^2 r$（N）和 $m_0\omega^2 r$（N）。此时，颗粒受到净离心力 F_e（N）为两者之差，即

$$F_e=(m-m_0)\omega^2 r \tag{2-9}$$

该颗粒在水中的净重力为 $F_g=(m-m_0)g$。若以 n 表示转速（r/min），并将 $\omega=\frac{2\pi n}{60}$ 代入式（2-9），用 a 表示颗粒所受离心力与重力之比，则

$$a=\frac{F_e}{F_g}=\frac{\omega^2 r}{g}\approx\frac{rn^2}{900} \tag{2-10}$$

a 称为离心设备的分离因素，式（2-10）是衡量离心设备分离性能的基本参数。当旋转半径 r 一定时，a 值随转速的平方急剧增大。例如，当 r=0.1 m，n=500 r/min 时，a=28，而当 n=1 800 r/min 时，则 a=110。可见，在分离过程中，离心力对悬浮颗粒的作用远远超过了重力，因此极大地强化了分离过程。

另外，根据颗粒随水旋转时所受的向心力与水的反向限力平衡原理，可导出粒径为 d（m）的颗粒的分离速度 u_c（m/s）为

$$u_c=\frac{\omega^2 r(\rho-\rho_0)d^2}{18\mu} \tag{2-11}$$

式中：ρ、ρ_0——分别为颗粒和水的密度，kg/m^3；

μ——水的动力黏度，0.1 Pa·s。

当 $\rho>\rho_0$ 时，u_c 为正值，颗粒被抛向周边；当 $\rho<\rho_0$ 时，颗粒被推向中心。这说明，废水高速旋转时，密度大于水的悬浮颗粒，被“沉降”在离心分离设备的最外侧，而密度小于水的悬浮颗粒（如乳化油），被“浮上”在离心设备最里面，所以离心分离设备能进行离心沉降和离心浮上两种操作。由式（2-11）可知，悬浮颗粒的粒径 d 越小，密度 ρ 同水的密度 ρ_0 越接近，水的动力黏度 μ 越大，颗粒的分离速度 u_c 越小，越难分离；反之，则较易于分离。

2.2.2.2 离心分离设备

按产生离心力的方式不同，离心分离设备可分为离心机和水力旋流器两类。

（1）离心机

离心机是依靠一个可随传动轴旋转的转鼓，在外界传动设备的驱动下高速旋转，转鼓带动需进行分离的废水一起旋转，利用废水中不同密度的悬浮颗粒所受离心力不同进行分离的一种分离设备。

离心机的种类和形式有多种，按分离因素大小可分为高速离心机（a>3 000）、中速离心机（a=1 000～3 000）和低速离心机（a<1 000）。中、低速离心机通常称为常速离心机。按转鼓的几何形状不同可分为转筒式、管式、盘式和板式离心机；按操作过程不同可分为间歇式和连续式离心机；按转鼓的安装角度不同可分为立式和卧式离心机。

①常速离心机

多用于与水有较大密度差的悬浮物的分离。分离效果主要取决于离心机的转速及悬浮物的密度和粒径的大小。国内某些厂家生产的转筒式连续离心机在回收废水中的纤维物质时，回收率可达 60%～70%；进行污泥脱水时，泥饼的含水率可降低到 80%左右。

②高速离心机

多用于乳化油和蛋白质等密度较小的微细悬浮物的分离。例如，从洗毛废水中回收羊毛脂，从淀粉麸质水中回收玉米蛋白质等。

图 2-17 所示为盘式离心机的转筒结构。在转鼓中有十几到几十个锥形金属盘片，盘片的间距为 0.4～1.5 mm，斜面与垂线的夹角为 30°～54°。这些盘片缩短了悬浮物分离时所需移动的距离，减少涡流的形成，从而提高了分离效率。离心机运行时，乳浊液沿中心管自上而下进入下部的转鼓空腔，并由此进入锥形盘分离区，在 5 000 r/min 以上的高速离心力的作用下，乳浊液的重组分（水）被抛向器壁，汇集于重液出口排出，轻组分（油）则沿盘间锥形环状窄缝上升，汇集于轻液出口排出。

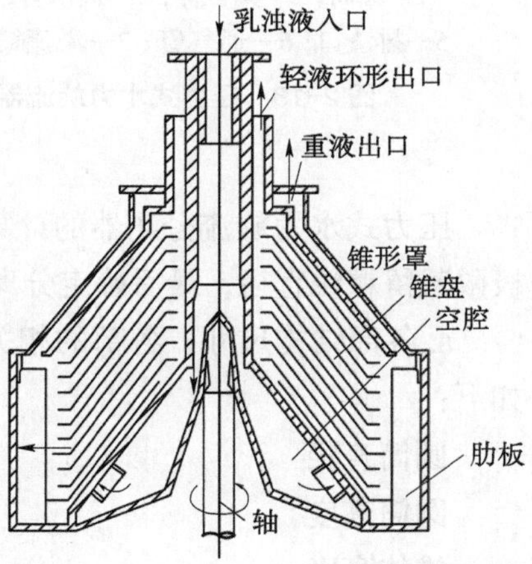

图 2-17　盘式离心机的转筒结构

（2）水力旋流器

水力旋流器有压力式和重力式两种。

①压力式水力旋流器

其构造如图 2-18 所示。水力旋流器用钢板或其他耐磨材料制造，其上部是直径为 D 的圆筒，下部是锥角为 θ 的截头圆锥体。进水管以逐渐收缩的形式与圆筒以切向连接。废水通过加压后以切线方式进入器内，进口处的流速可达 6～10 m/s；废水在器内沿器壁向下做螺旋运动的一次涡流，废水中粒释及密度较大的悬浮颗粒被抛向器壁，并在下旋水推动和重力作用下沿器壁下滑，在锥底形成浓缩液连续排出。锥底部水流在越来越窄的锥壁反向压力作用下改变方向，由锥底向上做螺旋运动，形成二次涡流，经溢流管进入溢流筒后，从出水管排出。在水力旋流中心，形成一束绕轴线分布的自下而上的空气涡流柱。物料在器内的流动状态如图 2-19 所示。

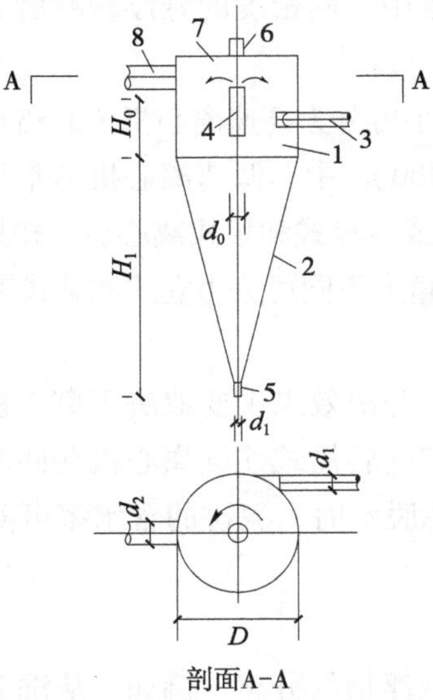

1—圆筒；2—圆锥体；3—进水管；4—溢流管；
5—排渣口；6—通气管；7—溢流筒；8—出水管

图 2-18　压力式水力旋流器的构造

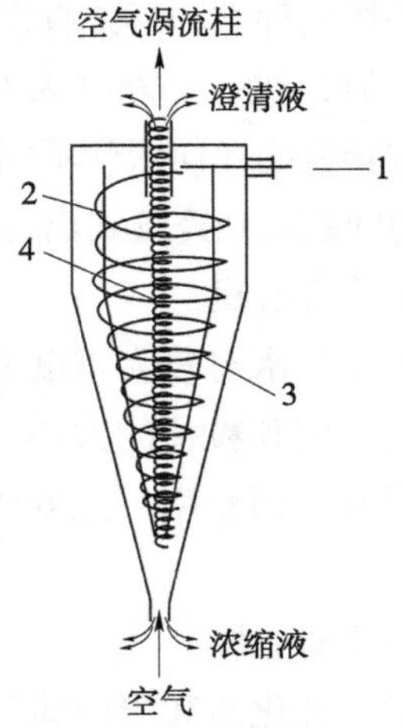

1—入流；2—一次涡流；3—二次涡流；
4—空气涡流柱

图 2-19　物料在水力旋流器内的流动情况

压力式水力旋流分离器的计算，首先需确定分离器的尺寸，然后计算处理水量和极限截留颗粒直径，最后确定分离器台数。

a. 各部结构尺寸：各部的相关尺寸对分离效果有很大影响，经验得到的最佳尺寸如下：

圆筒直径	D
圆筒高度	$H_0=1.7D$
锥体高度	$H_k=3H_0$
锥体角度	$\theta=10°\sim15°$
中心溢流管直径	$d_0=(0.25\sim0.3)D$
进水管直径	$d_1=(0.25\sim0.4)D$
出水管直径	$d_2=(0.25\sim0.5)D$
锥底直径	$d_3=(0.5\sim0.8)d_0$

因离心力与旋转半径成反比，所以旋流器直径不宜过大，一般在 500 mm 以内。如果处理水量较大，可选用多台水力旋流分离器，并联使用。

进水口应紧贴器壁，做成高宽比为 1.5～2.5 的矩形，出口流速一般采用 6～10 m/s。为加强水流的向下旋流，进水管应向下倾斜 3°～5°，溢流管下端与进水管轴线的距离以 $H_0/2$ 为宜。为保持空气柱内稳定的真空度，出水管不能满管工作，因此需 $d_2>d_0$。器顶设通气管，以平衡器内的压力。

b. 处理水量

$$Q=KDd_0\sqrt{g\Delta P} \tag{2-12}$$

式中：Q——处理水量，L/min；

K——流量系数，$K=5.5\,d_1/D$；

ΔP——进出口压差，MPa，$\Delta P=P_1-P_2$，一般取 0.1～0.2 MPa；

G——重力加速度，m/s²。

c. 被分离颗粒的极限直径

压力式水力旋流器的分离效率与结构尺寸、被分离颗粒的性质等因素有关，一般通过试验确定。某种废水的颗粒直径与分离效率的试验曲线如图 2-20 所示。由图 2-20 可知，曲线呈 S 形。分离效率为 50% 的颗粒，其直径称为极限直径。它是判断水力旋流分离器分离效果的重要指标之一。极限直径越小，分离效果越好。极限直径也可按经验公式确定。

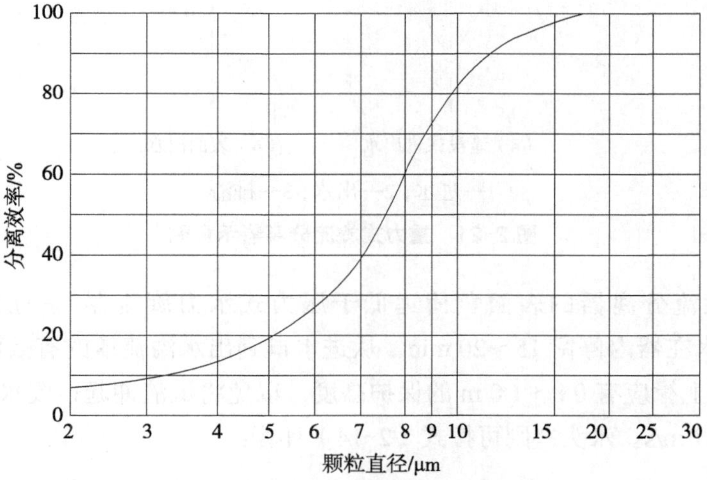

图 2-20 颗粒直径与分离效率的关系

$$d_c=0.75\frac{d_1^2}{\varphi}\sqrt{\frac{\pi\mu}{Qh(\rho-\rho_0)}} \tag{2-13}$$

式中：d_c——极限直径，cm；

μ——水的动力黏度，Pa·s；

φ——环流速度的变化系数，与分离器的构造有关，φ 约为 0.1 D/d；

H——中心流速高度，cm，约为锥体高度的 2/3，即 $h=(D-d^3)/3\text{tg}\theta$；

Q——处理水量，cm^3/s；

ρ、ρ_0——分别为颗粒和水的密度，g/cm^3。

旋流分离器具有体积小、单位容积处理能力高等优点。例如，当旋流分离器用于轧钢废水处理时，氧化铁皮的去除效果接近于沉淀池，但沉淀池的表面负荷仅为 1.0 $m^3/(m^2\cdot h)$，而旋流器则高达 950 $m^3/(m^2\cdot h)$。此外，旋流分离器还具有易于安装、便于维护等优点，因此，较广泛地应用于轧钢废水处理以及高浊度河水的预处理等。

旋流分离器的缺点是器壁易受磨损和电能消耗较大等。

器壁宜用铸铁或铬锰合金钢等耐磨材料制造，宜内衬橡胶，并应力求光滑。

②重力式旋流分离器

重力式旋流分离器又称水力旋流沉淀池。废水也以切线方向进入器内，借进出水的水头差在器内呈旋转流动。与压力式旋流器相比，这种设备的容积大，电能消耗低。图 2-21 所示为重力式旋流分离器的示意图。

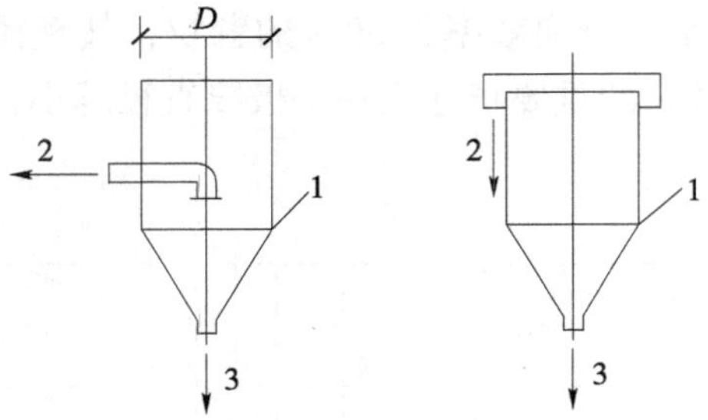

（a）淹没式进出水　　（b）表面出水

1—进水；2—出水；3—排渣

图 2-21　重力式旋流分离器示意图

重力式旋流分离器的表面负荷远低于压力式水力旋流器，一般为 25～30 $m^3/(m^2\cdot h)$。废水在器内停留 15～20 min，从进水口到出水溢流堰的有效深度 $H_0=1.2D$，进水口到渣斗上缘应有 0.8～1.0 m 的保护高度，以免将沉渣冲起；废水在进水口的流速 v 取 0.9～1.1 m/s。水头差则可按式（2-14）计算：

$$h=a\frac{v^2}{2g}+1.1\left(\sum\xi\frac{v_t^2}{2g}+l_i\right) \quad (2\text{-}14)$$

式中：a——系数，通过试验确定，取 4.5；

ξ——局部阻力系数；

v_t——进口处流速，m/s；

l——进水管长度，m；

i——进水管单位长度的沿程损失。

课后习题

1. 工业用水预处理的主要方法和设备有哪些？

2. 铁对工业用水的主要影响有哪些？

3. 除铁、除锰的主要方法是什么？并说明其原理。

4. 调节池的搅拌形式有哪些？简述各形式的优、缺点。

5. 离心分离设备有哪些？简述各设备的优、缺点。

6. 已知含油废水流量为432 m^3/h，设计参数取水力停留时间2 h，水平流速5 mm/s，有效水深2 m，试计算平流隔油池的尺寸。

第3章
氧化还原法

3.1 氧化还原法概述

在化学反应中，如果发生了电子的转移，则参与反应的物质所含元素将发生化合价的改变，这种反应称为氧化还原反应。简单的无机物的氧化还原过程本质是电子转移：失去电子的元素被氧化，是还原过程；得到电子的元素被还原，是氧化过程。其氧化还原能力由标准氧化还原电位的大小来判断，氧化还原电位值越大，电对中氧化剂的氧化能力越强。

对于有机物的氧化还原过程，由于涉及共价键，电子的移动情形更为复杂。许多反应并不发生电子的直接转移，而是原子周围的电子云密度发生变化。因此，加氧或脱氢的反应称为氧化反应，而加氢或脱氧的反应则称为还原反应。凡是因为强氧化剂作用而使有机物分解成简单的无机物（如 CO_2、H_2O 等）的反应，可判断为氧化反应。

氧化还原法是指利用溶解于废水中的有毒有害物质在氧化还原反应中能被氧化或还原的性质，把它转化为无毒无害的新物质。按照污染物的净化原理，废水的氧化还原处理方法主要分为氧化法和还原法两大类，具体处理方法如表 3-1 所示。

表 3-1　废水氧化还原法分类

<table>
<tr><th colspan="2">分类</th><th>方法</th></tr>
<tr><td rowspan="10">氧化法</td><td rowspan="7">常温常压</td><td>空气氧化法</td></tr>
<tr><td>氯氧化法（液氯、NaClO、漂白粉等）</td></tr>
<tr><td>Fenton 氧化法</td></tr>
<tr><td>臭氧氧化法</td></tr>
<tr><td>电解（阳极）</td></tr>
<tr><td>光氧化法</td></tr>
<tr><td>光催化氧化法</td></tr>
<tr><td rowspan="3">高温高压</td><td>湿式催化氧化</td></tr>
<tr><td>超临界氧化</td></tr>
<tr><td>燃烧法</td></tr>
<tr><td colspan="2" rowspan="2">还原法</td><td>药剂还原法（亚硝酸钠、硫代硫酸钠、硫酸亚铁、二氧化硫）</td></tr>
<tr><td>电解（阴极）</td></tr>
</table>

在选择处理药剂和方法时，应遵循下列原则：

（1）处理效果好，反应产物无毒无害，无须进行二次处理。

（2）处理费用合理，所需药剂和材料易得。

（3）操作特性好，在常温和较宽的pH范围内具有较快的反应速度；当提高反应温度和压力后，其提高的处理效率和速度能克服费用增加的不足；当负荷变化后，调整操作参数，可维持稳定的处理效果。

（4）与前后处理工序的目标一致，搭配方便。

与生物氧化法相比，化学氧化还原法需要较高的运行费用。因此，目前化学氧化还原法仅用于饮用水治理、特种工业用水处理、有毒工业废水处理以及以回用为目的的废水深度处理等。

3.2 药剂氧化还原法

在氧化还原反应中，参与化学反应的原子或离子有电子得失，因而引起化合价的升高或降低。在任何氧化还原反应中，若有得到电子的物质就必然有失去电子的物质，因而氧化还原反应必定同时发生。把得到电子的物质称为氧化剂，因为它使另一物质失去电子而被氧化；把失去电子的物质称为还原剂，因为它使另一物质得到电子而被还原。

根据有毒有害物质在氧化还原反应中能被氧化或还原的不同，废水的氧化还原法又可分为氧化法和还原法两大类。在废水处理中常用的氧化剂有：空气中的氧、纯氧、臭氧、氯气、漂白粉、次氯酸钠、三氯化铁等；常用的还原剂有硫酸亚铁、亚硫酸盐、氯化亚铁、铁屑、锌粉、二氧化硫、硼氢化钠等。

电解时阳极是一种氧化剂，阴极是一种还原剂。

3.2.1 药剂氧化法

向废水中投加氧化剂，氧化废水中的有毒有害物质，使其转变为无毒无害或毒性小的新物质的方法称为氧化法。

本节以含氰废水的氯氧化法为例介绍药剂氧化法在废水处理中的应用。

在废水处理中氯氧化法主要用于氰化物、硫化物、酚、醇、醛、油类的氧化去除及脱色、脱臭、杀菌、防腐等。下面重点介绍氯氧化法在含氰废水处理中的应用。

含氰废水大多来源于电镀车间和某些化工厂。废水中含有氰基的氰化物，如氰化钠、氰化钾等。简单氰盐易溶于水，离解为氰离子（CN^-）。氰的络盐溶于水，以氰的络合离子形式存在，如$[Zn(CN)_4]^{2-}$、$Ag(CN)_2$、$[Fe(CN)_6]^{4-}$、$[Fe(CN)_6]^{3-}$等。一

般游离氰是指 CN^-。氰化物的毒性与氰基的形态有关。络合牢固的铁氰化物和亚铁氰化物，由于不易析出 CN^-，表现为低毒性；而氰化钠、氰化钾等易析出 CN^-，表现为剧毒性。

低浓度含氰废水的处理方法有硫酸亚铁石灰法、电解法、吹脱法、生化法、碱性氯化法等。其中，碱性氯化法在国内外已有较成熟的经验，应用十分广泛。

3.2.1.1 碱性氯化法处理含氰废水基本原理

碱性氯化法是在碱性条件下，采用次氯酸钠、漂白粉、液氯等氯系氧化剂将氰化物氧化的方法。无论采用哪种氯系氧化剂，其基本原理都是利用次氯酸根的氧化作用。

漂白粉在水中的反应为

$$Ca(ClO)_2+H_2O+CO_2 = 2HClO+CaCO_3$$

氯气在水中的反应为

$$Cl_2+H_2O = HCl+HClO$$

常用的碱性氯化法有局部氧化法和完全氧化法两种工艺。前者称为一级处理，后者称为二级处理。

（1）局部氧化法

氰化物在碱性条件下被氯氧化成氰酸盐的过程，称为局部氧化法，其反应如下：

$$CN^-+ClO^-+H_2O \longrightarrow CNCl+2OH^-$$

$$CNCl+2OH^- \longrightarrow CNO^-+Cl^-+H_2O$$

上述第一个反应，pH 为任何值，反应速度都很快；第二个反应，pH 越高，反应速度越快。

电镀含氰废水通常除游离氰外，还有重金属与氰的络离子，因此氯系氧化剂的用量应按废水中总氰计算。破坏游离氰所需氧化剂的理论用量为

$$CN : Cl_2=1 : 2.73$$

$$CN : NaOCl=1 : 2.85$$

CN：漂白粉（有效氯 20%～25%）=1：4～5

破坏络离子时，如铜氰络离子，按下列反应计算：

$$2[Cu(CN)_4]^{2-}+9ClO^-+2OH^-+H_2O = 8CNO^-+9Cl^-+2Cu(OH)_2\downarrow$$

理论用量为 CN：NaOCl=1：3.22。

考虑电镀废水中常含有其他还原物质，如 Fe^{2+}、有机添加剂等，实际上氧化剂的用量以 NaOCl 计为含氰量的 5～8 倍。

（2）完全氧化法

局部氧化法生成的氰酸盐虽然毒性低，仅为氰的 1/1 000，但只有完全氧化，才能去除毒性。完全氧化法是继局部氧化法后，将生成的氰酸根（CNO^-）进一步氧化成 N_2 和 CO_2，从而消除氰酸盐对环境的污染。

$$2NaCNO+3HOCl+H_2O = 2CO_2+2NaCl+HCl+2H_2O+N_2$$

经局部氧化后残余的氯化氰，也能被进一步氧化：

$$2CNCl+3HOCl+H_2O = 2CO_2+N_2+5HCl$$

完全氧化工艺的关键在于控制反应的pH。pH大于12，则反应停止；pH也不能太低，否则氰酸根会水解生成氨并与次氯酸生成有毒的氯胺。完全氧化法氧化剂的用量一般为局部氧化法的1.1～1.2倍。完全氧化法处理含氰酸水必须在局部氧化法的基础上才能进行，药剂应分两次投加，以保证有效地破坏氰酸盐，适当的搅拌可提高反应速率。

3.2.1.2 碱性氯化法处理含氰废水的工艺流程

碱性氯化法宜用于处理电镀生产过程中所产生的各种含氰废水。废水中氰离子含量不宜大于50 mg/L，以避免铁、镍离子混入含氰废水处理系统。

碱性氯化法处理含氰废水，一般情况下可采用一级氧化处理，有特殊要求时可采用二级氧化处理。

采用一级氧化处理含氰废水时，基本工艺流程如图3-1所示。

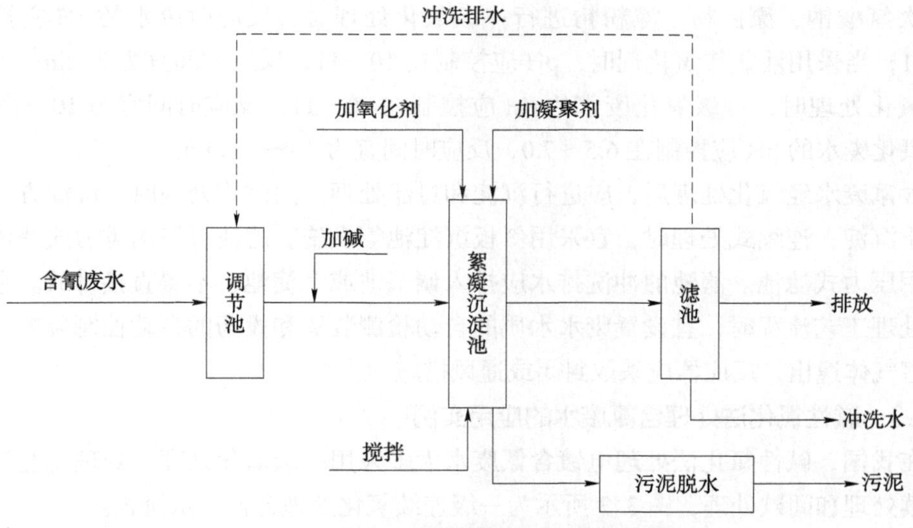

图3-1 一级氧化处理含氰废水基本工艺流程

采用二级氧化处理含氰废水时，可采用图3-2所示的基本工艺流程。一级氧化和二级氧化所需的氧化剂必须分级投加。

碱性氧化法处理含氰电镀废水，应设置调节池。调节池宜设计成两格，其总有效容积可按2～4 h平均废水量计算，并应设置除油、清除沉淀物等设施。当采用间歇式处理，并设有两座絮凝沉淀池交替使用时，可不设调节池。

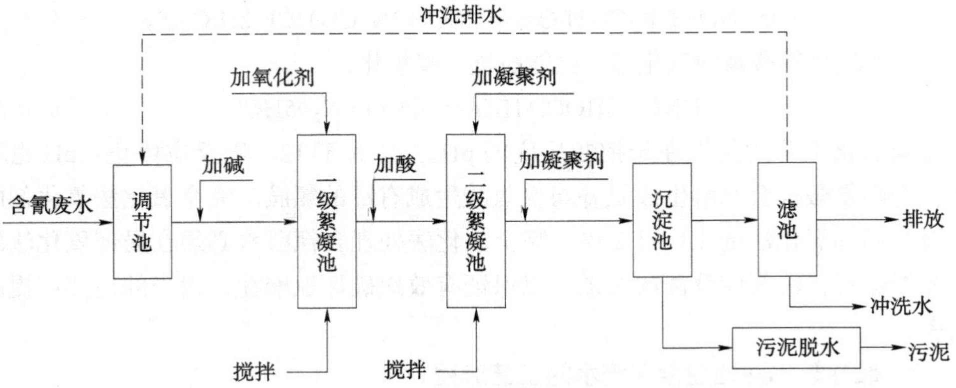

图 3-2　二级氧化处理含氰废水基本工艺流程

废水与投加的化学药剂混合，反应时可采用机械搅拌或水力搅拌两种方式进行搅拌。氧化剂可采用次氯酸钠、漂白粉、漂粉精和液氯，其投药量宜通过试验确定。当无试验条件时，其投药量应按氰离子与活性氯的重量比计算确定。一级氧化处理时其重量比宜为（1：3）～（1：4），二级氧化处理时其重量比宜为（1：7）～（1：8）。当采用次氯酸钠、漂白粉、漂粉精进行一级氧化处理时，反应时废水的 pH 应控制在 10～11；当采用液氯作氧化剂时，pH 应控制在 10～11，反应时间宜为 3 min；当采用二级氧化处理时，一级氧化废水的 pH 应控制在 10～11，反应时间宜为 10～15 min；二级氧化废水的 pH 应控制在 6.5～7.0，反应时间宜为 10～15 min。

含氰废水经氧化处理后，应进行沉淀和过滤处理。间歇式处理时，沉淀方式宜采用静止沉淀；连续式处理时，宜采用斜板沉淀池等设施。滤池可采用重力式滤池，也可采用压力式滤池。滤池的冲洗排水应排入调节池或沉淀池，不得直接排放。采用连续式处理工艺流程时，宜设置废水水质的自动检测装置和投药的自动控制装置。为防止有害气体逸出，反应器应采取封闭或通风措施。

3.2.1.3　碱性氯化法处理含氰废水的应用实例

在我国，碱性氯化法处理电镀含氰废水大多采用一级氧化处理。处理工艺流程分为连续处理和间歇处理，图 3-3 所示为一级连续氧化处理含氰废水流程。

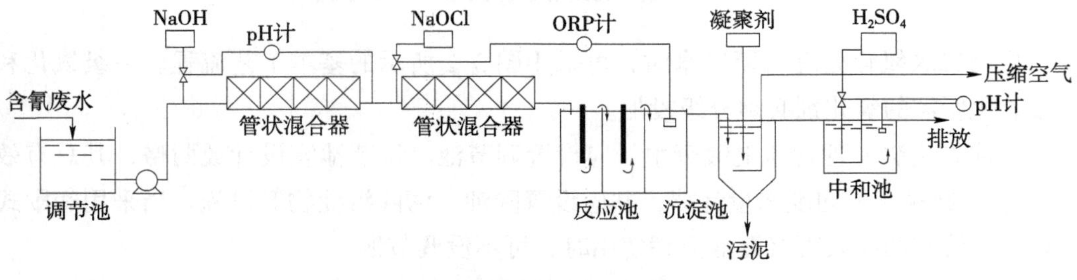

图 3-3　一级连续氧化处理含氰废水流程

含氰废水用泵从调节池经两个串联管状混合器送入翻腾式反应池。在第一个混合器前投加碱液，其投量由pH计自动控制，使废水的pH控制在10～11。在第二个混合器前投加次氯酸钠溶液，投加量由ORP计自动控制，一般控制ORP值为+300 mV。废水在反应池停留一定时间后进入沉淀池并投加高分子絮凝剂，加速重金属氢氧化物的沉淀。沉淀池间歇排泥。沉淀池出水pH很高，需经中和池将pH调至6.5～8.5后再排放或利用。pH也可由pH计自动控制。如将沉淀池改用气浮池进行固液分离，效果良好。

图3-4所示为某厂氰化镀铜－锡合金废水连续式完全氧化工艺处理流程。含氰废水总氰浓度为90～100 mg/L，氢氧化钠和次氯酸钠在泵前投入，pH控制在10以上。Cl：CN=2。废水经泵混合后送入第一隔板翻腾式反应池，反应时间约20 min，然后进入第二隔板翻腾式反应池，投加硫酸和次氯酸钠，pH控制在6.0～6.5，次氯酸钠投加量（以氯计）为一级处理的1.2倍，反应时间为10 min。出水余氯量以6 mg/L为宜，可用沉淀法或气浮法进行固液分离，污泥脱水后进行处置或利用。

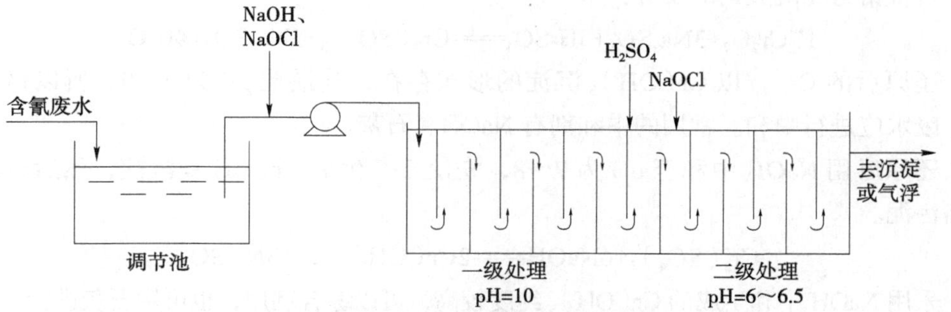

图3-4 连续式完全氧化工艺处理流程

3.2.2 药剂还原法

向废水中投加还原剂，使废水中的有毒有害物质转变为无毒的或毒性小的新物质的方法称为还原法。本节以含铬废水为例介绍药剂还原法在废水处理中的应用。

3.2.2.1 药剂还原法处理含铬废水基本原理

含铬废水大多来源于电镀厂、制革厂和某些化工厂。电镀含铬废水主要来自镀铬漂洗水、各种铬钝化漂洗水、塑料电镀粗化工艺漂洗水等。含六价铬废水的药剂还原法的基本原理是在酸性条件下，利用化学还原剂将六价铬还原成三价铬，然后用碱使三价铬成为氢氧化铬沉淀而去除。

电镀废水中的六价铬主要以铬酸根（CrO_4^{2-}）和重铬酸根（$Cr_2O_7^{2-}$）两种形式存在，随着废水pH的不同，两种形式之间存在转换平衡：

$$2CrO_4^{2-}+2H^+ = Cr_2O_7^{2-}+H_2O$$
$$Cr_2O_7^{2-}+2OH = 2CrO_4^{2-}+H_2O$$

从上式可以看出，在酸性条件下，六价铬主要以 $Cr_2O_7^{2-}$ 形式存在；在碱性条件下，六价铬主要以 CrO_4^{2-} 形式存在。电镀含铬漂洗废水 Cr^{6+} 的浓度一般为 20～100 mg/L，废水的 pH 一般在 5 以上。在酸性条件下六价铬的还原反应很快，一般要求 pH 小于 3。

常用的还原剂有亚硫酸钠、亚硫酸氢钠、焦亚硫酸钠、硫代硫酸钠、硫酸亚铁、二氧化硫、水合肼、铁屑、铁粉等。

3.2.2.2 亚硫酸盐还原法

目前，常用亚硫酸钠和亚硫酸氢钠为还原剂，也有用焦亚硫酸钠的。实际上，焦亚硫酸钠溶于水后，水解为亚硫酸氢钠，反应如下：

$$Na_2S_2O_5+H_2O=\!=\!=2NaHSO_3$$

六价铬与亚硫酸氢钠的反应：

$$2H_2Cr_2O_7+6NaHSO_3+3H_2SO_4=\!=\!=2Cr_2(SO_4)_3+3Na_2SO_4+8H_2O$$

六价铬与亚硫酸钠的反应：

$$H_2Cr_2O_7+3Na_2SO_3+3H_2SO_4=\!=\!=Cr_2(SO_4)_3+3Na_2SO_4+4H_2O$$

还原后的 Cr^{3+}，以 $Cr(OH)_3$ 沉淀的形式存在，其最佳 pH 为 7～9。所以铬还原后，废水应进行中和。常用的中和剂有 NaOH、石灰。

还原后用 NaOH 中和至 pH 为 7～8，先使 Cr^{3+} 生成 $Cr(OH)_3$ 沉淀，然后过滤回收铬污泥。

$$Cr_2(SO_4)_3+6NaOH=\!=\!=2Cr(OH)_3\downarrow+3Na_2SO_4$$

采用 NaOH 中和生成的 $Cr(OH)_3$ 纯度较高，可以综合利用，也可用石灰进行中和沉淀。该过程费用较低，但操作不便，反应速度慢，生成的污泥量大，且难以综合利用。

亚硫酸盐还原法的工艺设计参数如下：

（1）废水六价铬浓度一般控制在 100～1 000 mg/L。

（2）废水 pH 为 2.5～3，如果 Cr^{6+} 浓度大于 500 mg/L，还原要求 pH=1，还原反应后要求 pH 保持在 3 左右。

（3）还原剂用量与 Cr^{6+} 浓度和还原剂种类有关，电镀废水通常在 Cr^{6+} 的浓度范围内，还原剂理论用量（重量比）六价铬为 1 时，亚硫酸氢钠、亚硫酸钠、焦亚硫酸钠的用量分别为 4、4、3。投量不宜过大，否则既浪费药剂，又会生成 $[Cr_2(OH)_2SO_3]^{2-}$，加碱也难以使 Cr^{3+} 生成沉淀。

（4）还原反应时间约 30 min。

（5）氢氧化铬沉淀 pH 控制在 7～8。

（6）沉淀剂可用 NaOH、石灰、碳酸钠，根据实际情况选用。一般常用浓度为 20% 的 NaOH。

3.2.2.3 硫酸亚铁还原法

硫酸亚铁还原法处理含铬废水是一种成熟的方法。当用钢铁酸洗废液的硫酸亚铁时，由于药剂来源容易，成本较低，除铬效果也较好，至今有些小企业仍在采用。

在硫酸亚铁中主要是亚铁离子起还原作用。在酸性条件下，pH 为 2～3，此时废水中六价铬主要以重铬酸根离子形式存在。其还原反应为

$$H_2Cr_2O_7+6H_2SO_4+6FeSO_4 = Cr_2(SO_4)_3+3Fe_2(SO_4)_3+7H_2O$$

用硫酸亚铁还原六价铬，最终废水中同时存在 Cr^{3+} 和 Fe^{3+}，所以中和沉淀时 Cr^{3+} 和 Fe^{3+} 一起沉淀，沉淀的污泥是铬氢氧化物和铁氢氧化物的混合物。若用石灰乳进行中和沉淀，污泥中还会生成 $CaSO_4$ 沉淀：

$$Cr_2(SO_4)_3+3Ca(OH)_2 \longrightarrow 2Cr(OH)_3\downarrow+3CaSO_4\downarrow$$

此法又称硫酸亚铁石灰法。该法的最大缺点是生成的污泥量比亚硫酸盐还原法多 3 倍以上，基本上没有回收利用价值，需要妥善处理，以防二次污染。

硫酸亚铁石灰法的主要工艺设计参数为

（1）废水六价铬浓度为 50～100 mg/L。

（2）还原时废水 pH 为 1～3。

（3）还原剂用量 Cr^{6+} 与 $FeSO_4\cdot 7H_2O$ 比例为 1 :（25～30）。

（4）反应时间不小于 30 min。

（5）中和沉淀 pH 为 7～9。

3.2.2.4 水合肼还原法

水合肼（$N_2H_4\cdot H_2O$）在中性或微碱性条件下，能迅速地还原六价铬并生成氢氧化铬沉淀，反应为

$$4CrO_3+3N_2H_4 = 4Cr(OH)_3\downarrow+3N_2\uparrow$$

这种方法可处理镀铬生产线第二回收槽带出的含铬废水，也可处理铬酸盐钝化工艺中产生的含铬漂洗水。

3.3 臭氧氧化法

3.3.1 臭氧的物理化学性质

臭氧是氧气的同素异形体，它的分子由 3 个氧原子组成，臭氧在室温下为无色气体，具有特殊的臭味。在标准状态下，容重为 2.144 g/L，其主要物理化学性质如下：

（1）臭氧的氧化能力

臭氧是一种强氧化剂，其氧化能力仅次于氟，比氧、氯及高锰酸盐等常用的氧化剂都强。

（2）臭氧在水中的溶解度

生产中多以空气为原料制备臭氧化空气（含臭氧的空气）。臭氧在水中的溶解度符合亨利定律。

$$C=K_H P \tag{3-1}$$

式中：C——臭氧在水中的溶解度，mg/L；

P——臭氧化空气中臭氧的分压，kPa；

K_H——亨利常数，mg/（L·kPa）。

臭氧化空气中，臭氧只占0.6%～1.2%（体积比），根据气态方程和道尔顿定律，臭氧的分压也只有臭氧化空气压力的0.6%～1.2%，因此，当水温为25℃时，将臭氧化空气注入水中，臭氧的溶解度只有3～7 mg/L。

（3）臭氧的分解

臭氧在空气中会自行分解为氧气，其反应为

$$O_3 \longrightarrow \frac{3}{2}O_2 +144.45\ \text{kJ}$$

由于臭氧分解时释放大量热量，当浓度在25%以上时，极易爆炸；但一般臭氧化空气中臭氧的浓度不超过10%，因此不会发生爆炸。臭氧在空气中的分解速度，随温度升高而加快。浓度为1%以下的臭氧，在常温常压下，其半衰期为16 h左右，所以臭氧不易贮存，需边生产边使用。臭氧在纯水中的分解速度比在空气中快得多。水中臭氧浓度为3 mg/L，在常温常压下，其半衰期仅为5～30 min。臭氧在水中的分解速度随pH的升高而加快，一般在碱性条件下分解速度较快，在酸性条件下分解速度较慢。

（4）臭氧的毒性和腐蚀性

臭氧是有毒气体。当空气中臭氧浓度为0.1 mg/L时，会刺激眼、鼻、喉；浓度为1～10 mg/L时，会使人感到头痛，出现呼吸器官局部麻痹等症状；浓度为15～20 mg/L时，可能致死。其毒性还与接触时间有关，一般从事臭氧处理的工作人员，其所在的环境中臭氧浓度的允许值为≤0.1 mg/L。

臭氧具有强氧化能力，除金和铂外，臭氧化空气几乎对所有金属都有腐蚀作用。不含碳的铬铁合金，基本上不受臭氧腐蚀，所以生产中常采用含25% Cr的铬铁合金（不锈钢）来制造臭氧发生设备、加注设备及臭氧直接接触的部件。

臭氧对非金属材料也有强烈的腐蚀作用，如聚氯乙烯塑料板等。不能用普通橡胶作密封材料，应采用耐腐蚀能力强的硅橡胶或耐酸橡胶。

3.3.2 臭氧的制备

目前，臭氧的制备方法有无声放电法、放射法、紫外线辐射法、等离子射流法和电解法等。无声放电法又分为气相中放电和液相中放电两种。在水处理中多采用气相中无声放电法，下面进行详细介绍。

3.3.2.1 无声放电法制备臭氧的原理

无声放电法生产臭氧的原理如图3-5所示。在玻璃管②外，套一个不锈钢管①，使两者之间形成放电间隙，玻璃管内壁涂石墨③作为一个电极。交流电源⑤通过变压器④升压后，将高压交流电加在石墨层和不锈钢管之间，使放电间隙产生高速电子流。玻璃管作为介电体防止两电极之间产生火花放电。将干燥的空气或氧气从一端通入放电间隙，受到高速电子流的轰击，从另一端流出时就成为臭氧化空气或臭氧化氧气。

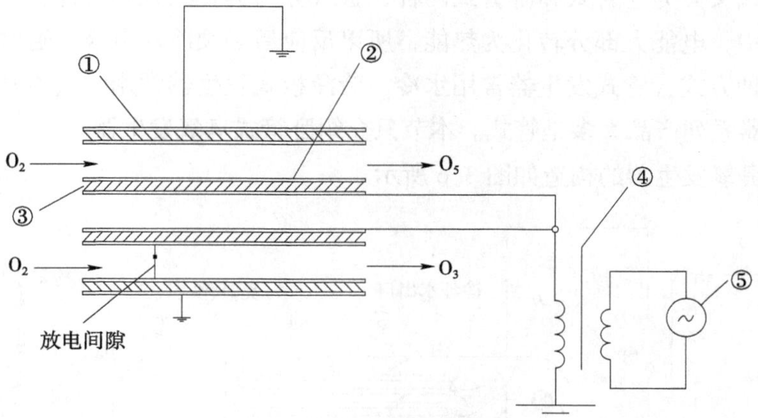

图 3-5　无声放电法示意图

利用氧气制备臭氧，要使氧气转变为臭氧需要有很高的能量才能分解成氧原子。无声放电法是利用高速电子轰击氧气，其反应如下：

$$O_2 = 2O \tag{3-2}$$

分离后的氧原子有些合成为臭氧，其反应如下：

$$3O = O_3 \tag{3-3}$$

有些重新合成为氧气，如式（3-2）的逆反应，有些则和氧气合成为臭氧，其反应如下：

$$O + O_2 = O_3 \tag{3-4}$$

从式（3-3）和式（3-4）的逆反应可知，生成的臭氧会分解为氧原子和氧气。当臭氧发生器的散热不良时，分解更为迅速。因此，通过放电区域的氧，只有一部分能生成臭氧。当空气通过放电区域时，生成的臭氧只占空气的 0.6%～1.2%（体积比）。因此，产生的臭氧通常含有一定浓度的空气，称为臭氧化空气。若以纯氧气通过放电区域，其产量仅比以空气为原料多 1 倍。

氧气生产臭氧的总反应式如下：

$$3O_2 \longrightarrow 2O_3 - 288.9\ \text{kJ（或 144.4 kJ/mol）} \tag{3-5}$$

即每生产 1 kg 臭氧需要消耗能量 0.836 kW·h，相当于单位电耗的生产率为 1.2 kg O_3/（kW·h）。由于约 95% 的电能变成光能和热能被消耗掉，故用空气生产每吨臭氧实际耗能量为 1 500～2 000 kW·h。

由式（3-5）可知，在放电间隙将产生大量热量，它会使臭氧加速分解而影响产量，因此，采取适当的冷却措施，及时排出这些热量，可提高产量、提高臭氧浓度、降低电耗。

3.3.2.2 臭氧发生器

工业上利用无声放电法制备臭氧的臭氧发生器，按其电极构造可分为管式和板式两大类。管式又分为立管式和卧管式两种，板式分为奥托板式和劳泽板式两种。在臭氧发生过程中，电能大部分转化为热能，所以反应后必须冷却电极。通常采用水冷和空气冷却两种方式，管式发生器常用水冷，劳泽板式发生器常用空气冷却。我国生产的臭氧发生器系列产品大多是管式。本节只介绍卧管式臭氧发生器。

卧管式臭氧发生器的构造如图 3-6 所示。

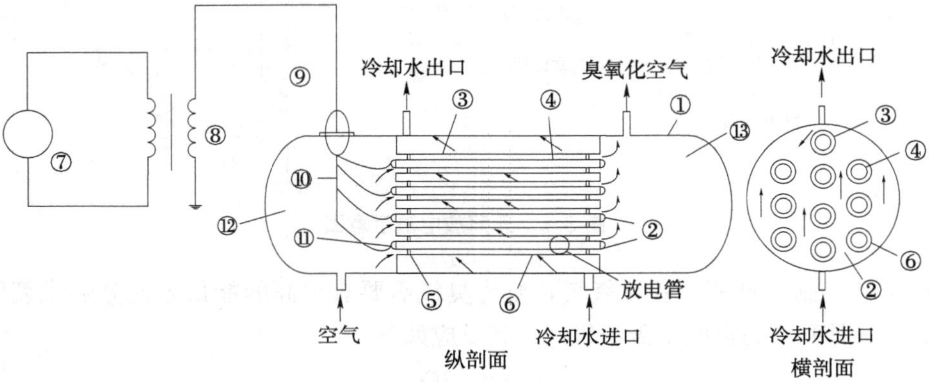

图 3-6 卧管式臭氧发生器的构造

在金属圆筒①内的两端各焊有一块孔板②，每孔焊上一根不锈钢管③，不锈钢管内安装内涂石墨的玻璃管④，并用定位环⑤使玻璃管外壁与不锈钢管内壁保持一定的放电间隙⑥。整个金属圆筒内形成两个通道：两块孔板和不锈钢外壁之间为冷却水通道；两块孔板与圆筒端盖的空间，一个作为进气分配室⑫，另一个作为臭氧化空气收集室⑬，并连通放电间隙。交流电源⑦经变压器⑧升压后，高压端通过绝缘瓷瓶⑨、导线⑩、接线柱⑪及熔丝等电器元件接到玻璃管壁内的石墨层上，低压端通过金属圆筒外壳、孔板和不锈钢管连接。当石墨层和不锈钢管间加上高压电流时，从进气分配室进入放电间隙的空气在高速电子流轰击下形成臭氧化空气，经臭氧化空气收集室送出，同时冷却水带走放电过程中产生的热量。

据研究，臭氧的产量与电压的二次方成正比，增加电压可提高臭氧的产量，但电压越高，耗电量越大，介电体容易被击穿，对元件的绝缘性要求也越高，因此一般采用 10～15 kV 的电压。提高交流电的频率，可增加放电次数，从而可提高臭氧的产量，但需增加调频设备，国内目前仍采用 50～60 Hz 的电源。

放电间隙越小，越容易放电，产生无声放电所需的电压越小，耗电量越小；但间隙过小，对介电体或电极表面要求越高，管式（水冷）一般采用 2～3.5 mm。

理想的介电体应具有良好的绝缘和导热性能。为了取得良好的散热性能，应尽可能地减少介电体的厚度。玻璃、云母和塑料具有良好的绝缘性能，据研究，玻璃管的厚度增加 1 mm，臭氧产量将减少 1/2 左右。但介电体过薄易被高压电击穿，因此生产中管式臭氧发生器硼硅玻璃管厚度常采用 2.1～3 mm。

3.3.3 空气的净化

进入臭氧发生器的空气，必须经过净化，除去空气中的杂质和水分。图 3-7 所示为空气净化流程及设备。为了防止润滑油污染空气，堵塞干燥剂，宜采用无油润滑的空压机。从空压机出来的空气，经 $CaCl_2$ 盐水冷冻液预冷，使空气温度降至 5～10℃，减少含湿量，然后经旋风分离器除去大颗粒杂质及一部分水分，再经瓷环过滤器去除细小杂质和水分，最后经硅胶干燥器及分子筛干燥器，进一步去除水分，达到一定的干燥度。由于硅胶和分子筛会产生一定的粉尘，空气经过干燥后，需再次进行过滤。空气过滤器的填料，除瓷环和脱脂棉外，也可以采用纱布、毛毡、活性炭和泡沫塑料等。干燥剂还可用活性氧化铝等。

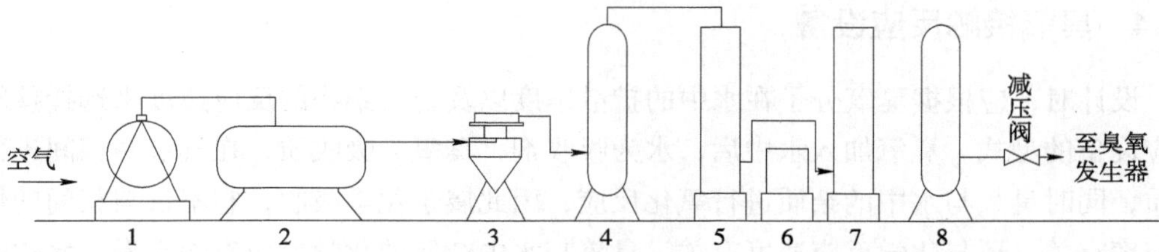

1—无油润滑空压机；2—空气冷凝器；3—旋风分离器；4—瓷环过滤器；5—硅胶干燥器；6—加热器；7—分子筛干燥器；8—脱脂棉过滤器

图 3-7 空气净化流程及设备

干燥剂吸湿饱和后，必须活化再生，将吸附的水分解吸，在硅胶和分子筛干燥器旁设有电炉加热器，这是以往常用的电加热活化再生法。再生时，把从过滤器出来的、已经除尘的空气通过电炉加热，经加热后送入待再生的干燥器内，在器内热空气将吸附在干燥剂上的水分解吸带出器外放掉。再生完毕后，再用已经净化和干燥的冷空气冷却。硅胶干燥器一般运行 120 h 需再生一次，每次需 6 h，进气温度为 150℃，出气温度为 130℃左右。分子筛干燥器一般 160 h 再生一次，每次需 6 h，进气温度为 400℃，出气温度为 350℃。虽然此法设备复杂、操作麻烦、能耗大、干燥剂受热易老化，但再生效果好，适用于大型的水处理站。

对于小型水处理站，干燥剂的再生可采用吸附再生法。这种方法是使湿空气中的水分在一定压力下被干燥剂吸附，吸附饱和后减压（常压或负压），使干燥剂解吸再生。解吸过程所需的热量由吸附剂本身保持的吸附热和再生冲洗气解吸下来的水分散发出来的热量供给，无须外加热量，所以又称无热再生法。无热再生法多用于一级干燥，设备布置成双塔式，其工艺流程如图 3-8 所示。两个干燥塔交替工作和再生。当 A 塔工作时，经该塔干燥后 70% 的空气经止回阀送到后序过滤器进行过滤，另外 30% 的干燥空气经孔板或阀门 C 减压后送到 B 塔，用于 B 塔的干燥，最后由塔底排出。A 塔吸附饱和后，将四通阀旋转 90°，B 塔开始工作，A 塔进行再生。四通阀可采用电磁阀自动控制。此法的优点是设备和管道布置简单，操作管理方便，容易实现自动化，干燥剂在常温下工作不易受热老化。缺点是由于干燥剂承受的压力经常改变容易破损，使干燥空气中的粉尘增多；再生后吸附容量小，吸附周期短，一般为 5～10 min，因此再生空气用量大；另外，四通阀动作频繁，易损坏。

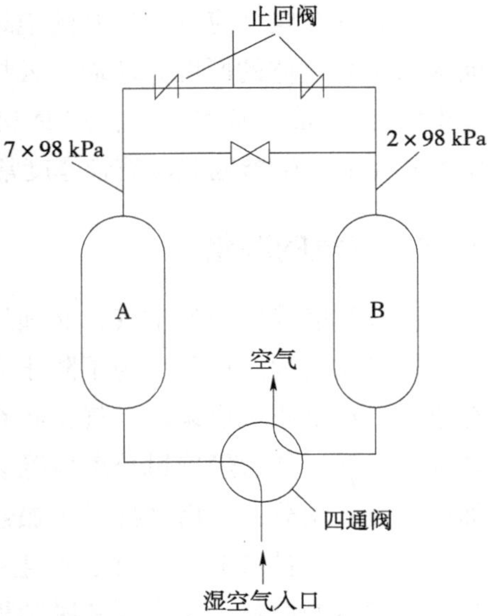

图 3-8　无热再生法工艺流程

3.3.4　臭氧接触反应设备

设计时，应根据臭氧分子在水中的扩散速度以及与污染物的反应速度来选择接触反应设备的型式。臭氧加入水中后，水为吸收剂，臭氧为吸收质，在气液两相间进行传质，同时臭氧与水中的杂质进行氧化反应，因此属于化学吸收，它不仅与相间的传质速率有关，还与化学反应速度有关。臭氧与水中杂质的化学反应有快有慢。水中的杂质，如酚、氰、亲水性染料、细菌、铁、锰、硫化氢、亚硝酸盐等与臭氧的化学反应很快，这时吸收速率受传质速率控制；水中的杂质，如 COD、BOD、饱和脂肪族化合物、合成表面活性剂（ABS）、氨氮等与臭氧的反应很慢，则其吸收速率受化学反应速率控制，因此，应根据臭氧处理的对象，选用不同的接触反应设备。

臭氧接触反应设备，根据臭氧化空气与水的接触方式可分为气泡式、水膜式和水滴式 3 类。

3.3.4.1　气泡式臭氧接触反应器

气泡式反应器是一种用于受化学反应控制的气－液接触反应设备，是我国目前水处理中应用最多的一种。实践表明，气泡越小，气－液的接触面积越大，对液体的搅动越小。因此，应通过试验确定最佳气泡尺寸。根据在气泡式反应器内安装产生气泡装置的不同，气泡式反应器可分为多孔扩散式、机械表面曝气式及塔板式 3 种。

（1）多孔扩散式反应器

臭氧化空气通过设在反应器底部的多孔扩散装置分散成微小气泡后进入水中。多孔扩散装置有穿孔管、穿孔板和微孔滤板等。根据气和水的流动方向不同又可分为同向流与异向流两种。

同向流反应器如图 3-9 所示，是最早应用的一种反应器。其缺点是底部臭氧浓度大，原水杂质的浓度也大，大部分臭氧被易于氧化的杂质消耗掉，而上部臭氧浓度小，此处的杂质较难氧化，低浓度的臭氧往往对它无能为力。因此，臭氧利用率较低，一般为 75%。当臭氧用于消毒时，宜采用同向流反应器，这样可使大量臭氧与细菌接触，以免大部分臭氧氧化其他杂质而影响消毒效果。

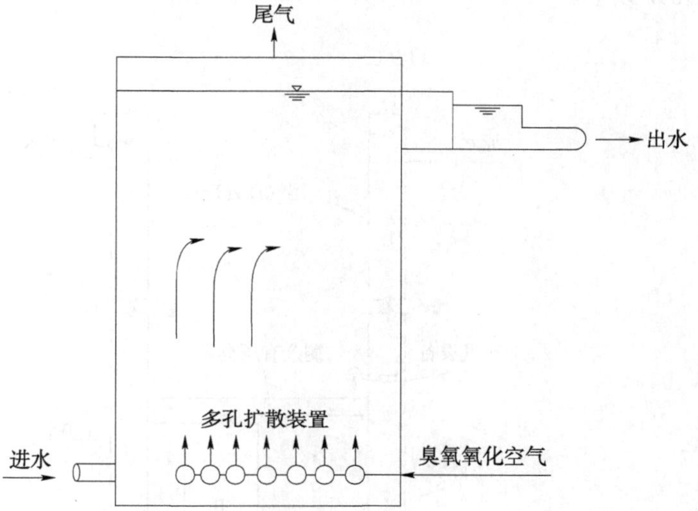

图 3-9　同向流反应器

图 3-10 所示为异向流反应器，低浓度的臭氧与杂质浓度大的水相接触，臭氧的利用率可达 80%。目前我国多采用这种反应器。

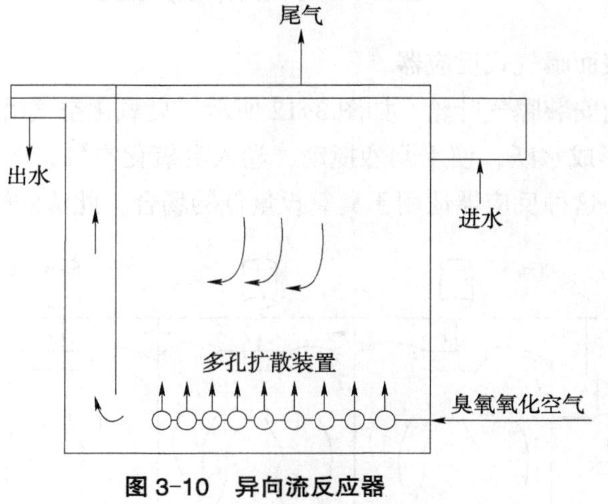

图 3-10　异向流反应器

上述两种反应器均可设多隔串联，以提高臭氧的利用率。

图 3-11 所示为承压式异向流反应器。反应器增设了降流和升流管，当反应器底部压

力增大时，可提高臭氧在水中的溶解度，从而提高臭氧的利用率。反应器第一隔设布气管，第二隔不设布气管，利用从第一隔出水中的臭氧进行反应。与水充分接触后的剩余溶解臭氧聚集在两隔互相连通空间的水面上，达到一定压力后引到降流管中，对原水进行预处理，进一步提高臭氧的利用率。降流管的有效水深为 10～12 m，流速应小于 150 mm/s。各隔有效水深为 2 m，流速为 13 mm/s，接触时间为 2.5 min，臭氧的利用率可达 90% 以上。

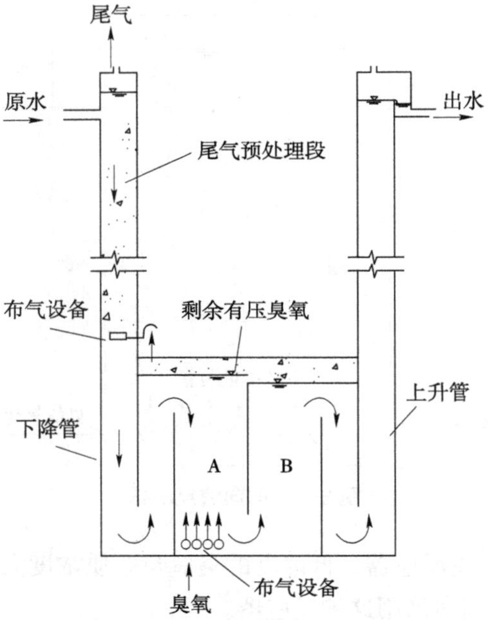

图 3-11　承压式异向流反应器

（2）机械表面曝气式反应器

在反应器内安装曝气叶轮，如图 3-12 所示。臭氧化空气沿液面流动，高速旋转的叶轮在其周围形成水跃，使水剧烈搅动，卷入臭氧化空气，气 - 液界面不断更新，使臭氧溶于水中。这种反应器适用于臭氧投量低的场合。此法的缺点为能耗大。

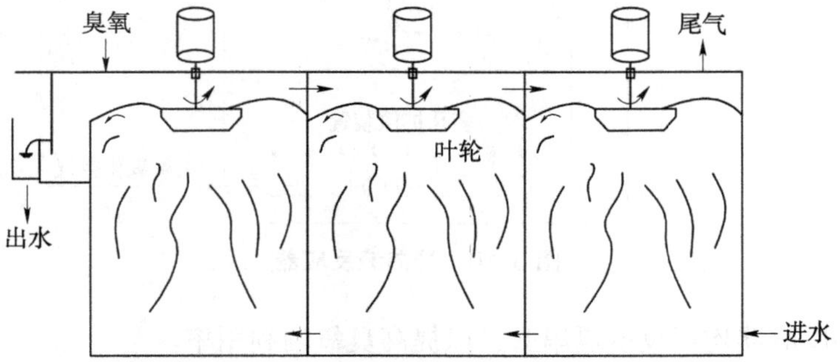

图 3-12　机械表面曝气式反应器

（3）塔板式反应器

塔板式反应器有筛板塔和泡罩塔，如图 3-13 所示。塔内设多层塔板，每层塔板上设溢流堰和降液管，水在塔板上翻过溢流堰，经降液管流到下层塔板。在塔板上开许多筛孔的称筛板塔。上升的气流通过筛孔，被分散成细小的股流，在板上的水层中形成的气泡与水接触后逸出液面，然后再与上层液体接触。板上的溢流堰使板上的水层维持一定深度，将降流管出口淹没在液层中形成水封，防止气流沿降流管上升。运行时应维持一定的气流压力，以阻止废水经筛板下漏。泡罩塔内装有多层水平板，板上有若干个供气通过的升气管，其上各覆盖底缘有齿缝和小槽的泡罩。工作时，气流经升气管进入泡罩，然后通过泡罩上的缝或孔，分散成细小的气泡进入液层。运行时应控制气流压力，使泡罩形成水封，防止气流从泡罩下沿逸出。泡罩塔不易发生液漏现象，既使气液负荷变化大时，也能保持稳定的吸收效率；但构造复杂、造价较高。

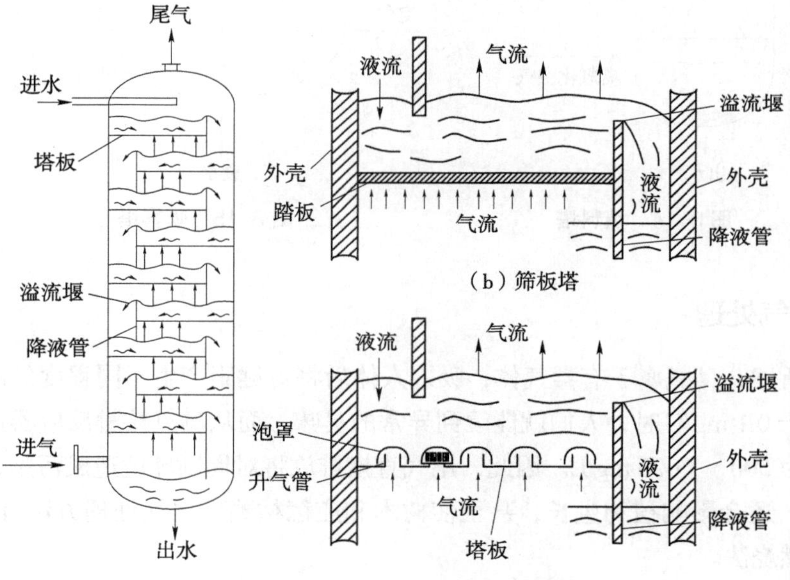

（a）板式吸收塔　（b）筛板塔　（c）泡罩塔

图 3-13 筛板塔和泡罩塔

3.3.4.2 水膜式臭氧接触反应器

填料塔是一种常用的水膜式反应器，如图 3-14 所示。塔内装拉西环或鞍状填料。废水经配水装置分布到填料上，形成水膜沿填料表面向下流动，上升气流从填料间通过和废水逆向接触。这种反应器主要用于受传质控制的反应。填料塔无论处理规模大小还是反应快慢都能适应，但废水悬浮物过高时易堵塞。

3.3.4.3 水滴式臭氧接触反应器

喷雾塔是水滴式反应器的一种，如图 3-15 所示。废水由喷雾头分散成细小水珠，水珠在下落过程中，与同上升的臭氧化空气接触，在塔底聚集流出，尾气从塔顶排出。

这种设备构造简单，造价低，但对臭氧的吸收能力较低，另外喷头易堵塞，预处理要求高，适用于受传质速率控制的反应。

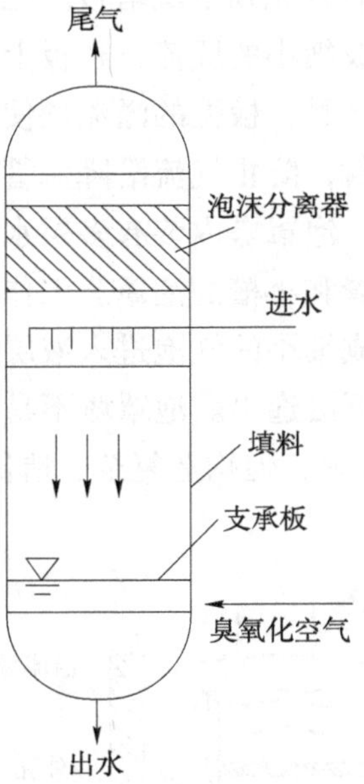

图 3-14 填料塔

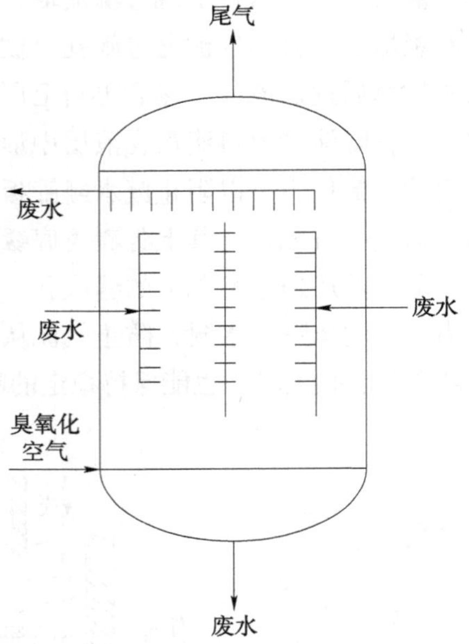

图 3-15 喷雾塔

3.3.5 尾气处理

如前所述，臭氧属于有毒气体，吸入人体后将对健康产生不同程度的影响。当臭氧浓度大于 0.1 mg/L 时，人们就能嗅到异常的臭味。而从臭氧接触反应器排出的尾气浓度一般为 500～3 000 mg/L。因此，尾气直接排放将对周围环境造成污染，不仅危害人体健康，还会影响植物生长，甚至使树木和庄稼枯萎。尾气处理方法有活性炭法、药剂法和燃烧法。

3.3.5.1 活性炭法

活性炭能吸附臭氧并和臭氧进行反应，使臭氧分解，其反应如下：

$$2C+O_3 \longrightarrow CO_2+CO+（293\sim335）kL/mol\ O_3$$

活性炭对臭氧的吸附容量为 4～6 g O_2/gC，一般设计时采用 2 g O_2/gC。活性炭法设备构造简单，比较经济，但在反应过程中产生大量的热，易使塑料制的尾气塔变形。另外，活性炭使用周期短，活性炭吸附饱和后需要更换或再生。

3.3.5.2 药剂法

药剂法分为还原法和分解法，前者使臭氧还原，后者使臭氧分解。还原法可采用亚铁盐、亚硫酸钠、硫代硫酸钠等。分解法一般采用氢氧化钠等。药剂法比较简单，但费用较高。

3.3.5.3 燃烧法

燃烧法一般是将尾气送入燃烧炉内燃烧。臭氧在 3 000℃以上的高温下会立即分解，此法相比其他方法更为经济。

3.3.6 废水臭氧处理系统的设计

3.3.6.1 臭氧发生器

臭氧需要量可按式（3-6）计算：

$$Q_{O_3} = 1.06QC \tag{3-6}$$

式中：Q_{O_3}——臭氧需要量，g/h；

Q——处理废水量，m^3/h；

C——臭氧投加量，mg O_3/L（影响臭氧氧化的主要因素是废水中杂质的性质、浓度、pH、温度、臭氧的浓度、臭氧的反应器类型和水力停留时间等。臭氧投加量应通过试验确定）；

1.06——安全系数。

臭氧化（干燥）空气量按式（3-7）计算：

$$Q_{干} = \frac{Q_{O_3}}{C_{O_3}} \tag{3-7}$$

式中：$Q_{干}$——臭氧化（干燥）空气量，m^3/h；

C_{O_3}——臭氧化空气浓度，g/m^3（一般取 10～14 g/m^3）。

臭氧发生器的气压可根据接触反应器的形式确定，对多孔扩散式反应器，按式（3-8）计算：

$$H > h_1 + h_2 + h_3 \tag{3-8}$$

式中：H——臭氧发生器的工作压力，m；

h_1——臭氧接触反应器的水深，m（一般采用 4～5.5 m）；

h_2——臭氧接触反应器扩散装置的水头损失，m（一般取 10～15 m）；

h_3——输气管道的水头损失，m。

求出Q_{O_3}、$Q_{干}$和 H 后，可根据产品样本选择臭氧发生器型号及台数，并设 50% 的备用台数。

3.3.6.2 臭氧接触反应器

根据臭氧和水中杂质反应的类型选择适宜的臭氧反应器。

臭氧反应器的容积按式（3-9）计算：

$$V = \frac{Qt}{60} \tag{3-9}$$

式中：V——臭氧反应器的容积，m^3；

Q——废水处理量，m^3/h；

t——水力停留时间，min，根据试验确定（一般为 5～10 min）。

3.3.6.3 气源冷却设备和除尘设备

气源冷却设备可按空压机出口空气的夏季含热量和冷却到 5～10℃后的空气含热量进行热力计算，选择定型的冷凝器。旋风分离器、瓷环过滤器及毛毡过滤器的直径一般取 300 mm，径高比为（1∶5）～（1∶3），空塔气体流速取 1 m/s。

3.3.6.4 干燥器

进入干燥器的湿空气量按式（3-10）计算：

$$Q_{湿}=Q_{干}\frac{P_{干}T_{湿}}{P_{湿}T_{干}}aK \tag{3-10}$$

式中：$Q_{湿}$——进入干燥器的湿空气量，m^3/h；

$P_{湿}$——进入干燥器湿空气的气压，kPa（加热再生 $P_{湿}$采用 196～245 kPa，变压无热再生可采用 684～748 kPa）；

$T_{湿}$——进入干燥器湿空气的绝对温度，K［$T_{湿}$=273+（5～10）］；

$Q_{干}$——进入臭氧发生器的干燥空气量，m^3/h；

$P_{干}$——进入臭氧发生器干空气的气压，kPa［$P_{干}=H$］；

$T_{干}$——进入臭氧发生器干空气的绝对温度，K［$T_{干}$=273+（15～20）］；

a——安全系数，取值范围 1.2～1.5。

K——干燥器再生耗气系数，采用加热再生 K=1，采用变压再生 K=1.25；

干燥剂的吸湿量按式（3-11）计算：

$$G_{水}=Q_{湿}t_{干}(B_1-B_2) \tag{3-11}$$

式中：$G_{水}$——干燥剂的吸湿量，kg；

$Q_{湿}$——湿空气量，m^3/h；

B_1——湿空气的饱和含湿量，kg/m^3（气温为 5℃时，B_1=6.9 g/m^3，气温为 10℃时，B_1=9.73 g/m^3）；

B_2——干燥空气的饱和含湿量 kg/m^3（进入臭氧发生器空气的温度要求达到露点 −50～−40℃，B_2=0.03 g/m^3）；

$t_{干}$——干燥器的工作周期，h（加热再生 t_1=5～10 d，变压无热再生 t_1=5 min）。

干燥剂的重量按式（3-12）计算：

$$G_{剂}=\frac{G_{水}}{a_{剂}} \tag{3-12}$$

式中：$G_{剂}$——干燥剂的重量，kg；

$a_{剂}$——干燥剂的吸附容量（kg 水 /kg 干燥剂，变压无热再生时为 0.2%～0.5%；加热再生时，硅胶为 5%～8%，分子筛为 10%～12%）。

干燥器的容积按式（3-13）计算：

$$V_{剂}=\frac{G_{剂}}{\gamma_{剂}} \tag{3-13}$$

式中：$V_{剂}$——干燥器的容积，m^3；

$\gamma_{剂}$——干燥剂的容重，kg/m^3（可取 700 kg/m^3）。

干燥器的直径一般采用 300～500 mm，径高比为 1∶5 左右，空塔气体流速不大于 0.5 m/s。干燥器应有 100% 备用，以便一组工作，另一组再生。

3.3.6.5 尾气处理设备

采用活性炭法时，活性炭用量可按式（3-14）计算：

$$G_{炭}=\frac{Q_{干}\times C_{尾}\times 10^{-3}\times 24t_{炭}}{a_{炭}} \tag{3-14}$$

式中：$G_{炭}$——活性炭用量，kg；

$C_{尾}$——尾气臭氧浓度，g/m^3（可取 $C_{尾}=0.1\ C_{O_3}$）；

$a_{炭}$——活性炭吸附容量，g O_3/g 炭（取 5 g O_3/g 炭）；

$t_{炭}$——活性炭吸附工作周期，d（取 30 d 左右）。

活性炭吸附柱有效容积，按式（3-15）计算：

$$V_{炭}=\frac{G_{炭}}{\gamma_{炭}} \tag{3-15}$$

式中：$V_{炭}$——活性炭吸附柱的有效容积，m^3；

$\gamma_{炭}$——活性炭的容量，kg/m^3（可取 450 kg/m^3）。

活性炭吸附柱的高度一般取 1.2 m，直径为 200～500 mm，活性炭吸附柱应有 100% 备用，以便轮流工作或再生。

例 3-1 某印染厂用臭氧氧化法处理印染废水，废水量为 2 000 m^3/d。臭氧投加量为 40 mg/L，安全系数 K 取 1.06。臭氧化空气中臭氧浓度为 12 g/m^3。工艺采用臭氧接触反应器，臭氧接触反应器有效水深 7 m，臭氧布气装置阻力损失 1 m，输气管道阻力损失 1 m，求臭氧化空气的量和臭氧发生器所需压力。（B）

（A）$G_{空气}$=6 666.7 m^3/d　H>9 m　　（B）$G_{空气}$=7 066.7 m^3/d　H>9 m

（C）$G_{空气}$=7 066.7 m^3/d　H>8 m　　（D）$G_{空气}$=6 666.7 m^3/d　H>8 m

解：臭氧需要：$G=KQC=1.06\times 2\,000\times 40=84\,800$（g/d）

臭氧化空气量：$G_{空气}=G/C_{O_3}=84\,800/12=7\,066.7$（$m^3$/d）

臭氧发生器的气压：$H>7+1+1=9$（m）

例 3-2 某印染厂用臭氧氧化法处理印染废水，废水量为 3 000 m^3/d。臭氧投加量为 55 mg/L，安全系数 K 取 1.06。臭氧接触反应器水力停留时间为 10 min，求臭氧需要量 q 和臭氧接触反应器容积 V 的值。（C）

（A）q=7 287.5 g/h，V=50.5 m^3　　（B）q=3 168.5 g/h，V=50.5 m^3

（C）q=7 287.5 g/h，V=20.8 m^3　　（D）q=3 168.5 g/h，V=20.8 m^3

解：臭氧需要量可按下式计算：

$$Q_0 = KQC = 1.06 \times \frac{3\,000}{24} \times 55 = 7\,287.5 \text{（g/h）}$$

注意公式中单位的统一。

臭氧接触反应器容积 V 可按下式计算：

$$V = \frac{Qt}{60} = \frac{\frac{3\,000}{24} \times 10}{60} = 20.8 \text{（m}^3\text{）}$$

注意单位换算。

3.3.7 臭氧氧化法在废水处理中的应用

臭氧氧化法在废水处理中主要是使污染物氧化分解，用于降低 BOD、COD 含量，脱色、除臭、除味，杀菌、杀藻，除铁、锰、氰、酚等，现举例如下。

3.3.7.1 印染废水处理

臭氧氧化法处理印染废水，主要用来脱色。一般认为，染料的颜色是由于染料分子中有不饱和原子团存在，能吸收一部分可见光的缘故。这些不饱和的原子团称为发色基团。重要的发色基团有：乙烯基（$>C=C<$）、偶氮基（$-N=N-$）、氧化偶氮基（$-\underset{\underset{O}{\|}}{N}=N-$）、酮基（$>C=O$）、硫羰基（$>C=S$）、硝基（$-N\begin{smallmatrix}\nearrow O\\ \searrow O\end{smallmatrix}$）、亚硝基$-N=O$等。它们都有不饱和键，臭氧能将不饱和键打开，最后生成有机酸和醛类等分子较小的物质，使之失去显色能力。采用臭氧氧化法脱色，能将含活性染料、阳离子染料、酸性染料、直接染料等水溶性染料的废水几乎完全脱色，对不溶于水的分散染料也能获得良好的脱色效果，但对硫化、还原、涂料等不溶于水的染料，脱色效果较差。

3.3.7.2 含氰废水处理

在电镀铜、锌过程中会排出含氰废水。氰与臭氧的反应为

$$2KCN+3O_3 \longrightarrow 2KCNO+2O_2\uparrow$$

$$2KCNO+H_2O+3O_3 \longrightarrow 2KHCO_3+N_2\uparrow+3O_2\uparrow$$

按上述反应，处理到第一阶段，每去除 1 mg CN^- 需臭氧 1.84 mg，生成 CNO^- 的毒性为 CN^- 的 1%。

氧化到第二阶段的无害状态时，每去除 1 mg CN^- 需臭氧 4.61 g。应用臭氧、活性炭同时处理含氰废水，活性炭能催化臭氧的氧化，可降低臭氧消耗量。向废水中投加微量的铜离子，也能促进氰的分解。臭氧处理含氰废水工艺流程如图 3-16 所示。在前处理装置内把废水中的六价铬还原成三价铬而除去，第一氧化塔用过的臭氧化空气继

续送入第二氧化塔进行反应。

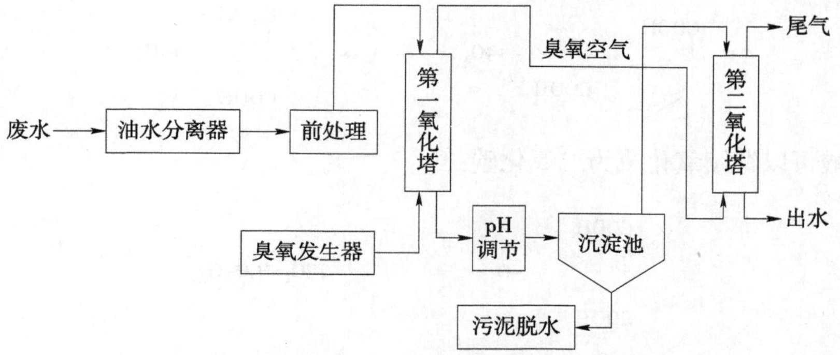

图 3-16　臭氧氧化法处理含氰废水工艺流程

臭氧用于含氰废水处理，不加入其他化学物质，所以处理后的水质好，操作简单，但由于臭氧发生器电耗较高，设备投资较大，目前应用很少。然而从总体的综合经济效益上讲，臭氧氧化法优于碱性氯化法。

3.3.7.3　含酚废水处理

臭氧对酚的氧化作用与氯和二氧化氯相同，但臭氧的氧化能力为氯的 2 倍，且不产生氯酚。苯酚易被臭氧氧化分解，其反应过程如下：

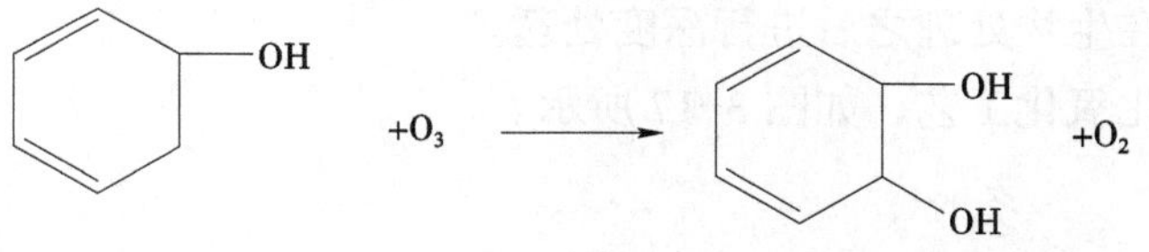

然后继续氧化为邻苯醌：

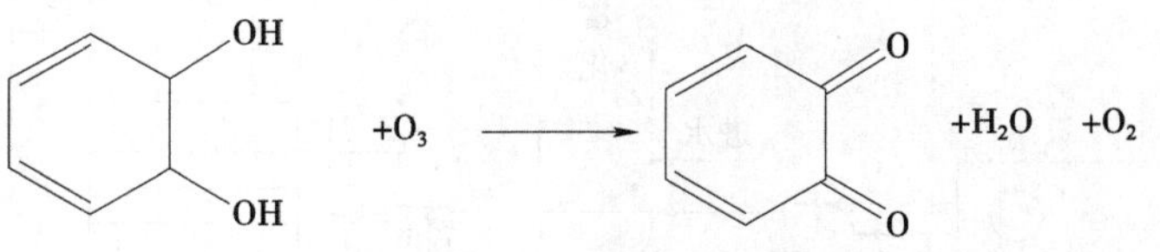

在强烈的氧化条件下，邻苯醌的苯环断裂，成为已二酸：

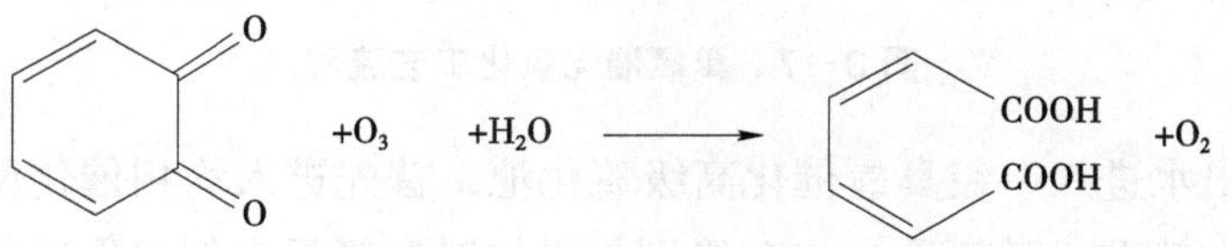

已二酸的双键因大量臭氧的强烈氧化而断裂，分解成了丁烯二酸和乙二酸（草酸）：

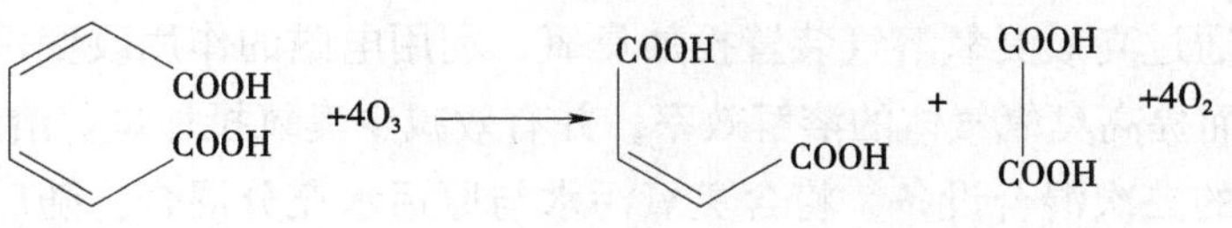

丁烯二酸的双键继续断裂成为乙二酸：

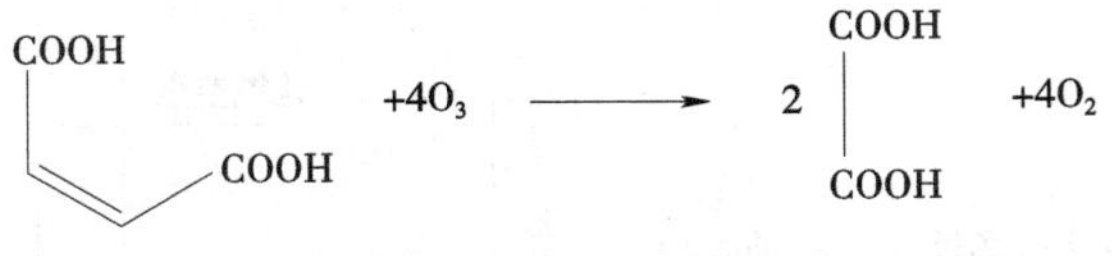

乙二酸可以继续氧化成为二氧化碳：

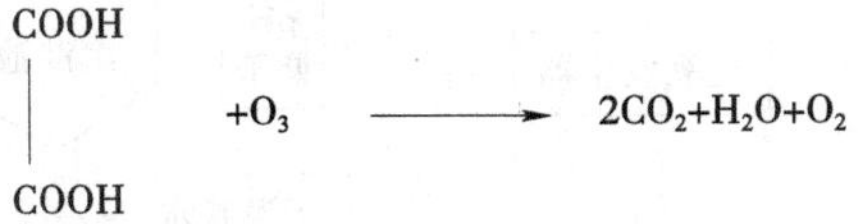

将酚完全氧化为二氧化碳是不经济的，通常只氧化到邻苯醌为止。理论上，将水中的酚和邻苯二酚氧化到邻苯醌时，氧化 1 mol 酚需臭氧为 2 mol，即酚与臭氧的重量比为 94∶96，可取值 1∶1。实际上，处理含酚废水所需的臭氧量随工厂种类不同而有很大差别，一般为 1∶(1～1.4)，在化工和石油炼制工厂，一般为 1∶(1.5～2.0)。臭氧处理含酚废水 pH 为 1 最适宜，pH 越高，臭氧消耗量越少。

3.3.7.4 工业废水处理案例

应县经济技术开发区南区污水处理厂主要接收园区的工业废水和少量生活污水，原污水水质复杂、可生化性较差，采用常规生物处理很难保证处理后尾水 COD 达到排放标准，需要在生物处理之后进行深度处理。

采用臭氧催化氧化工艺，如图 3-17 所示。

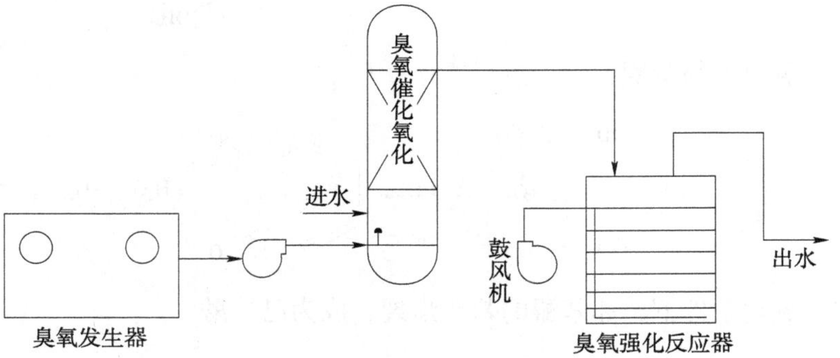

图 3-17 臭氧催化氧化工艺流程

生物处理出水进入一级臭氧催化高级氧化池，首先进入均相催化反应器，通过控制实现在污水中精准（微剂量，μg/L 级别）投加对臭氧具有催化作用的离子。臭氧催化高级氧化池第一段，从原水取一定比例的水进行循环，在离心泵管道上设置高效臭氧溶气装置，通过高效臭氧溶气装置投加臭氧，利用电磁的作用改变污水分子的微观物质形态，从而提高臭氧气体的溶解效率，并有效减少臭氧投加量。溶解臭氧的污水，通过池底设置的二次混合设备，将含臭氧污水与原污水充分混合。随后进入臭氧催化高级氧化池第二段，其过程与第一段一致。溶解臭氧的污水，通过池底设置的二次混合设备，将含臭氧污水与原污水充分混合。含臭氧的污水在均相催化反应器投加的离子催化作用下，激发产生了羟基自由基，羟基自由基的氧化还原电位为 E_0=2.8 eV，在如此高的氧化电位的作用下大部分难降解的有机物发生断链反应形成短链的有机物或直接被氧化成 CO_2 和 H_2O。污水中难降解有机物被充分降解，使污水达到设计标准。

3.3.8 臭氧氧化法的优缺点

3.3.8.1 优点

（1）氧化能力强，对除臭、脱色、杀菌、去除有机物和无机物都有显著的效果；

（2）处理后废水中的臭氧易分解，不产生二次污染；

（3）制备臭氧用的空气和电不必贮存与运输，操作管理也较方便；

（4）处理过程中一般不产生污泥。

3.3.8.2 缺点

（1）造价高；

（2）处理成本高。

3.4 电解

3.4.1 电解概述

电解质溶液在电流的作用下，发生电化学反应的过程称为电解。与电源负极相连的电极从电源接受电子，称为电解槽的阴极；与电源正极相连的电极把电子转给电源，称为电解槽的阳极。在电解过程中，阴极放出电子，使废水中某些阳离子因得到电子而被还原，阴极起还原剂的作用；阳极得到电子，使废水中某些阴离子因失去电子而被氧化，阳极起氧化剂的作用。废水进行电解反应时，废水中的有毒物质在阳极和阴极分别进行氧化还原反应，结果产生新物质。这些新物质在电解过程中沉积于电极表面，或沉淀下来，或生成气体从水中逸出，从而降低了废水中有毒物质的浓度。像这样利用电解的原理来处理废水中有毒物质的方法称为电解法。

3.4.1.1 法拉第电解定律

电解过程的耗电量可用法拉第电解定律计算。实验表明，电解时在电极上析出的或溶解的物质质量与通过的电量成正比，并且每通过 96 487 C 的电量，在电极上发生任一电极反应而变化的物质质量均为 1 mol，这一定律称为法拉第电解定律，可用式（3-16）表示：

$$G=\frac{1}{F}EQ \text{ 或 } G=\frac{1}{F}EIt \qquad (3\text{-}16)$$

式中：G——析出的或溶解的物质质量，g；

E——物质的化学当量，g/mol；

Q——通过的电量，C；

I——电流强度，A；

t——电解时间，s；

F——法拉第常数，F=96 487 C/mol。

在实际电解过程中，由于发生某些副反应，所以实际消耗的电量往往比理论值大。

3.4.1.2 分解电压

电解过程中所需要的最小外加电压与很多因素有关。通常，通过逐渐增加两极的外加电压来研究电流的变化。当外加电压很小时，几乎没有电流通过。电压继续增加，电流略有增加。当电压增加到某一数值时，电流随电压的增加几乎呈直线上升。这时在两极上才明显地有物质析出。能使电解正常进行所需的最小外加电压称为分解电压。

产生分解电压的原因有以下几方面：电解槽本身就是一种原电池。由原电池产生的电动势同外加电压的方向正好相反，称为反电动势。那么，是否外加电压超过反电动势就开始电解呢？实际上分解电压常大于原电池的电动势。这种分解电压超过原电池电动势的现象称为极化现象。电极的极化作用主要表现在如下两个方面。

（1）浓差极化

由于电解时离子的扩散运动不能立即完成，靠近电极表面溶液薄层内的离子浓度与溶液内部的离子浓度不同，结果产生一种浓差电池，其电位差同外加电压方向相反，这种现象称为浓差极化。浓差极化可以采用加强搅拌的方法使之减少。但由于存在电极表面扩散层，不可能完全把它消除。

（2）化学极化

由于在进行电解时两极析出的产物构成了原电池，该电池电位差与外加电压方向相反，这种现象称为化学极化。另外，当通电进行电解时，因电解液中离子运动受到一定的阻碍，所以需要一定的外加电压加以克服。其值为 IR，I 为通过的电流，R 为电解液的电阻。分解电压还与电极的性质、废水性质、电流密度（单位电极面积上流过的电流，A/cm^2）及温度等因素有关。

3.4.2 电解槽的结构形式和极板电路

电解槽的形式多采用矩形，按水流方式可分为回流式和翻腾式两种，如图 3-18 所示。回流式电解槽内水流的路程长，离子能充分地向水中扩散，电解槽容积利用率高，但施工和检修困难。翻腾式的极板采取悬挂方式固定，防止极板与池壁接触，可减少漏电现象，更换极板比回流式方便，便于维修。

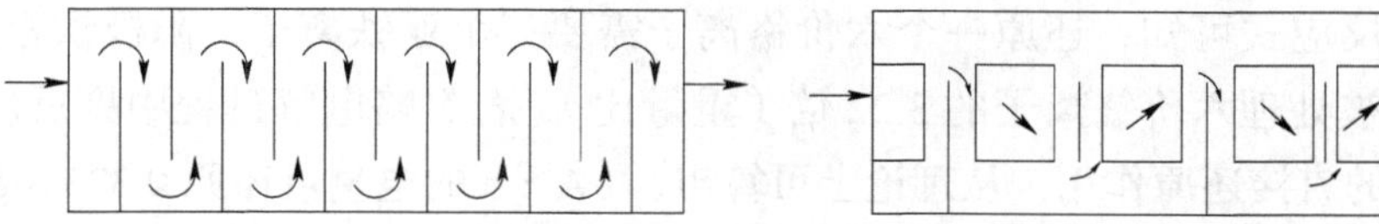

（a）回流式（平面图）　（b）翻腾式（纵剖面图）

图 3-18　电解槽

极板间距对电耗有一定的影响。极板间距越大，则电压就越高，电耗也就越高，但极板间距过小，不仅安装不便，材料用量也较大，而且给施工带来困难，所以极板间距应综合考虑各种因素后再确定。

电解法采用直流电源。电源的整流设备应根据电解所需的总电流和总电压进行选择。

目前，国内采用的电解槽，根据电路分为单极性电解槽和双极性电解槽两种，如图 3-19 所示。双极性电解槽比单极性电解槽投资少。另外，在单极性电解槽中，可能由于极板腐蚀不均匀等原因造成相邻两块极板碰撞，引起短路而发生严重安全事故。而在双极性电解槽中极板腐蚀较均匀，相邻两块极板碰撞机会少，即使碰撞也不会发生短路现象。采用双极性电极电路便于缩小极距，提高极板的有效利用率，降低造价和节省运行费用，在国内应用得比较普遍。

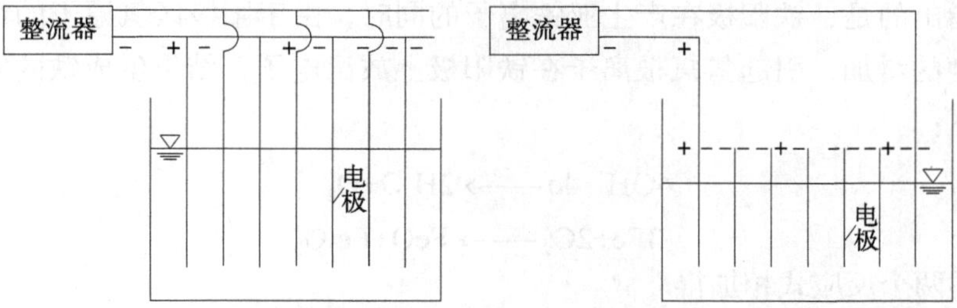

（a）单极性电解槽　（b）双极性电解槽

图 3-19　电解槽的极板电路

3.4.3　电解法处理含铬废水

3.4.3.1　基本原理

在电解槽中一般放置铁电极，在电解过程中铁板阳极溶解产生了亚铁离子。亚铁离子属于强还原剂，在酸性条件下，可将废水中的六价铬还原为三价铬，其离子反应式如下：

$$Fe-2e \longrightarrow Fe^{2+}$$

$$Cr_2O_7^{2-}+6Fe^{2+}+14H^+ \longrightarrow 2Cr^{3+}+6Fe^{3+}+7H_2O$$

$$CrO_4^{2-}+3Fe^{2+}+8H^+ \longrightarrow Cr^{3+}+4H_2O+3Fe^{3+}$$

从以上反应式可知，还原一个六价铬离子需要三个亚铁离子，阳极铁板的消耗，理论上应是被处理六价铬离子的 3.22 倍（重量比）。若忽略电解过程中副反应消耗的电量和阴极的直接还原作用，从理论上可算出，1 A·h 的电量可还原 0.323 5 g 铬。

在阴极除氢离子获得电子生成氢外，废水中的六价铬直接还原为三价铬。离子反应方程式为

$$2H^{+}+2e \longrightarrow H_2\uparrow$$

$$Cr_2O_7^{2-}+6e+14H^{+} \longrightarrow 2Cr^{3+}+7H_2O$$

$$CrO_4^{2-}+3e+8H^{+} \longrightarrow Cr^{3+}+4H_2O$$

从上述反应式可知，随着电解过程的进行，废水中的氢离子浓度逐渐减少，结果使废水碱性增强。在碱性条件下，可将上述反应得到的三价铬和二价铁以氢氧化铬和氢氧化铁的形式沉淀下来，其反应式为

$$Cr^{3+}+3OH^{-} \longrightarrow Cr(OH)_3\downarrow$$

$$Fe^{3+}+3OH^{-} \longrightarrow Fe(OH)_3\downarrow$$

实验表明，电解时阳极溶解产生的亚铁离子是六价铬还原为三价铬的主要因素，而阴极直接将六价铬还原为三价铬是次要因素。这可从铁阳极腐蚀严重的现象中得到证明。因此，为了提高电解效率，应采用铁阳极并在酸性条件下进行电解。

应该指出的是，铁阳极在产生亚铁离子的同时，由于阳极区氢原子的消耗和氢氧根离子浓度的增加，引起氢氧根离子在铁阳极上放出电子，结果生成铁的氧化物，其反应式如下：

$$4OH^{-}-4e \longrightarrow 2H_2O+O_2\uparrow$$

$$3Fe+2O_2 \longrightarrow FeO+Fe_2O_3$$

将上述两个反应式相加得

$$8OH^{-}+3Fe-8e \longrightarrow Fe_2O_3\cdot FeO+4H_2O$$

随着 $Fe_2O_3\cdot FeO$ 的生成，铁板阳极表面生成一层不溶性的钝化膜。这种钝化膜具有吸附能力，往往使阳极表面黏附着一层棕褐色的吸附物（主要是氢氧化铁）。这种物质会阻碍亚铁离子进入废水，从而影响处理效果。为了保证阳极的正常工作，应尽量减少阳极的钝化。减少阳极钝化的方法有以下 3 种：

（1）定期用钢丝刷清洗极板。这种方法劳动强度较大。

（2）定期将阴极、阳极交换使用。利用电解时阴极产生氢气的撕裂和还原作用，将极板的钝化膜除掉，其反应式为

$$2H^{+}+2e \longrightarrow H_2\uparrow$$

$$Fe_2O_3+3H_2 \longrightarrow 2Fe+3H_2O$$

$$FeO+H_2 \longrightarrow Fe+H_2O$$

电极换向时间与废水含铬浓度有关，一般由实验确定。

（3）投加食盐电解质。NaCl 生成的氯离子能起到活化剂的作用。因为氯离子容易吸附在已钝化的电极表面，导致氯离子取代膜中的氧离子，结果生成可溶性铁的氯化物从而导致钝化膜的溶解。投加食盐不仅能够除去钝化膜，也可增加废水的导电能力，减少电能的消耗。食盐的投加量与废水中铬的浓度等因素有关，可用实验确定。

3.4.3.2 工艺流程

电解法宜用于处理生产过程中所产生的各种含铬废水：用电解法处理的含铬废水，六价铬离子含量不宜大于 100 mg/L，pH 宜为 4.0～6.5。

电解法除铬的工艺有间歇式和连续式两种。一般多采用连续式工艺，其工艺流程如图 3-20 所示。从车间排出的含铬废水汇集于调节池内，然后送入电解槽，经电解处理后流入沉淀池，沉淀后的废水再经滤池处理，符合排放标准后可重复使用或直接排放。

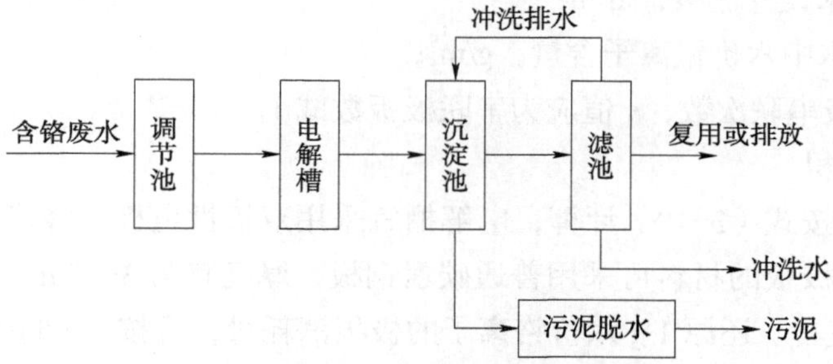

图 3-20 含铬废水处理工艺流程

调节池的作用是调节含铬废水的水量和浓度，使进入电解槽的废水量和浓度比较均匀，以保证电解处理效果。调节池设计成两格，容积应根据水量和浓度的变化情况确定，如无资料时可按 2～4 h 平均流量设计。

沉淀池的作用是将在电解过程中生成的氢氧化铬和氢氧化铁从水中分离出来。当废水中六价铬离子含量为 50～100 mg/L 时，沉淀时间宜为 2 h，污泥体积可按处理废水体积的 5%～10% 估算。当废水中六价铬离子含量为 100 mg/L 时，处理 1 m^3 废水所产生的污泥干重可按 1 kg/m^3 计算。在沉淀池沉淀下来的污泥送入污泥脱水设备，经脱水后运走进行处置。

滤池的作用是去除未被沉淀池除去的氢氧化铬和氢氧化铁。滤池可采用重力式或压力式滤池。滤池反冲洗水排入沉淀池处理。

3.4.3.3 电解槽的工艺计算

（1）电解槽有效容积

电解槽有效容积可按式（3-17）计算，并应满足极板安装所需的空间。

$$W=\frac{Qt}{60} \tag{3-17}$$

式中：W——电解槽有效容积，m^3；

Q——废水设计流量，m^3/h；

t——电解历时，min（当废水中六价铬离子含量小于 50 mg/L 时，t 值为 5～10 min；当含量为 50～100 mg/L 时，t 值为 10～20 min）。

（2）电流强度

电流强度可按式（3-18）计算：

$$I=\frac{K_{Cr}QC}{n} \tag{3-18}$$

式中：I——计算电流，A；

K_{Cr}——1 g 六价铬离子还原为三价铬离子所需的电量，宜通过试验确定，当无试验条件时，可采用 4～5（A · h/gCr）；

Q——废水设计流量，m^3/h；

C——废水中六价铬离子含量，g/m^3；

n——电极串联次数，n 值应为串联极板数减 1。

（3）极板面积

极板面积可按式（3-19）计算，电解槽宜采用双极性电极、竖流式，并应采取防腐和绝缘措施。极板的材料可采用普通碳素钢板，厚度宜为 3～5 mm，极板间的净距离宜为 10 mm 左右。还原 1 g 六价铬离子的极板消耗量，可按 4～5 g 计算。电解槽的电极电路，应按换向设计。

$$F=\frac{I}{am_1m_2i_F} \tag{3-19}$$

式中：F——单块极板面积，dm^2；

a——极板面积减少系数，一般取 0.8；

m_1——并联极板组数（若干段为一组）；

m_2——并联极板段数（每一串联极板单元为一段）。

i_F——极板电流密度，可采用 0.15～0.3 A/dm^3。

（4）电压

电解槽采用的最高直流电压，应符合国家现行有关直流安全电压标准、规范的规定。计算电压可按式（3-20）计算：

$$U=nU_1+U_2 \tag{3-20}$$

式中：U——计算电压，V；

U_1——极板间电压降，V（一般取 3～5 V）；

U_2——导线电压降，V。

（5）极板间电压降

极板间电压降可按式（3-21）计算：

$$U_1=a+bi_F \tag{3-21}$$

式中：a——电极表面分解电压，宜通过试验确定，当无试验资料时，a 值可取 1 V 左右；

b——板间电压计算系数，$V\ dm^2/A$，b 值宜通过试验确定，当无试验资料时，可按表 3-2 取值。

表 3-2　极间电压计算系数 *b*

食盐含量 /（g/L）	温度 /℃	极距 /mm	电导率 /（$\mu\Omega^{-1}\cdot cm^{-1}$）	b 值
0.5	10～15	5	—	8.0
		10		10.5
		15		12.5
		20		15.7
不投加食盐	13～15	5	400	8.5
			600	6.2
			800	4.8
		10	400	14.7
			600	11.2
			800	8.3

（6）电能消耗

电能消耗可按式（3-22）计算：

$$N=\frac{IU}{1\,000Q\eta} \tag{3-22}$$

式中：N——电能消耗，$kW\cdot h/m^3$；

η——整流器效率，当无实测数值时，可取 0.8。

选择电解槽的整流器时，应根据计算的总电流和总电压值增加 30%～50% 的备用量。

3.4.3.4　电解法处理含铬废水的应用案例

重庆某厂电镀车间排放电镀综合废水 40 m^3/d，含油废水 30 m^3/d，其混合废水水质如下：Cr^{6+}＜80 mg/L、Ni^{2+}＜20 mg/L、COD＜120 mg/L、pH=5～7、PO_4^{2-}＜60 mg/L。该厂原采用电解法处理废水，现将该工艺改造为铁屑内电解法。

铁屑内电解法工艺流程见图 3-21。

车间混合废水集中汇入调节池，加酸调节 pH 至 3～4，然后用泵提升到微电解处理机，六价铬离子在处理机内发生复杂的物理化学反应，使之转变为三价铬离子。处理机出水进反应器，加碱调节 pH 为 8～10，再加絮凝剂 PAM。出水进斜管沉淀池，进行第一次固液分离，上清液自流进过滤池，再用泵提升至微孔过滤器进行第二次固液分离，出水进排放池。污泥池内污泥由螺旋泵打入板框压滤机进行污泥脱水，泥渣定期外运。

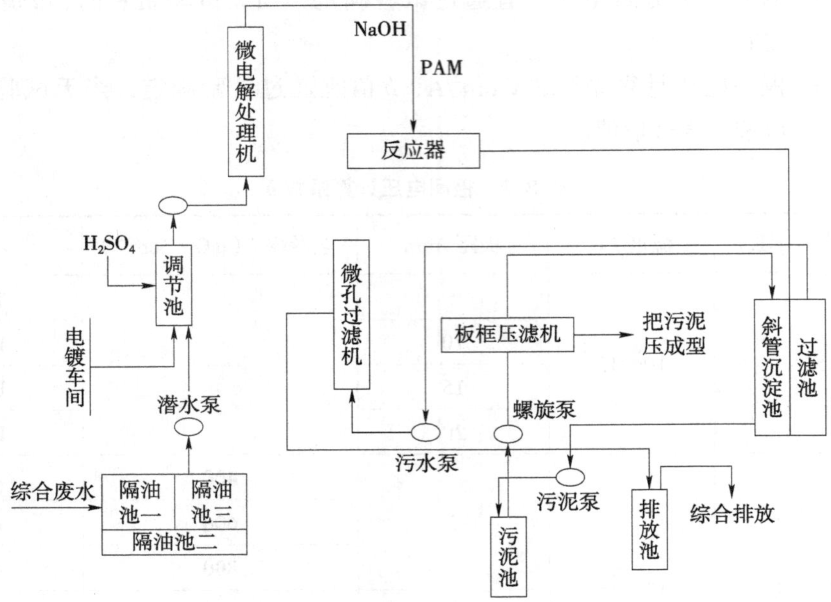

图 3-21　铁屑内电解法工艺流程

铁屑内电解法处理工艺运行条件为进水用硫酸调节 pH 为 3～4；反应填料为铸铁屑（粒径为 2～5 mm）、活性炭（粒径为 5 mm）、鹅卵石，体积比为 3∶2∶1；反应器出水用氢氧化钠调节 pH 为 8～10，再加絮凝剂 PAM。对处理前后的废水进行监测，设备连续运行 11 d，监测结果见表 3-3。由表 3-3 可以看出，在该工艺条件下，处理后的废水均能达标排放。

表 3-3　设备运行监测结果及排放标准

指标	处理前	处理后	排放标准
pH	5.1～6.3	7.0～7.6	6～9
Cr^{6+}/（mg/L）	58～80	0.2～0.4	<0.5
Ni^{2+}/（mg/L）	18～20	0.3～0.5	<1.0
PO_4^{2-}/（mg/L）	40～60	0.3～0.5	<0.5
COD/（mg/L）	98～110	50～65	<100

3.4.4　脉冲电解法处理含银废水

含银废水多采用脉冲电解法处理，与普通直流电解法相比，可减少浓差极化，电流效率提高 20%～30%，电解时间缩短 30%～40%，节省电能 30%～40%，提高银回收纯度。

3.4.4.1 脉冲电解法减少浓差极化的原理

传统电解法采用直流电源，由于镀银废水中所含银离子浓度低而且杂质多，回收银的纯度达不到回用镀银的要求，而且电流效率较低，因此开发了脉冲电解法。普通直流电解法主要存在浓差极化问题。脉冲电解法减少浓差极化的原理是使用直流电，时而接通，时而关断，而且脉冲电源的频率很高。在关断的时间间隔内，由于浓度差，使电解槽内废水中的金属离子向阴极扩散，可减少浓差极化，降低槽电压，提高了电流效率，缩短了电解时间。电源关断时，因废水中的杂质和氢从阴极向废水中扩散，不容易在阴极沉积，所以可提高回收银的纯度。另外，由于脉冲峰值电流远高于平均电流，可促使金属晶体加速形成，而在电源关断瞬间内又阻碍晶体的长大，结果晶种形成速度远大于晶体长大速度，这样在阴极沉积的金属结晶细化，排列紧密，孔隙减少，电阻率下降。

脉冲电源参数主要有 3 个：

（1）通电时间（又称脉冲宽度或脉宽时间）$t_{通}$可采用 350×10^{-6} s；

（2）断电时间（又称间断时间）$t_{断}$可采用 350×10^{-6}～600×10^{-6} s；

（3）峰值电流 $A_{峰}$可采用平均电流 $A_{平}$的 2.0～2.7 倍。

由以上 3 个参数可以导出下列参数：

（1）周期 $T=t_{通}+t_{断}$，采用 700×10^{-6}～950×10^{-6} s；

（2）周波$\omega=\dfrac{1}{T}=\dfrac{1}{t_{通}+t_{断}}$（又称频率），采用 1 428～1 052 Hz；

（3）脉宽系数（又称占空比）$a=\dfrac{t_{通}}{t_{通}+t_{断}}$，采用 0.5～0.37；

（4）平均电流 $A_{平}=dA_{峰}$。

理论电解耗电量按法拉第定律计算，因为无论采用何种电源，该定律都是成立的。

3.4.4.2 工艺流程

脉冲电解法处理含银废水工艺流程如图 3-22 所示。

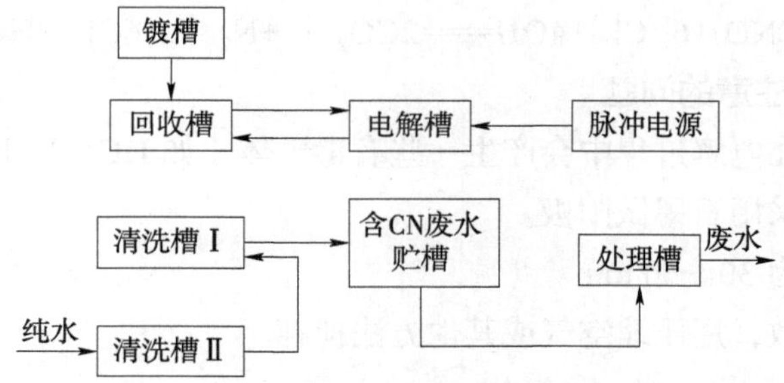

图 3-22 脉冲电解法处理含银废水工艺流程

3.4.4.3 主要设计参数

（1）电解槽电极电路宜采用单极性电路，便于从阴极板剥取银，电解槽最好连续运行。

（2）阴、阳极材料可用不锈钢板，阳极板厚度不小于 1.2 mm，间距 20 mm 左右，不宜过小，否则银箔脱落会造成短路。

（3）废水含银浓度为 1～5 g/L 时，平均电流密度采用 0.1～0.2 A/dm^2。

（4）还原 1 g 银所用电量为 0.25 A · h/g。

（5）每小时每平方分米极板面积（两面）可回收银 0.5 g 左右，即 0.5 g/（dm^2 · h）。

3.4.4.4 设计时应注意的问题

（1）电解槽的运行最好是连续的，在电解过程中，阴极析出银块，因阳极氧化氰较慢，一旦停电，阴极析出的银会反溶到溶液中去。

（2）阴极银厚度在 0.5 mm 以上时剥银，阴极剥下银箔后，先用稀硝酸洗，再用蒸馏水冲洗。

（3）回收槽内需用蒸馏水或低纯水，以减少杂质干扰。

（4）阳极板需定期清洗除去极板上的钝化膜，清洗方法与阴极板同。

（5）清洗槽含氰废水处理后，因有余氯及盐类而不能重复使用。

3.4.5 电解氧化法处理含氰废水

3.4.5.1 基本原理

当不加食盐电解质时，氰化物在阳极发生氧化反应，其反应式如下：

$$CN^-+2(OH)-2e = CNO^-+H_2O$$

$$CNO^-+2H_2O = NH_4^++CO_3^{2-}$$

$$2CNO^-+4(OH)^--6e = 2CO_2\uparrow+H_2\uparrow+H_2O+N_2O$$

当电解槽投加食盐后，Cl^- 在阳极放出电子成为游离氯 [Cl]，并促进阳极附近的 CN^- 氧化分解，而后又形成 Cl^-，继续放出电子再去氧化其他 CN^-，其反应式如下：

$$2Cl-2e = 2[Cl]$$

$$CN^-+2[Cl]+2OH^- = CNO^-+2Cl^-+H_2O$$

$$2CNO^-+6[Cl]+4OH = 2CO_2\uparrow+N_2\uparrow+6Cl^-+2H_2O$$

3.4.5.2 设计时应注意的问题

（1）含氰废水在电解过程中会产生一些有毒气体（如 HCN），应采取通风措施。

（2）极板一般采用石墨做阳极。

（3）极板间距为 30～50 mm。

（4）为便于扩散，用压缩空气或其他方法搅拌。

3.4.6 电解氧化法处理含酚废水

电解除酚时，一般以石墨做阳极，电极附近的反应十分复杂，既有阳极的直接的氧化作用，使酚氧化为邻苯二酚、邻苯二醌，进而氧化为顺丁烯己酸，也有间接的氧化作用，即阳极产物 OCl^- 与酚反应，开始有氯代酚生成，接着使酚氧化分解。为强化氧化反应和降低电耗，通常会投加食盐，食盐的投加量为 20 g/L。电流密度采用 1.5～6 A/dm^2，经 6～38 min 的电解处理后，废水酚浓度可从 250～600 mg/L 降至 0.8～4.3 mg/L。

3.5 其他氧化还原法

3.5.1 空气氧化法

空气氧化法是以空气中的氧作为氧化剂来氧化分解废水中有毒有害物质的一种方法。目前，在石油化工行业的废水处理中，常采用空气氧化法处理低含硫（硫化物＜800 mg/L）废水。本节介绍空气氧化法在含硫废水处理中的应用。

3.5.1.1 氧化反应过程

石油炼厂含硫废水中的硫化物，一般以钠盐（NaHS 或 Na_2S）或铵盐［NH_4HS 或（NH_4）$_2S$］的形式存在。废水中的硫化物与空气中的氧发生的氧化反应如下：

$$2HS^-+2O_2 \longrightarrow S_2O_3^{2-}+H_2O$$

$$2S^{2-}+2O_2+H_2O \longrightarrow S_2O_3^{2-}+2OH^-$$

$$2S_2O_3^{2-}+O_2 \longrightarrow 2S+2SO_4^{2-}$$

根据上述反应式可知，在处理过程中，废水中有毒的硫化物和硫氢化物被氧化为无毒的硫代硫酸盐和硫酸盐。上述第三个反应式进行得比较缓慢。当反应温度为 80～90℃，接触时间为 1.5 h 时，废水中的 HS^- 和 S^{2-} 约有 90% 被氧化为 $S_2O_3^{2-}$，其中约有 10% 的 $S_2O_3^{2-}$ 能进一步被氧化为 SO_4^{2-}。如果向废水中投加少量的氯化铜或氯化钴作为催化剂，则几乎全部的 $S_2O_3^{2-}$ 被氧化为 SO_4^{2-}。

氧化 1 kg 负二价硫理论上需 1 kg 氧，约需 4 m^3 空气，实际上空气用量为理论值的 2～3 倍。

3.5.1.2 工艺流程

空气氧化法处理含硫废水工艺流程如图 3-23 所示。含硫废水与脱硫塔出水换热后，用蒸汽直接加热至 80～90℃ 进入脱硫塔，从塔底通入空气，使废水中的硫化物与空气中的氧接触，进行氧化还原反应，从塔顶排出的水与塔进水换热后，进入气液分离器，废气排入大气，废水排入含油废水管网。

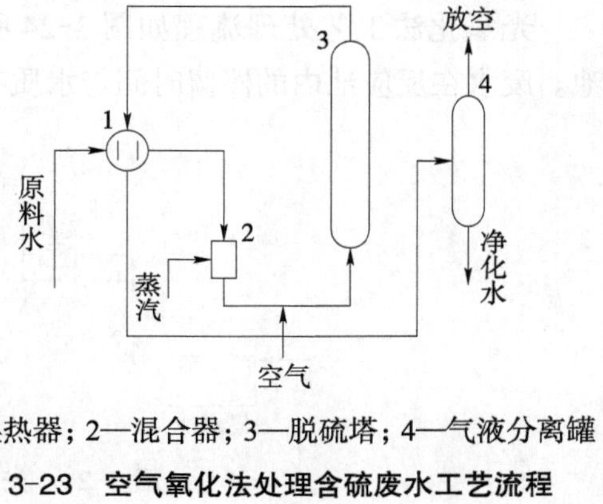

1—换热器；2—混合器；3—脱硫塔；4—气液分离罐

图 3-23 空气氧化法处理含硫废水工艺流程

3.5.1.3 操作条件及处理效果

蒸汽压力		0.35～0.4 MPa
空气压力		0.3～0.4 MPa
塔温		80～90℃
反应时间		2 h
空气流量与废水流量之比		8～15
蒸汽单耗	有换热流程	80 kg/t 废水
	无换热流程	50 kg/t 废水
硫化物去除率		70%～90%

3.5.2 光氧化法

3.5.2.1 光氧化法原理

光氧化法是利用光和氧化剂产生很强的氧化作用来氧化分解废水中有机物或无机物的方法。氧化剂有臭氧、氯、次氯酸盐、过氧化氢及空气加催化剂等，其中常用的为氯气。一般情况下，光源多为紫外光，但它对不同的污染物有一定的差异，有时某些特定波长的光对某些物质比较有效。光对污染物的氧化分解起催化剂的作用。下面介绍以氯为氧化剂的光氧化法处理有机废水。

氯和水作用生成的次氯酸吸收紫外光后，被分解产生初生态氧 [O]，这种初生态氧很不稳定且具有很强的氧化能力。初生态氧在光的照射下，能把含碳有机物氧化成二氧化碳和水。简化后反应过程如下：

$$Cl_2+H_2O \rightleftharpoons HOCl+HCl$$

$$HOCl \xrightarrow{光} HCl+[O]$$

$$[H \cdot C]+[O] \xrightarrow{光} H_2O+CO_2$$

式中，[H·C] 代表含碳有机物。

3.5.2.2 处理工艺流程

光氧化法工艺处理流程如图 3-24 所示。废水经过滤器去除悬浮物后进入光氧化池。废水在反应池内的停留时间与水质有关，一般为 0.5～2.0 h。

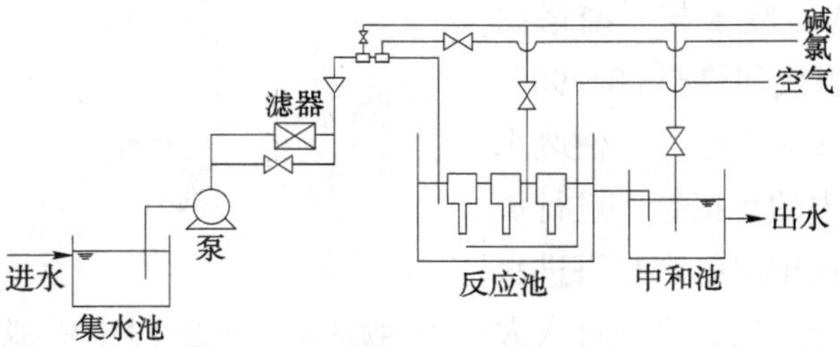

图 3-24　光氧化法工艺处理流程

光氧化的氧化能力比只用氯氧化高10倍以上，处理过程中一般不产生沉淀物，不仅可以处理有机废水，也可以处理能被氧化的无机物。此法作为废水深度处理时，COD、BOD可接近于零。光氧化法除对分散染料的一小部分外，其脱色率可达90%以上。

3.5.3 金属还原法

金属还原法处理含汞废水时，含汞废水与还原剂金属相接触，废水中的汞离子被还原为金属汞而析出，金属本身被氧化为离子进入水中。可以用来还原汞的金属有铁、锌、铋、锡、锰、镁、铜、锑等。现以铁屑为例，发生的化学反应如下：

$$Fe+Hg^{2+} \longrightarrow Fe^{2+}+Hg\downarrow$$

$$2Fe+3Hg^{2+} \longrightarrow 2Fe^{3+}+3Hg\downarrow$$

铁屑还原的效果与废水的pH有关，当pH较低时，由于铁的电极电位比氢的电极电位低，废水中的氢离子将被还原为氢气而逸出，其反应式如下：

$$Fe+2H^{+} \longrightarrow Fe^{2+}+H_2\uparrow$$

反应过程中消耗铁屑，同时有氢气生成。

铁屑还原除汞的处理装置如图3-25所示。池中填充铁屑，废水以一定的流速自下而上通过滤池，与铁屑接触一定时间后从池顶排出。铁屑还原产生的铁汞沉渣可定期排放，可回收利用。

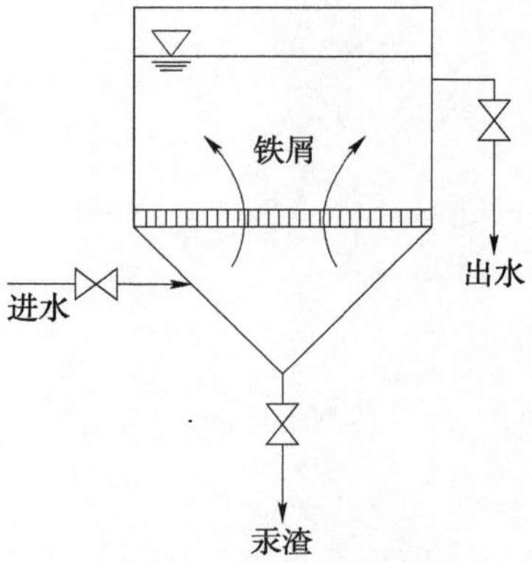

图3-25 铁屑过滤池

课后习题

1. 工业上常用的化学氧化法有哪些？各自有什么特点？

2. 工业水处理中常用的氧化剂和还原剂分别有哪些？

3. 简述亚硫酸盐还原法和硫酸亚铁还原法的优缺点。

4. 某工厂甲车间每天产生含盐酸（HCl）0.73% 的酸性废水 50 m^3，乙车间产生含 1.6% 氢氧化钠（NaOH）的碱性废水，其水量和水质变化较大，采用间歇式中和池将酸碱废水进行中和处理。若处理后废水酸碱达到完全中和，则乙车间每天排出的碱性废水量应为多少？（相对分子质量：HCl 36.5；NaOH 40）

5. 某废水处理水量为 15 000 m^3/d，采用臭氧深度处理技术，经试验获得臭氧投加量为 6 mg/L，采用纯氧氧源的臭氧发生器，臭氧气体浓度为 120 mg/m^3，请计算所需臭氧发生器的最少产量（g/h），计算臭氧发生器最小供应的臭氧气体的流量（m^3/h）；臭氧接触反应塔停留时间为 8 min，请计算臭氧接触反应塔的有效容积，若用圆形塔 1 座，有效水深为 10 m，反应器的直径是多少？

第4章
吸 附

4.1 吸附概述

4.1.1 吸附现象

在两相界面层中，某物质能够自动地发生富集的现象被称为吸附。例如，在一定条件下，在液－固或者气－固界面上，溶质或气体分子会自发地向固体表面富集。在苯酚溶液中投入洁净的活性炭颗粒，苯酚就会向活性炭表面聚集，或者说活性炭吸附了苯酚。在一个充满溴气的玻璃瓶中加入活性炭，可以看到气体的颜色慢慢褪去，说明溴气被活性炭所吸附。通常，具有吸附能力的物质，称为吸附剂；被吸附在吸附剂表面的物质称为吸附质。

吸附现象在生产和科研中应用十分广泛。例如，制糖业中活性炭的脱色、硅胶对气体的干燥等。在水和废水处理中，活性炭是一种用途十分广泛的吸附剂。

通常固体由于表面自由能较高，有吸附其他物质降低表面自由能的趋势。自由能降低的过程大多是自发过程，因此吸附过程是一个自发过程。吸附可以用化学反应式表示：

$$A+B \longleftrightarrow A\cdot B \tag{4-1}$$

式中，A 表示吸附质；B 表示吸附剂；$A\cdot B$ 表示吸附化合物。由于多种化学作用和物理化学作用吸附质被吸附在吸附剂表面，这些作用包括氢键、偶极矩作用和范德华力，更强作用的吸附则可能来自化学键力。与吸附相反的过程是脱附，即吸附在吸附剂表面的吸附质从吸附剂表面脱落。吸附和脱附的速度一般随着吸附质浓度的增加而增大。如果吸附反应是可逆的，就像许多化合物吸附在活性炭表面一样，吸附质在吸附剂表面的吸附和脱附就会同时发生。吸附刚开始时，吸附质在溶液中的浓度大，在吸附剂表面的浓度小，因此吸附的速度大于脱附的速度。随着溶液中浓度的降低和吸附剂表面浓度的增加，吸附的速度不断降低，脱附的速度不断增大。吸附和脱附速度相等时，吸附过程达到平衡状态，在宏观上表现为溶液的浓度不再降低。

按照吸附的作用机理，吸附作用被分为两大类，即物理吸附和化学吸附。在吸附过程中通常会伴随能量的变化，被称为吸附热。物理吸附和化学吸附由于吸附机理的差别在吸附热、吸附速度以及吸附的选择性方面有所不同。物理吸附的作用力为分子间作用力即范德华力，其吸附热较低、吸附速度快且没有选择性。化学吸附的作用力为化学键力，其吸附热较高，吸附速度根据化学键类型不同而有较大的差异，吸附具有一定的选择性。

4.1.2 等温吸附模型

吸附容量指一定温度及一定的吸附质浓度下，单位吸附剂吸附的吸附质的最大量。单位吸附剂的吸附容量 q_e 和溶液平衡浓度 C_e 之间的关系曲线，称为吸附等温线。常见的几种吸附等温线如图 4-1 所示。对吸附等温线的描述有多种模型，这里介绍两个比较常用的模型，即 Freundlich 吸附等温式和 Langmuir 吸附等温式。

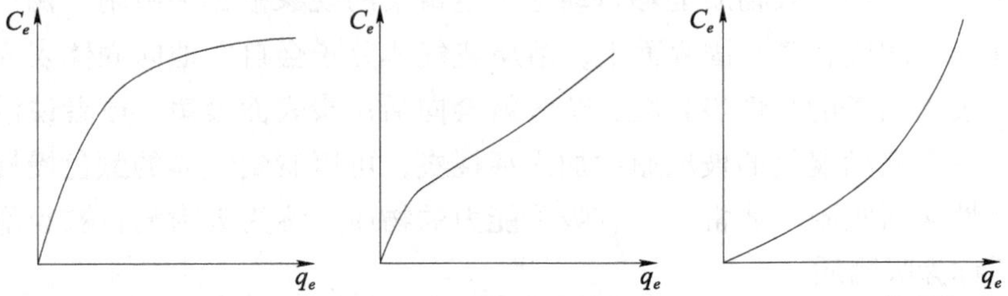

（a）Ⅰ型等温线　（b）Ⅱ型等温线　（c）Ⅲ型等温线

图 4-1　常见等温吸附线

4.1.2.1 Freundlich 吸附等温式

Freundlich 吸附等温式是一个经验公式，它能描述大多数吸附数据。该吸附等温式的表达形式为

$$q_e = KC_e^{1/n} \tag{4-2}$$

对等式两边取对数可将等式线性化为

$$\lg q_e = \lg K + \frac{1}{n}\lg C_e \tag{4-3}$$

式中：q_e——饱和吸附容量，单位为吸附质的质量 / 吸附剂质量（mg/g），或吸附质摩尔数 / 吸附剂质量（mmol/g）；

C_e——溶液平衡浓度，单位为吸附质的质量 / 体积（mg/L），或吸附质摩尔数 / 体积（mmol/L）；

K 和 $1/n$ 是一个特定体系的常数，K 的单位由 q_e 和 C_e 的单位确定，$1/n$ 单位为量纲一。

尽管 Freundlich 吸附等温式是一个用来解释经验数据的公式，但后来 Halsey 和

Taylor（1947）发展的吸附理论可以推导出 Freundlich 吸附等温式。

参数 K 主要与吸附剂对吸附质的吸附容量有关，而 $1/n$ 是吸附力的函数。对于确定的 C_e 和 $1/n$，K 值越大则 q_e 吸附容量越大。对于确定的 K 和 C_e，$1/n$ 值越小吸附作用越强。当 $1/n$ 值很小时，吸附容量几乎与 C_e 无关，吸附等温线逼近水平线，这时 q_e 几乎为常数。$1/n$ 值越大，则吸附作用力越弱。q_e 随着 C_e 的微小改变而产生明显的改变。尽管 Freundlich 吸附等温式能够有效地处理大部分吸附数据，但是仍有许多不适用的情况。

通常某一种吸附剂对一种吸附质的吸附常数 K 以及 $1/n$ 可以通过实验确定。如式（4-3）所示，对于一系列的吸附容量 q_e 和平衡溶液浓度 C_e 取对数所得到的 $\lg C_e$ 和 $\lg q_e$ 为线性关系，其斜率和截距分别为 $1/n$ 和 lgk。

4.1.2.2 Langmuir 吸附等温式

Langmuir 吸附等温式是一个理论公式，形式如下：

$$q_e = q_{\max}\frac{bC_e}{1+bC_e} \tag{4-4}$$

式中：b 和 $q_{\max}$——常数；

q_e 和 C_e——分别为饱和吸附量和溶液的平衡浓度。

常数 $q_{\max}$ 与表面吸附的单分子表层浓度有关，且代表了当 C_e 增加时 q_e 的最大值。常数 b 与表面吸附能量有关，当吸附力增大时 b 值也相应增加。

该理论模型认为，吸附质在均匀固体表面形成了单分子层的吸附层，吸附在固体表面的分子之间不存在作用力，吸附为动态平衡：

$$A+B \underset{k_2}{\overset{k_1}{\rightleftharpoons}} A\cdot B \tag{4-5}$$

设 θ 为某一平衡时刻吸附剂表面被覆盖的百分比，A 为总吸附位置数量。若吸附剂表面均匀，则被占用的吸附位置为 $A\theta$，空余的吸附位置为 A（$1-\theta$）。由于被吸附的分子之间不存在作用力，那么吸附速度 V_1 与吸附质的浓度及吸附空位成正比，脱附速度 V_2 与吸附表面吸附质浓度成正比，即存在以下两式：

$$V_1=k_1CA(1-\theta) \tag{4-6}$$

$$V_2 = k_2A\theta \tag{4-7}$$

同时，由于吸附达到平衡状态时

$$V_1 = V_2$$

联立式（4-6）和式（4-7），则

$$\theta = \frac{bC_e}{1+bC_e} \tag{4-8}$$

其中，$b=k_1/k_2$。

设表面最大吸附量为 q_{max}，平衡时的吸附量为 q_e，由吸附量及吸附位对应关系得

$$\theta=\frac{q_e}{q_{max}} \tag{4-9}$$

将式（4-9）代入式（4-8）可得式（4-4）。

在式（4-4）中，q_{max} 和 b 为对应于某一吸附过程的常数，这两个吸附常数的确定方式可以先将式（4-4）变形得

$$1/q_e=(1/q_{max}b)(1/C_e)+1/q_{max} \tag{4-10}$$

在通过试验获得一系列 q_e 和 C_e 数据的前提下，可以通过数学方法求得 q_{max} 和 b。

例 4-1 现采用活性炭吸附对某有机废水进行处理，对两种活性炭的吸附试验平衡数据如下：

平衡浓度 COD/（mg/L）	100	500	1 000	1 500	2 000	2 500	3 000
A 吸附量 /［mg/g（活性炭）］	55.6	192.3	227.8	326.1	357.1	378.8	394.7
B 吸附量 /［mg/g（活性炭）］	47.6	181.8	294.1	357.3	398.4	434.8	476.2

试判断吸附类型，计算吸附常数，并比较两种活性炭的优劣。

解：由数据可得吸附的平衡曲线如下：

Langmuir 吸附等温方程为 $q=k_1q_m\rho/(1+k_1\rho)$，变形后可得 $\rho/q=\rho/q_m+1/k_1q_m$，整理数据如下：

ρ	100	500	1 000	1 500	2 000	2 500	3 000
ρ/q（A）	1.80	2.60	4.39	4.60	5.60	6.60	7.60
ρ/q（B）	2.10	2.75	3.40	4.20	5.02	5.75	6.30

作 ρ/q 和 ρ 的直线

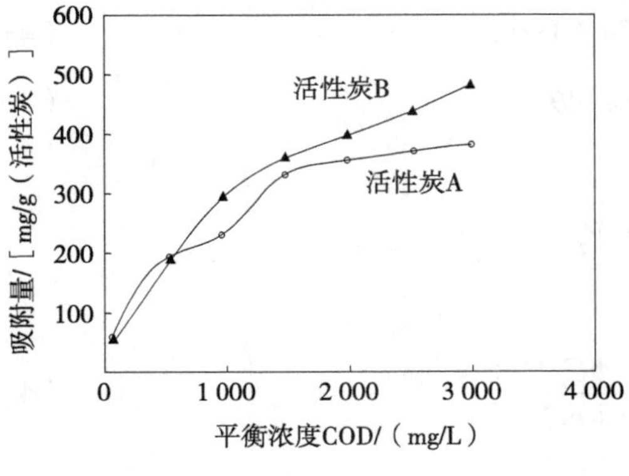

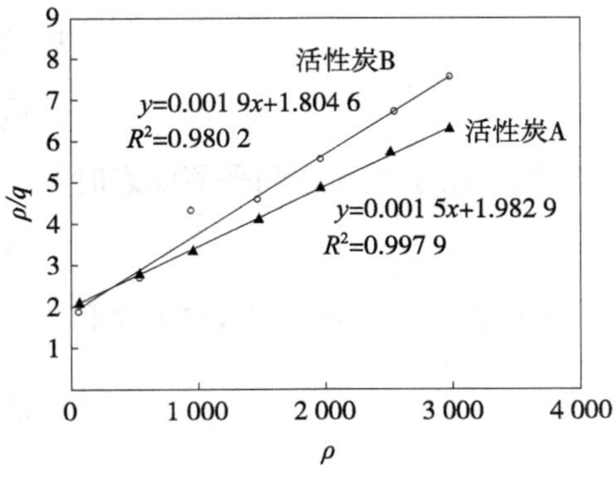

由直线可知，用 Langmuir 吸附等温线方程可以很好地拟合吸附曲线。分别求得方程的常数为

活性炭 A：$1/q_m$=0.001 9，q_m=526，$1/k_1q_m$=1.804 6，k_1=0.001 05

活性炭 B：$1/q_m$=0.001 5，q_m=667，$1/k_1q_m$=1.982 9，k_1=0.000 76

比较两种活性炭的吸附平衡常数，可以看到 B 的饱和吸附量要大于 A，吸附容量比较大；而 A 的吸附系数比较大，吸附的性能较好。

4.2 活性炭的吸附

4.2.1 活性炭的制备

活性炭（Activated Carbon，AC）一般有两种应用方式，一种是粉末炭（Powdered Activated Carbon，PAC），即将活性炭制成粉末，直接投入水中吸附水中杂质；另一种是粒状炭（Granular Activated Carbon，GAC），即将活性炭制成颗粒，当水经过活性炭滤池过滤时，水中杂质即被吸附在活性炭表面。

20 世纪上半叶以来，活性炭在给水处理中已经得到广泛应用。粉末活性炭对受污染水源中的微量臭和味类有机物具有良好的吸附性能，因此很早就被应用于去除水中的臭和味。美国自来水工程协会进行的一项研究表明，1986 年，美国 600 家大型水厂中 29% 使用粉末炭，主要用于臭和味的控制。粒状炭作为一种良好的生物载体，与臭氧氧化联用，可以有效地控制水中的难生物降解有机物。在废水处理方面，活性炭广泛应用于城市污水的三级处理、重金属废水处理、有机工业废水处理等。

任何碳质原料几乎都可以用来制造活性炭，包括木材、锯末、泥炭、果壳、果核、皮革废物、纸厂废物等，天然煤和焦炭也是制造粒状活性炭的材料。原料中灰分含量是衡量其质量的重要因素，一般灰分含量越少越好。活性炭的制造可分为炭化和活化两步。炭化也称热解，是在隔绝空气的条件下对原材料加热，一般温度在 600℃以下。有时原材料先经无机盐溶液处理后再炭化。炭化有多种作用，一是使原材料分解放出水汽、一氧化碳、二氧化碳及氢气等气体；二是使原材料分解成碎片，并重新集合成稳定的结构。这些碎片可能由一些微晶体组成。微晶体由两片以上的、以六角晶格排列的片状结构碳原子堆积而成，但无固定的晶型。微晶体的大小与原材料成分和结构有关，并受炭化温度的影响，大致随炭化温度升高而增大。炭化后微晶边界原子上还附有一些残余的碳氢化合物。活化是在氧化剂的作用下，对炭化后的材料加热，以生产活性炭产品。在活化过程中，烧掉了炭化时吸附的碳氢化合物，把原有孔隙边上的碳原子烧掉，起到了扩大孔隙的作用，并把孔隙与孔隙之间烧穿，从而使活性炭变成良好的多孔结构。当氧化过程的温度在 800～900℃时，一般用蒸汽或二氧化碳作氧化剂；当氧化过程的温度在 600℃以下时，一般用空气作氧

化剂。外观上活性炭呈黑色多孔颗粒状，化学稳定性好，可耐强酸及强碱，能经受水浸及高温。

4.2.2 活性炭的性质

4.2.2.1 物理性质

单位质量活性炭所具有的表面积称为比表面积，单位为 m^2/g，吸附剂和催化剂载体的比表面积越大越好。活性炭由于其独特的制造工艺而拥有巨大的比表面积，因此具有良好的吸附性能。一般活性炭的比表面积可达到 1 000 m^2/g 以上。

活性炭的重要特征是具有发达的孔隙结构。活性炭的孔隙可分为三类，即微孔、中孔和大孔（表 4-1）。不同孔径的孔隙有利于吸附不同直径的分子。一般来说，活性炭的大孔和中孔可以为较大的吸附质所利用，而微孔可以为较小的吸附质所利用。各种孔隙分布如图 4-2 所示。

表 4-1 活性炭孔隙分类

孔隙分类	半径尺寸分布 /nm
微孔	＜2
中孔	2～100
大孔	100～10 000

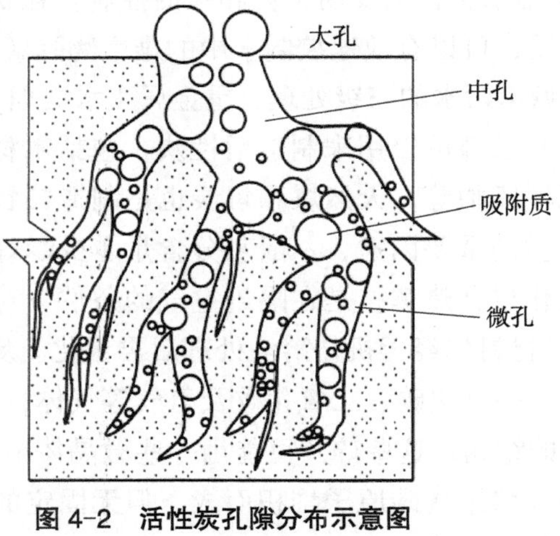

图 4-2 活性炭孔隙分布示意图

根据粒度大小可以将活性炭分为粒状炭和粉末炭。一般粉末炭的直径小于 0.074 mm（200 目），粒状炭的直径大于 0.1 mm（140 目）。粉末炭颗粒小，与吸附质接触充分，因而吸附速度快，吸附效果好。然而，粉末炭由于其粒度太小，回收和再利用均比较困难，而粒状态则有利于再生。粒度分布是活性炭的另一个参数。粒度分布对于粒状炭的性能有一定的影响，一般而言，粒径越小吸附速度越快。因此，在实际中应根据需要和试验确定活性炭的粒度大小。

目数表示每平方英寸面积上孔的数目。50 目表示每平方英寸面积上的孔眼数是 50 个，目数越高孔眼数越多。除表示筛网的孔眼外，它同时用于表示能够通过筛网颗粒的直径，目数越高粒径越小。一般常使用的目数和颗粒直径的粗略对应估算方法：目数 × 孔径（μm）=15 000。实际目数和颗粒直径的对应值见表 4-2。

表 4-2 常用颗粒目数和颗粒直径对照表

数目 /mesh	10	20	30	40	50	60	80	100	120	150
颗粒直径 /μm	1 700	830	550	380	270	250	180	150	120	106
数目 /mesh	175	200	250	300	400	600	800	1 000	2 000	5 000
颗粒直径 /μm	86	75	58	48	38	23	18	13	6.5	2.6

活性炭密度分为视密度、真密度和湿密度。视密度（或称为堆密度）是包括活性炭及堆放间隙在内的密度，典型的活性炭视密度在 350～500 mg/mL；真密度是去除了堆放间隙后活性炭本身的密度。当活性炭自身孔隙中充满水时测得的密度称为湿密度，湿密度将决定活性炭在反冲洗过程中的膨胀或者流化程度。粒状活性炭床反冲洗排干水后的床密度也是一个非常实用的参数，因为它将决定一个活性炭滤床或者反应器所需要的活性炭量。

强度对于粒状炭也很重要。在运输、反冲洗，以及再生过程中，强度太小将会造成更多的损耗。由于强度不够造成的过度损耗会降低活性炭使用的经济性。

灰分一般表明了活性炭中无机成分的含量。优质活性炭的灰分比较低，一般为 5%～8%。

4.2.2.2 化学性质

活性炭的化学性质一般是指活性炭的表面性质。在活性炭生产过程中，由于氧化及活化作用，在活性炭中形成了复杂的孔状结构，同时还在活性炭表面形成了复杂的官能团，包括羧基、酚羟基、醚类、酯，以及环状过氧化物。这些官能团的存在及相对数量的多少，将决定活性炭的极性强弱以及吸附性能。从相似相溶原理看，具有弱极性、中性及非极性表面的活性炭对非极性分子的吸附能力比较强，而对极性分子以及离子的吸附能力比较弱。

一般把活性炭的表面官能团分成酸性和碱性两大类，并按这种分类解释活性炭的吸附作用。酸性官能团有羧基、酚羟基、醌型羧基、正内酯基、荧光型内酯基、羧酸酐基及环式过氧基等。对于碱性氧化物的说法有一些分歧。活性炭中氢和氧的存在对活性炭的吸附及其他特性有很大的影响。在炭化及活化的过程中，由于氢、氧与碳以化学键结合，使活性炭表面形成各种有机官能团形式的氧化物及碳氢化合物，这些氧化物使活性炭与吸附质分子发生化学作用，显示出活性炭的选择吸附性。活性炭表面的这些氧化物主要是在活化和后处理（酸洗或碱洗）过程中产生的，活性炭在后处理时对酸、碱的吸附量，与活化温度有密切关系。因此，活性炭表面的氧化物成分主要受活化过程的影响。一般温度在300～500℃下用湿空气制造的活性炭中，酸性氧化物占优势；而温度在800～900℃下，用空气、蒸汽或二氧化碳作活化氧化剂所制造的活性炭中，碱性氧化物占优势；温度在500～800℃制造的活性炭则具有两性性质。

酸性氧化物使活性炭具有极性，因此倾向于吸附极性较强的化合物。应该特别注意的是那些类似羧基的基团，这些带极性的基团易于吸附具有极性的水，因而阻碍了从水溶液中吸附非极性物质。当水中含有极性更强的物质时，由于酸性基团和它们之间形成的氢键比与水之间所形成的氢键强，就可能置换水而被吸附。为了避免形成更多的类似羧基的基团，妨碍吸附非极性有机物，活化温度必须控制在900℃左右。活性炭表面的金属离子部位带有正电荷，对那些带有过剩电子部位的分子有吸引力，可以提高活性炭吸附速率。

4.2.2.3　吸附性质

通常用来表征活性炭吸附性质的参数有亚甲蓝吸附值、碘吸附值、苯酚吸附值、BET比表面积等，具体数值参见《煤质颗粒活性炭　气相用煤质颗粒活性炭》（GB/T 7701.1—2008），测试方法参见《煤质颗粒活性炭试验方法》（GB/T 7702—2008）。

（1）亚甲蓝吸附值

亚甲蓝吸附值是指在规定的试验条件下，活性炭与亚甲蓝溶液充分吸附后，亚甲蓝溶液剩余浓度达到规定范围时，每克活性炭吸附亚甲蓝的毫克数。亚甲蓝的相对分子质量为319.85，分子直径较大，一般认为其主要吸附在孔径相对较大的中孔内，数值的高低主要表征活性炭的中孔数量的多少。其测试方法是称取一定量的活性炭样品与已知浓度的亚甲基蓝溶液充分混合吸附后，利用分光光度计测试亚甲基蓝溶液浓度变化，计算出每克活性炭样吸附亚甲基蓝的毫克数。

（2）碘吸附值

碘吸附值是指在规定的试验条件下，活性炭与碘液充分振荡吸附后，每克活性炭吸附碘的毫克数。碘的相对分子质量为253.81，分子直径较小，一般认为其数值高低与活性炭中微孔的多少有很好的关联性。其测定原理是在规定的条件下，定量的活性炭试样与碘标准溶液充分振荡吸附后，用滴定法测定溶液中剩余碘量，求出每个试样吸附碘的毫克数，绘制吸附等温线，用剩余浓度为0.02 mol/L时每个试样吸附的碘量表示活性炭对碘的吸附值。

（3）苯酚吸附值

苯酚吸附值是指在规定的试验条件下，每克活性炭吸附苯酚的毫克数。苯酚的相对分子质量为94.11，分子直径小，一般认为其主要吸附在孔径相对较小的微孔内，其数值的高低主要表征活性炭的微孔数量的多少。其测定原理是将试样与苯酚溶液充分振荡吸附、过滤，用硫代硫酸钠标准滴定溶液滴定，求出每克试样吸附苯酚的毫克数。

（4）BET（Brunauer-Emmet-Teller）比表面积

BET 比表面积的物理意义是在活性炭表面饱和吸附一层氮气分子时氮气分子所占据的活性炭表面积。在假定活性炭表面覆盖一层氮气分子，并已知单位数量氮气分子所占表面积的情况下，可以根据氮气吸附量来确定 BET 比表面积。BET 比表面积是针对氮气分子而言的，在水处理中，许多吸附质的分子尺度远大于氮气分子，因此，并不是所有 BET 比表面积都可以在水处理过程中得到应用。

另外还有一些参数可以用来评价活性炭的吸附性能，如糖蜜值、单宁酸吸附值、四氯化碳吸附值等。在活性炭应用的过程中，应结合水体中目标污染物的浓度和实际水质条件，测试活性炭对目标污染物的吸附性质，使活性炭在实际工程应用中具有更好的指导意义。

4.2.3 影响活性炭吸附性能的因素

4.2.3.1 活性炭的性质

活性炭本身的性质是影响活性炭吸附性能的重要因素，包括上述活性炭的物理、化学以及吸附性质，不再赘述。

4.2.3.2 吸附质的性质

吸附质的性质及活性炭的性质共同决定了活性炭对这种吸附质的吸附性能。对活性炭性能影响比较大的是分子极性、分子大小及构型。过大的分子不可能进入活性炭小孔中。分子的疏水性越强越容易被吸附。分子的疏水性由分子的极性及其大小共同决定，同系物的疏水性随着分子量的增加而增大，因此相同条件下的平衡吸附量随之增加。但是，当分子量增大到一定程度后，平衡吸附量将会由于分子过大难以进入孔隙中而降低。根据相似相溶原理，分子的极性越大越不容易被吸附。由于分子构型造成的极性不同使大多数芳香族化合物在活性炭表面的吸附性能要好于脂肪族化合物。一般来说，活性炭对非极性分子以及中性分子的吸附能力大于对极性分子的吸附能力。一些常见的容易吸附和不易吸附的有机物见表 4-3。

表 4-3 容易吸附和不易吸附的有机物

容易吸附的有机物	不易吸附的有机物
芳香族溶剂，如苯、甲苯、硝基苯等	低分子有机物，如酮、酸、醛
氯代芳香化合物，如氯酚	糖类、淀粉
多环芳香化合物	大分子机物或者胶体
杀虫剂及除草剂，如莠去津	低分子脂肪化合物
氯代物，如四氯化碳、三氯乙烯、氯仿、溴仿等	—
高分子烃类，如染料、汽油、胺类、腐殖质	—

4.2.3.3 其他因素

活性炭以及吸附质的性质决定了活性炭对吸附质的吸附性能，而其他一些外界因素将会通过影响它们的性质来影响活性炭对吸附质的吸附性能，这些外界因素包括溶液的 pH、无机离子组成及含量，还有无机沉淀等。很多有机物质的存在形态受 pH 的影响。例如，当溶液 pH 大于有机物的 *pKa* 值时，有机物的某些基团会产生离解，这将造成有机物性质的改变。例如，对苯酚而言，当 pH＜6 时，苯酚很容易被活性炭吸附，而当 pH＞10 时，苯酚大部分电离为离子状态而从活性炭表面脱附下来。无机物对有机物的吸附也会产生影响，研究结果表明，水中增加了 $CaCl_2$ 后，会由于腐殖酸和钙离子的交联与络合而使腐殖酸的吸附容量增大。而无机盐类，如铁、镁、钙等，在活性炭表面可能形成沉淀，这些沉淀往往会阻碍吸附的进一步发生。

4.2.3.4 活性炭与水处理化学药剂的反应

活性炭是一种具有还原性的物质，因此在水处理过程中，活性炭常和氧化性的物质，如氧、氯、二氧化氯、高锰酸盐反应。例如，活性炭与水中游离氯的反应可能是

$$HClO+C^* \longrightarrow C^*O+H^++Cl^- \tag{4-11}$$

$$OCl^-+C^* \longrightarrow C^*O+Cl^- \tag{4-12}$$

这些反应有时可以用于去除水中的余氯。例如，在反渗透过程中，对游离氯敏感的反渗透膜之前常设活性炭滤柱，在去除有机物的同时保证进入的余氯浓度控制在安全范围之内。

4.2.4 竞争吸附

活性炭对于单一组分溶液中溶质的吸附，可以用 Freundlich 吸附等温式或者 Langmuir 吸附等温式来描述。当溶液中存在两种或两种以上的溶质并用活性炭来吸附时，将会产生非常复杂的竞争吸附现象。

4.2.4.1 两组分竞争吸附模型

研究竞争吸附的目的是在探讨多种组分条件下各组分的平衡吸附量情况。多组分竞争吸附中最基本的是两组分竞争吸附，影响两组分竞争吸附的主要因素是初始浓度及平衡浓度，单组分的吸附参数，如 Freundlich 吸附等温式中的 K、$1/n$。常用的两组分竞争吸附模型来自对 Freundlich 吸附等温式修正的理想溶液吸附理论。该模型为如下两个等式：

$$C_{1.0}-q_1C_C-\frac{q_1}{q_1+q_2}\left(\frac{n_1q_1+n_2q_2}{n_1K_1}\right)^{n_1}=0 \tag{4-13}$$

$$C_{2.0}-q_2C_C-\frac{q_2}{q_1+q_2}\left(\frac{n_1q_1+n_2q_2}{n_2K_2}\right)^{n_2}=0 \tag{4-14}$$

式中：q_1 和 q_2——分别为平衡时两种化合物的吸附量；

$C_{1.0}$ 和 $C_{2.0}$——分别为溶液中两种溶质各自的初始浓度；

K_i 和 n_i——分别为各自的 Freundlich 参数，一般由单组分溶液条件下测得；

C_C——活性炭的投加量。

这两个方程描述了两种吸附质的初始浓度、平衡吸附量及活性炭投量之间的关系。$C_{1.0}$、$C_{2.0}$、K_i、n_i 以及 C_C 为已知条件，如果根据式（4-13）、式（4-14）求出 $C_{1.e}$ 和 $C_{2.e}$，以及 q_1 和 q_2，还需要如下两个等式：

$$q_1=(C_{1.0}-C_{1.e})/C_C \tag{4-15}$$

$$q_2=(C_{2.0}-C_{2.e})/C_C \tag{4-16}$$

式中：$C_{1.e}$ 和 $C_{2.e}$——分别表示各自的平衡浓度。

联立式（4-13）～式（4-16）为方程组，其中有 4 个未知数，即所需要求得的 $C_{1.e}$、$C_{2.e}$、q_1、q_2，其余为已知数，包括 $C_{1.0}$、$C_{2.0}$、K_1、n_1、K_2、n_2、C_C。

4.2.4.2 多组分竞争吸附模型

当溶液中的吸附质组分种类超过两种时，将式（4-13）、式（4-14）扩展得到如下等式：

$$C_{i.0}-q_iC_C-\frac{q_i}{\sum_{j=1}^{n}q_j}\left[\frac{\sum_{j=1}^{n}n_jq_j}{n_iK_i}\right]^{n_i}=0 \tag{4-17}$$

同样地，式（4-17）实际上代表一组方程，其意义和解法类似于两组分的方程组式（4-13）和式（4-14）（还应该包含一组类似于吸附量与浓度的关系方程），不过方程的个数应该是 n 个。

4.2.4.3 水中多组分竞争吸附模型的简化处理——EBC 模型

在水处理中，吸附质不但种类多，而且很难被分别确认，因此多种组分竞争吸附模型作为一种理想模型很难在实际生产中应用。替代本底有机化合物模型可解决这一问题。该模型把一种主要的目标污染物作为研究对象，而把其他复杂的多种组分作为一种化合物来看待，称为替代本底化合物（Equivalent Background Compound，EBC）。通过替代本底化合物的定义，多组分的竞争吸附可以转化为简单的二组分竞争体系。这样，只需要测定出目标化合物及本底化合物的吸附参数和初始浓度，就可确定活性炭的吸附情况。需要注意的是，本底化合物的 K、$1/n$ 值往往随着不同化合物组成和不同活性炭的种类而不同。

4.2.5 活性炭吸附过程

4.2.5.1 传质过程

活性炭的吸附是一个复杂的动力学过程，其中包括吸附质在主体溶液中的传质，吸附质在活性炭表面水膜中的传递，吸附质分子在孔内的扩散，以及最终在活性炭表面的吸附。

吸附质在主体溶液中的传质是使吸附质达到活性炭表面上的过程。这一过程可以通过机械混合或者分子扩散来实现。吸附质在活性炭表面水膜中的传质过程符合菲克第一定律，与浓度梯度以及液膜的厚度有关。梯度越大、液膜越薄，传质速度越快。吸附质穿过水膜，在达到吸附位置之前的过程，是吸附质在活性炭孔内扩散到吸附位置的过程。吸附质分子到达吸附位置之后，由于其与活性炭表面的作用产生吸附，吸附过程结束。这些连续过程中的最慢者，将会成为整个传质过程的控制步骤。在水处理过程中，通常有机物在水膜中的扩散或者在孔中的扩散是控制步骤的。

4.2.5.2 穿透曲线

对于粒状炭，当水连续地通过吸附装置时，随着时间的推移，出水中污染物质的浓度逐渐上升，称为污染物的“穿透”现象；达到一定时间后，污染物浓度快速上升，当吸附装置达到饱和后，出水中污染物浓度几乎完全与进水相同，吸附装置失效。以时间为横坐标，以出水中污染物浓度为纵坐标，将出水中污染物浓度随时间变化作图，得到的曲线称为穿透曲线，如图 4-3 所示。图中 C_A 为允许的污染物出水最高浓度，该点称为穿透点；C_B 为进水浓度的 90%，该点称为饱和点。累积通水量或者比通水量（通水量体积 / 活性炭体积）可作为吸附穿透曲线横坐标。其中比通水量更能反映活性炭的吸附性能。

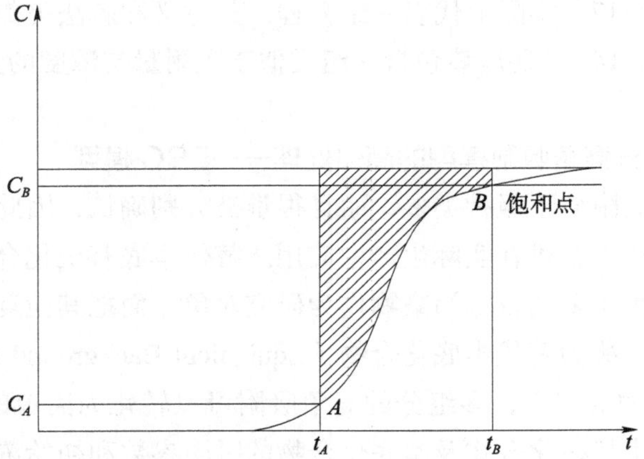

图 4-3　穿透曲线示意图

4.2.5.3 吸附带

在吸附过程中活性炭层中有一段特殊的位置，活性炭对污染物的吸附集中发生在该段中，该段前端（相对于水流方向）的活性炭可以看作未吸附的炭，而该段后端的活性炭都可以看作已经吸附饱和的炭。该段活性炭则被称为吸附带（Mass Transfer Zone，MTZ）。在吸附带中，活性炭的饱和程度从 0 到 100%。当吸附装置开始过滤时，吸附带处于活性炭层上部；当表层吸附饱和后，吸附带逐渐下移；当吸附带移至活性炭层下沿时，出水浓度急剧增大，出水浓度增大到预定值时，炭层穿透。由于吸附带中炭不能被全部利用，所以吸附带的长度将影响整个活性炭层的使用率。

吸附速度越快、吸附带的长度越短，活性炭层的利用率就越高。

吸附带长度 L_{MTZ} 的计算方法很多，但在实际中都只能用来进行估算。常用的是 Michaels 及 Weber 的模型：

$$L_{\mathrm{MTZ}}=Z\frac{V_{\mathrm{E}}-V_{\mathrm{B}}}{V_{\mathrm{E}}-0.5\,(V_{\mathrm{E}}-V_{\mathrm{B}})} \tag{4-18}$$

式中：Z——吸附柱高度，m；

V_{E}——滤柱完全耗尽时产水体积，L 或 m^3；

V_{B}——滤柱穿透时产水体积，L 或 m^3。

4.2.5.4 空床接触时间

空床接触时间（Empty Bed Contact Time，EBCT）是吸附接触装置的重要参数，物理意义是在吸附装置中不加任何填料情况下过水的水力停留时间。其计算式为

$$\mathrm{EBCT}=\frac{V}{Q} \tag{4-19}$$

式中：Q——进水流量，m^3；

V——反应器的有效吸附体积，L 或 m^3。

由于 Q 已固定，EBCT 的大小取决于 V 的大小。在某处理水量下，空床接触时间将决定吸附装置的体积。从经济性上看，EBCT 越小越好，然而从吸附效果上看，EBCT 越大越好。

4.2.5.5 临界穿透浓度及吸附柱临界深度

临界穿透浓度 C_{cri} 是指可以接受的污染物最大出水浓度。当出水浓度大于该值时，表明吸附装置已经失效，活性炭需要更换。在定义临界穿透浓度的同时，也可以定义吸附柱的临界深度（L_{cri}），即运行一开始就导致出水浓度等于 C_{cri} 的吸附柱深度。一般来说，C_{cri} 是由处理要求决定的。而 L_{cri} 则由相对应的 C_{cri} 确定。同时，L_{cri} 和 EBCT 存在如下关系：

$$\frac{L_{cri}}{Q/A}=\mathrm{EBCT} \tag{4-20}$$

式中：A——吸附柱截面积，m^2。

4.2.5.6 活性炭的利用率（Carbon Usage Rate，CUR）

CUR 被定义为单位处理水量所需要的活性炭质量，即

$$\mathrm{CUR}=\frac{m_{\mathrm{GAC}}}{Q_t} \tag{4-21}$$

式中：m_{GAC}——活性炭质量；

Q_t——所处理的总水量，m^3。

由于总吸附量：

$$Q_e=m_{GAC}\times q_e=Q_t\times(C_0-C_e)$$

所以 CUR 又可以表示为

$$CUR=m_{GAC}/Q_t=(C_0-C_e)/q_e \tag{4-22}$$

一般增大 CUR 值有利于降低活性炭吸附装置的成本。

例 4-2 用活性炭吸附水中色素实验得出的吸附等温线方程为 $q=4.1C^{0.5}$，现有 100 L 溶液，色素浓度 0.08 g/L，欲将色素除去 85%，活性炭投加量为多少克？

解：由吸附等温线方程得该溶液的饱和吸附容量为

$$q=4.1C^{0.5}=4.1\times(0.08\times0.15)^{0.5}=0.45\ (g)$$

利用式（4-22），得活性炭的利用率为

$$CUR=\frac{(C_0-C)}{q}=\frac{0.08\times0.85}{0.45}=0.151$$

则活性炭的投加量为

$$m=Qt\cdot CUR=Qt\cdot\frac{(C_0-C)}{q}=100\times\frac{0.08\times0.85}{0.45}=15.1\ (g)$$

4.3 活性炭吸附的应用

4.3.1 活性炭的功能

在水和废水处理中，活性炭有着广泛的应用。在饮用水处理中，活性炭的功能表现为以下几个方面。

4.3.1.1 臭和味的去除

随着水源污染的加重，水中生物作用（如藻类）或者工业废水中一些能够产生强烈臭和味的物质常常会进入原水，致使水中产生臭和味。为保证净水的感官指标，必须去除这些物质。活性炭吸附作为除臭、除味的有效手段，已经在水处理过程中广泛使用。通常，粒状活性炭和粉末活性炭都能满足去除臭和味达到良好处理效果的要求。随着运行时间的延长，由于竞争吸附的作用，粒状活性炭吸附去除臭和味的容量会随着活性炭吸附的天然有机物量的增加而逐渐降低。

4.3.1.2 总有机碳（Total Organic Carbon，TOC）的去除

一般水中有机物的含量可以用总有机碳（TOC）来衡量。活性炭对 TOC 有比较稳定的去除效果。由于吸附条件（包括活性炭种类、吸附时间、水力负荷）以及 TOC 组

成物质和有机负荷的不同，活性炭对TOC的吸附容量不尽相同。天然水中不同的本底天然有机物往往也会对TOC的去除产生竞争吸附影响。

4.3.1.3 消毒副产物（Disinfection by Products，DBPs）前驱物的去除

自从大多数消毒副产物（DBPs）被确认为致癌物，或者被认为是可疑致癌物后，人们在不断寻求控制消毒副产物产生的有效方法，其中一种常用的方法是对消毒副产物前驱物的去除。美国国家环境保护局推荐了三种优先考虑的控制消毒副产物的方法，其中包括活性炭吸附技术。一般认为，原水中的天然有机物（Natural Organic Matters，NOM）是主要的消毒副产物前驱物。大部分胶体状态的NOM会在混凝过程中被去除，剩余的NOM可以在氯化消毒以前通过活性炭吸附去除，这样就可以控制消毒副产物的生成。

4.3.1.4 挥发性有机物（Volatile Organic Compounds，VOCs）的去除

挥发性有机物包括的范围比较广，有的容易被活性炭吸附，如三氯乙烯和四氯乙烯；有的则较难被吸附，如氯仿和二氯乙烷等。粒状活性炭滤池可以直接用来去除受污染水中的VOCs。

4.3.1.5 人工合成有机物（Synthetic Organic Chemicals，SOCs）的去除

近年来，随着工农业的不断发展，许多合成有机物（如除草剂、杀虫剂等）开始出现在水源水中。相当一部分合成有机物为致癌物、可疑致癌物或者内分泌干扰物质。活性炭可有效降低合成有机物在饮用水中的浓度。

在城市污水与工业废水中，活性炭吸附也有广泛的应用。在城市污水处理中，常采用活性炭吸附作为深度处理的单元过程。在许多高浓度有机废水处理中，也采用活性炭吸附作为回用或者排放前的深度处理过程。活性炭由于对一些无机金属离子具有比较好的吸附性，因此也可以用在一些含有重金属离子的工业废水处理中。

4.3.2 粉末炭的应用

粉末炭由于粒度小、接触面积大，所以吸附速度快、吸附效果好。特别是在水质恶化的季节，应用粉末炭能够迅速去除水中的臭、味等。粉末炭投加所需要的基建费用比较低。与粒状炭相比，粉末炭的不足是再生困难，常常只使用一次，所以运行费用较高。粉末炭在应用过程中，需要考虑以下因素。

4.3.2.1 投加量

粉末炭的投加量取决于特定粉末活性炭的吸附能力以及水质情况。在给水处理中吸附臭和味有机物时，通常粉末炭投量为2～20 mg/L。一般可以利用烧杯试验确定粉末炭的投加量。将待处理水样置于烧杯中，投加一定量的粉末炭，然后尽量模拟水厂中的接触时间、混合，以及沉淀条件，在此基础上确定活性炭的除污染效果。一般烧杯试验的结果在现场往往需要修正，粉末炭的投加量通常需要在实际生产中最后确定。例如，当水源受到硝基苯污染时，若采用粉末活性炭吸附水中的硝基苯，首先进行吸

附等温线试验，通过作图确定 Freundlich 吸附等温线中的各个参数，对于原水中一定浓度的硝基苯，要求吸附后浓度低于国家标准的限值，将各种条件代入吸附等温线后得到理论上所需的粉末活性炭投加量。

4.3.2.2 接触时间

水中的有机物和粉末炭需要足够长的接触时间以保证吸附效果。对于不同类型化合物，采用粉末炭吸附所需要的接触时间是不同的。例如，水中大多数产生臭和味有机物的去除，一般需要 15 min 的接触时间。然而，对于另外一些化合物，如 MIB（二甲基异莰醇，2-methylisoborneol），则需要更长的接触时间。

4.3.2.3 投加点的选择

在水的处理中，通常需要认真选择粉末炭的投加点。常用的投加点可能设在水厂的吸水口、快速混合器前、沉淀池出水处或者滤池的进水处。这些投加点各有利弊，在选用的时候要认真斟酌。在吸水口处投加，可以得到足够长的接触时间以及良好的混合效果，但是活性炭的投加量比较大，因为很多可以通过混凝过程去除的有机物也会被吸附，所以运行费用较高。在快速混合器前投加粉末活性炭混合效果也很好，但是有可能由于混凝剂的包裹作用而降低了其吸附效率。同时，活性炭对于某些物质的吸附可能没有达到饱和，因而不能得到完全去除。在快速混合器之前新建一个带有搅拌装置的池体，并在该池中进行吸附，可以使粉末炭与水有良好的接触。在沉淀池出口或者滤池的入口投加可以有效地利用粉末炭的吸附容量，但是由于部分粉末炭的粒度过小可能会穿透滤池进入配水系统。多点投加方式应用也比较广泛。根据对 99 家使用 PAC 控制臭和味的水厂的调查结果表明在快速混合阶段投加粉末炭约占一半（49%），混凝反应阶段投加粉末炭占 10%，沉淀前投加粉末炭占 16%，沉淀阶段投加粉末炭占 7%，滤池进水点投加粉末炭占 10%，其中 23% 的厂家采用多点投加。研究表明，应以絮凝池中絮体尺度发展到与分散的粉末活性炭颗粒尺度相近时（即刚刚形成微小絮体）的位置作为粉末活性炭最佳投加点。在该点投加粉末炭既可避免竞争吸附，又使絮体对粉末活性炭颗粒的包裹作用最小，可充分发挥粉末活性炭的吸附效率。

投加点的选择不仅要满足良好的混合要求以及足够的接触时间，还要尽量使水处理药剂对粉末炭的干扰作用最小，降低活性炭的投加量，节约费用。

4.3.2.4 投加方式及设备

粉末炭有两种投加方法，即干投和湿投，湿投方法应用较多。当采用湿投法时，使用时间比较长的时候，通常将粉末活性炭与水混合成炭浆，然后由射流泵打入投加点。湿投法通常需要：炭浆的贮存池体、混合搅拌装置、粉末炭袋子的装卸装置、灰尘控制与收集装置、射流装置以及取样点和压力表。投加装置距离投加点应尽可能的近。输送管道要充分考虑可能产生的堵塞问题。用于间歇投加的设备在停止运行前要充分冲洗，在停用期间要定时检修，以保证系统的完好。

4.3.2.5 粉末炭应用的其他方式

Haberer 工艺是一种有别于传统 PAC 应用方式的新工艺。这种方法的主要设备包括一个由聚苯乙烯小球为填料的压力容器状过滤器，在聚苯乙烯小球填料层的上方是一道阻拦格网，防止小球在水上向流时流走。底部为承托层。该工艺的操作分为三步：①预处理过程，将粉末炭与水混合自下而上用泵注入滤池中反复循环，直到粉末炭黏附在聚苯乙烯小球上为止；②过滤过程，原水上向流过滤，起到过滤及活性炭吸附的作用，直到表面上的粉末炭达到吸附饱和为止；③反冲洗过程，反冲洗水自上而下流过，反洗下来的粉末炭可回收再生或排掉。在该过程中，活性炭的停留时间长，吸附作用充分，因此活性炭的使用量比较低。同时，Haberer 工艺能够有效去除 THM 前质及 SOCs。

粉末炭还可以与一些其他技术联用。比如，微滤或超滤和粉末炭联用，可以有效地发挥活性炭的吸附作用，将溶解性有机物去除，降低膜的污染，并通过膜将粉末炭分离。粉末炭和高锰酸钾联用，发挥氧化和吸附各自的作用，能够有效地去除臭和味、色度、浊度以及 UV 吸光度值。研究表明，高锰酸钾预氧化具有强化粉末活性炭吸附效能的作用。例如，高锰酸钾可以强化粉末活性炭吸附酚类化合物。先投加高锰酸钾进行预氧化对粉末活性炭吸附酚类化合物的增强作用强于高锰酸钾与粉末炭同时投加或后投加高锰酸钾的情况，但预氧化时间延长到一定时间后，吸附强化作用幅度减小。

粉末炭—活性污泥工艺（PACT）是一种比较成熟的工艺。该工艺将活性炭的吸附作用和现有的活性污泥过程相结合，能够降低难生物降解的有机物浓度以降低其毒性，在水质水量发生变化时提高系统的抗冲击负荷能力。该系统对色度和氨氮的去除效果都非常好。同时，后续的污泥沉降性能得到改善。图 4-4 所示为典型的 PACT 工艺流程。

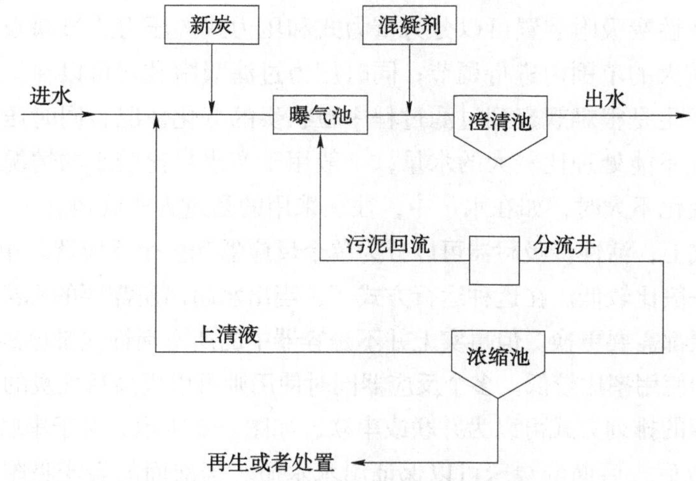

图 4-4 典型的 PACT 工艺流程

4.3.3 粒状活性炭的应用

粒状活性炭吸附装置的构造类似滤池，只是用粒状炭作滤料。粒状炭层下部也设置卵石垫层和排水系统，以便定期反冲洗。当饮用水的原水受到比较严重的污染时需要长期使用活性炭；或者处理废水时，常常由于粒状炭易于再生而采用粒状活性炭滤池。粒状活性炭一般作为一个单元处理过程应用于水处理的某个环节。粒状炭的吸附，可以使用在三个位置上，即滤前吸附、滤后吸附及过滤吸附，如图 4-5 所示。这三种方式往往具有不同的特点。放置在混凝沉淀以前的炭滤池，由于吸附量比较大，再生的频率比较高并需另设吸附滤池。在滤池后建吸附滤池，也需要增加基建投资。吸附/过滤装置，即由砂滤池改造而成的活性炭滤池也是一种常用的方式。砂滤池改造成的活性炭滤池可以用活性炭代替砂滤池上部部分滤砂，也可以用活性炭代替全部滤砂。作为过滤兼吸附装置的应用，它的基建费用比较低。但它反冲洗的频率要比滤后吸附滤池大，跑炭量会由于反冲洗频繁而上升，同时操作的费用会由于活性炭的使用率降低而升高。

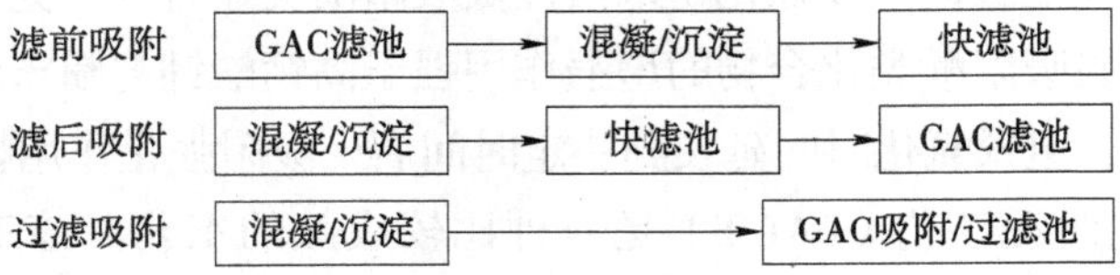

图 4-5　粒状活性炭吸附的方式

4.3.3.1 吸附装置形式

粒状活性炭吸附装置的形式多种多样，具体采用的形式可以根据不同的要求和目的进行选择。

一般粒状活性炭吸附装置可以分为重力式和压力式。压力式过滤吸附装置的流速可以在一个比较大的范围内进行调节；同时压力过滤吸附装置可以在工厂预制，然后运抵现场；其不足是很难观察到过滤过程中粒状炭的变化情况，同时压力吸附装置的尺寸较小，往往不能处理比较大的水量，一般用于产水量比较小的情况。当水量比较大而且水量的变化不大时，如在水厂中，往往采用的是重力式滤池。

从流程形式上，活性炭吸附器可以分为单个反应器和多个反应器。单个反应器中的活性炭使用率一般比较低。在这种运行方式下，当出水超出所需要的标准时，整个过滤装置中的活性炭都需要更换。但事实上并不是容器中的所有活性炭都已经达到饱和，因而导致活性炭的使用率比较低。多个反应器同时使用则可以提高活性炭的使用率。

多个反应器的排列方式可以为并联或串联，如图 4-6 所示。对于串联系统而言，当前面炭床穿透以后，后面的炭床可以保证出水水质。当前面的炭床吸附容量完全饱和时，可以将其中的活性炭更换为新炭，然后安排在串联系统的最后。如此循环，既可以保证炭床中活性炭的吸附容量得到完全的应用，又可以保证出水的水质始终良好。对于并联，当一段炭床的出水穿透后，数个炭床出水的混合水水质仍然可能符合水质要求，这时穿透后的炭床仍可继续工作，直到混合水的水质不符要求时为止，这样就会使穿透炭床的活性炭利用率大幅提高。

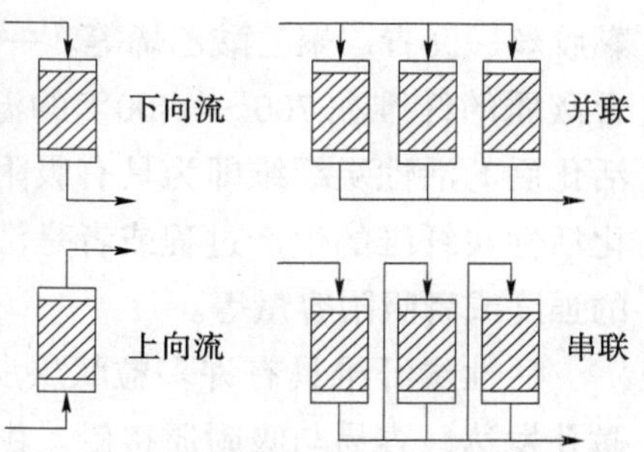

图 4-6 活性炭吸附装置布置方式

从水的流向上，活性炭滤池可以分为上向流和下向流两种。一般的膨胀床采用上向流方式，上向流滤池一般采用颗粒粒度小的悬浮颗粒活性炭床，有机物在活性炭上的传质速度快，对于提高水中有机物的去除效率和在活性炭上负载微生物都比较有利；重力式活性炭滤池及大部分压力过滤装置采用下向流方式，易于运行管理，但所需的过滤水头较前者大。

还有一种移动式活性炭吸附装置，这种装置采用上向流，水从底部流入，新鲜的活性炭从上方加入，吸附饱和的活性炭从底部取出，从而不断地更新活性炭。该种装置占地面积小、操作管理方便，比较适合较大规模的污水处理。

4.3.3.2 设计参数

粒状活性炭吸附滤池或其他吸附装置的设计过程，类似于快滤池的设计。这里比较重要的两个参数是空床接触时间（EBCT）和活性炭的利用率（CUR）。EBCT 将决定滤池的总体积从而影响建设投资，CUR 将决定活性炭的更换频率从而影响运行的费用。

对于 EBCT，一般为 5～25 min；EBCT 越大，滤层越不容易穿透，同时 CUR 也得到了相应的提高。

CUR 将决定活性炭更换和再生的频率，该值一般需要通过生产性试验才能确定。一种快速小柱试验（RSSCT）可以有效地模拟整个生产系统的状况，从而确定一些参数，但设计前的试验只能是一种估计性的计算。

粒状活性炭滤池的水力表面负荷概念和普通快滤池中水力负荷的概念是一致的，即单位时间单位表面积上的产水量，一般称为滤速。活性炭滤池的水力负荷采用的范围是 5～24 m/h，而最常用的范围是 5～15 m/h。

对于活性炭滤池，反冲洗的参数需要由活性炭的参数确定，可由活性炭生产商提供。

炭床的深度等于 EBCT 与滤速的乘积。

4.3.4 活性炭纤维的应用

近年来，活性炭纤维（Activated Carbon Fiher，ACF）在水处理领域引起了越来越多的关注。用来生产活性炭纤维的原料包括两部分，一部分是主料，或者称为原料；另一部分是辅料，或者称为添加剂。可以作为活性炭纤维原料的包括聚丙烯腈、酚醛黏胶丝、沥青、聚乙酸乙烯等。一般的生产过程是原料先经过处理使之纤维化。随后，含碳质的纤维在 700～1 000℃的温度下，在水蒸气或者二氧化碳的环境中进行活化。活化后的活性炭纤维即为具有吸附性的活性炭纤维。添加剂的作用一般是优化或者强化活性炭纤维的生产过程或者是活性炭的性质，如降低活化的温度，提高活性炭纤维的强度或者吸附容量等。

活性炭纤维具有许多粒状炭所没有的特点。活性炭纤维含碳量高，孔径分布窄，微孔发达，容易与吸附质接触。由于活性炭纤维的微孔发达，吸附质几乎可以只通过微孔到达吸附位置，这样，活性炭纤维吸附的动力学过程几乎不包括粒状炭吸附过程中通常被速度控制步骤的孔内扩散过程，所以吸附的速度比较快。研究表明，在相同状况下，活性炭纤维对一些芳香族化合物的吸附系数高于粒状活性炭对这些芳香族化合物的吸附系数 5～10 倍。活性炭纤维的导电性好，因此可以做成活性炭纤维电极。活性炭纤维再生比较容易，重复使用性好。一项用活性炭纤维处理洗衣废水的研究表明，在真空下加热即可恢复活性炭纤维的吸附性能，而且，活性炭纤维的吸附性能经过 10 次再生后才开始逐渐下降。还有报道称，一种原料为黏胶纤维的活性炭纤维，在对苯饱和蒸汽的吸附试验中，其吸附容量在反复吸脱过程中有所增加。除纤维状以外，活性炭纤维制品可以先加工成多种形式，如线状、纸状或者毡状，然后制成各种形式的过滤器。尽管活性炭纤维具有许多优点，但是目前活性炭纤维产品的价格比较高。

由于其独特的性质，活性炭纤维在许多领域有着广泛的应用。这些用途包括溶剂的回收、空气的净化、水中脱氯等。

4.3.5 生物活性炭技术的应用

20 世纪初，许多发达国家就已经开始将活性炭技术应用于水质净化，但由于活性炭在吸附饱和之后，需要经常性的物化再生，处理成本较高，因此限制了它的应用。20 世纪 60 年代末，研究发现，长期运行的吸附滤池粒状炭的表面往往吸附大量有机物，成为微生物繁殖的基质，形成了生物膜，活性炭的物化再生周期和炭柱使寿命延长。通过进一步研究后，20 世纪 80 年代，生物活性炭（Biological Activated Carbon，BAC）正式被确立为水处理新技术之一。BAC 技术是利用具有巨大比表面及发达孔隙结构的 PAC 对水中有机物及溶解氧的强吸附特性，以及其作为载体可称为微生物集聚、繁殖、生长的良好场所，在适当的温度及营养条件下，同时发挥活性炭的物理吸附和微生物生物降解的水处理技术。

随着工艺的不断发展，BAC 技术已经由最初的 BAC 滤池扩展到曝气池粉末活性炭技术、流化床 BAC 技术和膨胀床 BAC 技术，在国内，BAC 过滤与臭氧氧化联用技术在饮用水的深度处理中得到了广泛应用。

一般来讲，水处理使用的活性炭能够有效地去除小分子有机物，却难以去除大分子有机物，而水中大分子有机污染物居多，所以活性炭微孔的表面面积将得不到充分利用，势必缩短使用周期。但在活性炭前投加臭氧后，一方面氧化了部分有机物；另一方面使水中部分大分子有机物转化为小分子有机物，改变其分子结构形态，提供了有机物进入较小孔隙的可能性，从而达到水质深度净化的目的。人们对臭氧与活性炭联用技术去除水中腐殖酸和富里酸的研究结果表明，原水中所含的高分子腐殖酸和富里酸不易被活性炭吸附，但经臭氧氧化分解后，变成了一些易被活性炭吸附的小分子物质，从而提高活性炭的吸附效能。

臭氧氧化在某种程度上改善了活性炭的吸附性能，而活性炭又可吸附未被臭氧氧化的有机物及一些中间产物，使臭氧和活性炭各自的作用得到更好地发挥。从臭氧与生物活性炭联用技术在20世纪60年代出现以来，该技术已经在欧洲、美国、日本等发达国家（地区）广泛采用。运行结果表明，该工艺对氨氮（NH_3-N）和总有机碳（TOC）的去除比单独采用臭氧或活性炭处理分别高出70%～80%和30%～75%。

研究臭氧和活性炭联用时发现，水中有机物与臭氧反应的生成物比原来的有机物更易于被微生物降解，活性炭长期在富氧条件下运行，表面有生物膜形成，当臭氧处理后的水通过粒状活性炭滤层时，有机物在其上进行生物降解。在臭氧和粒状活性炭组合的情况下，粒状活性炭变成生物活性炭，对有机物产生吸附和生物降解的双重作用，使活性炭对水中溶解性有机物的吸附大幅超过根据吸附等温线所预期的吸附负荷。在颗粒活性炭滤床中进行的生物氧化法也可有效地去除某些无机物。

在臭氧与生物活性炭联用工艺中，有时臭氧氧化所起的作用不大。这有可能来自两个方面的原因：一是臭氧的浓度过低；二是大分子在氧化以前就容易被生物降解。针对第一个原因，臭氧与生物活性炭联用工艺中常用臭氧浓度一般在0.5～1.0 g臭氧/g DOC。

生物活性炭系统受温度的影响很大，当夏季温度在25～35℃时，微生物活动非常活跃，但到冬季温度在8～12℃时，微生物数量显著减少，因而生物氧化在低温地区难以四季运行。通常情况下，生物活性炭出水中微生物数量高于进水，因此生物活性炭出水需要进行消毒。

生物活性炭是当前去除水中有机物的一种较为有效的深度处理方法。当然它也存在某些问题，如耗电量较大；在处理过程中会有各种代谢产物，以及微生物进入水中，这些产物包括内毒素、溶解性微生物代谢产物及未完全分解的有机物等，其中大多数物质的特性及其对人体健康的可能影响还知之甚少，尚需开展进一步的研究。

4.3.6 UV光氧催化净化+活性炭吸附的应用

河南省新郑市某办公家具厂驻扎于新郑市吕村，该厂的业务主要是生产办公用品、木制家具、茶几、真皮沙发及软床等生活用品，该厂每年生产数万套办公桌椅、家具用品、茶几、沙发等建设项目。该项目有一个隔断成的喷漆房是全封闭钢结构的，分开为喷漆室和烘干室，喷漆室用于刷漆和喷漆，该厂排放的有机废气主要包括雾漆、甲苯、二甲苯、非甲烷类总烃等。

喷漆过程中会产生雾漆、甲苯、二甲苯和非甲烷类总烃等VOCs，它们具有熔点低、易挥发等特性，常温下大部分具有刺激性或特殊气味，大部分不溶于水或难溶于水，但易溶于有机溶剂，且种类达数百万种，绝大多数易燃易爆且具有毒性。由于该项目喷漆房产生的有机废气浓度较高，仅采用活性炭吸附法恐不能完成处理目标，仅采用UV光催化氧化器也会产生相应的副产物，故采用UV光氧催化净化+活性炭吸附棉装置组合工艺对其进行废气处理，提高有机气体处理效率。

喷漆房产生的废气先进入集气罩中，再由风机引入管道，废气经过过滤棉之后，已经除去大部分的漆雾和大颗粒物，剩余的气体进入UV光催化氧化设备，UV光催化氧化设备可以产生紫外线，在紫外线的照射下将空气中的氧分子裂解为臭氧，臭氧具有强氧化性能使空气中的大分子降解变成小分子的无害物质，该设备在UV的条件下增加了具有催化作用的TiO_2，TiO_2作为催化剂能够大幅增加反应的效率。经过光氧催化设备之后剩余的废气和臭氧一起进入活性炭箱，活性炭能够起到缓冲作用，这些气体在活性炭箱的内部继续反应，充分反应后达标排放。最后经过两个设备的净化，废气达到排放标准之后由排气筒排放到大气中。

4.4 活性炭的再生

利用活性炭吸附水中有机物或余氯时，有的运行周期可达数年，而有的仅几个月就饱和失效。失效的活性炭称为饱和炭，如不处理即会废弃。当然，活性炭运行周期的长短主要取决于进水中吸附质含量的多少。目前，由于环境污染严重，天然水中有机物含量较多，以吸附水中有机物为目的的活性炭床的运行时间一般较短。因为活性炭价格昂贵，经济费用高，因此要求活性炭重复使用，即要求失效后的活性炭能够再生。

活性炭再生（Regeneration of Activated Carbon）就是将失去吸附能力的活性炭经过特殊处理，使其重具活性，恢复大部分吸附能力，以便重新使用。

活性炭再生前，在选择再生方法时，应考虑以下问题。

（1）再生前要了解活性炭所吸附的吸附质性质。对于含有挥发性可燃物质的吸附质不宜用热再生法；在给水处理用活性炭失效时吸附大量水中天然有机物，在进行热再生时，受热分解会释放出有异味的气体，应有相应的对策。

（2）要考虑再生后活性炭吸附能力的恢复程度，应当通过试验确认。对被浊度严重污染的活性炭，由于孔多被污泥堵塞，为提高再生效果，再生前还应进行预处理（如酸洗），酸洗还可去除活性炭吸附的重金属等物质。

（3）要考虑活性炭再生后机械强度降低程度及再生时活性炭质量的损耗。

（4）要估计再生经济费用，并与新活性炭进行比较。

活性炭再生方法很多，如干式加热再生、热空气再生、水蒸气再生、微波再生、药剂再生、强制放电再生、生物再生等。虽然方法很多，但能将活性炭吸附能力完全恢复的方法并不多。下面对几种常见的再生方法作简单介绍。

4.4.1 干式加热再生

由于活性炭对水中有机物的吸附是物理吸附，是放热反应，因此利用升高温度的方法，可以将活性炭上已吸附的吸附质解吸，以及让吸附的有机物在高温下氧化、分解、逸出，这就是高温再生法的原理，也是所有加热再生的原理。

这种方法的再生炉有回转再生炉（图 4-7）、立式再生炉（图 4-8）、流化床再生炉、移动床式再生炉等。

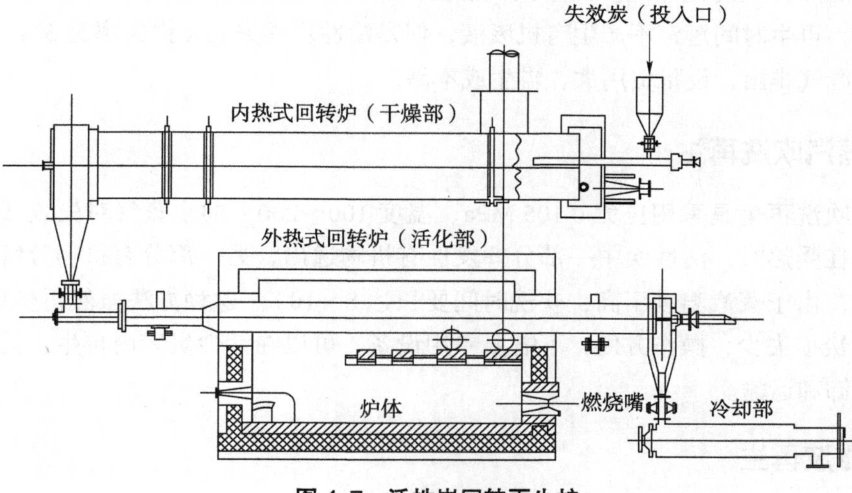

图 4-7　活性炭回转再生炉

失效的活性炭加热再生过程一般分为以下五步。

（1）脱水。颗粒状活性炭一般与水接触，因此活性炭含水较多（约 50%），在此步骤中将活性炭与水分离。

（2）干燥。在 100～150℃下将活性炭中的水分蒸发掉，此时还会将活性炭中吸附的低沸点有机物质挥发掉。

（3）炭化。在 300～800℃下将活性炭吸附的有机物质分解，分解出的低分子物质在此温度下挥发，当然也有一部分有机物质分解为碳，堵塞在活性炭孔内。

（4）活化。在 800～1 000℃下利用水蒸气、CO_2

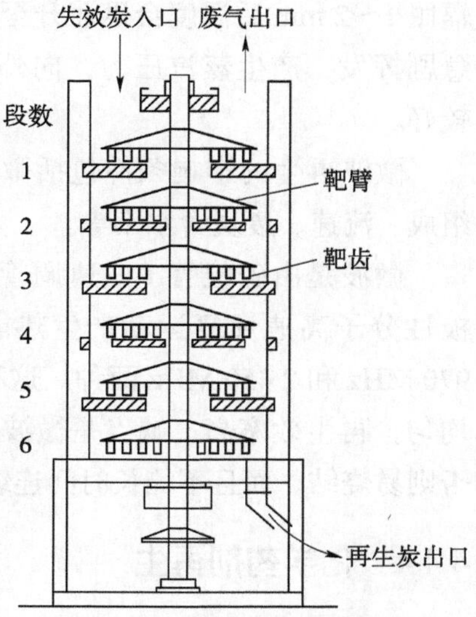

图 4-8　活性炭立式再生炉

等气体进行活化，将活性炭孔进行疏通及扩孔，或重新造孔。这些气体在850℃时与碳发生的反应如下：

$$C+O_2 \longrightarrow CO_2+24\ 283.44\ J/mol$$

$$C+H_2O \longrightarrow CO+H_2-118\ 067.76\ J/mol$$

$$C+CO_2 \longrightarrow 2CO-162\ 447.84\ J/mol$$

（5）冷却。为防止氧化，在水中急冷。

通常，在炭化阶段，其吸附性能恢复率可达60%～80%，进一步用氧化性气体活化时吸附性能会进一步提高。氧对活性炭基质影响很大，过量氧将会使活性炭烧损灰化，使活性炭损失率上升，强度下降，因此应严格控制气体中的氧含量。

干式加热再生的优点是：由于活化温度高，几乎能去除所有的吸附有机物，再生恢复率高，再生时间短，不产生有机废液，但是活性炭损失大（损失率为3%～10%），再生时有废气排出，设备费用大，再生成本高。

4.4.2 蒸汽吹洗再生

蒸汽吹洗再生是采用压力0.105 MPa、温度100～200℃的水蒸气对失效活性炭进行吹洗，在受热时，活性炭中一部分挥发性有机物逸出，另一部分有机物分解，随冷凝水排出，由于蒸汽温度不高，吹洗时间要长达8～10 h。这种方法虽然再生效率低，但是活性炭损失少，操作方便，不需要专用设备，可以在活性炭床内再生，无须进行活性炭装卸和运输。

4.4.3 微波再生

由于活性炭具有较高的介电损耗系数，为微波的强吸收物质，所以活性炭在微波辐照1～2 min后温度会迅速升至650℃以上，活性炭中水分子及其他有机物被加热而急剧挥发，产生蒸汽压力，向外压出，如果此时再辅以CO_2进行活化，则再生效果较好。

微波再生的影响条件包括微波频率、微波照射时间、再生温度、活化气体种类、组成、流速、废炭含水率等。

微波是由磁控管（或速调管）通过电压的周期性变动而产生的，使吸收体内部极性分子高速反复运动产生热能。活性炭再生炉炉体为微波谐振腔，微波频率有970 MHz和2 450 MHz两种。这种再生方法的优点是设备体积小，加热速度快，加热均匀，再生效率高；缺点是微波屏蔽困难，对人体有害，进料含水率不应大于25%，否则易烧结，而且不能长时间连续运转。

4.4.4 化学药剂再生

用化学药剂对失效活性炭进行再生的方法目前尚不成熟，再生率也不高，有的还处于研究开发阶段。这类方法所用药剂可分为三种：碱、氧化剂及有机溶剂。

由于很多有机物，特别是天然水中的天然有机物在碱溶液中是溶解的，当活性炭吸附这些有机物后，用稀碱溶液（如 4% NaOH）进行清洗，可以洗脱部分吸附的有机物。若对碱液进行加热，则可以提高洗脱效果。

用于再生失效活性炭的氧化剂有氯、溴、高锰酸钾、重铬酸钾、双氧水等。原理是用氧化剂将吸附的有机物氧化降解而脱附。用于再生失效活性炭的有机溶剂有苯、丙醛及甲醇等。

用药剂法再生，药剂的选择和再生效果主要取决于活性炭吸附的吸附质性质，特别是溶剂再生，只有当吸附质在该溶剂中溶解度高时，再生才能有效果。由于有机溶剂多为挥发性易燃品，不具备必要条件时，因此工业上应避免使用。

4.4.5 强制放电再生

20 世纪 80 年代国内发展了一种强制放电活性炭再生技术。该技术是利用炭自身的导电性和电阻，控制能量，使其形成电弧，对被再生的活性炭进行放电。

当具有一定能量的电流在活性炭炭粒的许多接触点上通过，由于接触点处电流密度很大（可达 103～108 A/cm^2），产生的高温及电弧，使炭粒温度迅速达到再生温度（800～900℃），在高温放电过程中会发生如下作用。

（1）高温使吸附的有机物迅速汽化、炭化；

（2）放电电弧隙中气体热游离和电锤效应，使活性炭吸附物在瞬间被电离分解；

（3）放电形成的紫外线使炭粒间空气中氧部分变成臭氧，对吸附物起氧化作用；

（4）吸附的水在瞬间变为过热水蒸气，与碳化物进行氧化反应。

因此，强制放电再生技术虽然加热时间短，但其再生效果良好。某水厂处理饮用水的失效活性炭经强制放电再生后性能恢复情况见表 4-4。

表 4-4 某饮用水厂失效活性炭强制放电再生效果

活性炭类型	碘吸附值		苯酚吸附值		亚甲基蓝吸附值		堆积密度 /（g/cm^3）
	数值 /（mg/g）	再生恢复率 /%	数值 /（mg/g）	再生恢复率 /%	数值 /（mg/g）	再生恢复率 /%	
新活性炭	656.5	—	110.1	—	165.0	—	0.501
再生活性炭	638.8	97.3	115.9	105.3	152.9	92.7	0.468
失效活性炭	459.3	—	74	—	123.6	—	0.537

强制放电再生可以是间隙式操作，也可以是连续式操作。再生全过程 5～10 min，再生损耗低于 2%，吸附性能可以恢复 95% 以上（以碘值计）。原始强度 90% 以上的活性炭可以再生 15 次以上（图 4-9）。

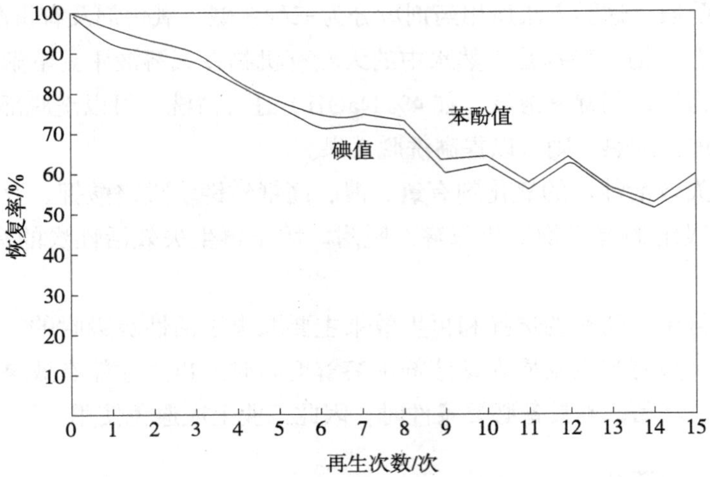

图 4-9　某活性炭重复强制放电再生 15 次的性能变化

强制放电再生和其他活性炭再生方法性能参数比较列于表 4-5。

表 4-5　强制放电再生装置与其他活性炭再生方法性能的比较

指标		燃气加热				电能加热			
		多层式	回转式	移动床式	流化床式	直接电能加热再生炉	C-400型直接通电两段式再生炉	直接通电三段式再生炉	强制放电再生炉
要求进炉湿炭含水率 /%		—	—	—	—	<6（干基）	—	85	86
炭在炉内停留时间 /h		0.5	2～3	2～6	0.5～10	（沸腾干燥）0.23	6	约 1.42	0.166
再生后碘值恢复率 /%		86.8～95.5	—	—	—	95～98	94～96	96～99	96～100
再生损失率 /%		7～15	5～7	3～4	7～15	3	1～3	2	<2
能耗指标	热耗 /（kcal/kg）	4 925	7 899	3 360～6 950	3 326～11 341	1 500	1 291	1 475	688
	电耗 /（kW·h/kg）	5.72	9.18	3.9～8.07	3.87～13.18	1.77	1.5	1.71	<0.8

4.4.6　电化学再生

该方法是将失效的活性炭放在电极中间，加入一定的电解质（通常为 2% NaCl），进行通电后，在阳极上析出氧气和氯气：

$$2Cl^- - 2e = Cl_2$$

$$4OH^- - 4e = 2H_2O + O_2$$

在阴极上有 OH^- 生成：

$$2H_2O + 2e = H_2 + 2OH^-$$

由于再生电解槽无隔膜，发生下列反应：

$$Cl_2 + 2OH^- = ClO^- + Cl^- + H_2O$$

ClO^- 又可在阳极氧化生成氯酸和初生态氧：

$$6ClO^- + 3H_2O - 6e = 2HClO_3 + 4H^+ + 4Cl^- + 3[O]$$

由于初生态氧、氯以及 ClO^-、$HClO_3$ 具有强氧化性，可使活性炭中吸附的有机物分解，起到再生的作用。

与传统再生方法相比，电化学再生效率较高，再生均匀，耗能少，活性炭损失少，能避免二次污染，而且操作简单、费用低。

4.4.7 生物再生

在活性炭床长期运行中，活性炭颗粒表面有生物黏液产生，会将活性炭颗粒黏结，如果对活性炭床出水进行检验，也会发现细菌数增多。这些都是由于活性炭在长期运行中富集了大量有机物质，为微生物提供了良好的食源和繁殖场所。从另外一个角度来说，微生物的存在有利于活性炭上吸附的有机物分解。

生物再生法就是在运行的活性炭上培养和驯化菌种，在微生物的作用下，消耗其吸附的有机物质（它可以将其氧化成 CO_2 及水），恢复活性炭的吸附能力。

对失效的活性炭使用厌氧方法进行再生，实验表明，再生后活性炭吸附能力有一定的提高（图4-10）。还有对运行中活性炭床每隔一段时间进行一次生物再生，再生时补充一定的氮、磷等营养元素，并加大供氧促进好气菌的繁殖，可使运行的活性炭恢复一定的吸附能力，延长活性炭的使用寿命。

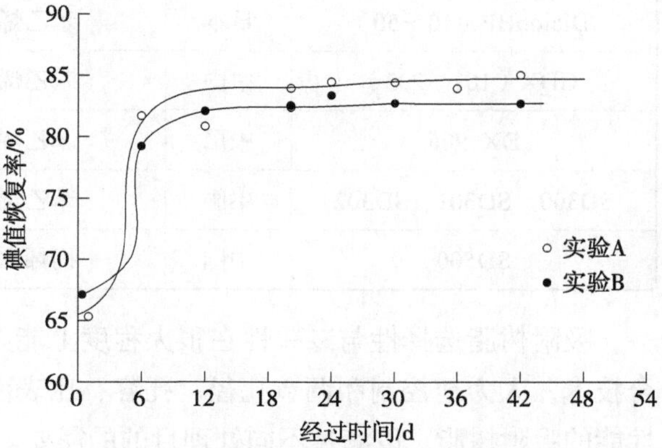

图4-10 失效活性炭厌氧生物处理的效果

生物活性炭的臭氧－活性炭处理工艺是生物再生的典型例子。

也可将失效活性炭加到有活性污泥的曝气池中，利用活性污泥进行生物再生。

这种再生方法虽然操作简单、费用低，但对有机物氧化速度慢，再生时间长，吸附能力恢复有限。

4.5 水处理过程中的其他吸附剂

常见的其他吸附剂种类很多，无机类，如硅胶、分子筛、氧化铝、活性白土、硅藻土、凹凸棒土等，有机类，如纤维素、高分子吸附树脂（如交联聚苯乙烯、交联聚丙烯酸酯、交联聚丙烯酰胺、酚醛类树脂）等。虽然吸附剂种类繁多，但在工业用水处理中得到较多应用的是活性炭，此外，大孔吸附树脂和废弃的阴离子交换树脂（强碱及弱碱性）也有少量应用。

大孔吸附树脂是一种人工合成的产品，最早的产品是酚醛类化合物的缩合物，20 世纪 60 年代后出现聚苯乙烯、聚丙烯酸酯、聚丙烯酰胺类的交联聚合物树脂，其中，有的带有极性基团，称为极性吸附剂；也有的不带极性基团，称为非极性吸附剂。常见的大孔吸附树脂种类见表 4-6。

表 4-6 常见的大孔吸附剂种类

牌号	产地	树脂结构	极性	比表面积 /（m^2/g）
AmberliteXA（1#～5#）	美国	苯乙烯	非	100～750
AmberliteXAD（6#～8#）	美国	丙烯酸酯、a-甲基丙烯酸酯	中	140～498
AmberliteXAD（9#～10#）	美国	亚砜、丙烯酰胺	强	69～250
AmberliteXAD（11#～12#）	美国	氧化氮类	极强	25～170
DiaionHP（10～50）	日本	苯乙烯	非	400～700
GDX（101～203）	中国	苯乙烯	非	330～800
DX-906	中国	苯乙烯	极性	51.2
SD300、SD301、SD302	中国	苯乙烯	非	500～800
SD500	中国	丙烯酸	极性	—

吸附树脂选择性与专一性在很大程度上能人为控制，通过使用致孔剂，以特殊聚合技术，人为地控制和调节孔径、孔容、比表面积等结构特点，制成不同孔径和不同性能的吸附树脂，以满足不同处理目的的需要。吸附树脂内含有直径在 5～25 nm 的无数细孔，比表面积为 100～1 300 m^2/g。

它主要有两种类型，一种骨架是苯乙烯系，另一种骨架是丙烯酸系。前一种最具代表性的是 DX-906，它开发较早，是一种具有弱碱性交换基团的吸附树脂；另一种骨架丙烯酸系是近年开发的，代表产品是 SD500。工业用吸附树脂其主要特征与交换树脂相似，呈颗粒状，具有耐热、耐酸碱、耐氧化、耐渗透压、耐气流擦洗、不溶解于有机溶剂且具有不同的溶胀特性等性能。含有大量孔隙的大孔吸附树脂，内部体系疏松、杂乱，取向无规则，自然光线折射杂乱，不能连续通过，因此，在内眼下外观呈乳白色。

以苯乙烯类吸附树脂为例，它是苯乙烯和二乙烯苯的共聚体。球状大孔吸附树脂多由很多微观小球组成，微观小球之间存在孔隙，孔隙的直径称为孔径，孔隙的体积与树脂球体积之比值称为孔度。不同吸附树脂的孔径、孔度、比表面积及极性均不相同。使用时要根据吸附质的性质加以区别，如吸附质分子较大要用孔径较大的吸附树脂；吸附质分子较小要选用孔径较小、比表面积较大的吸附树脂；吸附质是极性的要选用极性吸附树脂等。

这些树脂在水处理中的使用可以分为实验室使用和工业应用两种情况。实验室使用多用于水中有机物的富集、提取和分离。工业应用可以代替活性炭作用，用于吸附有机物。大孔吸附树脂优于活性炭的地方就在于它能反复再生，且再生条件要求不高。再生液一般采用 NaOH 和 NaCl 的混合溶液。因为可反复使用，比活性炭经济性好。

4.5.1 苯乙烯系大孔吸附树脂

以 DX-906 为例。国内生产的 DX-906 大孔吸附树脂与原西德 MP-500A 吸附树脂相当，为苯乙烯系吸附树脂，它含有一定的交换基团，氢氧型全交换容量约 3.3 mmol/g，强碱基团约 2.9 mmol/g，弱碱基团 0.4 mmol/L，所以其性能与大孔型强碱阴树脂有些相似。

DX-906 的比表面积约为 50 m^2/g（苯乙烯系大孔弱碱阴树脂 D354 仅有 12 m^2/g），孔径较小，对低分子有机物吸附容量较高，对水中天然有机物由于分子质量较大，吸附量则要下降（图 4-11）。水的 pH 对吸附也有影响，该树脂可以在中性水中吸附水中有机物，也可以在酸性水中吸附水中有机物，但在酸性水中吸附时 DX-906 吸附容量上升（图 4-12）。

DX-906 大孔吸附树脂抗氧化能力较差，对水中游离氯较敏感，遇游离氯后易发生胶溶、降解。

DX-906 的工业运行条件是流速 20～30 m/h，层高大于 1.2～1.8 m，对水中有机物去除率周期平均值为 35%，对 COD_{Mn} 吸附容量约为 4 g/L，失效终点通常以 COD_{Mn} 去除率低于 20% 为限，失效后可以用 3～4 倍床层体积的 8% NaCl 和 4% NaOH 混合液再生，再生后吸附能力可恢复 85%。DX-906 在工业条件下可重复使用，再生方便，比活性炭优越。

DX-906 运行中也应定期进行反洗，防止污泥堆积堵塞吸附孔道。

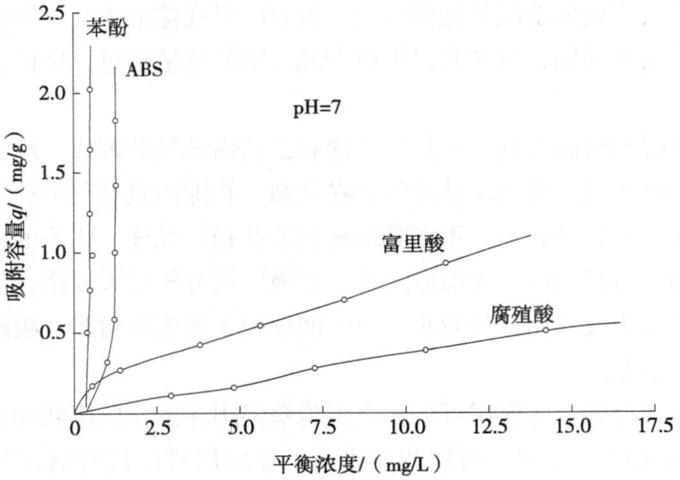

图 4-11　DX-906 对有机物的吸附等温线（温度为 30℃）

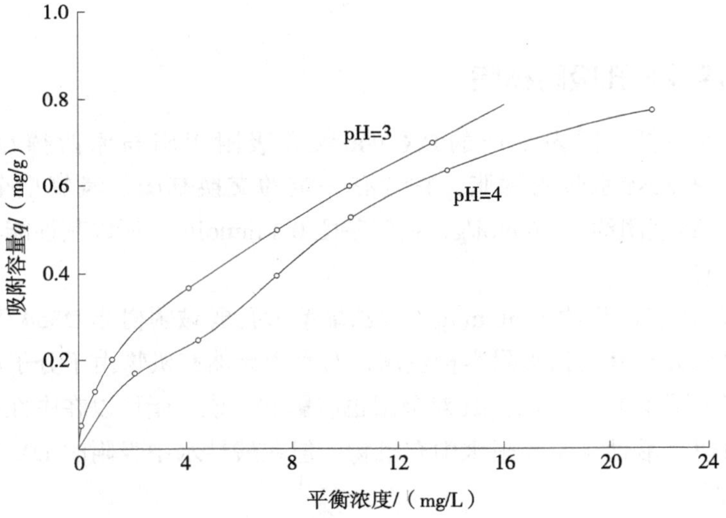

图 4-12　pH 对 DX-906 吸附水中有机物的影响（温度为 30℃）

4.5.2　丙烯酸大孔吸附树脂

丙烯酸大孔吸附树脂为淡黄色（或白色）不透明球状颗粒，其性能与大孔丙烯酸弱碱树脂相似。

4.5.2.1　丙烯酸系吸附树脂与苯乙烯系吸附树脂吸附性能比较

与苯乙烯系大孔吸附树脂相比，丙烯酸树脂是一种更好的有机物吸附剂。其吸附性能比大孔苯乙烯吸附树脂更佳（图 4-13 和图 4-14）。大孔丙烯酸树脂对大分子有机物腐殖酸和富里酸的吸附效果比大孔苯乙烯树脂要好，而且容易洗脱。

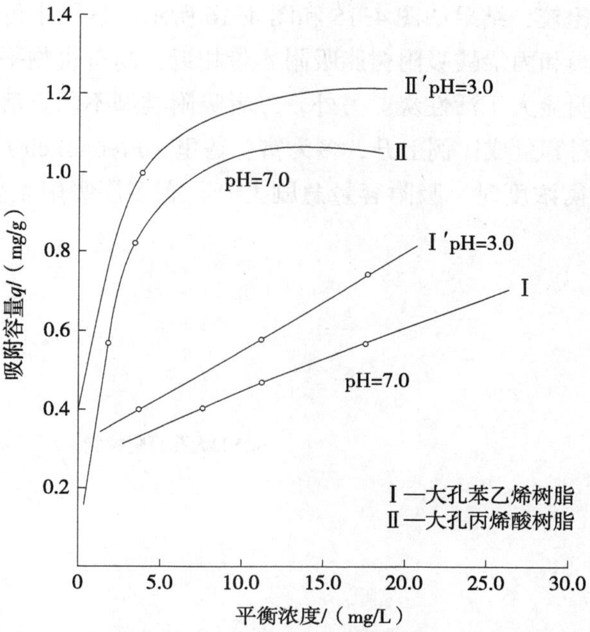

图 4-13 苯乙烯吸附树脂与丙烯酸吸附树脂对腐殖酸吸附性能比较

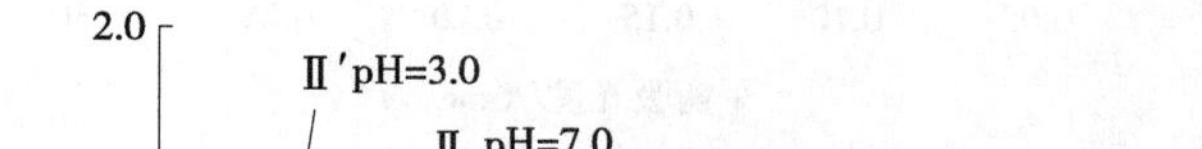

图 4-14 苯乙烯吸附树脂与丙烯酸吸附树脂对富里酸吸附性能比较

4.5.2.2 丙烯酸系吸附树脂和活性炭对水中有机物吸附性能比较

实验以某城市自来水中有机物浓缩样品作吸附质，对 SD500 丙烯酸吸附树脂和活性炭吸附性能进行比较，结果如图 4-15 和图 4-16 所示。从图中可以看出，有机物平衡浓度低时，活性炭和丙烯酸吸附树脂吸附容量相近，高有机物平衡浓度时，丙烯酸吸附树脂吸附容量明显大于活性炭。另外，二者吸附类型不同。活性炭吸附是随水中有机物浓度上升吸附容量成比例上升，多为富兰德里（Freundlich）吸附等温线；大孔吸附树脂在高的平衡浓度时，吸附容量急剧上升，有多层吸附发生，类似于 BET 型吸附。

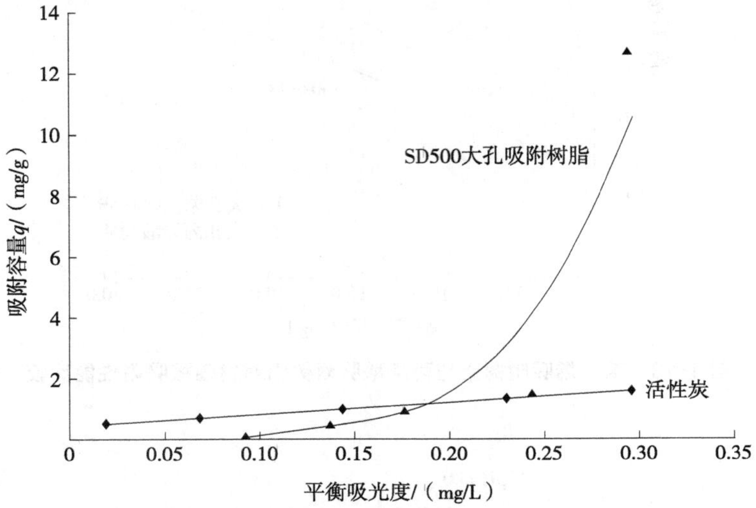

图 4-15 pH=4 时活性炭和 SD500 的吸附容量对比

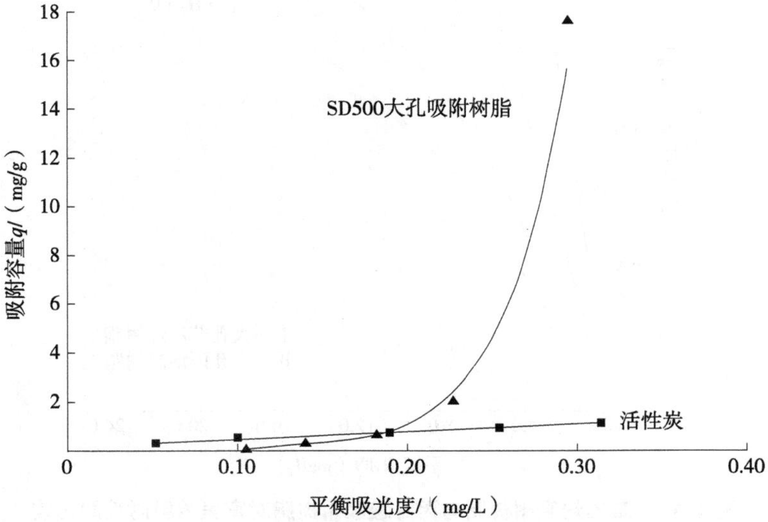

图 4-16 pH=7 时活性炭和 SD500 的吸附容量对比

介质 pH 对活性炭吸附容量影响较大。低 pH 介质中，活性炭吸附容量明显上升，但 SD500 大孔吸附树脂，介质 pH 对吸附容量影响不显著。

4.5.2.3 丙烯酸吸附树脂和活性炭对水中不同相对分子质量有机物去除性能比较

仍以某城市自来水中有机物作吸附质，比较丙烯酸系吸附树脂和活性炭对水中不同相对分子质量有机物去除情况，数据列于表 4-7，可以看出：

（1）大孔吸附树脂与活性炭对水中有机物的总去除率相当或略优于活性炭；

（2）SD500 丙烯酸吸附树脂对水中大分子有机物（相对分子质量大于 20 000）吸附优于活性炭；

（3）在对水中小相对分子质量（特别是小于 2 000）的有机物进行吸附时，活性炭的吸附效果好于大孔吸附树脂。

表 4-7 大孔吸附树脂吸附柱和活性炭吸附柱对水中不同相对分子质量有机物去除情况

指标		总有机物	大于5万（含）	2万（含）～5万	1万（含）～2万	6 000（含）～1万	4 000（含）～6 000	2 000（含）～4 000	小于2 000
SD500树脂吸附柱	进水 UV_{254}	0.102	0.015	0.005	0	0	0.035	0.003	0.044
	进水去除率 /%	38.24	100	80	—	—	65.7	67	6.8
活性炭吸附柱	进水 UV_{254}	0.134	0.016	0.004	0.006	0.01	0.036	0.001	0.061
	进水去除率 /%	37.21	68.7	25	67	80	88.8	—	29.5

4.5.2.4 丙烯酸吸附树脂使用时的设计参数

SD500 吸附树脂床运行流速可取 10～15 m/h（活性炭床运行流速为 5～10 m/h）；吸附容量应以实际吸附水质通过试验确定；SD500 吸附树脂床以 COD 去除率小于 10%～20% 作为吸附失效指标；失效后 SD500 树脂用 4% NaOH+2% NaCl 混合液再生，再生流速 4 m/h，再生剂量为 4 倍树脂体积，再生液与树脂接触时间必要时可适当延长。

再生后的 SD500 吸附树脂吸附能力恢复较好，与新的吸附树脂相同。

由于一般吸附树脂往往带有交换基团，使出水水质发生变化，SD500 吸附树脂在投运初期出水中 Cl^- 可能升高，出水碱度基本没有变化，因此可适当延长再生的冲洗时间，减少该影响。

4.5.3 废弃的阴离子交换树脂

废弃的阴离子交换树脂也可以作为吸附剂应用于水处理系统，并已在工业上得到成功应用。废弃的阴离子交换树脂多是指由于工作交换容量下降、出水水质恶化、强碱基团减少、除硅能力变差等原因而废弃的，但此时树脂对水中有机物仍有较好的吸附能力，可以用这种废弃的阴离子交换树脂来充填吸附床，吸附水中有机物质，这种吸附床（以及充填大孔吸附树脂的吸附床）又称有机物清除器（Organic Scavenger）。

废弃的阴离子交换树脂用作有机物吸附剂，有氯型和氢氧型两种。

4.5.3.1 氯型阴树脂有机物清除器

将阴树脂再生为氯型树脂，氯型树脂对水中有机物去除效果较好，初期去除率可达 80% 左右，在运行末期也可达 30%～40%，周期制水量为床层体积的 1 000～1 500 倍，吸附饱和后用 NaOH 和 NaCl 混合液再生，运行曲线见图 4-17。从图 4-17 中可以看出，在实际运行中，当阴树脂有机物清除器运行至进出水中 Cl^- 相等时（相当于离子交换树脂完全失效时），通过水量约为树脂层体积的 750 倍，但此时对水中有机物去除率仍很好，只有当运行至通过水量为树脂体积的 1 500 倍后，出水有机物去除率才能降至 50% 以下，所以它的运行方式与离子交换不同，应当按出水有机物去除率来决定它的吸附饱和（失效）时间。

充填氯型阴树脂的有机物清除器可以在中性水中运行（位于过滤器之后阳床之前），也可以在酸性水中运行（位于阴床之前，即脱 CO_2 器之后）。当在中性水中运行时，由于进水中存在 SO_4^{2-}、HCO_3^- 等阴离子，它们会与阴树脂中的氯进行交换反应：

$$RCl+\begin{cases}SO_4^{2-}\\HCO_3^-\\HSiO_3^-\end{cases}\longrightarrow\begin{cases}R_2SO_4\\RHCO_3\\RHSiO_3\end{cases}+Cl^-$$

结果使出水 Cl^- 上升，碱度（HCO_3^-）下降。运行中出水 Cl^- 的变化曲线如图 4-17 所示。从图 4-17 中可见，运行开始时出水 Cl^- 很高，其量约等于进水中总阴离子量，随后逐渐下降，至 RCl 型树脂消耗完毕，出水中 Cl^- 等于进水中 Cl^-。运行中出水碱度变化见图 4-18，从图 4-18 中可见，运行初期出水中碱度为零，随后逐渐升高至 RCl 树脂消耗完毕，出

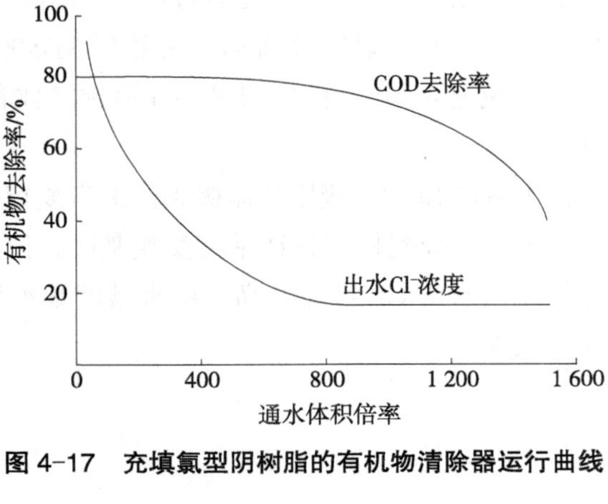

图 4-17　充填氯型阴树脂的有机物清除器运行曲线

水碱度等于进水碱度。

在工业水处理中，这种变化规律就使氯型阴树脂有机物清除器在阳床前的中性水中运行时，出水 Cl^- 浓度很高，引起除盐系统中阳床出水酸度上升，Na^+ 升高，并引起阴床运行周期缩短，出水电导率升高，除盐系统出水水质恶化。

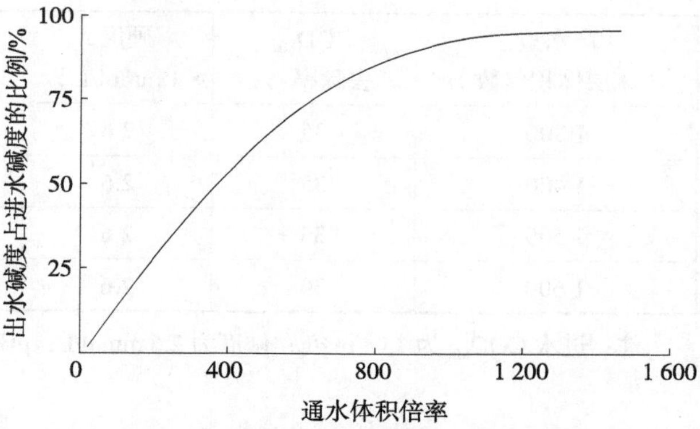

图 4-18 氯型阴树脂有机物清除器出水碱度变化

当氯型阴树脂有机物清除器位于阴床前时，此时由于进水为酸性水，CO_2 也已去除，不会发生阴床运行周期明显缩短等现象，对阴床出水水质影响也比前者小得多。

4.5.3.2 氢氧型阴树脂有机物清除器

该种形式是将阴树脂再生为氢氧型，可以避免氯型阴树脂出水 Cl^- 增高带来的影响。这种有机物清除器中阴树脂采用氢氧型，吸附饱和失效后，采用 NaOH 再生，将树脂再转变为氢氧型，NaOH 再生时有机物洗脱率不高，需要每隔几个运行周期后用 NaOH-NaCl 溶液进行复苏处理，彻底清除吸附的有机物。采用 NaOH 再生时，虽然吸附的有机物没有彻底清除，但投运后有机物去除率仍保持在 50% 以上，产水量约为床层体积的 1 000 倍。

某工业试验装置试验数据列于表 4-8，运行曲线见图 4-19。

表 4-8 氢氧型有机物清除器（位于过滤器后，阳床前）出水水质

产水量（床层体积倍数）	COD_{Mn} 去除率 /%	硬度 /（mmol/L）	碱度 /（mmol/L）	pH	Cl^-/（mg/L）
20	88	1.9	2.0	11.6	0
100	88	2.1	1.0	11.3	0
150	23	3.2	0.4	9.6	103
200	62	2.9	0.8	8.9	81
300	65	2.8	1.2	8.6	57
400	69	2.7	2.2	7.8	17
600	62	2.6	2.3	7.8	15
800	50	2.6	2.1	7.6	6
1 000	42	2.6	2.1	7.6	6
1 200	38	2.6	2.1	7.6	6

续表

产水量（床层体积倍数）	COD_{Mn} 去除率 /%	硬度 /（mmol/L）	碱度 /（mmol/L）	pH	Cl^-/（mg/L）
1 300	35	2.6	2.1	7.6	6
1 400	35	2.6	2.1	7.6	6
1 500	35	2.6	2.1	7.6	6
1 600	30	2.6	2.1	7.6	6

注：进水 COD_{Mn} 为 1.04 mg/L；硬度为 2.6 mmol/L；pH 为 7.6；碱度为 2.1 mmol/L，Cl^- 为 6 mg/L。

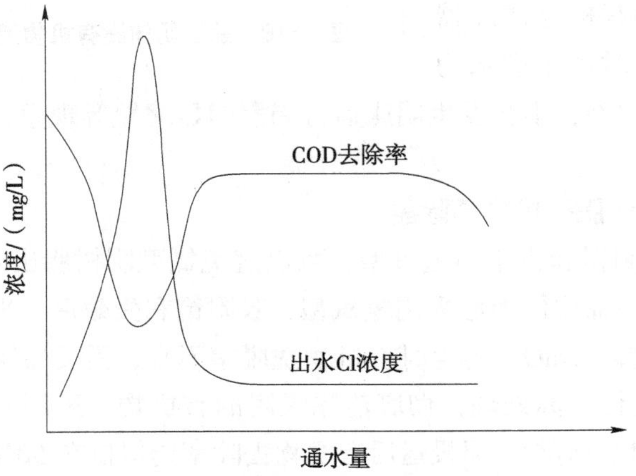

图 4-19　氢氧型阴树脂有机物清除器运行曲线示意图

运行曲线中 Cl^- 升高点即通常为离子交换中的失效点，此时有机物去除率急剧下降，随后，随着树脂中 Cl^- 的放出，出水中 Cl^- 下降并趋向进出水平衡时，有机物去除率又恢复到一较高的值，并可稳定相当长一段时间，产水量可数倍增加，所以氢氧型阴树脂有机物清除器吸附饱和失效终点应根据有机物去除率来判断，不能套用离子交换的失效点。

产生这种现象的原因是 Cl^- 对树脂中有机物洗率高，离子交换过程失效后树脂中交换的 Cl^- 大量放出，也洗脱了树脂中吸附的一部分有机物，使机物去除率下降，当离子交换过程达到饱和后，出水中 Cl^- 下降到与进水水质相同，浓度较低，Cl^- 的洗脱过程结束，树脂又恢复了对有机物的吸附功能。

4.5.4 沸石

沸石是一类疏松的网架状铝硅酸盐矿物。沸石中含有移动性较大的阳离子和水分子，可进行阳离子交换。由于天然沸石所具有的离子交换和吸附性质，它可以被制成各种复合吸附剂或离子交换剂，用来处理含金属离子废水。但是，天然沸石的吸附性能往往比较差，因为其孔道比较小，吸附量也比较小。沸石的骨架通常可以表示为如图 4-20 所示的结构。

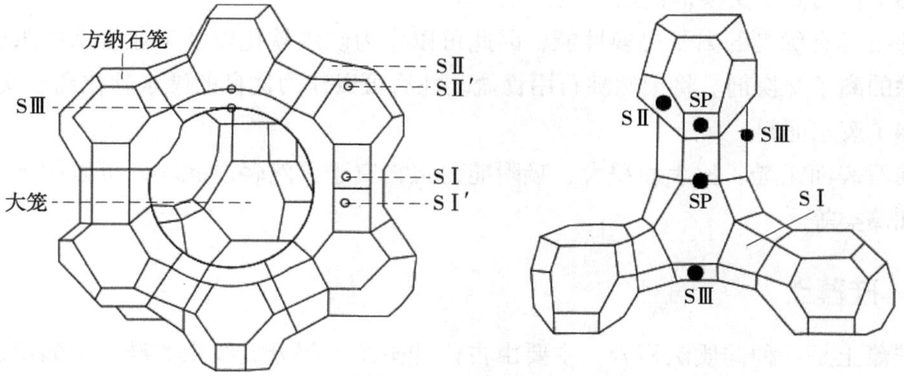

图 4-20 沸石的骨架结构示意图

沸石分子筛的骨架是由硅氧（SiO_2）四面体和铝氧［（AlO_2）$^-$］四面体通过氧桥相互联结而形成的笼状（â 或 á）结构单元。其中，A 型结构中 â 笼之间是通过 4 个氧原子相互联结形成 á 笼，X 或 Y 型结构中 â 笼之间通过 6 个氧原子相互联结产生超笼。A 型和 X 型沸石拥有大孔体积与大自由孔径的结构，与 A 型沸石相比，X 型具有更大的孔容和孔直径，在变压吸附过程中气体的吸附发生在直笼或超笼中。X 型沸石具体的超笼状结构单元如图 4-20 所示。对 X 型沸石骨架中阳离子的位置可划分为 SⅠ（位于连接八面体笼的六边棱柱的中心）、SⅠ′（位于八面体笼上六圆环中）、SⅡ（位于连接八面体笼外六圆环的超笼中）、SⅡ′（位于邻近六圆环的八面体笼中）和 SⅢ（位于邻近四圆环的超笼中）。

天然沸石由于其本身结构的局限性使其应用受到限制，常用是经人工处理的沸石。为改善天然沸石的吸附特性，将它的粉体和易燃性微粉按一定比例混合，在高温下灼烧成多孔质、高强度沸石颗粒，从而拓宽了其孔洞和通道，不仅增大了沸石颗粒的表面积，而且使水溶液在沸石颗粒中的渗透性更加顺畅，提高了它对金属离子的吸附性能。

研究表明，当颗粒吸附剂适当处理后，就它对铜离子的吸附性能及有关影响因素进行了试验。结果表明，多孔天然沸石颗粒对铜离子有较强的吸附性。

除吸附金属离子以外，沸石作为水处理吸附剂还可以有以下作用：

（1）有机污染物吸附剂

利用沸石的高选择性和吸附性能，开发出有机污染物吸附剂。沸石对有机物的吸附能力取决于有机物分子的极性和大小。由于沸石本身的结构及性质，极性有机物分子更容易被吸附。含有极性基团的有机物分子能够与沸石表面发生强烈的吸附作用。微小的非极性分子可以直接进入沸石的空穴内。

（2）氨氮去除剂

沸石因具有对阳离子的选择性交换能力以及可再生能力可以被用来去除水中氨氮。

（3）作为离子交换剂使用

沸石具有优良的离子交换性能，因此可以作为硬水软化以及工业废水中重金属离子去除的离子交换剂。将天然沸石用食盐改性后可以作为优良的硬水软化离子交换剂。

（4）废水滤料

沸石表面粗糙、比表面积大、吸附能力强，属于天然轻质滤料，可以用来去除悬浮物和藻类等。

4.5.5 硅藻土

硅藻土是一种硅质沉积岩，主要由古代硅藻及一部分放线虫类硅质遗骸组成，其化学成分可以用 $SiO_2 \cdot H_2O$ 表示。矿石组分中以硅藻为主，其次是水云母和高岭石。纯净的硅藻土一般呈白色、土状，含杂质时呈灰白、黄、灰绿直至黑色，有机质含量越高，湿度越大，颜色越深。大多数硅藻土质轻、多孔、固结差、易碎裂，手捏即成粉末。硅藻土的近似密度为干燥块状 320～640 kg/m^3，干燥粉状 80～256 kg/m^3。除氢氟酸以外，不溶于其他酸，但易溶于碱。硅藻土中的孔半径为 5～80 μm，孔隙度为 0.43～0.87 m^3/g。

由于硅藻土具有多孔性、低密度、比表面积大等特点，并且还具有相对不可压缩性和化学稳定性等特殊性质，而且价格低廉、资源丰富，因此被广泛地用于冶金、化工建材、石油、食品、环境保护等工业。

作为精滤剂，硅藻土被广泛地用于啤酒工业以及医药业的过滤过程。

在水处理领域，硅藻土大多用在废水处理领域，如处理造纸废水、印染废水、部分重金属离子废水。

用过的硅藻土，用水冲洗即可再生，恢复其吸附性能。

4.5.6 粉煤灰

粉煤灰是火力发电厂等燃煤锅炉排放出的废渣。我国年排放量约为 1.6 亿 t。粉煤灰是一种会对环境产生严重污染的工业固体废物。由于粉煤灰中含有大量以活性氧化物 SiO_2 和 Al_2O_3 为主的玻璃微珠，因此粉煤灰既具有很好的吸附性能，又是一个巨大的铝的二次资源宝库。所以，如何实现粉煤灰的综合利用、变废为宝的研究工作早已为人们所重视，并进行了较深入的研究。目前，在利用粉煤灰开发制备各种新型水处理剂的研究中已经取得了较大进展。

由于粉煤灰中含有许多不规则形状的玻璃状颗粒，这些颗粒中还含有不同数量的微小气泡和微小活性通道，因此粉煤灰表面呈多孔结构，其孔隙率一般为 60%～70%，比表面积较大，且其表面上的原子力都呈未饱和状态，使粉煤灰具有较高的比表面能和较好的表面活性。此外，粉煤灰中含有少量沸石、活性炭等具有交换特性的微粒，又富含铝和硅等元素，这样就使粉煤灰具有很强的物理吸附和化学吸附性能。粉煤灰对于阳离子，特别是重金属离子具有很好的吸附效果。

研究表明，粉煤灰对废水中 Cr^{6+} 吸附速率与 Cr^{6+} 浓度呈线性关系，Cr^{6+} 的去除主要是粉煤灰的吸附作用。粉煤灰对于 Hg^{2+} 的吸附效果甚至比活性炭优异。粉煤灰对阴离子的吸附以化学吸附为主，是一个放热过程，反应发生在阴离子与粉煤灰中高度活泼的活性 CaO、Fe_2O_3 和 Al_2O_3 颗粒间。粉煤灰对除磷和除氟等效果明显，符合朗格缪尔等温吸附方程。粉煤灰中的 SiO_2 和具有弱酸性的 Al_2O_3 及 Fe_2O_3 可以与有机物羟基氧上的孤对电子形成很强的化学键，发生物理化学吸附。同时，粉煤灰具有较大的比表面积和静电吸附作用。粉煤灰还具有显著的去除 COD 作用和脱色效果。

课后习题

1. 什么是吸附？

2. 按照吸附的作用机理，吸附作用可以分为几类？分别是什么？

3. 简要描述活性炭吸附的过程，以及影响活性炭吸附性能的主要因素。

4. 简述绘制穿透曲线的方法。它有何实用意义？

5. 什么是活性炭的再生？活性炭的再生有哪几种方法？

第5章 离子交换

5.1 离子交换概述

离子交换过程被广泛地用来去除水中呈离子态的成分，如钙离子、镁离子等，或者选择性地去除水中的重金属。离子交换是一类特殊的固体吸附过程，一般的离子交换剂是一种不溶于水的固体颗粒状物质，它能够从电解质溶液中吸附某种阳离子或阴离子，而把自身所含的另外一种带相同电荷的离子交换下来并释放到溶液中。若以R代表离子交换剂的固定部分，则其所含的可离解基团与电解质溶液中的离子反应可用以下化学方程式表示。

典型的阳离子交换反应：

$$2RNa+\begin{bmatrix} Ca^{2+} \\ Mg^{2+} \\ Fe^{2+} \end{bmatrix} \longleftrightarrow R_2\begin{bmatrix} Ca \\ Mg \\ Fe \end{bmatrix}+2Na^+$$

典型的阴离子交换反应：

$$2RCl+[SO_4^{2-}] \longleftrightarrow R_2[SO_4]+2Cl^-$$

离子交换剂包括无机离子交换剂、磺化煤和有机合成离子交换树脂等。

5.1.1 离子交换树脂的结构

离子交换树脂的结构比较复杂，主要分为两大部分：一部分是高分子骨架，它具有庞大的空间结构，是一种不溶于水的高分子化合物，这部分在交换反应中不发生变化，是树脂的骨架，常用R表示；另一部分是可交换的活性基团，起到提供可交换离子的作用。活性基团也由两部分组成：一是固定部分，与骨架牢固结合，不能自由移动，称为固定离子；二是活动部分，遇水可以离解，并能在一定范围内自由移动，可与周围水中其他带有相同电荷的离子进行交换反应，称为可交换离子。离子交换树脂可通过下列物质制备而得。

5.1.1.1 单体

单体是指能聚合成高分子化合物的低分子有机物，是离子交换树脂的主要成分，

也称母体。例如，在水处理中常用的苯乙烯系离子交换树脂的单体是苯乙烯，其结构式为

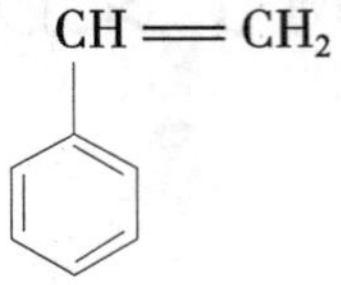

5.1.1.2 交联剂

交联剂是具有两个或两个以上反应末端的化合物，是一形成聚合物的架桥物质，是固定树脂形状和增强树脂机械强度的成分。常用的交联剂为二乙烯苯，其结构式为

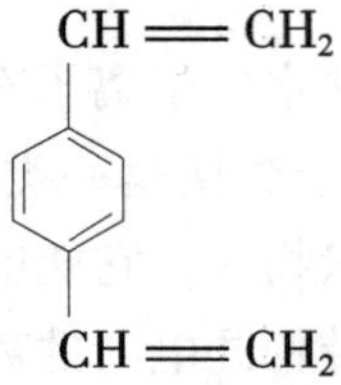

交联剂在离子交换树脂内的百分含量称为交联度，用 DVB 表示。交联度的大小对树脂的性能有很大影响，水处理中应用的离子交换树脂交联度一般在 7%～12%。

$$\text{交联度} = \frac{\text{树脂内交联剂的含量（g）}}{\text{树脂的含量（g）}} \times 100\%$$

5.1.1.3 交换基团

交换基团是连接在骨架上的具有活性离子的基团。它可由有离解能力的低分子，如硫酸（H_2SO_4）、有机胺［$N(CH_3)_3$］等通过化学反应引接到树脂内，也可由带有离解基团的低分子电解质（如甲基丙烯酸）直接聚合引入树脂中。

5.1.2 离子交换树脂的分类

5.1.2.1 按活性基团性质分类

离子交换树脂根据交换基团不同，可分为两大类：凡与溶液中阳离子进行交换反应的树脂，称为阳离子交换树脂，阳离子交换树脂可电离的离子是氢离子及金属阳离子；凡与溶液中阴离子进行交换反应的树脂，称为阴离子交换树脂，阴离子交换树脂可电离的离子是氢氧根离子和酸根离子。离子交换树脂根据它的电离度不同，又将阳离子交换树脂分成强酸性树脂和弱酸性树脂；阴离子交换树脂又可分成强碱性树脂和弱碱性树脂。

5.1.2.2 按结构特征分类

随离子交换树脂制造工艺不同，内部可形成各种孔型结构，常见的产品有凝胶型、大孔型和均孔型树脂。凝胶型树脂孔径一般很小，所以它只能通过直径很小的离子，

直径较大的分子则易堵塞孔道从而影响树脂的交换能力，如强碱性阴离子交换树脂易受有机物污染。

大孔型树脂是在制造过程中加入了致孔剂，因而形成了大量的毛细孔道，可使直径较大的分子通行无阻，使离子交换反应的速度加快。大孔型交换树脂可以防止有机污染，常用于去除含有腐殖酸、表面活性物质、木质素、酚等杂质的水处理过程。但是，因其交换能力比凝胶型树脂低和再生成本高等缺点，使装设离子交换设备的投资和运转费用增大。而且，这种树脂的价格较高，因而限制了其推广使用。

均孔型树脂的出现解决了大孔型树脂应用中的问题。均孔型树脂制品的所有孔隙都有大致相近的尺寸，均在数百埃左右，因而它不仅保持了一般大孔型树脂的优点，而且改善了大孔型树脂在交换容量和再生方面的一些缺点，实际是一种改良型的大孔型树脂。

5.1.2.3 按单体种类分类

按合成树脂的单体种类不同，离子交换树脂还可分为苯乙烯系树脂、丙烯酸系树脂等。

5.1.3 离子交换的命名

离子交换树脂产品的型号是根据《离子交换树脂产品分类、命名及型号》（GB/T 1631—2008）制定的。

离子交换树脂的全名称由分类名称、骨架（或基团）名称以及基本名称依次排列组成的。其中基本名称即离子交换树脂。大孔型树脂在全名称前加“大孔”两字。分类属酸性的在基本名称前加“阳”字；分类属碱性的在基本名称前加“阴”字。

离子交换树脂产品的型号由三位阿拉伯数字组成：第一位数字代表产品分类，第二位数字代表骨架组成，第三位数字代表顺序号，用于区别活性基团或交联剂的差异。代号数字的意义如表5-1和表5-2所示。

表5-1 分类代号（第一位数字）

代号	0	1	2	3	4	5	6
活性基团	强酸性	弱酸性	强碱性	弱碱性	螯合性	两性	氧化还原性

表5-2 骨架代号（第二位数字）

代号	0	1	2	3	4	5	6
骨架类别	苯乙烯系	丙烯酸系	酚醛系	环氧系	乙烯吡啶系	脲醛系	氯乙烯系

凡属大孔型树脂，在型号前加“大”字的汉语拼音首位字母“D”；凡属凝胶型树脂，在型号前不加任何字母，交联度值可在型号后用“×”符号连接阿拉伯数字表示。

离子交换树脂型号图解如下：

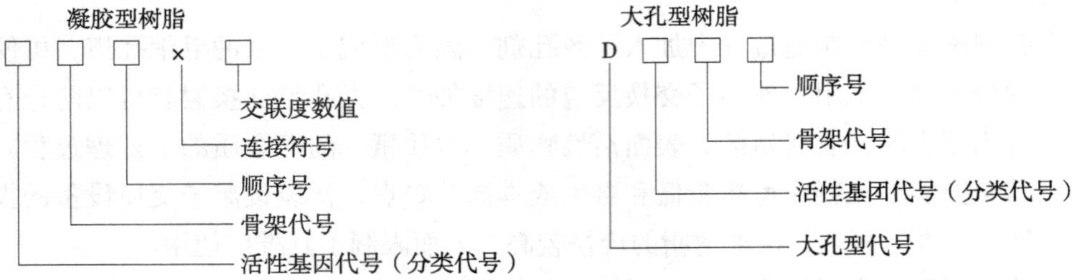

例如，常用的离子交换树脂强酸性苯乙烯系阳离子交换树脂，型号为 001×7；大孔型弱酸性丙烯酸系阳离子交换树脂，型号为 D111、D113 等。

5.1.4 离子交换树脂的理化性能

离子交换树脂的性能分为物理性能和化学性能两个方面，其中包括的性能指标较多，这里重点介绍其中的几个指标。

5.1.4.1 物理性能

（1）粒度

粒度是表示离子交换树脂的粒径范围。粒度小的树脂交换速度快，但树脂层水流阻力大；粒度大的树脂交换速度慢，但树脂水流阻力小。常用的颗粒粒度为 0.3～1.2 mm（相当于 50～16 目）。树脂颗粒大小不均匀时，反洗流速就难以控制，水流速度过大会冲走小颗粒树脂；流速过小，大颗粒树脂又不能松动。

（2）密度

①湿真密度是指单位真体积（不包括树脂间的空隙）湿态离子交换树脂的质量，单位为 g/mL。

$$湿真密度=\frac{湿树脂质量}{湿树脂的真实体积}$$

湿真密度与树脂在水中的沉降性有关，是影响其实际应用效果的一个指标。此数值一般在 1.04～1.3 g/mL。阳树脂的湿真密度通常比阴树脂的大。

②湿视密度是指单位体积湿态离子交换树脂的质量，单位为 g/mL。

$$湿视密度=\frac{湿树脂质量}{湿树脂的堆积体积}$$

树脂的湿视密度用来计算离子交换器中湿树脂的装载质量。离子交换树脂的湿视密度一般在 0.60～0.85 g/mL。

所谓湿态离子交换树脂，是指吸收了平衡水量并除去外部游离水分后的树脂。

（3）含水率

为了使交换离子在树脂颗粒内部自由移动，离子交换树脂颗粒的内部必须含有一定的水分。离子交换树脂的骨架空间充满了水，含水量是指树脂含有的一定数量的化合水。此外，树脂中也有游离水和表面水，且能用离心法、吸干法或抽滤法除掉，这种水分与树脂性能无关。

含水量通常以每克湿树脂（除去表面水分后）所含水的百分数来表示，因此也称含水率：

$$含水率=\frac{湿树脂重-干树脂重}{湿树脂重}\times 100\%$$

树脂含水率与交联度有密切关系，交联度越低，含水率越大。一般树脂交联度在7%左右时，含水率为45%～55%。对于凝胶型树脂，其含水率也反映了树脂的孔隙率，即含水率越高，树脂的孔隙率越大。树脂在使用过程中，如果含水率发生变化，说明树脂结构可能遭到破坏。

（4）溶胀性

干树脂浸泡于水中，或树脂转型时体积会发生变化，这种现象称为溶胀。离子交换树脂的溶胀现象有两种：一种是绝对溶胀，是不可逆的，如新树脂经溶胀后，再干燥其体积不能恢复至原来的大小；另一种是相对溶胀（体积溶胀），是可逆的，如湿树脂由钠型转向氢型时体积发生的变化。

（5）机械强度

树脂的机械强度是指树脂在各种机械力作用下，抵抗破坏的能力，包括其耐磨性、抗渗透冲击性等。在树脂的实际应用中，由于摩擦、挤压，以及周期性转型使其体积胀缩等，都有可能造成树脂颗粒的破裂，从而影响树脂的使用寿命。国际上规定采用磨后圆球率和渗磨圆球率来判断树脂的机械强度。此法是按规定称取一定量的湿树脂，放入装有瓷球的滚筒中滚磨，磨后的树脂圆球颗粒占样品总量的百分数即为树脂的磨后圆球率；若将树脂用酸、碱反复转型，然后用前述方法测得树脂的磨后圆球率，称为树脂的渗磨圆球率，该指标表示树脂的耐渗透压能力，一般用来评价大孔型树脂的机械强度。

影响树脂机械强度的因素包括树脂本身的因素和使用条件，如树脂的交联度、溶胀性、压力、水温及氧化剂等。在生产实践中，上述因素的出现和影响往往是错综复杂的，所以磨后圆球率的测定结果也具有相对性。

（6）热稳定性

各种树脂都有其允许的使用温度范围，超过此温度范围，树脂的交换容量将会受影响。一般盐型树脂比H型或OH型稳定，阳树脂可耐100℃或更高的温度，而对阴树脂来说，强碱性树脂可耐60℃，弱碱性树脂可耐80℃以上，树脂长期使用的温度以不超过40℃为宜。当树脂置于0℃以下时，会由于树脂内部结冰而胀碎。

5.1.4.2 化学性能

（1）化学稳定性

离子交换树脂在酸、碱等化学物质的反复作用下，应保持必要的稳定性。不产生破裂、降解等现象，使树脂保持化学性能。一般阳树脂的稳定性优于阴树脂。高交联的树脂优于低交联的树脂。阳树脂中Na型优于H型，阴树脂中Cl型优于OH型。

（2）可逆性

离子交换反应具有可逆性，这是离子交换树脂可用于水处理的重要基础。例如，氢型树脂在除盐阶段的反应是

$$2RH+Ca^{2+} \longrightarrow R_2Ca+2H^+$$

除盐时，由于交换下来的H^+不断排走，使反应能不断向右进行。当交换树脂失效后，为了恢复其交换能力，可用酸进行再生，反应是

$$R_2Ca+2H^+ \longrightarrow 2RH+Ca^{2+}$$

再生时，由于H^+浓度大，交换出的Ca^{2+}不断排走，使反应不断向右进行。

（3）酸碱性

离子交换树脂属于高分子电解质，它们在水中能发生电离。

例如，H型树脂在水溶液中电离：

$$RSO_3H \rightleftharpoons RSO_3^- +H^+ \text{（电离度大）} \quad (5-1)$$

$$RCOOH \rightleftharpoons RCOO^- +H^+ \text{（电离度小）} \quad (5-2)$$

OH型树脂在水溶液中电离：

$$R \equiv NOH \rightleftharpoons R \equiv N^+ +OH^- \text{（电离度大）} \quad (5-3)$$

$$R \equiv NHOH \rightleftharpoons R \equiv NH^+ +OH^- \text{（电离度小）} \quad (5-4)$$

上述电离过程中，可使水溶液的酸碱性由于离子交换树脂所带交换基团的不同而不同。同时，它们的酸碱性强弱也有差别。式（5-1）、式（5-3）因其电离程度大，水溶液的酸（碱）性较强，称为强酸（强碱）性树脂；式（5-2）、式（5-4）因其电离度小，水溶液的酸（碱）性较弱，称为弱酸（弱碱）性树脂。由于它们的酸（碱）性强弱不同，使不同类型离子交换树脂进行离子交换反应的pH范围也有所不同（表5-3）。

表5-3 各种类型树脂有效pH范围

树脂类型	强酸性阳离子交换树脂	弱酸性阳离子交换树脂	强碱性阴离子交换树脂	弱碱性阴离子交换树脂
有效pH范围	1～14	6～14	1～12	0～7

（4）离子交换树脂的交换容量

离子交换树脂在交换反应中符合等量定律，即离子交换树脂所结合的离子和释放的离子的电化摩尔数（当量数）相等。因此，离子交换树脂的交换能力通常用单位质量或单位体积的树脂所能交换离子的摩尔数来表示，称为交换容量。

交换容量有两种表示方法：

①体积交换容量是指树脂在湿态下经反洗沉降后，每毫升树脂所能交换离子的物质的量，其单位用 mmol/mL 或 mol/m^3 表示，它表示单位体积离子交换树脂的交换能力。

②质量交换容量是指每克干树脂所能交换离子的物质的量，单位为 mmol/g。

应该注意的是，在表示交换容量时，还应把离子交换树脂上可交换离子的形态阐述清楚。因为离子交换树脂的形态不同，其质量和体积也不同，为了统一起见，一般阳离子交换树脂以 Na 型为准，阴离子交换树脂以 Cl 型为准。必要时应标明其离子的形态。

交换容量是离子交换树脂最重要的化学性能指标。树脂的交换容量常随离子交换反应的条件不同而改变。因此，交换容量又分为全交换容量（E）、工作交换容量（E_G）和平衡交换容量（E_p）。

①全交换容量（E）是指单位质量的离子交换树脂中全部离子交换基团的数量，此值取决于离子交换树脂内部组成，是一个理论常数。全交换容量可以通过滴定法测定，也可以通过理论计算得到。例如，对于交联度为 10% 苯乙烯强酸性阳离子交换树脂，其单元结构—CH（$C_6H_4SO_3H$）CH_2—的分子量为 184.2，那么每 184.2 g 树脂中含有 1 mol 可以用于交换的 H^+，其全交换容量为

$$全交换容量=\frac{1\times1\,000}{184.2}\times(1-10\%)=4.86\ (\mathrm{mmol/g})$$

由于受运行条件的影响，很难使全交换容量都能发挥离子交换作用，所以在实际工作中还会用到工作交换容量的概念。

②工作交换容量（E_G）表示离子交换树脂在一定工作条件下所具有的交换能力。由于离子交换树脂是装在容器内，在湿态下工作的，因此工作交换容量通常用体积交换容量表示。

工作交换容量不仅受树脂结构的影响，还受溶液的组分、流速、温度、交换终点的控制以及再生剂和再生条件等因素的影响。因此，工作交换容量是离子交换树脂实际交换能力的量度，在表示树脂的工作交换容量时，必须指明工作条件、再生条件和终点控制标准。显然，工作交换容量不是常数，在不同的条件下，其数值可能相差很大，一般为全交换容量的 60%～70%。工作交换容量可在模拟离子交换树脂实际工作条件下测定，也可按下式计算：

$$工作交换容量=\frac{(C_{进}-C_{出})V_{水}}{V_{树脂}} \tag{5-5}$$

式中：$C_{进}$、$C_{出}$——分别为进水离子浓度和出水离子浓度，mmol/L；

$V_{水}$——周期制水量，m^3；

$V_{树脂}$——交换树脂的体积，m^3。

③平衡交换容量（E_p）是将离子交换树脂完全再生后，求出它和一定组成的水溶液作用到平衡状态时的交换容量。此指标表示在某种给定溶液中，离子交换树脂的最大交换容量。它略低于全交换容量，但高于工作交换容量。

（5）选择性

离子交换反应与溶液中离子浓度和离子种类的关系很大。在稀溶液中离子浓度相同的情况下，对不同种类的离子，树脂的交换能力也不相同，这种性能称为树脂的选择性。离子交换树脂对水中不同离子的选择性与树脂的交联度、交换基团、交换离子的性质、水中离子的浓度和水的温度等因素有关。一般优先交换电荷高的离子，相同电荷离子中优先交换原子序数大、水合半径小的离子。树脂在常温、低浓度水溶液中，对常见离子的选择性交换次序如下：

强酸性阳离子交换树脂：$Fe^{3+}>Al^{3+}>Ca^{2+}>Mg^{2+}>K^+>Na^+>H^+$。

弱酸性阳离子交换树脂：$H^+>Fe^{3+}>Al^{3+}>Ca^{2+}>Mg^{2+}>K^+>Na^+$。

强碱性阴离子交换树脂：$SO_4^{2-}>NO_3^-{>}Cl^->OH^->F^->NO_3^->HSiO_3^-$。

弱碱性阴离子交换树脂：$OH^->SO_4^{2-}>NO_3^->Cl^->HCO_3^->HSiO_3^-$。

5.2 离子交换反应

离子交换反应是一种可逆反应，但是这种反应并不发生在均相溶液中，而是发生在固态的，树脂和溶液接触的界面。在实际操作中，离子交换反应可分为交换和再生两个互逆的反应过程。通过交换和再生的互逆反应，离子交换树脂可以多次重复使用，这也是离子交换过程得以广泛应用的重要基础。

5.2.1 强型树脂的离子交换反应

强型树脂是指强酸性阳离子交换树脂和强碱性阴离子交换树脂，与不同的盐可产生以下交换反应。

（1）中性盐分解反应

$$RSO_3H+NaCl \rightleftharpoons RSO_3Na+HCl$$

$$RNOH+NaCl \rightleftharpoons RNCl+NaOH$$

上述离子交换反应在溶液中生成游离的强酸或强碱。

（2）中和反应

$$RSO_3H+NaOH \rightleftharpoons RSO_3Na+H_2O$$

$$RNOH+HCl \rightleftharpoons RNCl+H_2O$$

上述反应在溶液中形成电离极弱的水。

（3）复分解反应

$$R(SO_3Na)_2+CaCl_2 \rightleftharpoons R(SO_3)_2Ca+2NaCl$$

$$R(NCl)_2+Na_2SO_4 \rightleftharpoons RN_2SO_4+2NaCl$$

5.2.2 弱型树脂的交换反应

弱酸性阳离子交换树脂只有在 pH＞4 时才能进行交换反应，弱碱性阴离子交换树脂只有在 pH＜7 时才能进行交换反应。中性盐分解反应会生成强酸或强碱，因此弱型树脂不能进行中性盐分解反应。

（1）非中性盐的分解反应

$$R(COOH)_2+Ca(HCO_3)_2 \rightleftharpoons R(COO)_2Ca+2H_2CO_3$$

$$R{=}NH_2OH+NH_4Cl \rightleftharpoons R{=}NH_2Cl+NH_4OH$$

（2）强酸或强碱的中和反应

$$RCOOH+NaOH \rightleftharpoons RCOONa+H_2O$$

$$R{=}NH_2OH+HCl \rightleftharpoons R{=}NH_2Cl+H_2O$$

（3）复分解反应

$$R(COONa)_2+CaCl_2 \rightleftharpoons R(COO)_2Ca+2NaCl$$

$$R{=}NH_2Cl+NaNO_3 \rightleftharpoons R{=}NH_2NO_3+NaCl$$

5.2.3 离子交换平衡

离子交换平衡是指在一定温度下，经过一定时间，离子交换体系中固态的树脂相和溶液相之间的离子交换反应达到的平衡。离子交换平衡，同样服从等物质量规则。

以 A 型阳离子交换树脂与水中的一价阳离子 B 进行交换为例，进行离子交换平衡的讨论。

设离子交换反应如下：

$$RA+B+ \rightleftharpoons RB+A+$$

当离子交换反应达到平衡时，则有

$$K_A^B=\frac{[RB][A^+]}{[RA][B^+]} \tag{5-6}$$

式中：K_A^B——A 型树脂对 B^+ 的选择性系数；

[RB]、[RA]——分别为平衡时树脂相中 B^+ 和 A^+ 的浓度，mmol/L；

$[B^+]$、$[A^+]$——分别为平衡时水中 B^+ 和 A^+ 的浓度，mmol/L。

若将选择性系数表达式中的各浓度用各相中离子的分率表示，则其选择性系数可表示为

$$K_A^B = \frac{y}{1-y} \cdot \frac{1-x}{x} \tag{5-7}$$

式中：K_A^B——A 型树脂对 B^+ 的选择性系数；

y——平衡时树脂相中 B^+ 的分率，其值为 [RB]/（[RA]+[RB]）；

x——平衡时水相中 B^+ 的分率，其值为 $[B^+]$/（$[A^+]+[B^+]$）。

当进行交换的离子价态不同时，设一价离子对两价离子进行交换，以强酸性 Na 型阳离子树脂对水中 Ca^{2+} 进行交换为例，则其交换反应和选择性系数可表示为

$$2RNa+Ca^{2+} \rightleftharpoons R_2Ca+2Na^+$$

$$K_{Na}^{Ca} = \frac{[R_2Ca][Na^+]^2}{[RNa]^2[Ca^{2+}]} \tag{5-8}$$

式中：K_{Na}^{Ca}——Na 型树脂对 Ca^{2+} 的选择系数；

$[R_2Ca]$、$[RNa]$——分别为平衡时树脂相中 Ca^{2+} 和 Na^{2+} 的浓度，mol/L；

$[Ca^{2+}]$、$[Na^+]$——分别为平衡时水中 Ca^{2+} 和 Na^{2+} 的浓度，mol/L。

写成通式的形式为

$$2RA+B^{2+} \rightleftharpoons R_2B+2A^+$$

则其选择性系数有

$$K_A^{B*} = \frac{E_0}{C_0} K_A^B = \frac{y}{(1-y)^2} \cdot \frac{(1-x)^2}{x} \tag{5-9}$$

式中：K_A^{B*}——表观选择性系数；

E——树脂的全交换容量，mol/L；

C_0——液相中两种交换离子的总浓度（均按一价离子计），mol/L。

K_A^{B*}、y、x 的意义同式（5-7），各种离子浓度均以一价离子作为基本单元计。

由式（5-9）可见，不等价离子间交换时，其表观选择性系数还与树脂全交换容量 E 和溶液中两种交换离子的总浓度 C_0 有关。

由上述讨论可知，对于两种离子的交换，其离子交换的选择性系数是平衡时液相和树脂相中两种离子量比值的函数。以等价离子交换为例，因为其离子分率不同，则 K_A^{B*}的值就会有所不同。如果以树脂相中 B^+ 的分率为纵坐标，溶液相中 B^+ 的分率为横坐标，根据不同的K_A^{B*}值，根据式（5-7）作图，即可得到等价离子交换的平衡曲线，如图 5-1 所示。

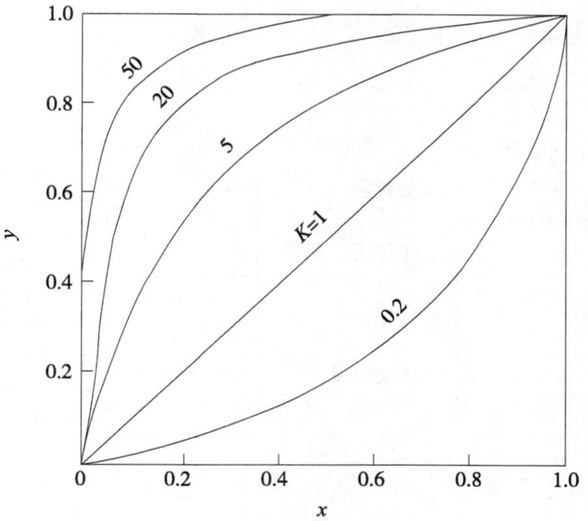

图 5-1 等价离子交换的平衡曲线

由平衡曲线可以清楚地看出，当树脂相中 B^+ 的离子分率 y 相同时，选择性系数越大，则溶液相中 B^+ 的离子分率 x 越小，即水中的 B^+ 离子的浓度越低，交换效果就越好。同样，上述讨论也适用于各种阴树脂对水中阴离子的交换。常见离子选择性系数列于表 5-4。

表 5-4 常见离子选择性系数

K_{H}^{Li} 0.8	K_{H}^{Na} 2.0	K_{H}^{NH4} 3.0	K_{H}^{K} 3.0	K_{H}^{Mg} 26	K_{H}^{Ca} 42
$K_{Cl}^{NO_3}$ 3.5～4.5	$K_{Cl}^{HSO_4}$ 2～3.5	$K_{Cl}^{HCO_3}$ 0.3～0.8	$K_{Cl}^{SO_4}$ 0.11～0.13	$K_{Cl}^{CO_3}$ 0.01～0.04	K_{OH}^{Cl} 10～20

从离子交换平衡曲线可以看出，树脂的除盐和再生实际上是离子平衡建立和移动的过程，随着旧的平衡不断被打破，新的平衡不断建立，水中 B^+ 越来越少。

5.2.4 固定床离子交换原理

5.2.4.1 水中含有 Na^+ 与 H^+ 交换剂的交换

为了简便起见，先研究水中只含有 Na^+ 通过 H^+ 型离子交换剂进行交换的情况。

当水从上部进入交换剂时，首先在表面层一定厚度的交换剂中与 Na^+ 进行交换。此层交换剂上 H^+ 很快被交换完，成为失效层。再继续进水时，水通过失效层时水质不变，离子交换进入下一个与失效层厚度相同的交换剂层中进行，即工作层。水经过这一层时，水中 Na^+ 和交换剂上的 H^+ 进行交换，水离开此层时，离子交换已达平衡，出水质量不变。工作层以下的交换剂，称为尚未工作的交换剂层，如图 5-2 所示。

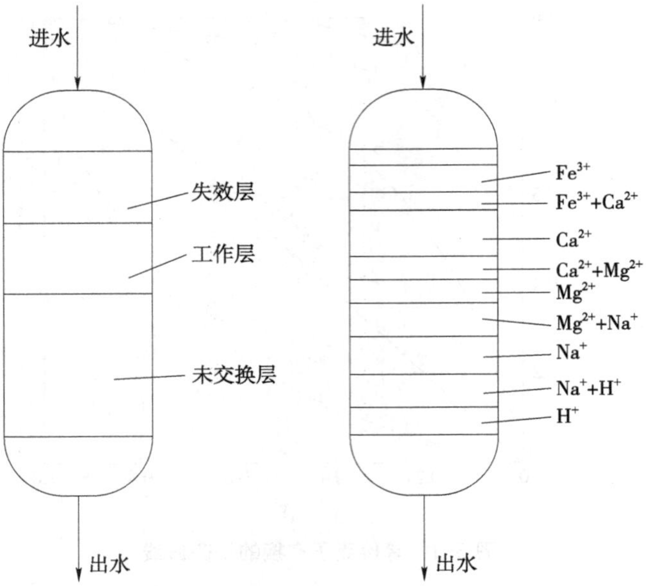

（a）交换剂未失效　　（b）交换剂失效

图 5-2　离子交换情况

当工作层在交换剂层中间移动时，出水质量基本不变。当工作层的下缘移至与交换剂最底部重叠时，Na^+ 就会出现在出水中（称为穿透或泄漏）。当出水中泄漏的 Na^+ 达到一定值时，整个交换剂失效，必须停止运行。所以最后一层离子交换容量未能耗尽起到保证出水质量的作用，称为保护层。如果保护层厚度大，则交换柱的工作交换容量就小；反之，交换柱的工作交换容量就大。图 5-3 所示为两种不同保护层厚度下交换柱的工作交换容量的大小。

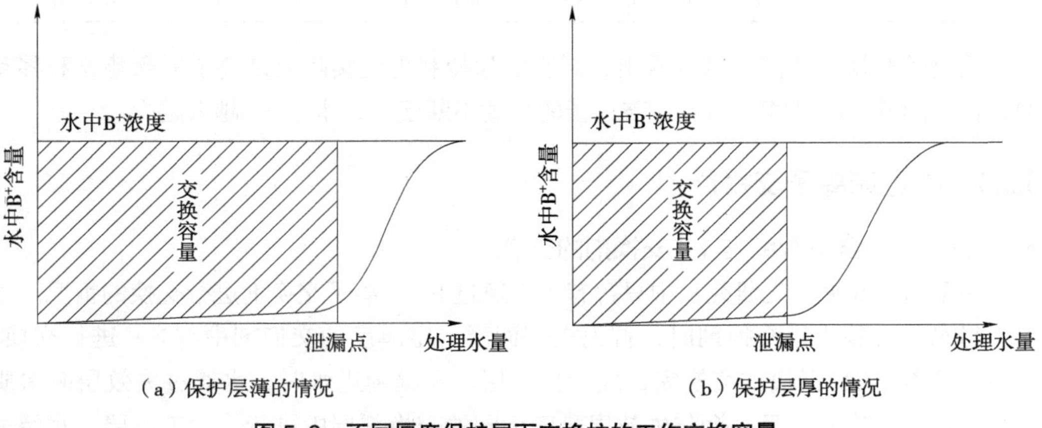

（a）保护层薄的情况　　（b）保护层厚的情况

图 5-3　不同厚度保护层下交换柱的工作交换容量

影响交换柱保护层厚度的因素很多：运行流速大、要求出水的水质好、树脂对要除去离子的亲合力小等，此时保护层都要相对厚一些。此外，树脂的颗粒、水温等因素都对保护层的厚度有一定的影响。

5.2.4.2 水中含有 Fe^{3+}、Ca^{2+}、Mg^{2+}、Na^{+} 与 H^{+} 交换剂的交换

实际上，水中不只含有一种离子，而是含有多种离子，所以离子交换过程是很复杂的。

下面讨论含有 Fe^{3+}、Ca^{2+}、Mg^{2+}、Na^{+} 的水，从上而下通过 H^{+} 交换剂层的交换情况。

进水初期，由于交换剂是 H 型的，水中各种阳离子与 H^{+} 离子交换剂进行离子交换，遵循离子交换的规律。即从上而下交换剂吸着离子的顺序为 Fe^{3+}、Ca^{2+}、Mg^{2+}、Na^{+}。再继续进水时，水经过吸着 Fe^{3+} 的交换剂层水质不变，进入吸着 Ca^{2+} 的交换剂层以后，离子交换就发生相互取代的过程。即水中 Fe^{3+} 进入吸着 Ca^{2+} 的交换剂层取代交换剂上的 Ca^{2+}，使吸着 Fe^{3+} 的交换剂层不断下移和扩大（增厚），取代出的 Ca^{2+} 与进水中 Ca^{2+} 一起进入吸着 Mg^{2+} 的交换剂层取代交换剂上的 Mg^{2+}，吸着 Ca^{2+} 的交换剂层也不断下移和扩大，以此类推，直至出水 Na^{+} 达到一定值，停止运行。

在进水过程中，吸着 Fe^{3+}、Ca^{2+}、Mg^{2+}、Na^{+} 的交换剂层的高度比，相当于进水中 4 种离子浓度比值，但这 4 种交换剂层不是截然分开的，存在程度不同的混合现象，最后交换剂失效后的状况，如图 5-2（b）所示。

5.2.4.3 保护层交换剂的形态与出水质量

离子交换剂进行离子交换时，保护层交换剂的形态与出水质量的关系，如图 5-4 所示。

由图 5-4 可知，[RNa] / {[RNa] + [RH]} 比值越大，保护层交换剂中 H 型交换剂越少，出水质量就越差；反之，则出水质量就越高。因此，保护层交换剂再生是否彻底对出水质量起着决定性的作用。

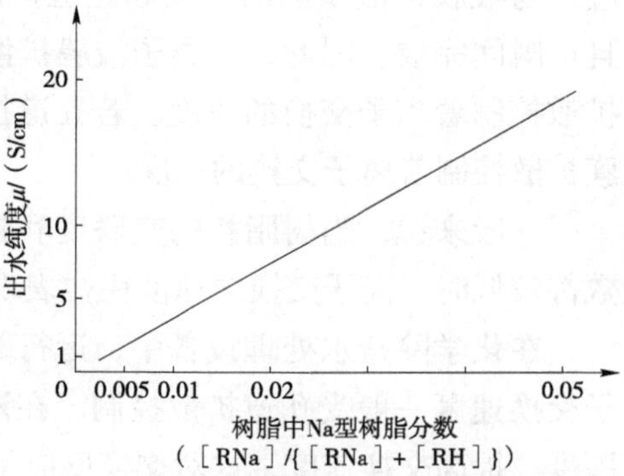

图 5-4 底层树脂形态与出水质量的关系

5.2.5 离子交换动力学过程及交换速度

离子交换平衡的建立需要一定时间，只有少数情况下可以瞬时完成，一般需要数分钟、数小时以至数天的时间。所以，离子交换速度即交换动力学问题，在工程应用中，与交换平衡问题一样具有重要的实践意义。

5.2.5.1 离子的交换历程

离子交换不仅在交换剂颗粒表面进行，而且在整个树脂颗粒内进行。一般认为，离子交换过程是树脂颗粒与水溶液接触时，有关的离子进行扩散和交换的过程。现以 H 型强酸性阳离子交换树脂对水中 Na^{+} 进行交换为例来说明（图 5-5），其动力学过程可分

为以下五步。

（1）边界水膜内的扩散，水中 Na^+ 向树脂颗粒表面迁移，扩散并通过树脂表面的边界水膜层，到达树脂表面，如图 5-5 中的①；

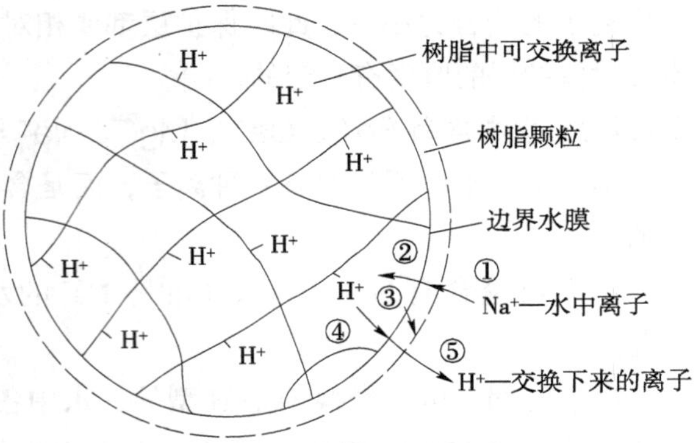

图 5-5　离子交换过程示意图

（2）交联网孔内的扩散（或称孔道扩散），Na^+ 进入树脂颗粒内部的交联网孔，并进行扩散，到达交换点，如图 5-5 中的②；

（3）离子交换 Na^+ 与树脂交换基团上可交换的 H^+ 进行交换反应，如图 5-5 中的③；

（4）交联网孔内的扩散被交换下来的 H^+ 在树脂内部交联网孔中向树脂表面扩散，如图 5-5 中的④；

（5）边界水膜内的扩散，被交换下来的 H^+ 扩散通过树脂颗粒表面的边界水膜层，并进入水溶液中，如图 5-5 中的⑤。

其中，①和⑤称为液膜扩散步骤；②和④称为树脂颗粒内扩散步骤，或称孔道扩散步骤；③称为交换反应步骤。在步骤③中，Na^+ 与 H^+ 的交换属于离子间的化学反应。与液膜扩散步骤的速度和孔道扩散步骤的速度相比，交换反应步骤的速度很快，且可瞬间完成。因此，若离子液膜扩散步骤的速度比孔道扩散步骤的速度快，则孔道扩散控制着离子交换的速度。若孔道扩散步骤的速度比液膜扩散步骤的速度快，则液膜扩散控制着离子交换的速度。

一般来说，当树脂相的交联度和粒径都较小，而水相的离子浓度、流速与扩散系数都较低时，离子交换的速度往往表现为液膜扩散控制；否则，表现为孔道扩散控制。

在化学除盐水处理设备中，运行时离子交换速度一般受液膜扩散控制，再生时离子交换速度一般受孔道扩散控制。在液膜扩散控制时，提高过水流速，可以减小液膜厚度，提高交换速度，这对交换反应是有利的。

5.2.5.2　离子交换的速度以及影响因素

整个离子交换过程的速度可用下式表示。

$$\frac{dE}{dt} = D^{\circ}B\,(c_1 - c_2)\,(1-\rho)/(\varphi\delta) \qquad (5\text{-}10)$$

式中：$\frac{dE}{dt}$——单位时间内单位体积树脂的离子交换量，mg/（L·S）；

D°——总的扩散系数，m^2/s；

B——与粒度均匀程度有关的系数；

c_1、c_2——分别表示同一种离子在溶液相和树脂相中的浓度，mg/L；

ρ——树脂的孔隙度，%；

φ——树脂颗粒的粒径，m；

δ——扩散距离，m。

由式（5-10）不难看出，下列因素将会影响离子交换的速度：

（1）树脂的交联度。树脂的交联度越大，其网孔越小，那么树脂的孔隙度就越小，则其孔道扩散即颗粒内扩散就越慢；

（2）树脂的粒径。树脂的粒径即 φ 越小，交换速度就越快；

（3）树脂的孔隙度。树脂颗粒间的空隙度 ρ 越小，离子交换速度就越快；

（4）水中离子浓度。由于扩散过程是依靠离子的浓度梯度而推动的，当水溶液中离子浓度在 0.1 mol/L 以上时，离子在水膜中的扩散很快，整个离子交换速度受孔道扩散的控制；当水中离子浓度在 0.003 mol/L 时，离子在水膜中的扩散很慢，整个离子交换速度受液膜扩散的控制；

（5）水溶液的流速。液膜扩散的速度随水流速度的增加而增大，是由于随着水流速的增大，表面水膜层将变薄，在水膜中的扩散过程所需时间将变短；

（6）水溶液的温度。提高水温能同时加快液膜扩散和孔道扩散的速度。

此外，离子的水合半径以及所带电荷量也会影响传质速度。离子水合半径越大或所带电荷越多，液膜扩散速度就越慢。

5.3 离子交换装置及运行操作

生产实践中，水的离子交换处理是在离子交换器中进行的。将装有离子交换剂的交换器称为离子交换床，离子交换剂层称为离子交换床层。离子交换装置的种类很多，一般可分为固定床式离子交换器和移动床式离子交换器两大类，而固定床式离子交换器是在各领域中应用最广泛的一种装置。

5.3.1 固定床式离子交换器

所谓固定床是指离子交换剂在一个设备中先后完成制水、再生等过程的装置。

固定床式离子交换器按水和再生液的流动方向分为：顺流再生式、逆流再生式（包括逆流再生离子交换器和浮床式离子交换器）和分流再生式。按交换器内树脂的状态不同又分为单层（树脂）床、双层床、双室双层床、双室双层浮动床以及混合床。按设备的功能又分为阳离子交换器、阴离子交换器和混合离子交换器。本节主要对最常用的顺流再生和逆流再生离子交换器进行详细介绍。

5.3.1.1 顺流再生离子交换器

顺流再生离子交换器是离子交换装置中应用最早的床型，运行时，水流自上而下通过树脂层；再生时，再生液也是自上而下通过树脂层，即水和再生液的流向是相同的。

（1）顺流再生离子交换器的结构

顺流再生离子交换器的主体是一个密封的圆柱形压力容器，器体上设有树脂装卸口和用以观察树脂状态的观察孔。容器设有进水装置、排水装置和再生液分配装置。交换器中装有一定高度的树脂，树脂层上面留有一定的反洗空间，如图 5-6、图 5-7 所示。

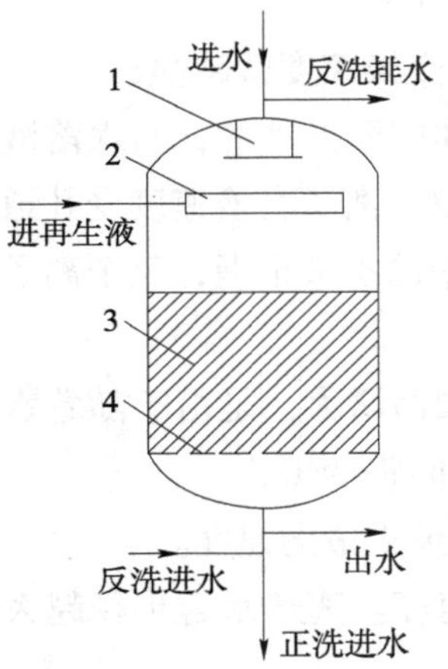

1—进水装置；2—再生液分配装置；
3—树脂层；4—排水装置

图 5-6　顺流再生离子交换器的结构

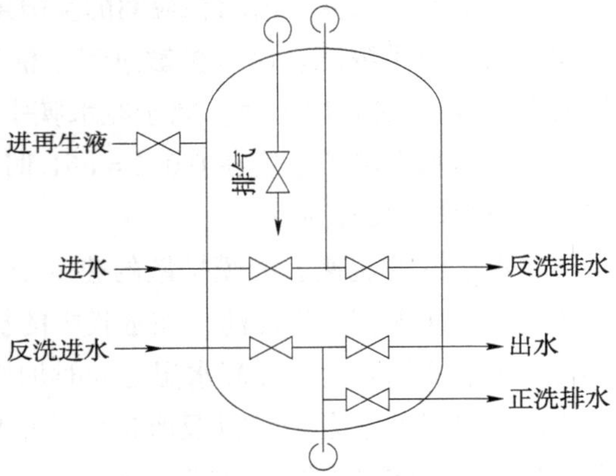

图 5-7　顺流再生离子交换器的管路系统

（2）顺流再生离子交换器的运行

顺流再生离子交换器的运行通常分为五步，从交换器失效后算起为：反洗、进再生液、置换、正洗和制水。这五个步骤组成交换器的一个运行循环，称运行周期。

①反洗。交换器中的树脂失效后，在进再生液之前，通常先用水自下而上进行短时间的强烈反洗。反洗的目的是：松动树脂层；清除树脂上层中的悬浮物和碎粒。反洗要一直进行到排水不浑为止，一般需 10～15 min。

②进再生液。先将交换器内的水放至树脂层以上 100～200 mm 处，然后使一定浓度的再生液以一定流速自上而下流过树脂层。

③置换。使水按再生液流过树脂的流程及流速通过交换器，这一过程称为置换，目的是使树脂层中仍有再生能力的再生液和其他部位残存的再生液得以充分利用。

④正洗。置换结束后，为了清除交换器内残留的再生产物，应用运行时的出水自上而下清洗树脂层，流速为 10～15 m/h。正洗要一直进行到出水水质达标为止。

⑤制水。正洗合格后即可投入制水。

（3）顺流再生工艺特点

顺流再生离子交换器运行失效后、再生前和再生后的树脂层态如图 5-8 所示。

分析图 5-8（a）可知，当运行失效时，进水中离子依据树脂对它们的选择顺序依次沿水流方向分布，最下部树脂的交换容量未能得到充分利用，尚存在一部分 H 型树脂。顺流再生离子交换器再生前树脂需进行反洗，实验表明，经反洗后各离子型树脂在床层中基本呈均匀分布状态，如图 5-8（b）所示。再生时，由于再生液由上而下通过树脂层，故上部树脂首先接触新鲜的再生液得到较充分再生，由上而下树脂的再生度逐渐降低，下部未得到再生的主要是 Ca、Mg 型树脂，也有少量 Na 型树脂，如图 5-8（c）所示。

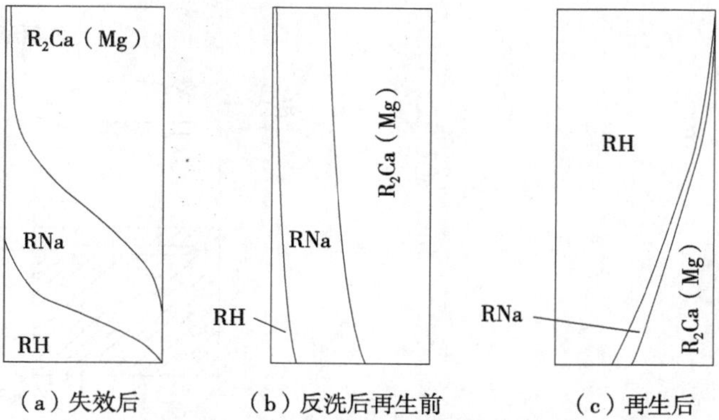

图 5-8　顺流再生离子交换器树脂层态分布示意图

再生的初期，当一部分被再生下来的高价离子流经下部树脂层时，会将下部树脂中的低价离子置换出来，使这部分树脂转为较难再生的高价离子型，底部未失效的 H 型树脂也会因再生产物通过而转成失效态，这就会导致树脂再生困难，并过多消耗再生剂。所以顺流再生工艺的再生效果较差。但顺流再生离子交换器的设备结构简单，运行操作方便，工艺控制容易，对进水悬浮物含量要求并不严格（浊度≤5 NTU）。这种交换器通常适用于下述情况：①对经济性要求不高的小容量除盐装置；②原水水质较好以及 Na^+ 值较低的水质；③采用弱酸树脂或弱碱树脂时。

5.3.1.2　逆流再生离子交换器

为了克服顺流再生工艺出水端树脂再生度低的缺点，当前广泛采用逆流再生工艺，即运行时水流方向和再生时再生液流动方向相反的水处理工艺。

由于逆流再生工艺中再生液及置换水都是自下而上流动的，流速稍大时，就会发生和反洗那样使树脂层扰动的现象，使再生的层态被打乱，通常称为乱层。因此，在采用逆流再生工艺时，必须从设备结构和运行操作上采取措施，防止溶液向上流动时发生树脂乱层。

（1）逆流再生离子交换器的结构

逆流再生离子交换器的结构和管路系统与顺流再生离子交换器的结构类似，如图 5-9 和图 5-10 所示。与顺流再生离子交换器结构不同的是：在树脂层上表面处设有中间排液装置和压脂层。

①中间排液装置。该装置的作用主要是使向上流动的再生液和清洗水能均匀地从此装置排出，不会因为有水流扰动树脂层。它还兼作小反洗的进水装置和小正洗的排水装置。

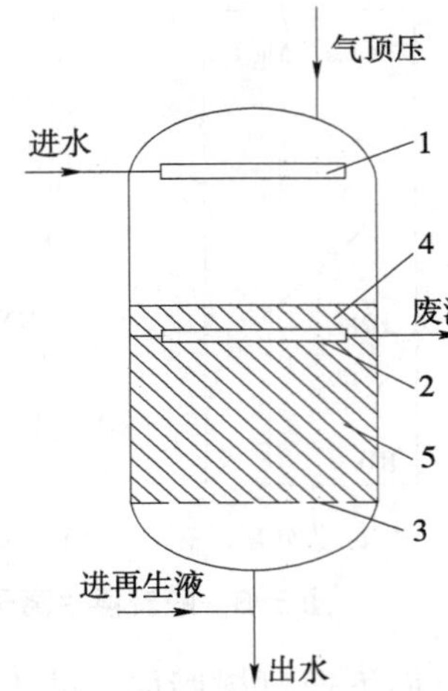

1—进水装置；2—中间排液装置；3—排水装置；4—压脂层；5—树脂层

图 5-9 逆流再生离子交换器的结构

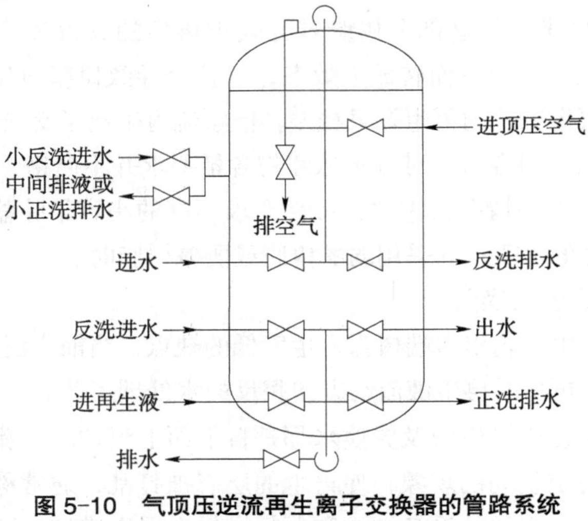

图 5-10 气顶压逆流再生离子交换器的管路系统

②压脂层。设置压脂层的目的是保持树脂不乱层，但实际上压脂层所产生的压力很小，并不能仅靠自身起到压脂作用。压脂层还有其他作用，一是过滤掉水中的悬浮物，使它不进入下部树脂层中，这样便于将其洗去而又不影响下部的树脂层态；二是可以使顶压空气或水通过压脂层均匀地作用于整个树脂层表面，从而起到防止树脂向上窜动的作用。

（2）逆流再生离子交换器的运行

在逆流再生离子交换器的运行操作中，制水过程和顺流式没有区别。再生操作根据防止乱层措施的不同而异，下面以采用压缩空气顶压防止乱层的方法为例说明其再生操作，如图 5-11 所示。

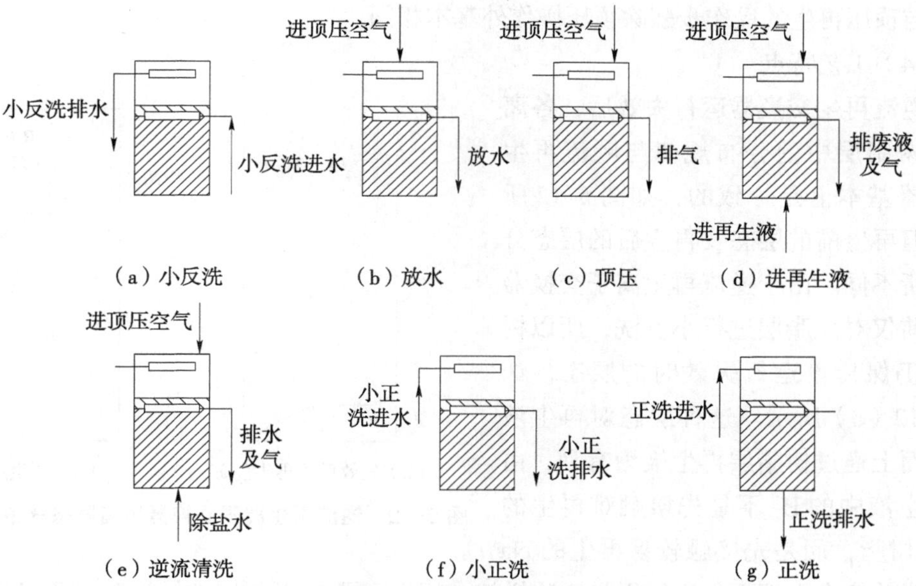

图 5-11 逆流再生操作过程示意图

①小反洗。保持树脂层不乱，只对中间排液管上面的压脂层进行反洗，以冲洗掉运行时积聚在压脂层中的污物；

②放水。小反洗后，待压脂沉降下来之后，放掉中间排液装置以上的水；

③顶压。从交换器顶部送入压缩空气，使气压维持在 0.03～0.05 MPa；

④进再生液。在顶压的情况下，将再生液送入交换器内，进行再生；

⑤逆流清洗。当再生液进完后，继续用稀释再生剂的水进行清洗；

⑥小正洗。除去再生后压脂层中部分残留的再生废液；

⑦正洗。最后按一般运行方式用进水自上而下进行正洗，流速 10～15 m/h，直到出水水质达标，即可投入运行。

交换器经过多周期运行后，下部树脂层也会受到一定程度的污染，因此必须定期对整个树脂层进行大反洗。大反洗的周期应视进水的浊度而定，一般为 10～20 个周期。

逆流再生操作除采用压缩空气顶压的方法外，还有水顶压的方法，水顶压法的操作与气顶压法基本相同。

（3）无顶压逆流再生

如上所述，逆流再生离子交换器为了保持再生时树脂层稳定，必须采用空气顶压或水顶压，这不仅增加了一套顶压设备，而且操作比较麻烦。研究指出，如果将中间排液装置上的孔开得足够大，使这些孔的水流阻力较小，并且在中间排液装置以上仍装有一定厚度的压脂层，那么在无顶压情况下逆流再生操作时就不会出现水面超过压脂层的现象，树脂层就不会发生扰动，形成无顶压逆流再生。无顶压逆流再生的操作步骤与顶压再生的操作步骤除顶压操作外基本相同。

（4）工艺特点

逆流再生交换器运行失效后，各离子在树脂层中的分布规律与顺流再生交换器基本上是一致的，如图 5-12 所示，但再生前的层态及再生后的层态分布有所不同。由于逆流再生离子交换器再生前仅对压脂层进行小反洗，所以树脂层仍保持着运行失效时的层态，如图 5-12（a）所示。这种层态对再生液自下而上通过树脂层再生极为有利，由于再生液中的 H^+ 不是先接触难再生的 Ca 型树脂，而是先接触较易再生的 Na 型树脂并依次由下而上进行再生，这样就大幅提高了 H 型树脂的转换率，所以相同条件下，再生效果比顺流式好得多。由于出水端树脂的再生度最高［图 5-12（b）］，所以运行时，可获得很好的出水水质。与顺流再生相比，逆流再生工艺具有对水质适应性强、出水水质好、再生剂比耗低、自用水率低等优点。

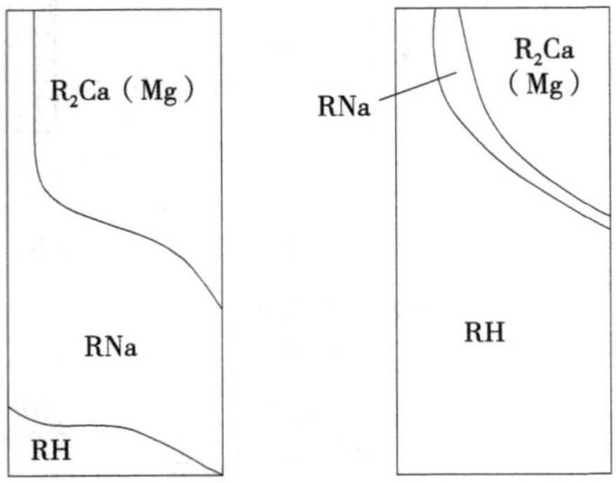

（a）失效后（再生前）　（b）再生后

图 5-12　逆流再生离子交换器树脂层态分布示意图

5.3.1.3　其他形式的离子交换器

（1）分流再生离子交换器

分流再生离子交换器的结构和逆流再生离子交换器基本相似，只是将中间排液装置设置在树脂层表面下 400～600 mm 处，不设压脂层，分流再生时流过上部的再生液可以起到顶压作用，无须另外用水或空气顶压；中排管以上的树脂起到压脂层的作用，并且能获得再生，交换器中树脂的交换容量利用率较高。

另外，由于再生液由交换器的上、下端进入，所以两端树脂都能够得到较好的再生，最下端树脂的再生度最高，从而保证了运行出水的水质。

（2）浮床式离子交换器

浮动床的运行是在整个树脂层被托起的状态下（称成床）进行的，离子交换反应是在水向上流动的过程中完成的。树脂失效后，停止进水，使整个树脂层下落（称落床），于是可进行自上而下的再生。

浮动床的运行过程为：制水→落床→进再生液→置换→下向流清洗→成床→上向流清洗，再转入制水。上述过程构成一个运行周期。

①落床。当运行至出水水质达到失效标准时，停止制水，靠树脂本身重力从下部起逐层下落，在这一过程中还可起到疏松树脂层、排除气泡的作用。

②进再生液。一般采用水射器输送。调整再生流速，再开启再生计量箱出口阀门，调整再生液浓度，进行再生。

③置换。待再生液进完后，关闭计量箱出口阀门，继续按再生流速和流向进行置换，置换水量为树脂体积的1.5～2倍。

④下向流清洗。置换结束后，开清洗水阀门，调整流速至10～15 m/h进行下向流清洗，一般需15～30 min。

⑤成床、上向流清洗。用加20～30 m/h的较高流速进水将树脂层托起，并进行上向流清洗，直至出水水质达到标准时，即可转入制水。

由于浮动床内树脂是基本装满的，没有反洗空间，故无法进行体内反洗。当树脂需要反洗时，需将部分或全部树脂移至专用清洗装置内进行清洗。经清洗后的树脂送回交换器后再进行下一个周期的运行。清洗周期取决于进水中悬浮物含量的多少和设备在工艺流程中的位置，一般是10～20个周期清洗一次。清洗方法有水力清洗法和气－水清洗法两种。

浮床式离子交换器的工艺特点如下：

①浮动床成床时，其流速应突然增大，不宜缓慢上升，以使成床状态良好。在制水过程中，应保持足够的水流速度，不得过低，避免出现树脂层下落的现象。为了防止低流速时树脂层下落，可在交换器出口设回流管，当系统出水量较低时，可将部分出水回流到该级之前的水箱中。此外，浮动床制水周期中不宜停床，尤其是后半周期，否则会导致交换器提前失效。

②由于浮动床制水和再生时的液流方向相反，因此，与逆流再生离子交换器一样，可以获得较好的再生效果。

③浮动床除具有逆流再生工艺的优点之外，还具有水流过树脂层时压头损失小的特点。这是因为树脂层的压实程度较小，因而水流阻力也小，这也是浮动床可以高流速运行和树脂层较厚的原因。

④浮动床体外清洗增加了设备和操作的复杂性，为了避免体外清洗次数过于频繁，因此对进水浊度要求比较严格，一般应小于2 NTU。

（3）双层床和双室双层床

双层床和双室双层床都属于强、弱型树脂联合应用的离子交换装置。在复床除盐系统中的弱型树脂总是与相应的强型树脂联合使用，为了简化设备可以将它们分层装填在同一个交换器中，组成双层床的形式。在双层床式的离子交换器中，通常利用弱型树脂的密度比相应的强型树脂小的特点，使其处于上层，强型树脂处于下层。在交换器运行时，水的流向自上而下先通过弱型树脂层，后通过强型树脂层；而再生时，恰恰相反。所以，双层床离子交换器属逆流再生工艺，具备逆流再生工艺的特点。为了使双层床中强型树脂和弱型树脂都能发挥它们的长处和应能较好地分层。为此，对所用树脂的密度、颗粒大小都有一定要求。

双层床中的弱、强两种树脂虽然由于密度的差异，能基本做到分层，但要做到完全分层是很困难的。双室双层床是将交换器分隔成上、下两室，强、弱树脂各处一室，强型树脂在下室，弱型树脂在上室，这样就避免了因树脂混层带来的问题。

（4）混合床

混合床离子交换器结构与工作过程结构如图 5-13 所示。离子交换器内主要装置有：上部进水装置、下部配水装置、进碱装置、进酸装置及压缩空气装置，在体内再生混合床中部的阴、阳树脂分界处设有中间排液装置。

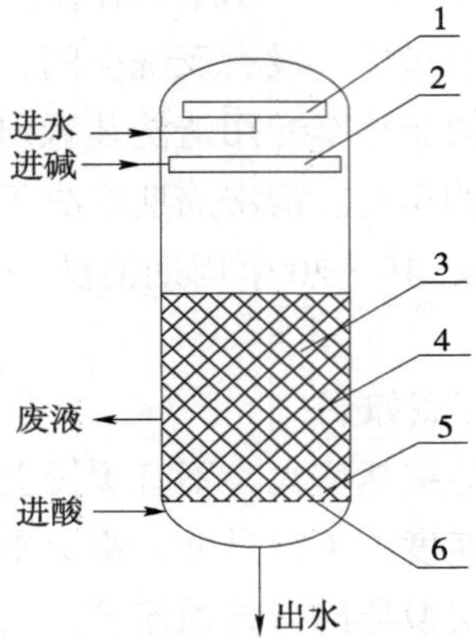

1—上部进水装置；2—进碱装置；3—树脂层；4—中间排液装置；5—下部配水装置；6—进酸装置

图 5-13　混合床示意图

5.3.1.4　固定床离子交换设备的设计计算

一般离子交换器都有定型产品，其主要尺寸、附属设备和树脂的装填高度都有相应的规定。在选择时可按如下步骤进行。

（1）交换器直径的确定

交换器直径由处理水量和运行流速来确定，交换设备中的流速与进水中含盐量有关，应根据出水水质要求、运行经济性、生产班制等因素进行选用。

$$d=\sqrt{\frac{4Q_1}{\pi v}} \tag{5-11}$$

式中：d——单台设备的内径，m；

Q_1——单台设备的产水量，m^3/h；

v——运行流速，m/h。

一般一级复床正常流速 v 应在 15～20 m/h，为保障系统安全、正常运行，复床除盐系统的离子交换设备宜不少于 2 台，当一台设备再生或检修时，另一台设备的供水量应能满足正常的供水和自用水要求。

（2）一台设备一个周期离子交换容量 E_c（mmol）

$$E_c=Q_1C_0T \tag{5-12}$$

式中：Q_1——单台设备的产水量，L/h；

C_0——进水中需去除的（阴或阳）离子总含量，mmol/L，$C_0=\sum(1/2SO_4^{2-}+Cl^-+HCO_3^-+\cdots)$ 或 $C_0=\sum(1/2Ca^{2+}+1/2Mg^{2+}+Na^++\cdots)$，即等于进水中总离子（阴或阳）含量减去出水泄漏量；

T——设备运行一个周期的工作时间，h，一般一级复床正常运行时间按每昼夜再生一次考虑，当进水水质最差时不多于两次。

（3）交换器装载树脂高度（h_R）

$$h_R=\frac{4E_c}{E_0(\pi d^2)} \tag{5-13}$$

式中：E_0——树脂的工作交换容量，mmol/L。

树脂的工作交换容量一般根据其再生方式、原水的含盐量及其组成、再生剂种类及用量等计算，也可以通过模拟试验求得。通常 001×7 苯乙烯系强酸阳离子交换树脂逆流再生工作交换容量在 700～1 300 mmol/L，201×7 苯乙烯系强碱阴离子交换树脂逆流再生工作交换容量在 200～400 mmol/L。

由上式计算的树脂层高度一般不应小于 1.2 m，正常应在 1.5～2.0 m。

例 5-1 某采用离子交换的软化水处理工程，原水进水水质分析资料见下表，离子交换软化站设计出水量为 100 m^3/h，自用水量为 10%，处理后的出水残余碱度小于 0.5 mmol/L，出水硬度小于 0.04 mmol/L，运行滤速按 20 m/h 计算，选用两套 H-Na 并联离子交换系统，则 Na 离子交换器的直径应为下列哪项？（　　）

项目	含量 /（mmol/L）	项目	含量 /（mmol/L）
K^++Na^+	0.84	Cl^-	0.54
Ca^{2+}	2.39	总碱度	2.94
Mg^{2+}	1.32	非碳酸盐硬度	0.77
HCO_3^-	2.94	总硬度	3.71
SO_4^{2-}	0.92		

（A）1.25 m　　（B）1.77 m　　（C）1.87 m　　（D）2.65 m

解：

$$Q_{Na}=\frac{[SO_4^{2-}+Cl^-]+Ar}{[SO_4^{2-}+Cl^-+HCO_3^-]}$$

$$Q=\frac{[0.92+0.54]+0.5}{[0.92+0.54+2.94]}\times100\times(1+10\%)=49\ (m^3/L)$$

$$A=\frac{Q}{v}=\frac{49}{20}=2.45\ (m^2)$$

$$d=\sqrt{\frac{4A}{\pi}}=\sqrt{\frac{4\times2.45}{3.14}}=1.77\ (m)$$

解析：① H-Na 并联离子系统，H 离子交换器进水量和 Na 离子交换器进水量的分配比例计算。

②考虑离子交换器需要定期再生，在再生时的出水量依然要达到设计流量，为此选了两套系统，因此仅一套在交换时出水量依然要达到设计流量 100 m³/h，以此原则进行计算。

5.3.2 移动床式离子交换器

移动床式离子交换器是指交换器中的离子交换树脂层在运行中是周期性移动的，即定期排出一部分已失效的树脂和补充等量再生好的树脂，被排出已失效的树脂在另一设备中进行再生。在移动床系统中，交换过程和再生过程是分别在不同设备中进行的，制水是连续的。

5.3.2.1 移动床式离子交换器的运行及再生

移动床式离子交换器的运行过程及再生过程如图 5-14 所示。

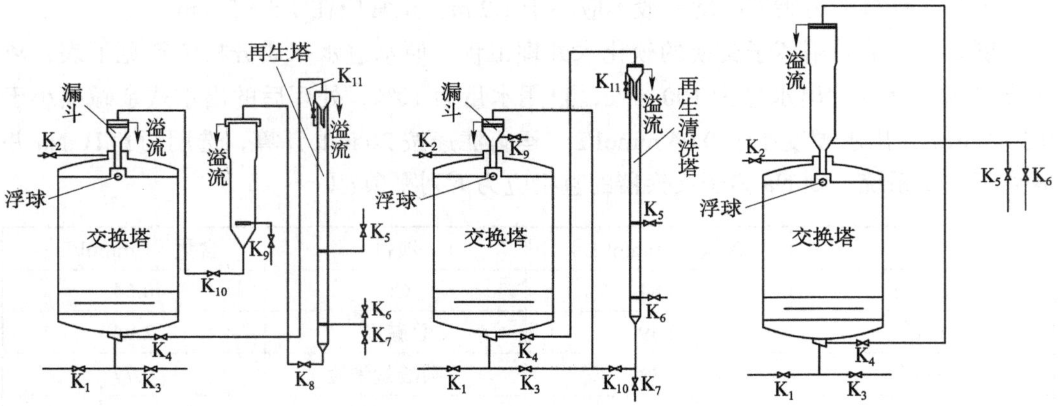

（a）三塔式　　（b）双塔式　　（c）单塔式

K_1—进水阀；K_2—出水阀；K_3—排水阀；K_4—失效树脂输出阀；K_5—进再生液周；K_6—进置换水或清洗水阀；K_7—排水阀；K_8—再生后树脂输出阀；K_9—进清水阀；K_{10}—清洗好树脂输出阀；K_{11}—连通阀

图 5-14　三种移动床的结构和管系

交换塔开始运行时，原水从塔下部进入交换塔，将配水装置以上的树脂托起，即成床。成床后进行离子交换，处理后的水从出水管排出，并自动关闭浮球阀。

运行一段时间后，停止进水，并进行排水，使塔中压力下降，因而水向塔底方向流动，使整个树脂分层，即落床。与此同时，交换塔浮球阀自动打开，上部漏斗中新鲜树脂落入交换塔树脂层上面，同时排水过程中将失效树脂排出塔底部，即落床过程中同时完成新树脂补充和失效树脂排出。两次落床之间交换塔运行时间，称为移动床的一个大周期。

再生时，再生液在再生塔内由下而上流动进行再生，排出的再生废液经连通管进入上部漏斗，对漏斗中失效树脂进行预再生，这样充分利用再生剂，而后将再生液排出塔外。当再生进行一段时间后，停止进水和停止进再生液并进行排水泄压，使再生塔树脂层下落，与此同时，再生塔内浮球阀打开，使漏斗中失效树脂进入再生塔，而再生好的下部树脂落入再生塔的输送段，并依靠进水水流不断地将此树脂输送到清洗塔中。两次排放再生好的树脂的间隔时间即为一个小周期。将交换塔一个大周期中排放的失效树脂分成几次再生的方式，称为多周期再生。若对一次输入的失效树脂进行一次再生，则称为单周期再生。

清洗过程在清洗塔内进行，清洗水由下而上流经树脂层，清洗好的树脂送至交换塔中。

5.3.2.2 移动床的优缺点

移动床的优点是运行流速高，树脂用量少且利用率高，而且占地面积小，能连续供水以及减少设备备用量。其缺点主要有以下几点：①运行终点较难控制；②树脂移动频繁，损耗大；③阀门操作频繁，易发生故障，自动化要求较高；④对原水水质变化适应能力差，树脂层易发生乱层；⑤再生剂比耗高。

5.3.3 除碳器

氢型阳离子交换器出水中的游离 CO_2 会腐蚀设备，通常用除碳器将其除去。

5.3.3.1 除碳器原理

水中碳酸化合物有下式的平衡关系：

$$H^+ + HCO_3^- \longleftrightarrow H_2CO_3 \longleftrightarrow CO_2 + H_2O$$

由上式可知，水中 H^+ 浓度越大，平衡越易向右移动。经 H^+ 交换后的水呈强酸性，因此水中碳酸化合物几乎全部以游离 CO_2 形式存在。

CO_2 在水中的溶解度服从于亨利定律，即在一定温度下气体在溶液中的溶解度与液面上该气体的分压成正比。所以，只要降低与水相接触的气体中 CO_2 的分压，溶解于水中的游离 CO_2 便会从水中解吸出来，从而将水中游离 CO_2 除去。除碳器就是根据这一原理设计的。

降低 CO_2 气体分压的办法：一是在除碳器中鼓入空气，即大气式除碳；二是从除碳器的上部抽真空，即为真空式除碳。其结构如图 5-15 和图 5-16 所示。

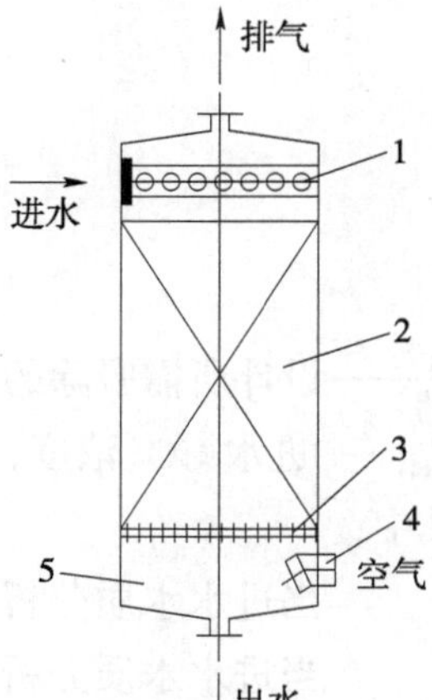

1—布水装置；2—填料层；3—填料支撑层；4—风机接口；5—风室

图 5-15 大气式除碳器的结构

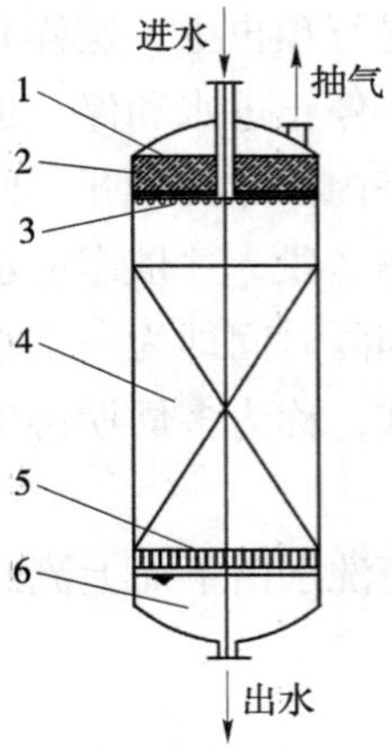

1—收水器；2—布水管；3—喷嘴；4—填料层；5—填料支撑层；6—存水区

图 5-16　真空式除碳器的结构

5.3.3.2　除碳器的设计计算

以鼓风填料式为例，介绍除碳器的设计计算与选型。

（1）除碳器的有效直径 d（m）

$$d=\sqrt{\frac{4Q}{\pi q}} \tag{5-14}$$

式中：Q——除碳器设计处理水量，m^3/h；

q——设计淋水密度，$m^3/(m^2 \cdot h)$，基准条件为 q=60 $m^3(m^2 \cdot h)$。

（2）除碳器所需填料高度 h_0（m）及填料总体积 V_0（m^3）

$$h_0=\frac{G_c \cdot q}{K \cdot S \cdot Q \cdot \Delta C} \tag{5-15}$$

$$V_0=\frac{G_c}{K \cdot \Delta C \cdot S} \tag{5-16}$$

$$G_c=Q(C_{c1}-C_{c2})\times 10^{-3} \tag{5-17}$$

式中：G_c——设计所需脱除的 CO_2 量，m^3/h。

C_{c1}——进水 CO_2 浓度，mg/L。

其中，

当进水水质分析有 CO_2 值时：$C_{c1}=44\ Hz+M_{CO_2}$（mg/L）；

当进水水质分析无 CO_2 值时：$C_{c1}=44\ Hz+0.268(Hz)^3$（mg/L）。

C_{c2}——出水残余 CO_2 浓度，mg/L，通常 C_{c2} 按 mg/L 计算。

K——除 CO_2 的解析系数，$\frac{kg}{h \cdot m^2(kg/m^3)}$或m/h，即单位时间、单位接触面积、

单位平均解析动力下去除CO_2的量。该值主要与水温有关，由图5-17求出。

S——单位体积填料所具有的工作表面积，m^2/m^3，由所选的填料品种和规格决定。例如，对于25 mm×25 mm×3 mm的瓷质拉希环其S值为204 m^2/m^3。

ΔC——脱除CO_2的平均解析推动力，kg/m^3，可近似表达为

$$\Delta C=\frac{(C_{c_1}-C_{c_2})}{1.06\ln(C_{c_1}/C_{c_2})}\times 10^{-3} \tag{5-18}$$

H_z——进水碳酸盐碱度，mmol/L。

M_{CO_2}——进水中游离CO_2含量，mg/L。

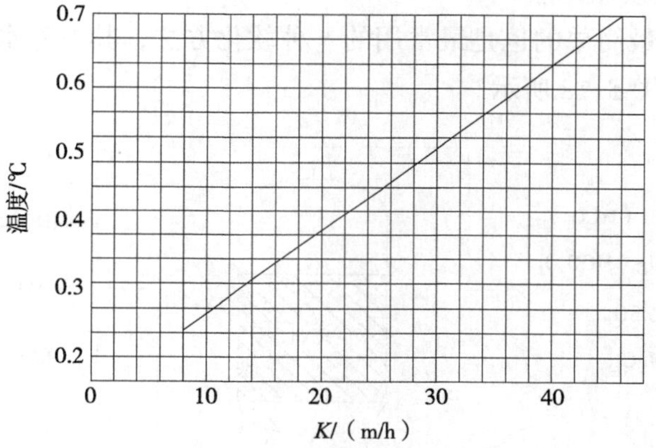

图5-17 除CO_2的解析系数K

注：使用条件为填料25 mm×25 mm×3 mm的瓷质拉希环，淋水密度q=60 m^3/（m^2·h）。

由以上计算可见，除碳器直径由所需处理的水量决定，而除碳器所需填料的高度取决于进水CO_2含量，其主要与原水碱度有关。

（3）除碳器所需鼓风量W（m^3·h）及所需进风压力P_0（kPa）

$$W=(20\sim30)Q \tag{5-19}$$

式中：20～30——除CO_2器的气水比经验数据，即每处理1 m^3水通常需加20～30 m^3的空气。

$$P_0=ah_0+0.4 \tag{5-20}$$

式中：0.4——塔内局部阻力总和的经验数值，kPa；

a——单位填料高度的空气阻力，kPa/m。

a值随填料品种、淋水密度、气水比的不同而变化，25 mm×25 mm×3 mm的瓷质拉希环在q=60 m^3/（m^2·h）、气水比为20～30 m^3/m^3时的条件下，a值在0.2～0.5 kPa/m。

根据计算的风量和所需的风压选择合适的风机。

5.4 离子交换的应用

5.4.1 水的软化

离子交换软化水处理是利用阳离子交换树脂中可交换的阳离子（如 Na^+、H^+）将水中所含的钙离子、镁离子交换出来。这一过程称为水的软化过程，所得的水称为软化水，在软化处理中，目前常用的有钠离子交换法、氢离子交换法和氢－钠离子交换法等。

5.4.1.1 钠离子交换软化法

钠离子交换是最简单的也是最常用的一种软化方法，其去除水中暂时硬度和永久硬度的反应流程如图 5-18 所示。

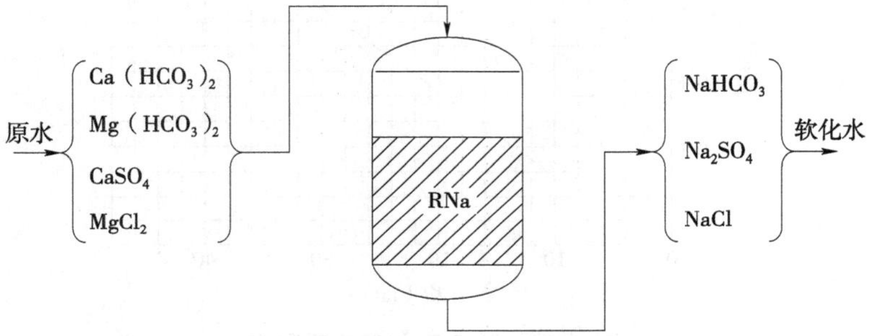

图 5-18　钠离子交换软化法示意图

由图 5-18 可知，水中 Ca^{2+}、Mg^{2+} 被 RNa 型树脂中 Na^+ 置换出来之后，就存留在树脂中，使离子交换树脂由 RNa 型变成 R_2Ca，或 R_2Mg 型树脂。Na^+ 交换软化法的优点是处理过程中不产生酸性水，再生剂为食盐，设备和防腐设施简单。经 Na 型离子交换后的水硬度可大幅降低，出水残留硬度可降至 0.03 mmol/L 以下，水中碱度则基本不变，但交换后水中含盐量略有增加。

5.4.1.2 氢离子交换软化法

H 型强酸性阳离子交换树脂的软化反应如下：

$$2RH+Ca(HCO_3)_2 \longleftrightarrow R_2Ca+2CO_2+2H_2O$$

$$2RH+Mg(HCO_3)_2 \longleftrightarrow R_2Mg+2CO_2+2H_2O$$

$$2RH+CaCl_2 \longleftrightarrow R_2Ca+2HCl$$

$$2RH+MgSO_4 \longleftrightarrow R_2Mg+H_2SO_4$$

$$RH+NaCl \longleftrightarrow RNa+HCl$$

由上述反应可以看出，原水中碳酸盐硬度（暂时性硬度）在交换过程中形成碳酸，故除软化外还能去除碱度。非碳酸盐硬度（永久性硬度）在交换过程中除软化外还生成相应的酸。其软化后的水实际上是稀酸溶液。由于H型树脂交换阳离子的顺序为 $Ca^{2+}>Mg^{2+}>Na^{+}$，故氢离子交换器在 Na^{+} 开始泄漏后，如果继续运行，最终将导致 Ca^{2+} 和 Mg^{2+} 的泄漏，其整个运行过程如图5-19所示。图中 *a* 点 Na^{+} 开始泄漏，*b* 点 Ca^{2+}、Mg^{2+} 开始泄漏。由于H离子交换出水经常为酸性，一般总是和Na离子交换联合使用，或与其他措施（如加碱中和）相结合。

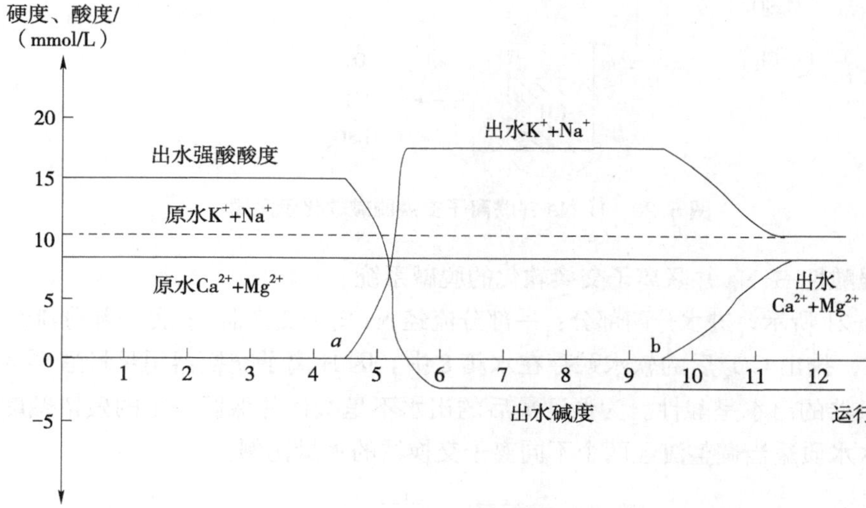

图5-19 氢离子交换器出水全过程

5.4.1.3 H-Na离子交换脱碱软化法

强酸性H-Na离子交换脱碱软化法的反应如下：

$$2RNa+Ca(HCO_3)_2 \longleftrightarrow R_2Ca+2NaHCO_3$$

$$2RNa+Mg(HCO_3)_2 \longleftrightarrow R_2Mg+2NaHCO_3$$

$$2RNa+CaCl_2 \longleftrightarrow R_2Ca+2NaCl$$

$$2RNa+MgSO_4 \longleftrightarrow R_2Mg+Na_2SO_4$$

由图5-20的反应过程不难看出，强酸性H-Na离子交换法中H型离子交换器出水含有游离酸，呈酸性，而Na离子交换器出水是含碱度的水，若将这两部分水相混合，则将发生以下中和反应：

$$HCl+NaHCO_3 \longleftrightarrow NaCl+H_2O+CO_2\uparrow$$

$$H_2SO_4+2NaHCO_3 \longleftrightarrow Na_2SO_4+2H_2O+2CO_2\uparrow$$

中和后产生的 CO_2 可用除碳器去除。这样既降低了碱度，又可除去硬度，使水的含盐量有所降低，这就是强酸性 H-Na 离子交换软化和脱碱联合水处理系统的原理。

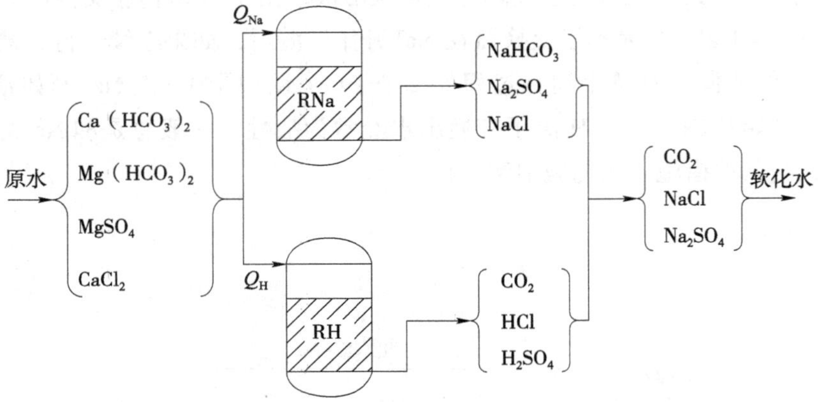

图 5-20　H-Na 并联离子交换脱碱软化示意图

（1）强酸性 H-Na 并联离子交换软化的脱碱系统

如图 5-21 所示，进水分两部分：一部分流经 Na 离子交换器 2；另一部分流经 H 离子交换器 1，排出 CO_2 后的软水贮存在水箱 8 中。因 H 离子交换器用足量酸再生，故 H 离子交换器的出水呈酸性。为保证最后的出水不呈酸性并保留一定的残留碱度，必须根据进水水质适当调整流经两个不同离子交换器的水量比例。

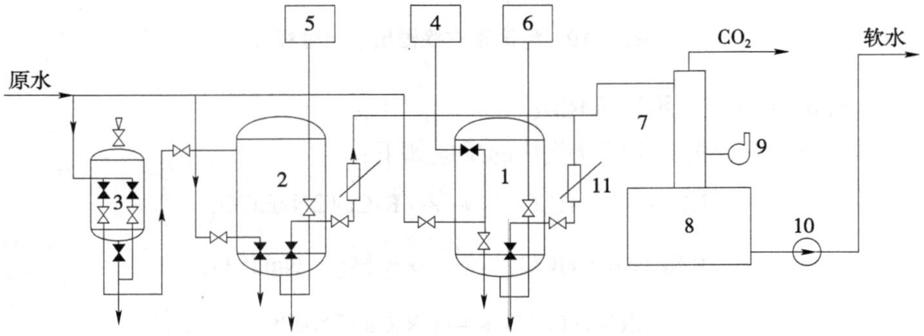

1—氢型离子交换器；2—钠型离子交换器；3—盐溶解器；4—稀酸溶液箱；5、6—反洗水箱；7—除碳器；8—中间水箱；9—离心鼓风机；10—中间水泵；11—水流量表

图 5-21　H-Na 并联离子交换软化和脱碱系统

并联系统的优点是：H 型离子交换器以控制出水漏钠为运行终点，出水碱度低，使水的残留碱度降至 0.5 mmol/L 左右，且可随水源水质变化而随时调整，设备费用低，投资少。

并联系统的缺点是：再生剂消耗量大，这是因交换器工作为一级软化的缘故。另外，运行控制要求高，否则出酸性水，致使供水系统腐蚀，H 型离子交换器及再生设备均需要采用耐酸材料进行覆盖层保护（如橡胶衬里），以防止设备腐蚀。

（2）强酸性H-Na串联离子交换软化和脱碱系统

如图5-22所示，进水也分两部分，一部分原水进入H型离子交换器，其出水直接与另一部分原水混合，经H型离子交换器后出水的酸度和原水中的碱度发生中和反应，中和反应所产生的CO_2由除碳器去除，再经Na离子交换器，除去未经H型离子交换器的另一部分原水的硬度，其出水即为除硬脱碱之后的软化水。

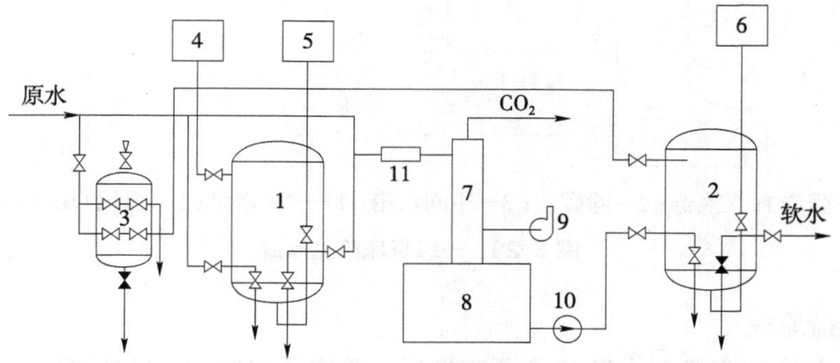

1—氢型离子交换器；2—钠型离子交换器；3—盐溶解器；4—稀酸溶液箱；5、6—反洗水箱；7—除碳器；8—中间水箱；9—离心鼓风机；10—中间水泵；11—混合器

图5-22 H-Na串联离子交换软化和脱碱系统

H-Na串联离子交换软化的脱碱系统中，必须把除碳器安装在钠型离子交换器之前，否则会使含有大量碳酸的水通过钠型离子交换器，从而导致出水中重新出现碱度。

此外，还有弱酸性H-Na串联离子交换脱碱软化系统等。

5.4.2 离子交换除盐

离子交换除盐是指把水中强电解质盐类的全部或大部分加以去除的处理过程。离子交换除盐过程可使水的含盐量低到几乎不含离子的纯净程度，即它可作为深度的化学除盐方法，亦可作为部分化学除盐的方法。

离子交换除盐一般采用复床法或混床法进行，也有各种不同的组合方式。

5.4.2.1 强强型树脂联合应用的复床除盐

原水只一次相继通过强酸H离子交换器和强碱OH离子交换器进行除盐的工艺称一级复床除盐。

图5-23所示为典型的一级复床除盐系统，它由一个强酸H交换器、一个除碳器和一个强碱OH交换器串联而成。下面以此系统为例，介绍一级复床除盐原理、离子交换反应、水质变化、运行监督、失效树脂的再生以及技术经济指标等。

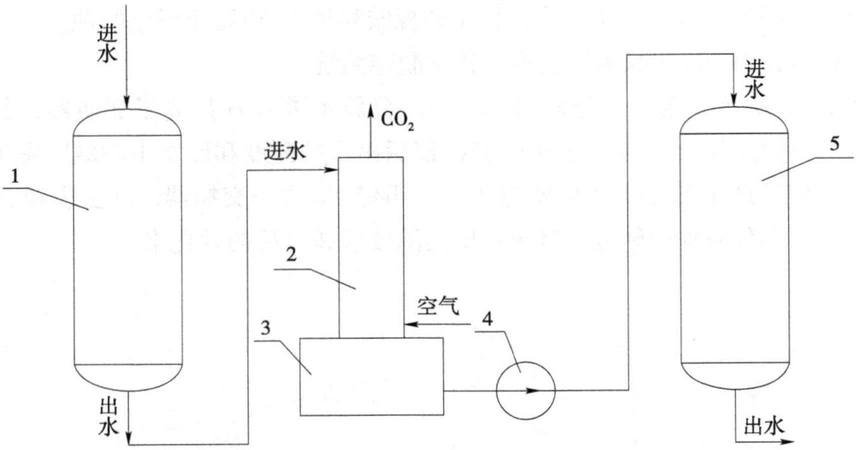

1—强酸 H 交换器；2—除碳器；3—中间水箱；4—中间水泵；5—强碱 OH 交换器

图 5-23　一级复床除盐系统

（1）除盐原理

原水在强酸 H 交换器中经 H 离子交换后，除去了水中所有的阳离子。被交换下来的 H^+ 与水中的阴离子结合成相应的酸，其中与 HCO_3^- 结合生成的 CO_2 连同水中原有的 CO_2 在除碳器中被脱除。水进入强碱 OH 交换器后，以酸根形式存在的阴离子与强碱阴树脂进行交换反应，除去水中所有剩余的阴离子，从而将水中溶解盐类全部除去制得除盐水。

（2）运行中的离子交换反应及水质变化

①除去水中阳离子的离子交换反应。在复床除盐系统中，强酸 H 离子交换器总是放在最前面，用以除去 H^+ 之外的所有阳离子。由前面所述的 H 离子交换反应可知，对于含有 Ca^{2+}、Mg^{2+}、Na^+ 等阳离子和 HCO_3^-、SO_4^{2+}、Cl^- 等阴离子的水，其交换反应既有离子交换，也有中和反应，显然水中碱度的存在有利于 H 离子交换反应的进行。

当含有多种离子的水通过强酸性 H 型阳树脂层时，尽管通水初期水中阳离子都参与交换，但之后由于水中 Ca^{2+}、Mg^{2+} 等高价离子已在水流的上游处被交换，并等量转为 Na^+，所以沿水流方向最前端的离子交换仍是 H 型树脂与水中 Na^+ 的交换，即

$$2RH + Na_2\begin{cases}(HCO_3)_2\\ SO_4\\ Cl_2\end{cases} \longrightarrow 2RNa + \begin{cases}2H_2CO_3\\ H_2SO_4\\ 2HCl\end{cases}$$

经 H 离子交换后，水中各种阳离子都被交换成 H^+，其中的碳酸盐转变成 H_2CO_3，中性盐转变成相应的强酸。在生产实践中，由于树脂并未完全被再生成 H 型，因此运行时出水中还残留少量阳离子。由于树脂对 Na^+ 的选择性最小，所以出水中残留的主要是 Na^+。

图 5-24 所示的是强酸 H 交换器从水质正洗开始到运行失效之后的出水水质变化情况。在稳定情况下，制水阶段（*ab*）出水水质稳定，Na^+ 穿透（*b* 点）后，随出水 Na^+ 浓度升高，强酸酸度相应降低、电导率先略下降之后又上升。

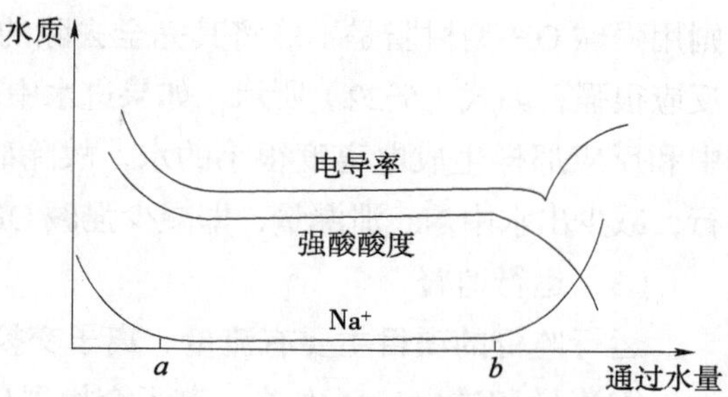

图 5-24 强酸 H 交换器出水水质变化

上述电导率的这种变化是因为随 Na^+ 的升高，H^+ 等量下降，但由于 Na^+ 的导电能力低于 H^+，所以共同作用的结果使水的电导率下降。当 H^+ 降至与进水中 HCO_3^- 等量时，出水电导率最低。之后，由于交换产生的 H^+ 不足以中和水中的 HCO_3^-，所以随着 Na^+ 和 HCO_3^- 的升高，电导率又升高。因此，为了除去水中 H^+ 以外的所有阳离子，除盐系统中强酸 H 交换器必须在 Na^+ 穿透时停止运行，然后用酸溶液进行再生。

②脱除 CO_2。水经 H 离子交换后，阴离子转变成相应的酸，其中的 HCO_3^- 转变成了游离 CO_2，连同进水中原有的游离 CO_2，可由除碳器除掉，以减轻 OH 交换器的负担。经脱碳处理后，水中游离 CO_2 的含量一般都可降至 5 mg/L 左右。

③除去水中阴离子的离子交换反应。在一级复床除盐系统中，强碱 OH 离子交换器是用来除水中 OH^- 以外所有阴离子的。强碱 OH 交换器总是设置在 H 交换器和除碳器之后，此时水中阴离子以酸的形式存在，因此强碱 OH 离子交换实质上是 OH 型树脂与水中无机酸根离子的交换，其交换反应式为

$$HCl+ROH \rightleftharpoons RCl+H_2O$$

$$H_2SO_4+2ROH \rightleftharpoons R_2SO_4+2H_2O$$

$$H_2CO_3+2ROH \rightleftharpoons R_2CO_3+2H_2O$$

$$H_2SiO_3+2ROH \longrightarrow R_2SiO_3+2H_2O \tag{5-21}$$

由于经 H 离子交换的出水中含有微量的 Na^+，因此进入强碱 OH 离子交换器的水中除无机酸外，还有微量的钠盐，所以还有树脂与微量钠盐进行的可逆交换，其反应式为

$$ROH+Na\begin{cases}Cl\\HCO_3^-\\HSiO_3\end{cases} \longleftrightarrow R\begin{cases}Cl\\HCO_3\\HSiO_3\end{cases} + NaOH \tag{5-22}$$

强碱 OH 型树脂对水中常见阴离子的选择性顺序为

$$SO_3^- > Cl^- > HCO_3^- > HSiO_3^-$$

由于强碱 OH 树脂对 $HSiO_3^-$ 的选择性最弱，其泄漏的可能性最大。要提高强碱 OH 离子交换器的出水水质，就必须创造条件提高除硅效果，以减少出水中硅的泄漏，这些条件包括水质方面的和再生方面的。由上述可知，如果水中硅化合物呈 $NaHSiO_3$ 形式，

则用强碱 OH 型树脂是不能将其完全去除的，因为交换反应的生成物是强碱 NaOH，逆反应很强，如式（5-22）所示。如果进水中阳离子只有 H^+，交换反应就像式（5-21）的中和反应那样生成电离度很小的水，故除硅较完全。因此，组织好强酸 H 交换器的运行，减少出水中 Na^+ 泄漏量，即减少强碱 OH 交换器进水 Na^+ 含量，就可提高除硅效果。

（3）运行监督

运行监督的项目主要有流量、离子交换器进出口压力差、进水水质和出水水质。

①流量和进出口压力差。离子交换器应在规定的流速范围内运行，流量大意味着流速高。离子交换器进出口压力差主要是由水通过树脂层的压力损失决定的，水流速度越高、水温越低或树脂层越厚，则水通过树脂层的压力损失越大。在正常情况下，进出口压力差是有一定规律的。当进出口压力差有不正常升高时，则往往是有树脂层积污过多、进气或析出沉淀（如硫酸再生时析出 $CaSO_4$）等不正常情况发生的。

②进水水质。进水中悬浮物应尽可能在水的预处理中清除干净。进入除盐系统的水，其浊度应＜5 mg/L（当 H 交换器为顺流再生时）或＜2 mg/L（当 H 交换器为逆流再生时）。此外，为了防止离子交换树脂氧化和被污染，还应满足以下条件：游离氯含量应在 0.1 mg/L 以下，Fe 含量应在 0.3 mg/L 以下，高锰酸钾耗氧量应在 2 mg/L 以下。

③出水水质。一般情况下强酸 H 交换器的出水中不会有硬度，仅有微量 Na^+。当交换器接近失效时，出水中 Na^+ 浓度增加，同时 H^+ 浓度降低，因此出现出水酸度和电导率下降以及 pH 上升的现象。

但用这三个指标来确定交换器是否失效是很不可靠的，因为当进水水质或混凝剂加入量发生变化时，这三个指标的值也将相应的发生变化。可靠的方法还是测定出水 Na^+ 浓度，对出水 Na^+ 进行监督。

强碱 OH 交换器一般用测定出水 SiO_2 含量和电导率的方法对其出水水质进行监督。

（4）离子交换器的再生

①强酸 H 离子交换器的再生。强酸 H 离子交换器失效后，必须用强酸进行再生，可以用 HCl，也可以用 H_2SO_4。相对来说，由于 HCl 再生时不会有沉淀物析出，所以操作比较简单。其再生液浓度一般为 2%～4%，再生流速一般为 5 m/h 左右。当用 H_2SO_4 再生时，再生产物中有易沉淀的 $CaSO_4$，因此再生时应采取措施，以防止 $CaSO_4$ 的沉淀在树脂层中析出。

为了防止用 H_2SO_4 再生时在树脂层中析出 $CaSO_4$ 沉淀，可以采用以下再生方式：

a. 用低浓度的 H_2SO_4 溶液进行再生。再生液浓度通常为 0.5%～2.0%，这种方法比较简单，但要用大量稀 H_2SO_4，再生时间长、自用水量大，再生效果也较差。

b. 分步再生。先用低浓度的 H_2SO_4 溶液以高流速通过交换器，然后用较高浓度的 H_2SO_4 溶液以较低的流速通过交换器。先用低浓度 H_2SO_4 溶液的目的在于降低再生液中 $CaSO_4$ 的过饱和度，使其不易析出；而采用高流速的原因是 $CaSO_4$ 从过饱和到析出沉淀物常需经过一段时间，故加快流速可以防止 $CaSO_4$ 沉淀在树脂层中析出。

②强碱 OH 离子交换器的再生。失效的强碱阴树脂一般采用 NaOH 再生，为了有效除硅，强碱 OH 交换器除再生剂必须用强碱（NaOH、KOH）外，还必须满足以下条件：再生剂用量应充足、提高再生液温度、增加接触时间。

强碱 OH 交换器再生液浓度一般为 1%～3%（浮动床 0.5%～2%），流速一般<5 m/h（浮动床 4～6 m/h）。

（5）技术经济指标和工艺性能曲线

离子交换器的出水水质、工作交换容量以及再生剂比耗既是离子交换树脂的主要工艺性能，又是评价离子交换器的技术经济指标。

①出水水质。强酸 H 离子交换器的出水水质是指周期平均出水 Na^+ 浓度。出水 Na^+ 浓度主要取决于树脂的再生度，所以逆流再生 H 交换器出水 Na^+ 浓度较低，一般小于 100 μg/L。强碱 OH 离子交换器出水水质是指周期平均出水 SiO_2 浓度。GB 12145—89 水汽质量标准规定一级复床出水水质为：电导率小于 10 μS/cm、SiO_2 浓度小于 100 μg/L。逆流再生离子交换器的出水水质一般优于顺流再生离子交换器的出水水质。

②工作交换容量和再生剂比耗的影响因素。由前述可知，生产实际中交换器运行终点时树脂并未完全失效，失效后的树脂也并非彻底再生。因此，凡是影响残余交换容量和影响再生效果的因素都会影响工作交换容量，也都会影响再生剂比耗。

对强型树脂来说，再生效果的影响程度更大。影响强酸性阳离子交换树脂工作交换容量和再生剂比耗的因素有水质条件、运行条件、再生条件以及树脂层高度。其中，水质条件包括进水离子总浓度、强酸阴离子浓度分率（强酸阴离子浓度 / 阴离子总浓度）、进水硬度分率（总硬度 / 阳离子总浓度）以及钙硬度与总硬度的比值；运行条件包括流速、水温以及失效 Na^+ 浓度；再生条件包括再生剂用量、再生流速、再生液浓度等。

影响强碱性阴离子交换树脂工作交换容量和再生剂比耗的因素也是水质条件、运行条件、再生剂和再生条件以及树脂层高度等方面。这里的水质条件是指进水阴离子总浓度（C_0）、SiO_2 浓度以及 H_2SO_4 酸度的浓度分率；运行条件中失效离子浓度是指 SiO_2 的浓度；再生剂及再生条件中还包括再生剂的纯度、再生温度和再生时间等。

5.4.2.2 强弱型树脂联合应用的复床除盐

在这种除盐系统中，除使用强酸性阳离子交换树脂和强碱性阴离子交换树脂之外，还使用了弱酸性阳离子交换树脂和（或）弱碱性阴离子交换树脂。在除盐系统中，强弱型树脂联合应用有多种组合方式，如图 5-25 所示为常见的几种复床串联方式。图中 H 表示强酸 H 交换器，H_W 表示弱酸 H 交换器，C 表示除碳器，OH 表示强碱 OH 交换器，OH_W 表示弱碱 OH 交换器。

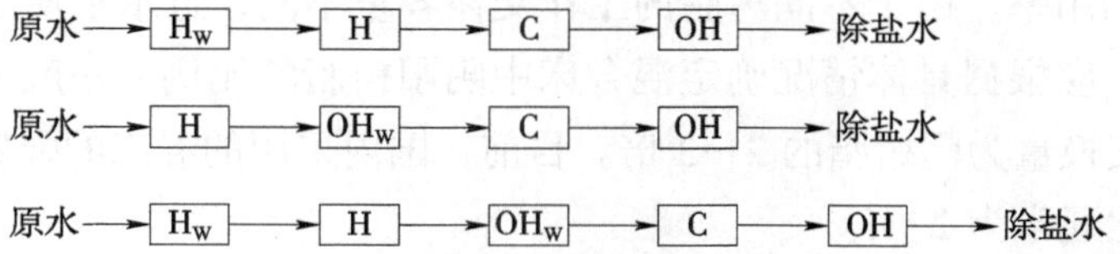

图 5-25 强弱型树脂联合应用的常见工艺流程

在上述流程中，强弱型树脂是复床形式。此外，还可以是双层床、双室双层床、双室双层浮动床的联合应用。

弱碱 OH 型树脂只能与强酸阴离子起交换作用，对弱酸阴离子 HCO_3^- 交换能力很弱，对更弱的 $HSiO_3^-$ 则无交换能力。而且由于树脂上的活性基团在水中离解能力很低，若水的 pH 值较高，则水中 OH^- 会抑制交换反应的进行，所以弱碱树脂对强酸阴离子的交换反应也只能在酸性溶液中进行。所以，用弱碱树脂处理水时，一般是在 pH 较低的条件下进行的。

弱碱树脂具有较高的交换容量，但交换容量发挥的程度与运行时流速及水温有密切关系，流速过高或水温过低都会使工作交换容量明显降低。

由于弱碱树脂在对阴离子的选择性顺序中，OH^- 居于首位，所以这种树脂极容易用碱再生成。另外，大孔型弱碱树脂具有抗有机物污染的能力，运行中吸着的有机物可以在再生时被洗脱下来。所以，若在强碱阴树脂之前设置大孔型弱碱树脂，既可减轻强碱阴树脂的负担，又能减少有机物污染。

5.4.2.3 混合床除盐

所谓混合床，是将阴树脂、阳树脂按一定比例均匀混合装在同一个离子交换器中，水通过混合床同时完成许多级阴离子、阳离子交换过程。混合床按再生方式分为内部再生和外部再生两种。下面对由强酸和强碱性树脂组成的混合床进行简要介绍。

（1）除盐原理

混合床离子交换除盐，是将阴离子、阳离子交换树脂放在同一个交换器中，在运行前，先将它们分别再生成 OH 型和 H 型，然后混合均匀。所以，混合床可以看作由许多阴树脂、阳树脂交错排列而成的多级式复床。

在混合床中，由于运行时阴树脂、阳树脂是相互混匀的，所以其阴离子、阳离子的交换反应几乎是同时进行的。或者说，水中阳离子交换和阴离子交换是多次交错进行的，因此经 H 离子交换所产生的 H^+ 和经 OH 离子交换所产生的 OH^- 都不会累积起来，而是马上互相中和生成 H_2O，这就使交换反应进行得十分彻底，出水水质很好。混合床中树脂失效后，应先将两种树脂分离，然后分别进行再生和清洗。再生清洗后，再将两种树脂混合均匀，又投入运行。

（2）混合床中树脂

为了便于混合床中阴阳树脂分离，两种树脂的湿真密度差应大于 15%，为适应高流速运行的需要，混合床使用的树脂应该机械强度高、颗粒大小均匀。

确定混合床中阴树脂、阳树脂比例的原则是使两种树脂同时失效，以获得树脂交换容量的最大利用率。由于不同树脂的工作交换容量不同，进水水质条件和对出水水质要求的差异，应根据具体情况确定混合床中阴阳树脂的比例，一般来说，混合床中阳树脂的工作交换量为阴树脂的 2～3 倍。目前，国内采用的混床的强碱阴树脂与强酸阳树脂的体积比通常为 2：1。

（3）运行操作

由于混床是将阴树脂、阳树脂装在同一个离子交换器中运行的，所以在运行上有许多特殊的地方。下面讨论一个周期中各步操作。

①反洗分层。混合床除盐装置运行操作中的关键问题之一，就是如何将失效的阴树脂、阳树脂分开，以便分别通入再生液进行再生。在实际生产中，目前大多是用水力筛分法对阴树脂、阳树脂进行分层。由于阴树脂的密度较阳树脂小，所以分层后阴树脂在上，阳树脂在下。

②再生。这里只介绍内部再生法。此法是树脂在离子交换器内进行再生的方法。根据进酸、进碱和清洗步骤的不同，可分为两步法和同时再生法，这里仅以两步法为例进行介绍。

两步法即指再生时酸、碱再生液不是同时进入交换器，而是分先后进入的。它又分为碱液流过阴树脂、阳树脂的两步法和碱、酸先后分别通过阴树脂、阳树脂的两步法。

在大型装置中，一般采用后者，其操作过程如图5-26所示。

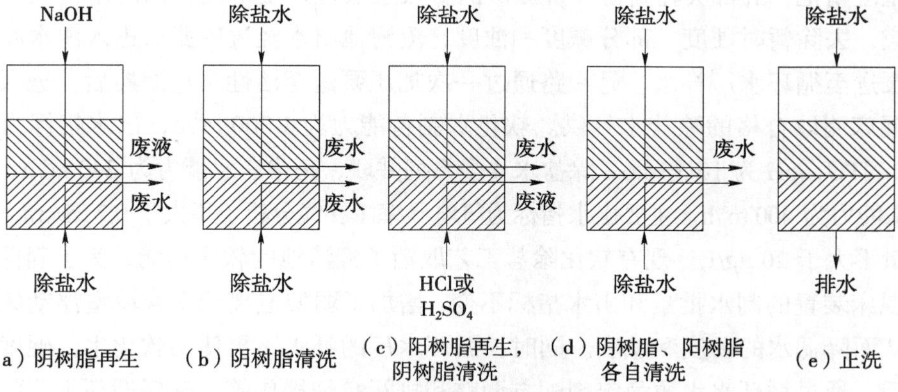

图5-26 混合床两步再生法示意图

其具体做法是在反洗分层后，首先，放水至树脂表面上约100 mm处，从上部送入碱液再生阴树脂，废液从阴树脂、阳树脂分界处的中排管排出，接着按同样的流程清洗阴树脂，直至排水的OH^-降至0.5 mmol/L以下。然后，由底部进酸再生阳树脂，废液也由中排管排出。同时，为防止酸液进入已再生好的阴树脂层中，需继续自上部通入小流量的水清洗阴树脂。阳树脂的清洗流程也和再生时相同，清洗至排水的酸度降至0.5 mmol/L以下为止。最后，进行整体正洗，即从上部进水底部排水，直至出水电导率小于1.5 μS/cm。在正洗过程中，有时为了提高正洗效果，可以进行一次2～3 min的短时间反洗，以消除死角残液。

③阴树脂、阳树脂的混合。树脂经再生和清洗后，在投入运行前必须将分层的树脂重新混合均匀。通常用从底部通入经除油净化的压缩空气的办法搅拌混合。压缩空

气压力一般采用 0.1～0.15 MPa，流量为 2.0～3.0 $m^3/(m^2 \cdot s)$。混合时间主要以树脂是否混合均匀为准，一般为 0.5～1.0 min，时间过长会增加树脂磨损。

④正洗。混合后的树脂，还要用除盐水以 10～20 m/h 的流速正洗，直至出水合格。

⑤制水。混合床的运行制水与普通固定床相同，只是它可以采用更高的流速，通常对凝胶型树脂可取 40～60 m/h，如用大孔型树脂可高达 100 m/h 以上。

⑥失效。混合床的运行失效标准，通常是按规定的失效水质标准来估算运行时间或产水量的。此外，也有按进出口压力差控制的。

（4）混合床运行的特点

混合床运行的优点：出水水质优良；出水水质稳定；间断运行对出水水质影响较小；终点明显；混床设备较少。混合床运行的缺点：树脂交换容量的利用率低；树脂损耗率大；再生操作复杂，需要的时间长；为保证出水水质，常需投入较多的再生剂。

5.4.2.4 弱酸离子交换与除碳器软化水应用

湖北化肥原有软化除盐工艺主要是从长江供水泵送过来的原水（加氯）进入泥渣悬浮型澄清池，由石灰乳制备装置提供的石灰浆液进入澄清池三角配水槽内，进行软化反应，去除暂时硬度、部分碱度和浊度，澄清池出水经过砂滤后进入清水库，一路通过泵送至循环水厂补水，另一路通过一次加压泵送至活性炭过滤器后，进入一级除盐＋混床制取合格的除盐水外供。软化水制备能力为 1 300 m^3/h，出水指标为浊度不大于 1 NTU，pH 为 10～10.6。除盐水 4 个系列并联，正常制水能力为 240 m^3/h，短时最大制水能力为 400 m^3/h，主要出水指标为氢电导率（在线分析）不大于 0.2 μS/cm，二氧化硅含量不大于 20 μg/L。现有软化除盐工艺取消了澄清池的软化功能，为了确保一级除盐＋混床装置的制水批量和出水指标不变，增加了弱酸氢离子交换单室浮动床和除碳器，从而降低水的硬度和碱度。同时，循环水厂的补水不再使用软化水，硬度和碱度提高后，通过循环水水质稳定剂配方调整和排污精细操作等，确保循环水厂的稳定运行。软化除盐工艺流程如图 5-27 所示。

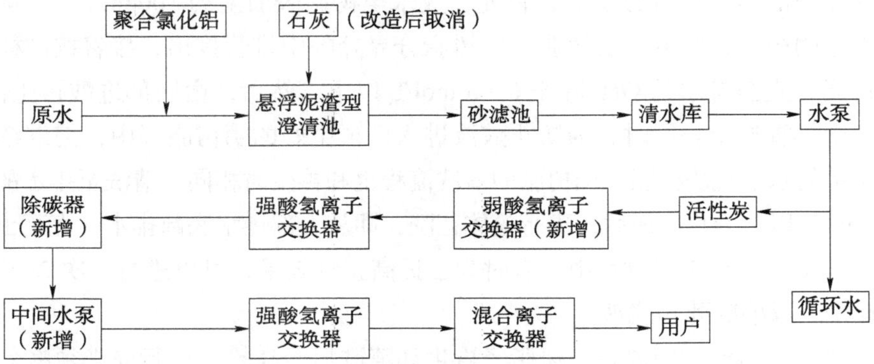

图 5-27 软化除盐工艺流程

课后习题

1. 离子交换的基本原理是什么？

2. 离子交换法处理工业废水的特点有哪些？

3. 什么是树脂交换容量？

4. 移动床离子交换器的优点有哪些？

5. 水的软化有哪些方法？

6. 某厂的含 Cr^{6+} 废水，其 pH 为 2～4，现使用离子交换法处理并回收铬。请画出工艺装置流程，并说明所用的离子交换树脂型号、叙述其基本原理，列出主要的反应式，说明影响离子交换效率的主要因素。

第 6 章

膜过滤技术

6.1 膜过滤技术概述

6.1.1 膜过滤的定义

膜广泛存在于自然界生物体内，实质上是一种分离介质，是两相分离的手段和物质选择性传递的屏障，如图 6-1 所示。膜既可以是固态的，也可以是液态或气态的；既可以是均质的，也可以是非均质的；既可以是中性的，也可以是带电的；既可以是对称的，也可以是非对称的。其厚度一般从几微米（甚至 0.1 μm）到几毫米。

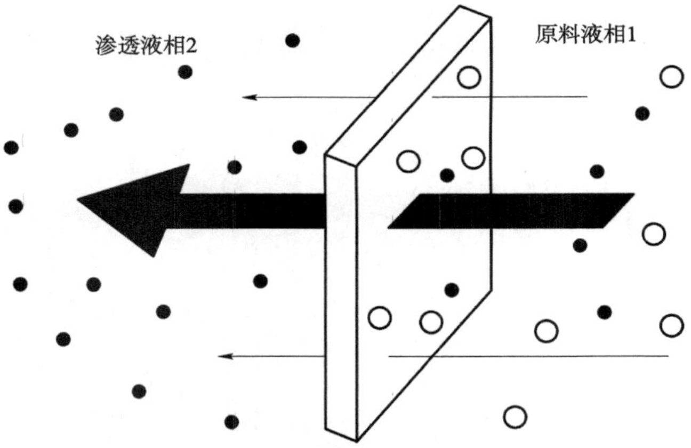

图 6-1　选择性渗透膜的示意图

膜过滤过程是以选择性透过膜为分离介质，在其两侧施加某种推动力，使原料侧组分选择性地透过膜，从而达到分离或提纯的目的。这种推动力可以是压力差、温度差、浓度差或电位差。在水处理领域，广泛使用的推动力为压力差和电位差，其中，压力差驱动膜过滤工艺主要有微滤、超滤、纳滤、反渗透等；电位差驱动膜过滤工艺主要有电渗析。压力差驱动膜过滤对水中的杂质去除范围如图 6-2 所示，在压力差允许范围内，去除能力随膜孔径的减小而增大。

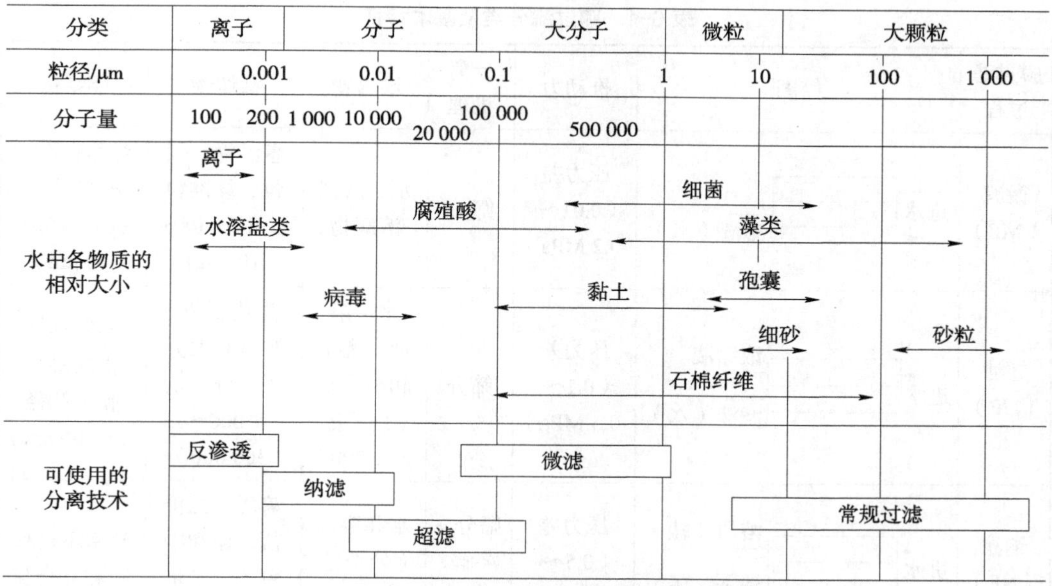

图 6-2 压力差驱动膜过滤去除杂质的范围

6.1.2 膜过滤技术的分类

膜过滤技术的分类一般有以下几种：

6.1.2.1 按膜的来源分类

主要有天然膜（生物膜）和人工合成膜，人工合成膜按材料分为有机膜和无机膜。有机膜材料主要有纤维素、聚酰胺、聚砜、聚烯烃、氟树脂、聚碳酸酯、芳香杂环等。无机膜材料主要有陶瓷、玻璃、金属和碳等。

6.1.2.2 按膜的组件分类

主要有中空纤维式、板框式、卷式和管式等。膜的面积越大，单位时间透过量就越多，因此，在实际应用中，膜都被制成一定形式的组件作为膜过滤装置的分离单元。管式和中空纤维式膜组件的区别是：膜管直径＞10 mm 称为管式膜组件；膜管直径＜0.5 mm 称为中空纤维式膜组件。一般情况下，板框式与管式膜组件装填密度小，处理量小；而中空纤维式和卷式膜组件装填密度大，处理量大。

6.1.2.3 按分离机理分类

主要有多孔膜、无孔膜和载体膜。多孔膜是根据颗粒的大小进行分离，主要应用于超滤和微滤。无孔膜利用分离体系中各组分的溶解度或扩散系数的差异进行分离，主要应用于渗析。载体膜是利用膜上载体分子对溶液中某一成分的高度亲和性来实现不同组分的分离。

目前水处理行业已工业化应用的膜过滤分类及基本特征如表 6-1 所示。

表 6-1　膜过滤分类及基本特征

膜过滤过程	简图	推动力	分离机理	渗透物	截留物	膜结构
微滤（MF）	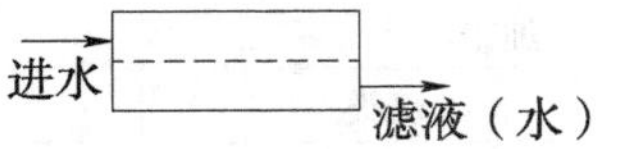	压力差（0.01～0.2 MPa）	筛分	水、溶剂溶解物	悬浮物、颗粒、纤维和细菌（0.08～10 μm）	对称和不对称多孔膜（孔径 0.05～10 μm）
超滤（UF）	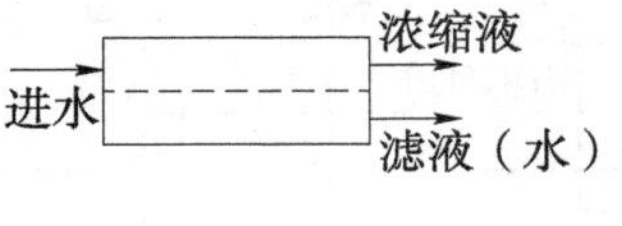	压力差（0.1～0.5 MPa）	筛分	水、溶剂、离子和小分子（分子量＜1 000）	生化制药、胶体和大分子（分子量 1 000～300 000）	不对称结构的多孔膜（孔径 2～100 nm）
纳滤（NF）	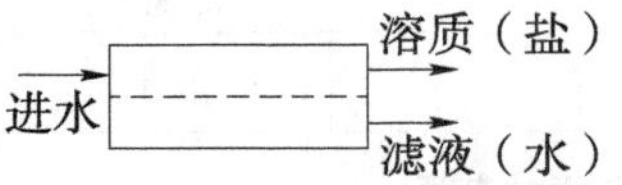	压力差（0.5～2.5 MPa）	筛分＋溶解/扩散	水和溶剂（分子量＜200）	溶质、二价盐、糖和染料（分子量 200～1 000）	致密不对称膜和复合膜
反渗透（RO）	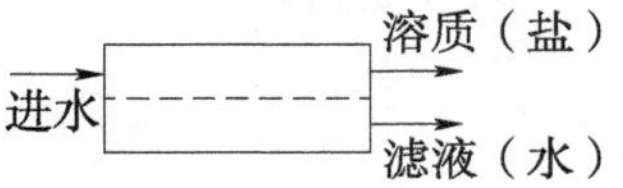	压力差（1.0～10.0 MPa）	溶解/扩散	水和溶剂	全部悬浮物、溶质和盐	致密不对称膜和复合膜
电渗析（ED）	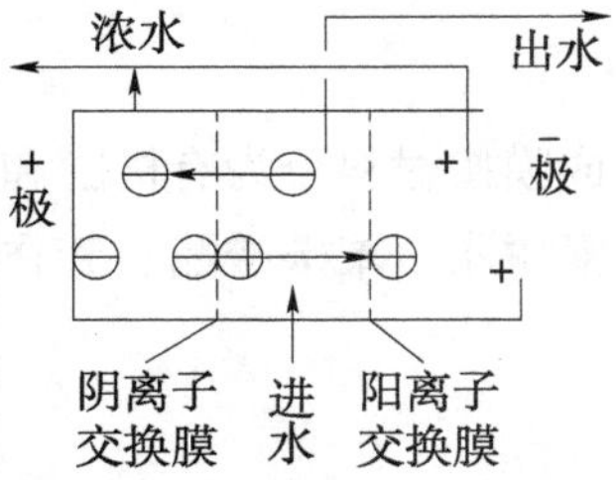	电位差	离子交换	电离离子	非解离和大分子物质	阴离子、阳离子交换膜
渗析（D）	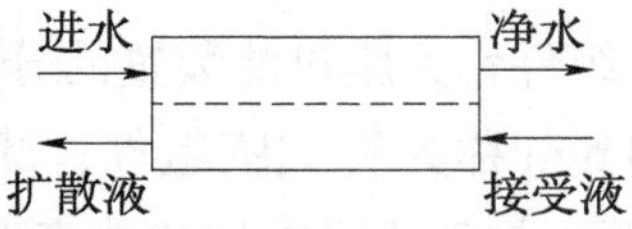	浓度差	扩散	离子、低分子量有机质、酸和碱	分子量大于 1 000 的溶解物和悬浮物	不对称膜和离子交换膜

6.1.3　膜过滤过程的性能参数

膜过滤过程的性能参数主要包括截留率、渗透通量和通量衰减系数三个方面。

6.1.3.1　截留率

截留率表示膜脱除溶质或盐的性能，定义为

$$R=\left[1-\frac{c_p}{c_w}\right]\times 100\% \tag{6-1}$$

通常实际测定的是溶液的表观截留率，定义为

$$R_E = \left[1 - \frac{c_p}{c_b}\right] \times 100\% \tag{6-2}$$

式（6-1）、式（6-2）中的 c_p、c_w、c_b 分别为膜的透过液浓度、在高压侧膜与溶液的界面浓度和被分离的主体溶液浓度。在实际应用中，膜的截留率总是小于100%，这是因为总有部分溶质穿透膜。截留率反映了该膜过滤工艺分离溶液中组分的难易程度。

6.1.3.2 渗透通量

通常用一定压力下单位膜面积上单位时间内物质的透过量 J_w 表示。

$$J_w = \frac{V}{S \cdot t} \tag{6-3}$$

式中：V——透过液的容积，mL 或 L；

S——膜的有效面积，cm^2 或 m^2；

t——运转时间，h 或 d。

在实验室范围，J_w 以 mL/（cm^2·h）为单位，工业生产常以 L/（m^2·d）为单位。渗透通量直接决定了膜过滤设备的大小。

6.1.3.3 通量衰减系数

膜的渗透通量由于过程的浓差极化、膜的压密及膜孔堵塞等原因将随时间延长而减少，可用下式表示。

$$J_t = J_1 \cdot t^m \tag{6-4}$$

式中：J_t、J_1——分别为膜运转 t h 和 1 h 后的渗透通量，mL/（cm^2·h）；

t——运转时间，h；

m——衰减系数。

6.1.4 膜污染、劣化及其预防方法

膜过滤技术的核心部位是膜。一种性能良好的膜具有如下特点：①良好的渗透性；②高效的选择性；③一定的化学稳定性和机械强度；④耐污染且使用寿命长；⑤易制备和加工；⑥良好的抗压性。然而所有的膜在使用过程中都不可避免地会受到污染和劣化，主要表现为出水水质变差或膜的渗透通量随时间而减少，从而使膜的使用寿命缩短，加大处理费用，所以有必要了解膜污染和劣化产生的原因，并掌握预防膜污染和劣化的技术。

6.1.4.1 膜污染和劣化的定义

膜污染是指膜在过滤过程中，水中的微粒、胶体粒子或溶质大分子与膜发生物理化学作用或机械作用而引起的在膜表面或膜孔内吸附、沉积造成膜孔径变小或堵塞等

问题，使膜产生渗透通量与分离特性不可逆变化的现象。膜的劣化是指膜自身的结构发生了不可逆变化。图 6-3 概括地列出了造成膜性能下降的原因。

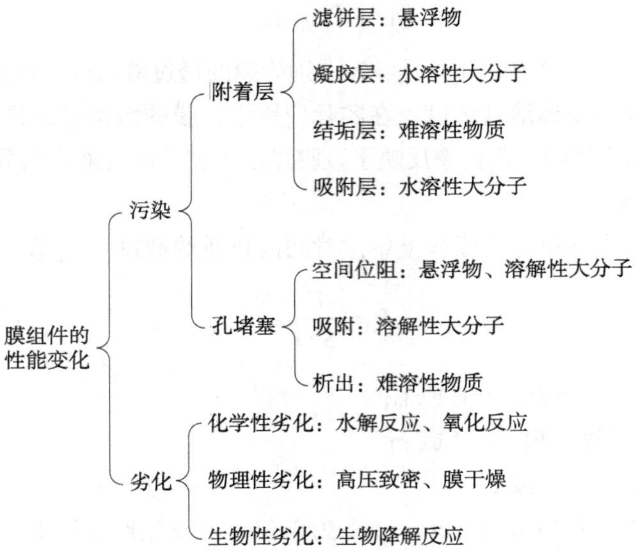

图 6-3 膜组件的性能变化分类及其产生原因

对于膜污染来说，膜本身的结构并没有发生变化，只要通过适当的清洗就可以使膜的性能恢复或部分恢复到原来的状态。膜的劣化则使膜自身发生了不可逆的变化，因此要根据具体情况采取有效措施。在实际应用中，膜性能的变化常常是由两种或三种原因引起的，有时一种污染可以加快另一种污染的发生。对于这种复杂的实际应用体系应认真识别造成污染或劣化的原因，以便更好地消除影响，延长膜的使用寿命。

6.1.4.2 膜污染、劣化对膜性能的影响

表 6-2 列出了膜组件性能随膜劣化而发生的变化。一般化学性劣化或生物性劣化会使膜孔径变大，膜的渗透通量增加，而截留率会降低。当发生物理性劣化时，膜的渗透通量减少，但截留率反而升高，这是由压密作用使膜的孔径减小引起的。

表 6-2 由膜劣化引起的膜性能变化

劣化	原因	膜渗透通量	截留率	存在问题的膜
化学性劣化	水解反应	升高	降低	醋酸纤维素膜
	氧化反应	升高	降低	各种高分子膜
物理性劣化	高压致密	降低	升高	反渗透膜、纳滤膜
	干燥	降低	升高	反渗透膜、超滤膜
生物性劣化	生物降解反应	升高	降低	醋酸纤维素膜

表 6-3 列出了膜组件性能随膜污染而发生的变化。所有类型的膜污染都会导致膜

渗透通量降低。其渗透通量降低的主要原因有两个：一是浓差极化的影响，主要是膜表面局部溶质浓度增大引起边界层流体阻力增加（或局部渗透压增加），导致传质推动力下降而引起通量降低，这种影响是可逆的，通过降低料液浓度或改善膜面附近料液侧的流体力学条件，如提高流速、采用湍流促进器和设计合理的流通结构等方法，可以减轻已经产生的浓差极化现象，使膜的分离特性得以部分恢复；二是膜表面吸附溶质（尤其是大分子）形成了膜污染，包括膜的孔道被大分子溶质堵塞引起膜过滤阻力增加，溶质在孔内壁吸附，膜面形成凝胶层增加传质阻力。

表 6-3　由膜污染引起的膜组件性能变化

污染	原因	膜的渗透通量	截留率	存在问题的膜分离法
附着层	滤饼层	降低	升高	微滤、超滤、纳滤、反渗透
	凝胶层	降低	升高	微滤、超滤、纳滤、反渗透
	结垢层	降低	降低	反渗透
	吸附层	降低	增加 / 减少①	超滤
膜孔堵塞	空间位阻	降低	升高	超滤
	吸附	降低	升高	超滤
	析出	降低	升高	超滤

注：①膜表面形成的吸附层对截留率的影响尚不清楚。

大分子溶质对膜的堵塞可以用淤塞指数（SDI）来衡量。淤塞指数又称污染指数（FI），通过平均孔径为 0.45 μm 的微孔滤膜测定。具体步骤是：用直径为 47 mm、平均孔径为 0.45 gm 的微孔滤膜，在 0.21 MPa 的压力下过滤水样，记录最初滤过 500 mL 水样所花费的时间 t_0，继续过滤 15 min 后，再记录滤过 500 mL 水样所花费的时间 t_{15}。用下式计算 SDI（或 FI）。

$$\text{SDI（或 FI）} = (1-t_0/t_{15}) \times 100/15 \tag{6-5}$$

在上述过滤过程中，凡是粒径大于 0.45 μm 的微粒、胶体和细菌大多被截留在膜面上，引起透水速度下降，过滤同等体积水样所需时间延长，所以 $t_0/t<1$。水中悬浮固体越多，t_0/t_{15} 的值越小，SDI 越大；当水污染很严重时，t_{15} 趋向于 $+\infty$，SDI 趋近极限值 6.7；当水中杂质尺寸小于 0.45 μm 时，$t_0 \approx t_{15}$，SDI 接近于 0。

6.1.4.3　膜污染和劣化的预防方法

（1）原料液预处理

预处理是膜过滤过程的一个重要环节，主要是指在原料液过滤前向其加入一种或几种物质，或去除一种或几种物质，使原料液的性质或溶质的特性发生变化。例如，通过调整料液的 pH 或加入抗氧化剂等防止膜的化学性劣化；通过预先除去或杀死料液中的微生物等防止膜的生物性劣化；利用混凝、沉淀去除水中的大颗粒物质；添加阻垢剂，如 HCl 和六偏磷酸钠及其他新型阻垢剂等。不同的膜过滤过程，对预处理的要求差别很大，两种形式的反渗透膜过滤对预处理后的水质要求如表 6-4 所示。

表 6-4　反渗透对进水水质的要求

项目	反渗透	
	卷式膜	中空纤维式膜
浊度 /NTU	<0.5	<0.3
色度 / 度	清	清
污染指数（FI）	3～5	<3
pH	4～7	4～11
水温 /℃	15～35	15～35
化学需氧量 /（mg O_2/L）	<1.5	<1.5
游离氯 /（mg/L）	0.2～1.0	0
总铁 /（mg/L）	<0.05	<0.05
锰 /（mg/L）	—	—

（2）膜组件的合理设计

膜分离过程中，膜组件内流体力学条件对防止膜的污染具有重要作用。为改善膜面附近的传递条件，可设计不同形状的组件结构来增加流体的雷诺数，增加传质。

（3）操作方式的优化

操作条件的优化可通过下列方式实现：控制初始渗透通量（先低压操作，然后逐渐增加到指定的压力）；增加进料流速以增大膜面料液流动速度；调节水温、加大分子速率、增加滤速等；采用反向操作模式、脉动流、鼓泡、振动膜组件、超声波处理等。

（4）膜组件的清洗

膜组件的清洗大致分为化学清洗和物理清洗两种类型。化学清洗通常根据膜表面的附着层性质不同，选择不同的清洗方法。常用的清洗剂有：酸碱液，如稀 NaOH 溶液；表面活性剂，如 SDS、吐温 80、Triton、X-100（一种非离子型表面活性剂）等；氧化剂，如用氯配制的 200～400 mg/L 活性氯；酶等。

物理清洗方法一般有：①水力清洗方法。降低操作压力、提高保留液循环量有利于增加其产生的剪切力从而提高渗透通量。②气 - 液脉冲。向膜过滤装置间隙中通入高压气体（空气或氮气）就形成气 - 液脉冲。气体脉冲使膜上的孔道膨胀，从而使污染物能被液体冲走。③反冲洗。用清洁的清洗液反向通过膜，除去沉积在纤维内壁上的污垢。④循环清洗。关闭渗滤液出口，利用进料液和渗滤液来清洗。由于料液在中空纤维内腔的流速高，因而流动压力较大。关闭渗滤液出口后，纤维间的压力大致等于纤维内压力的平均值，在中空纤维的进口段内压较高，产生滤液；在纤维的出口段外压较高，滤液反向流入纤维内腔，渗滤液在中空纤维内外做循环流动。返回的滤液流加上高速的料液流可以清除沉积的污垢。

（5）抗污染膜的制备

膜的亲疏水性、荷电性会影响膜与溶质间的相互作用大小。通常认为亲水膜及膜材料电荷与溶质荷电性相同的膜较耐污染，为了获得永久性耐污染膜，常在膜表面改性时引入亲水性基团，或用复合膜手段复合一层亲水性分离层，或用阴极喷镀法在膜表面镀一层碳膜。人们通过无机纳米粒子掺杂等方法改善膜的表面特性和孔隙结构，降低膜的不可逆污染，提高膜的抗压密性，同时降低膜阻力。

6.2 微滤和超滤

微滤和超滤都是在压力差的推动作用下进行的筛孔分离过程。微滤属于精密过滤，可滤除粒径为0.01～10 μm的微粒：而超滤的分离效果是分子级的，它可截留溶液中溶解的大分子溶质。

6.2.1 基本原理

微滤和超滤都是在静压差的推动作用下进行的液相分离过程，从原理上说并没有本质上的差别，同为筛孔分离过程。微滤和超滤的工作原理如图6-4所示。在一定的压力差作用下，原料液中水和小的溶质粒子从高压侧透过膜到低压侧，产生透过液，而原料液中大粒子组分被膜截留，使剩余滤液中的浓度增大成为浓缩液。通常，能截留分子量在500～5 000 000分子的膜分离过程称为超滤，只能截留更大分子的膜分离过程称为微滤。

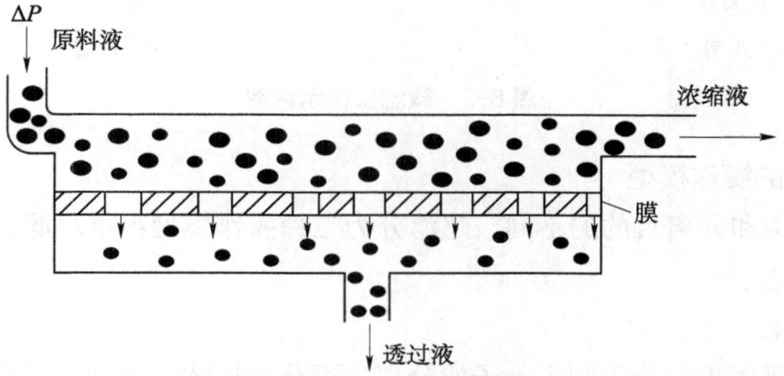

图6-4 微滤和超滤的工作原理

6.2.2 微滤和超滤的操作模型

6.2.2.1 微滤的操作模型

微滤有两种操作模型：死端过滤和错流过滤。

（1）死端过滤

死端过滤，也称无流动过滤，操作过程如图 6-5（a）所示。在死端过滤时，水和小于膜孔径的溶质在压力差的驱动下透过膜，大于膜孔径的颗粒被截留，堆积在膜面上。随着操作时间的延长及压力的影响，颗粒在膜面的堆积厚度逐渐增大，过滤阻力也越来越大，在压力不变的情况下，膜的渗透速率将下降。所以，死端过滤只能是间歇式的，必须周期性地停下来清洗膜表面的污染层或更换膜。

死端过滤操作简便易行，适于实验室等小规模场合，对于固体含量低于 0.1% 的料液通常采用这种形式；固体含量在 0.1%～0.5% 的料液则需要进行预处理；而对于固体含量超过 0.5% 的料液通常采用错流过滤操作。

（2）错流过滤

错流过滤操作过程如图 6-5（b）所示。原料液沿膜表面平行流出浓缩液，而渗透液则沿垂直膜的方向流出。与死端过滤操作不同的是，原料液流经膜表面时产生的高剪切力可使沉积在膜表面的颗粒返回主体流，从而被带出微滤膜组件，使该污染层不再无限增厚而保持在一个较薄的稳定水平。因此，一旦污染层达到稳定，膜的渗透速率将在较长的一段时间内保持在相对高的水平。错流操作对减少浓差极化和结垢是必要的。近年来，微滤的错流操作技术发展很快，有代替死端过滤的趋势。

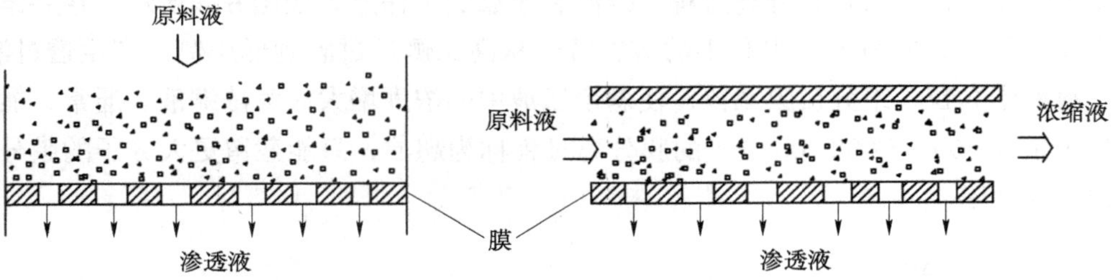

（a）死端过滤　　（b）错流过滤

图 6-5　微滤操作示意图

6.2.2.2　超滤的操作模型

根据膜结构和分离目的的不同，超滤分为三种操作模型：重过滤、间歇错流过滤和连续错流过滤。

（1）重过滤

重过滤主要用于大分子和小分子的分离，可分为连续式和间歇式两种。图 6-6 所示为连续式重过滤操作示意图，料液中含有不同分子量的溶质，通过不断地加入纯水以补充滤出液的体积，小分子组分逐渐被滤出液带走，从而达到提纯大分子组分的目的。

重过滤操作设备简单、能耗低，可克服高浓度料液渗透速率低的缺点，能更好地去除渗透组分，但浓差极化和膜污染严重，尤其是在间歇操作中，膜易污染。

（2）间歇错流过滤

超滤膜的间歇错流过滤操作如图 6-7 所示。用泵将料液从贮罐送入超滤膜装置，通过此装置后再回到贮罐中。随着溶剂不断滤出，贮罐中料液的液面下降，溶液浓度升高。间歇错流操作具有操作简单、浓缩速度快、所需膜面积小等优点，但截留液循环时耗能较大。该种操作模型通常在实验室或小型处理工程中采用。

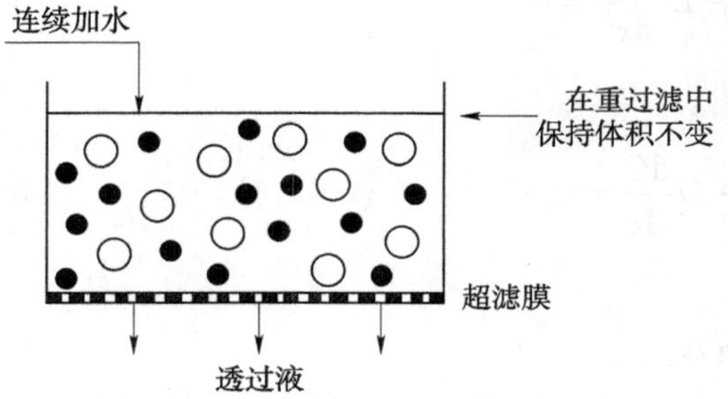

图 6-6　连续式重过滤操作示意图

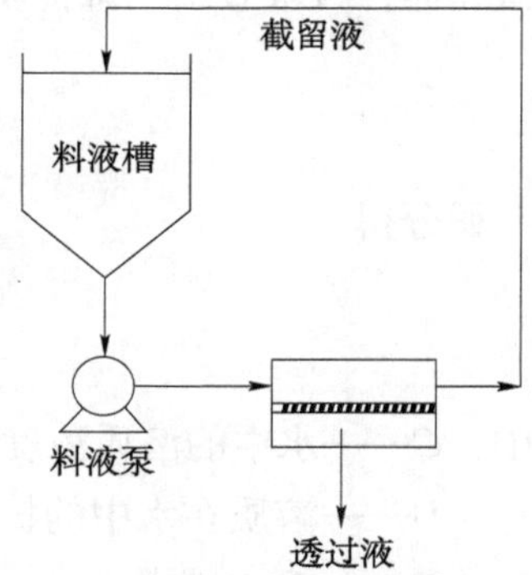

图 6-7　间歇错流过滤操作示意图

（3）连续错流过滤

超滤膜的连续错流操作根据组件的配置分为单级和多级两类。图 6-8 所示为多级连续错流操作示意图，此种操作形式有利于提高分离效率，因为除最后一级在高浓度下操作渗透速率较低外，其他级操作的浓度不高，渗透速率相应较高。采用多级连续错流操作所需膜总面积小于单级错流操作，虽形式接近于间歇错流操作，但停留时间、所需贮槽体积均小于相应的间歇错流操作。

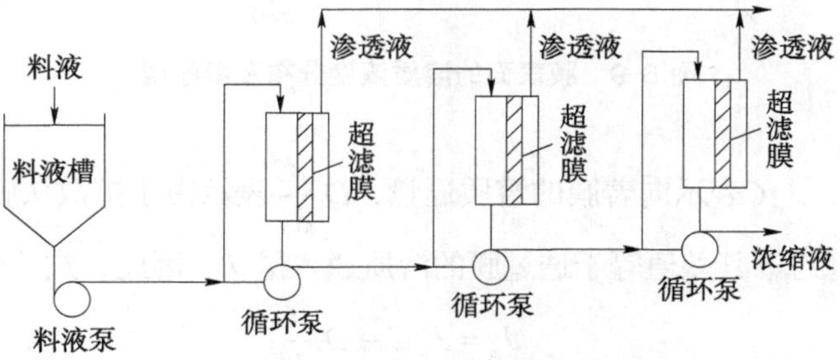

图 6-8　多级连续错流过滤操作示意图

6.2.3　超滤过程中的浓差极化

在压力差驱动膜过滤过程中，由于膜的选择透过性，水和小分子可透过膜，而大分子溶质则被膜阻拦并不断累积在膜表面，使溶质在膜面处的浓度 C_m 高于溶质在主体溶液中的浓度 C_b。在浓度梯度作用下，溶质由膜表面向主体溶液反向扩散，形成边界层，使流体阻力与局部渗透压增加，从而导致水的渗透通量下降，这种现象称为浓差极化。浓差极化导致膜的传质阻力增大，渗透通量减少，并改变膜的分离特性。由于进行超滤的溶液主要含有大分子，其在水中的扩散系数极小，导致超滤的浓差极化现象较为严重。

在稳定状态下，厚度为 δ_m 的边界层内剖面浓度是恒定的（图 6-9）。取厚度为 dx 的微元体，可推导出一维传质微分方程。

$$J_w \frac{dC}{dx} - D\frac{d^2C}{dx^2} = 0 \tag{6-6}$$

积分得

$$J_w C - D\frac{dC}{dx} = C_1 \tag{6-7}$$

式中：C——水中的溶质浓度；

D——溶质在水中的扩散系数，cm^2/s；

C_1——积分常数；

J_w——水的渗透通量，$cm^3/（cm^2 \cdot s）$。

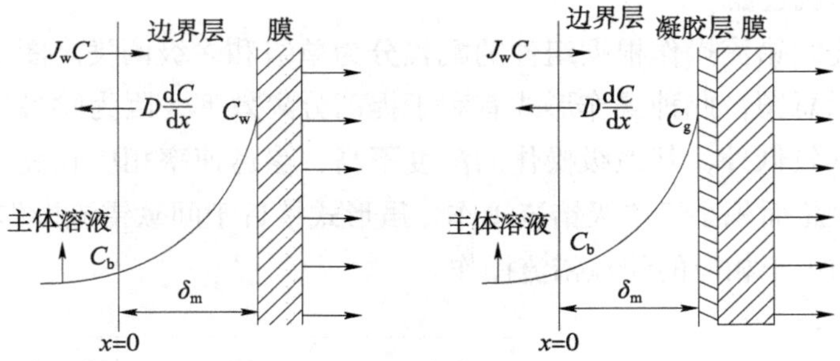

图 6-9　膜表面的溶质浓度分布及凝胶层

式（6-7）中，$J_w C$表示向着膜的溶质通量，$D\frac{dC}{dx}$表示由于扩散从膜面返回主体溶液的溶质通量，在稳态下其差值等于透过膜的溶质通入量 J_s。因此，式（6-7）可改写成

$$J_s = J_w C - D\frac{dC}{dx} \tag{6-8}$$

由$J_s = C_f J_w$（C_f 为滤过液的溶质浓度，单位为 mg/cm^3），代入得

$$J_w dx = D\frac{dC}{C - C_f}$$

根据边界条件 $x=0$，$C=C_b$；$x=\delta_m$，$C=C_m$，积分得

$$J_w = \frac{D}{\delta_m}\ln\frac{C_m - C_f}{C_b - C_f}$$

由于 C_f 值很小，上式可简化成

$$J_w = K \ln \frac{C_m}{C_b} \tag{6-9}$$

式中，$K=D/\delta_m$，称为传质系数。由式（6-9）可知，膜的渗透通量虽然与操作压力无关，主要取决于边界层内的传质情况，但增大压力势必提高透过水通量，因而膜面的溶质浓度增大，C_m/C_b 值亦增大，则浓差极化现象就越严重。在稳态下，J_w 与 C_m 之间总保持着式（6-9）所表达的对数函数关系。另外，式中边界层厚度 δ_m 主要与流体动力学条件有关，当平行于膜面的水流速度较大时，δ_m 较薄；而扩散系数 D 则与溶质性质以及温度有关。在大分子溶液超滤过程中，由于 C_m 值急剧增加，结果使极化模数即 C_m/C_b 比值迅速增大。在某一压力差下，当 C_m 值达到某程度时，大分子物质很快被压密成凝胶，此时膜面溶质浓度称为凝胶浓度，以 C_g 表示。于是，式（6-9）相应地改写为

$$J_w = K \ln \frac{C_g}{C_b} \tag{6-10}$$

在此情况下，C_g 为一固定值，其值大小与该溶质在水中的溶解度有关，因而透过膜的水通量亦应为定值。若再加大压力，溶质反向扩散通量并不增加，在短时间内，虽然透过水通量有所提高，但随着凝胶层厚度的增大，所增加的压力很快被凝胶层阻力抵消，透过水通量又恢复到原有的水平。因此，由式（6-10）可得出：

（1）一旦生成凝胶层，透过水通量并不因压力的增加而增加；

（2）透过水通量与进水溶质浓度 C_b 的对数值呈直线关系减少；

（3）透过水通量还取决于某些与边界层厚度有关的流体力学条件。

由于浓差极化使超滤和微滤的渗透通量下降，可采取相应的预防措施有：①预先除去溶液中大颗粒；②增加料液流速以提高传质系数；③选择适当的操作压力；④对膜的表面进行改性；⑤定期对膜进行清洗。

6.3 反渗透与纳滤

反渗透和纳滤用于将低分子量的溶质（如无机盐、葡萄糖、蔗糖等）从溶剂中分离出来。反渗透和纳滤的分离原理相同，其差别在于分离溶质的大小，反渗透需要使用流体阻力大的较致密性膜，因而需要较高的压力；纳滤所需的压力则介于反渗透与超滤膜之间，其孔径在纳米级范围内，有时也称纳滤膜为低压反渗透膜。

6.3.1 渗透与反渗透

能让溶液中的一种或几种组分通过而其他组分不能通过的这种选择性膜称半透膜。用一选择性透过溶剂水的半透膜将纯水和咸水隔开，开始时两边液面等高，即两边等

压、等温，则水分子将从纯水一侧通过膜向咸水一侧自发流动，结果使咸水一侧的液面上升，直至到达某一高度，这种现象称为渗透，如图 6-10（a）所示。

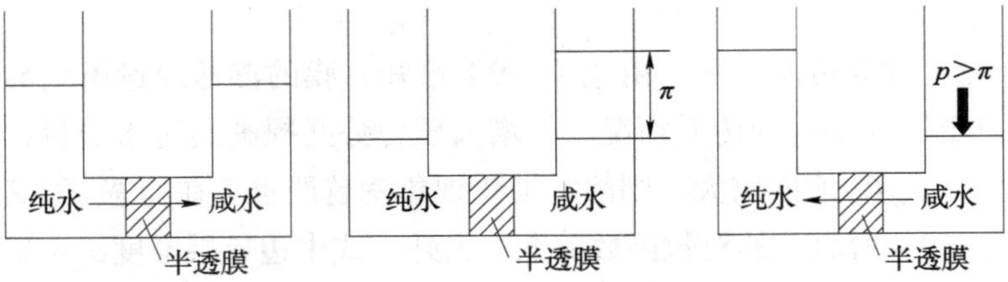

（a）渗透　（b）渗透平衡　（c）反渗透

图 6-10　渗透与反渗透现象

渗透的自发过程可由热力学原理解释，即

$$\mu = \mu_0 + RT\ln x \tag{6-11}$$

式中：μ——在指定的温度、压力下咸水的化学位；

μ_0——在指定的温度、压力下纯水的化学位；

x——咸水中水的摩尔分数；

R——气体常数，8.314 J/（mol·K）；

T——热力学温度，K。

由于 $x<1$，$\ln x$ 为负值，故 $\mu_0>\mu$，即纯水的化学位高于咸水中水的化学位，所以水分子便向化学位低的一侧渗透。由此可知，水的化学位的大小决定着水分子的传递方向。

当两边的化学位相等时，渗透即达到动态平衡状态，水不再流向咸水一侧，这时半透膜两侧存在一定的水位差或压力差，如图 6-10（b）所示，此即在指定温度下的溶液（咸水）渗透压 π。渗透压是溶液的一个性质，与膜无关，可由修正的 Van't Hoff 方程式进行计算：

$$\pi = icRT \tag{6-12}$$

式中：c——溶液浓度，mol/m³；

π——溶液渗透压，Pa；

i——校正系数，对于海水，i 约等于 1.8。

例如，含盐量为 34.3‰ 的海水，浓度等于 0.56×10^3 mol/m³，其渗透压（25℃）为

$$\pi = icRT = 8 \times 0.56 \times 10^3 \times 8.314 \times 298 = 2.5 \times 10^6\ \text{Pa} = 2.5\ \text{MPa}$$

当在咸水一侧施加的压力 P 大于该溶液的自然渗透压 π 时，如图 6-10（c）所示，可迫使水反向渗透，此时，在高于渗透压的压力作用下，水压克服了化学位差，即渗透压，水分子从咸水一侧反向地通过膜透过到纯水一侧，此即反渗透。由此可知，发生反渗透的两个必要条件是：①选择性透过溶剂的膜；②膜两边的静压差必须大于

其渗透压差。在实际的反渗透过程中膜两边的静压差还要克服透过膜的阻力，因此，在实际应用中需要的压力比理论值大得多。将半透膜用于海水淡化就是基于反渗透原理。

6.3.2 反渗透膜及其分离机理

目前用于水的淡化除盐的反渗透膜外主要有醋酸纤维素（CA）膜和芳香族聚酰胺膜。CA 膜具有良好的成膜性能、价廉、耐游离氯、不易污染和不易结垢等优点；其缺点是应用 pH 范围窄（4.0～6.0）、不抗压、易水解、性能衰减快。芳香族聚酰胺膜具有脱盐率高、通量大、应用 pH 范围广（4～10）、耐生物降解等优点，但是易受氯氧化，抗结垢和抗污染等性能差。

目前反渗透膜的透过机理尚未见有一致公认的解释，主要有溶解—扩散模型和优先吸附—毛细孔流模型，其中优先吸附—毛细孔流模型常被引用。该理论以吉布斯吸附式为依据，认为膜表面优先吸附水分子而排斥盐分，因而在固 - 液界面上形成厚度为（5～10）$\times 10^{-10}$ m（1～2 个水分子）的纯水层。在压力作用下，纯水层中的水分子便不断通过毛细管流过反渗透膜，形成脱盐过程。若毛细管孔径为纯水层的两倍，可达到最大的纯水通过量，此时对应的毛细管孔径，称为膜的临界孔径。当孔隙大于临界孔径，透水性增大，但盐分容易从孔隙中透过，导致脱盐率下降。若孔隙小于临界孔径，脱盐率增大，而透水性则下降。因此，在制膜时应获得最大数量的临界孔。

6.3.3 反渗透的基本传质方程（基于优先吸附 - 毛细孔流模型）

Sourirajan 于 1960 年在吉布斯吸附方程的基础上，提出了优先吸附—毛细孔流动机理，并与 Loeb 制成了具有高脱盐率、高透水量的非对称醋酸纤维素反渗透膜，加速了反渗透在工业中的应用。在此过程中，溶质为盐（主要是 NaCl），溶剂为水。所用的膜是醋酸纤维素膜，其表面对水优先吸附，却排斥 Na^+ 和 Cl^-，这样在膜的活性层表面形成一层水的吸附层。界面溶质吸附量与溶液表面张力的关系可用吉布斯方程表示：

$$\Gamma = -\frac{1}{RT}\left(\frac{\partial \sigma}{\partial \ln a}\right) \tag{6-13}$$

式中：Γ——表面吸附量，kg/m^2；

σ——溶液与表面的界面张力，N/m；

a——溶液活度，kmol/m^3；

R——气体热力学常数，8.314 J/（mol·K）；

T——绝对温度，K。

吸附纯水层的厚度与溶质和膜表面的物理化学性质有关，其厚度$\varDelta$可用式（6-14）计算：

$$\varDelta = \frac{1\,000\gamma}{2RT}\left[\frac{\partial \sigma}{\partial (C\gamma)}\right] \tag{6-14}$$

式中：γ——溶液的活度系数；

C——溶液的重量浓度，mol/kg；

σ——溶液与膜表面的界面张力，N/m；

R——气体热力学常数，8.314 J/（mol·K）；

T——绝对温度，K。

优先吸附—毛细孔流动模型机理如图6-11所示，其中最大分离临界孔径$\phi = 2\Delta$。该过程包括：溶剂在压力差作用下连续渗透通过膜孔；溶质在压力及浓度差作用下扩散通过膜孔；由于膜表面的浓差极化现象，溶质由边界层向流体主体扩散。这一过程可以用Kimura-Sourirajan提出的公式计算。

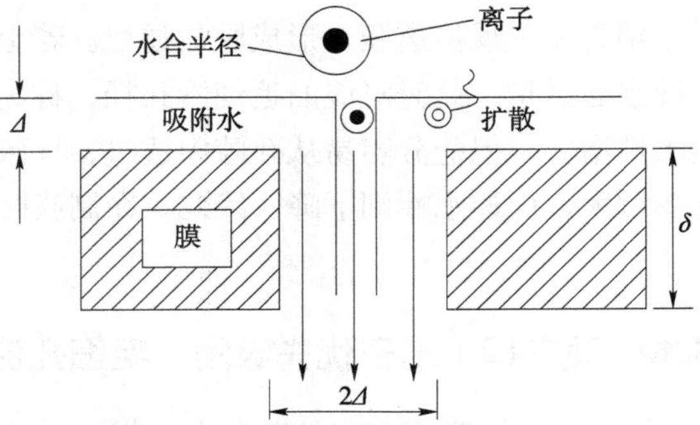

图6-11　优先吸附—毛细孔流动模型示意图

膜的纯水渗透常数：

$$B = \frac{[PWP]}{M_\mathrm{w} \times S \times 3\,600 \times p} \tag{6-15}$$

式中：B——膜的纯水渗透常数，mol/（cm^2·s·MPa）；

$[PWP]$——膜面积为S，压力为p时纯水透过量，g/h；

M_W——水的相对分子质量；

S——膜面积，cm^2；

p——压力，MPa。

溶剂的渗透通量（J_w）方程为

$$J_\mathrm{w} = B(\Delta p - \Delta\pi) \tag{6-16}$$

式中：J_w——透过通量，mol/（cm^2·s）；

B——膜的纯水渗透常数，mol/（cm^2·s·MPa）；

Δp——压差，MPa；

$\Delta\pi$——膜两边的渗透压差，MPa。

溶质的渗透速率（J_s）方程为

$$J_s = \frac{D_{AM}}{K\mu}(C_2X_{A2} - C_3X_{A3}) \tag{6-17}$$

式中：J_s——溶质透过膜的摩尔速率，mol/（cm^2·s）；

K——溶质在膜与溶液间的分配系数；

D_{AM}——溶质在膜相中的扩散系数，cm^2/s；

X_{A2}、X_{A3}——近膜表面和渗透液中溶质的摩尔分数；

C_2、C_3——溶液的摩尔浓度，mol/cm^3；

$\frac{D_{AM}}{K\mu}$——溶质渗透系数，cm/s。

纯水渗透常数B是衡量膜孔隙度的一个物理量，其值与溶质无关。溶质渗透系数$\frac{D_{AM}}{K\mu}$的大小与溶质的性质、膜材料的性质及膜表面的平均孔径有关。对于给定的膜，在给定的压力下，$\frac{D_{AM}}{K\mu}$与料液的浓度和流速无关，随温度的升高而增加。当膜的孔径很小时，在很宽的压力范围内，$\frac{D_{AM}}{K\mu}$的值几乎是个常量；当膜的孔径较大时，$\frac{D_{AM}}{K\mu}$的值则随压力的增加趋于减小。在反渗透设计中只需知道$\frac{D_{AM}}{K\mu}$的总值即可，并且$\frac{D_{AM}}{K\mu}$的值可以通过事先选择适当的参考溶质来预测。例如，氯化钠是醋酸纤维素膜的参考溶质，甘油、葡萄糖可以作为芳香聚酰胺膜的参考溶质。

6.3.4 反渗透装置

目前反渗透装置有板框式、管式、卷式和中空纤维式四种类型。

板框式装置是由隔板、膜、支撑板、膜的排列顺序多层交替重叠压紧制成的。隔板表面上有许多沟槽，在压力作用下，透过膜的淡化水在隔板内汇集并引出。板框式膜组件组装、操作较方便，但对机械强度要求较高。

管式装置是把膜（如纤维素酯）浇筑在直径为0.32～2.54 cm的多孔支撑管上制成。这些支撑管由玻璃纤维、陶瓷、炭、多孔塑料及不锈钢制成，支撑管必须有足够的强度承受进料压力。这些管子被挤压或铸入每一端的管板内，整个管束外围有一个低压套管收集透过液。当高压进料进入管内腔时，透过液通过膜和支撑管进入套管，通过透过液出口而流出。

卷式膜装置如图6-12所示，由片状膜围绕一个开孔的聚氯乙烯或聚丙烯中心管卷绕制成。把导流隔网、膜和多孔支撑材料依次叠合，用胶黏剂沿三边把两层膜粘接密封，另一开放边与中间淡水集水管连接，再卷绕一起构成膜组件。含盐水由一端流入导流隔网，从另一端流出，透过膜的淡化水沿多孔支撑材料流动，由中间集水管引出。

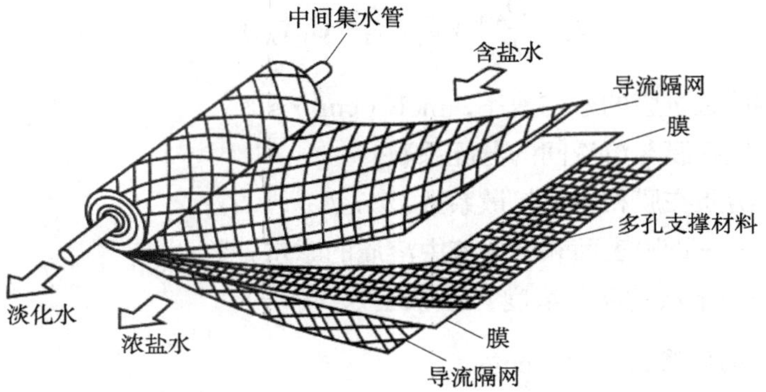

图 6-12　卷式膜装置示意图

中空纤维式装置是把纤维定向平行放置于开孔的中心管上制成。纤维用一种特殊的环氧树脂封装，在其一端形成一管板。该管板被机械力加工成中空纤维的开口端。透过纤维管壁的淡化水沿中心通道从开口端引出。该装置的特点是，膜的装填密度最大而且不需外加支撑材料。

各种形式反渗透器的主要性能如表 6-5 所示。

表 6-5　各种形式反渗透器的性能比较①

类型	膜装填密度 /（m^2/m^3）	操作压力 / MPa	透水率 /［m^3/（m^2·d）］	单位体积透水量 /［m^3/（m^3·d）］
板框式	492	5.5	1.02	5.1
管式（外径 1.27 cm）	328	5.5	1.02	334
卷式	656	5.5	1.02	668
中空纤维式	9 180	2.8	0.073	668

注：①原水 5 000 mg NaCl/L。脱盐率为 92%～96%。

6.3.5　反渗透布置系统及工艺流程

反渗透布置系统的合理性对膜的寿命影响很大，如果布置不合理，有可能造成某一组件的水通量很大，而另一组件的水通量很小，这样水通量大的膜污染速度很快，清洗频繁，造成经济损失。通常反渗透系统布置形式有单程式、循环式、多段式等，如图 6-13 所示。在单程式系统中，原水一次经过反渗透器处理，水的回收率（淡化水流量与进水流量的比值）不高，工业应用较少。循环式系统是让一部分浓水回流重新处理，因此产水量增大，但淡水水质有所降低。多段式系统是将第一级浓缩液作为第二级的原料液，而第二级的浓缩液再作为下一级的原料液，浓缩液逐渐减少，这样可充分提高水的回收率，增大脱盐率。此方法用于产水量大的场合。另外，为了保证液体的流速，同时控制浓差极化，膜组件数目应逐渐减少。

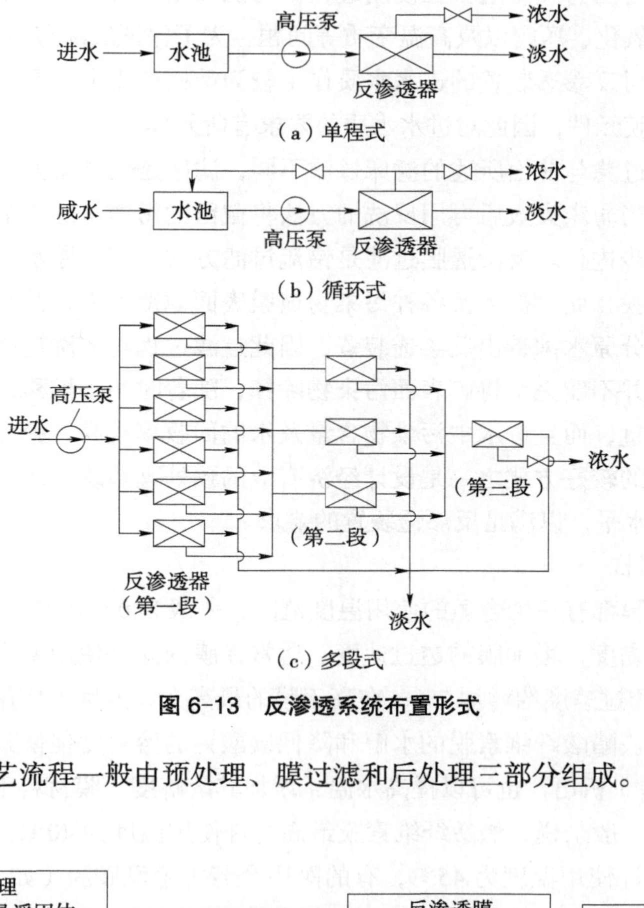

图 6-13　反渗透系统布置形式

反渗透的工艺流程一般由预处理、膜过滤和后处理三部分组成。其系统组成部分如图 6-14 所示。

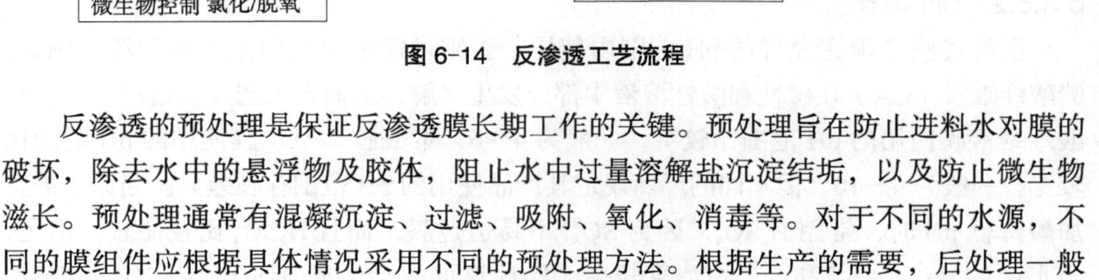

图 6-14　反渗透工艺流程

反渗透的预处理是保证反渗透膜长期工作的关键。预处理旨在防止进料水对膜的破坏，除去水中的悬浮物及胶体，阻止水中过量溶解盐沉淀结垢，以及防止微生物滋长。预处理通常有混凝沉淀、过滤、吸附、氧化、消毒等。对于不同的水源，不同的膜组件应根据具体情况采用不同的预处理方法。根据生产的需要，后处理一般包括离子交换树脂除盐和紫外线消毒。对于城市应用还要附加 pH 调节、脱气及用氯消毒。

6.3.6 反渗透预处理

为保证反渗透装置的安全、稳定运行，原水进入装置前必须进行处理并符合装置的进水要求。这是因为反渗透膜在使用过程中可能发生膜污染、浓差极化、结垢、微生物侵蚀、水解氧化、压密以及高温变质等问题。为了保证反渗透装置长期稳定运行，根据运行经验，对反渗透装置的进水水质作了较为严格的规定。不同的生产厂家使用不同的膜材料和膜元件，因此对进水水质的要求有所差异。

反渗透膜的过滤与前面所述的滤床过滤不同，滤床是全过滤方式，即过滤时原水全部通过滤床，当滤床失效后再用反洗的方法将截留的污物从滤床中除去，因而过滤与清洗两过程异步进行。反渗透膜过滤是错流过滤方式，即将原水中一部分水沿与膜垂直的方向透过膜，此时盐类及各种污染物被膜表面截留下来，并被沿着与膜平行方向流动的另一部分原水携带出反渗透装置，因此过滤过程与清洗过程同步进行。但这种同步清洗方式并不能完全将膜表面污染物除掉，随着时间的推移，残留的污染物会使膜组件污染加重，而且进水中污染物含量及水的回收率越高，膜污染越快。避免或减少膜组件污染的较好方式之一是设计经济有效的预处理系统，使进水污染物浓度降低到一个较低的水平，以满足反渗透装置的要求。

6.3.6.1 温度调节

任何反渗透膜都有一个合适的使用温度范围，一般为 0～40℃。适当地提高水温，有利于降低水的黏度，增加膜的透过速度。通常在膜的允许使用温度范围内，水温每增加 1℃，水的透过速度约增加 2%；在高于膜的最高允许温度下使用，膜变软后不仅易压密，还会加快醋酸纤维素膜的水解和降低碳酸钙的溶解度促使其结垢。有时为了防止 SiO_2^{2-}（硅酸）析出，也可以提高水温，增加其溶解度。膜材料不同，最高允许使用温度也不同。一般来说，醋酸纤维素膜最高允许使用温度为 40℃，芳香聚酰胺膜和复合膜的最高允许使用温度为 45℃，有的医用全芳香聚酰胺膜（如 NTR-759HG）最高允许使用温度为 90℃。若水温超过最高允许使用温度，应采取降温措施，如设置冷却装置。当水的温度太低时，应采取加热措施，如蒸汽加热、电加热等。

6.3.6.2 pH 调节

反渗透膜必须在允许的 pH 范围内使用，否则可能造成膜的永久性破坏。例如，醋酸纤维素（CA）在碱性和酸性溶液中都会发生水解，从而丧失选择性透过能力。醋酸纤维素膜使用的 pH 范围比较窄，一般为 4～6，聚酰胺（PA）膜使用的 pH 范围比较宽，一般为 4～10，但不同的厂商规定其产品使用的 pH 范围存在差异。当原水需要加酸降低 pH 时，常用 H_2SO_4，因为 SO_4^{2-} 不易透过膜，而且 H_2SO_4 比较便宜。但是，当水中的 Ba^{2+}、Ca^{2+} 和 Sr^{2+} 的浓度较高，经计算可能会生成 $BaSO_4$、$CaSO_4$ 和 $SrSO_4$

沉淀物时，最好用 HCl。加酸量根据碳酸盐的有关平衡计算。生产实际中，为了防止 $CaCO_3$ 的析出，也需要往原水中加酸，降低水的 pH。醋酸纤维素膜加酸后 pH 一般控制在 5.5～6.2。一般来说，天然水的 pH 为 6～8，处于 PA 膜所要求的范围内，而高于 CA 所要求的值，故对于 PA 膜，原水加酸的目的在于防止碳酸盐垢的生成，而对于 CA 膜，原水加酸的目的不仅是为了防止碳酸盐垢，而且是为了防止膜的水解。

6.3.6.3 悬浮固体和胶体的去除

控制反渗透装置进水固体颗粒含量的指标之一是浊度，一般卷式组件要求进水浊度小于 1 NTU，最好达到 0.2 NTU，中空纤维式组件要求进水浊度小于 0.3 NTU。在设计预处理系统时，应考虑避免让大于 5 μm 的颗粒物质进入高压泵和反渗透装置，以避免高压泵的损害和膜组件的划伤而引起脱盐率下降。

一般卷式膜组件要求 SDI＜5，中空纤维素膜组件要求 SDI＜3。

为了满足反渗透装置对进水浊度和 SDI 的要求，常在预处理系统中设置多层滤料过滤器、细砂过滤器和精密过滤器等深度过滤装置。多层滤料过滤器又称多介质过滤器。细砂过滤器常用粒径为 0.3～0.5 mm 的石英砂，层高为 800～1 000 mm，滤速约为 5 m/h，精密过滤器常用滤元孔径为 5 μm 的过滤器（俗称 5μ 过滤器），是预处理系统中的最后一道处理工序，对反渗透装置起保护作用，又称保安过滤器。

6.3.6.4 可溶性硅酸的控制

大多数原水中含 1～100 mg/L 的溶解性硅（常以 SiO_2 形式表示）。原水进入反渗透装置被浓缩之后，SiO_2 有可能达到过饱和状态，聚合成不溶性胶态硅酸沉积在膜表面。浓水中允许的 SiO_2 含量取决于 SiO_2 的溶解度。SiO_2 的溶解度随水温递增，在 pH=7 的条件下，水温 25℃和 40℃时 SiO_2 的溶解度分别约为 120 mg/L 和 160 mg/L；pH 高的水 SiO_2 溶解度也高；当水中有共存金属氢氧化物时，SiO_2 更易沉积。为了避免 SiO_2 在反渗透装置中沉积，一般要求浓水中 SiO_2 浓度小于其所在条件下的溶解度。浓水中 SiO_2 的浓度近似等于进水中 SiO_2 浓度与浓缩倍数的积。增加水的回收率，浓缩倍数随之增加，因而浓水中 SiO_2 浓度亦增加。因为在温度和 pH 一定的条件下，SiO_2 的溶解度基本为一定值，所以为了保证浓水中 SiO_2 不沉积，允许水回收率与进水 SiO_2 浓度存在一定的制约关系。如果进水 SiO_2 浓度超过允许值，则应在预处理系统中考虑防止 SiO_2 沉积的措施，如提高水温、提高 pH、石灰软化原水和降低水的回收率等。

6.3.6.5 碳酸钙垢的控制

反渗透膜过滤时，水中绝大部分盐类保留在浓水中，导致浓水含盐量上升。例如水的回收率为 75% 时，即进水经反渗透浓缩后其体积减小至原来的 25% 时，浓水中盐的浓度也大致增加至进水的 4 倍。盐类的这种浓缩是反渗透装置结垢的主要原因。反渗透装置结垢的物质主要是难溶盐。对于以苦咸水或海水作为水源的反渗透系统，有可能产生结垢的物质一般为 $CaCO_3$、$CaSO_4$、$BaSO_4$、CrO_4、SiO_2 和 CaF_2 等。对于特定的水质和系统，这些物质是否结垢，视浓水中其浓度积是否超过了该条件下的溶度积，如果超过而又没有采取任何防垢措施，则有可能结垢。

（1）生成 $CaCO_3$ 的原因

膜表面结 $CaCO_3$ 垢的主要原因是：反渗透膜对水中 Ca^{2+} 和 CO_3^{2-} 几乎不透过；对 CO_2 的透过几乎为 100%。因此，当水被浓缩后，在膜的浓水侧 pH 增大，Ca^{2+} 及 CO_3^{2-} 的浓度增加，而 pH 的增大又会促使水中 HCO_3^- 电离出 CO_3^{2-}，有可能形成 $CaCO_3$ 垢。

（2）防垢方法

可通过降低回收率和投加酸或阻垢剂的方法防止垢的生成。加入酸：加入的酸与 CO_3^{2-} 作用生成 CO_2，降低了成垢阴离子 CO_3^{2-} 的浓度。加入的酸一般选择硫酸或盐酸。因硫酸价廉且反渗透膜对硫酸根离子的去除率比氯离子高，故采用硫酸较多。但经计算有生成 $CaSO_4$、$BaSO_4$、$SrSO_4$ 的可能时，应选择盐酸。加入阻垢剂：阻垢剂通过络合、分散、歪曲晶格等综合作用，阻止微溶盐结晶，削弱附着物的附着力。

6.3.6.6 铁锰沉积物的预防

Fe、Cr 和 Cu 等过渡金属有时会成为氧化反应的催化剂，它们存在时，会加速膜的氧化和衰老，故一般应尽量除去水中的这些物质。胶态铁锰（如氢氧化铁和氧化锰）还可引起膜的堵塞。铁的允许浓度随 pH 和溶解氧量而有所不同，通常为 0.1～0.5 mg/L。如果配水管使用了易腐蚀的钢管且进水中又有较充足的氧时，那么配水管铁的溶出会影响膜装置运行，这时应考虑管道防腐。

6.3.6.7 微生物的灭活

水中有机物一般是微生物的生长底物，因此含有微生物和有机物的水进入反渗透装置后，由于水的浓缩，膜的浓水表面上的溶解有机物和微生物浓度同时增加，从而微生物繁殖加快，造成膜的生物污染。生物污染会严重影响膜性能，其表现特征主要是运行初期反渗透装置第一段的压力差升高，第二段及整个后续段压力差慢慢升高，严重时还可导致膜元件变形并发生机械损伤，同时水通量下降。由于生物的黏度和附着力较大，若反渗透装置中发生了生物污染，一般很难除去，故在设计反渗透的预处理系统时应高度重视微生物的灭活问题。

对于 CA 膜，微生物（如细菌）的侵蚀会使醋酸纤维素高分子中的乙酰基被破坏，引起膜脱盐率下降，因此要求对进水彻底杀菌。对于复合膜，虽然其不受细菌侵蚀，但细菌黏泥会造成膜元件的污堵。

防止微生物侵蚀的通用方法是对原水进行杀菌处理。常用的杀菌剂为氯化物，如 Cl_2，此外还有 H_2O_2、O_3 和 $KMnO_4$ 等。一般很少用紫外线杀菌，因为它没有残余消毒能力。加氯点尽可能安排在靠前工序中，以便有足够的接触时间，使水在进入膜装置之前完成消毒过程。允许进入膜装置的水中余氯量视膜材料有所不同，当膜材料为醋酸纤维素时，要求有 0.2～1 mg/L 的余氯量；当膜材料为复合膜（主要是芳香聚酰胺膜）时，加氯消毒后应除去残余氯，使余氯量为零。消除余氯的方法主要有两种：①还原法：将 Na_2SO_3 或 $NaHSO_3$ 投加到原水中进行脱氯；②吸附法：用活性炭可彻底除去余氯，脱氯会消耗一些活性炭。

6.3.6.8 溶解性有机物的去除

有机物不仅是微生物的饵料，当其浓缩到一定程度后，还可以溶解有机膜材料，使膜性能劣化。水中有机物种类繁多，不同的有机物对反渗透膜的危害也不一样，因而在反渗透预处理系统设计时，很难给出一个定量指标，但如果水中总有机碳（TOC）的含量超过 2 mg/L 时，则应引起足够的重视。

除去溶解性有机物的方法有投加氧化剂，如 Cl_2、$NaClO_2$、H_2O_2、O_3 和 $KMnO_4$ 等，氧化有机物，或用活性炭吸附有机物。

6.4 电渗析

电渗析（Electrodialyse，ED）是在直流电场作用下，以电位差为推动力，利用离子交换膜的选择透过性（即阳膜理论上只允许阳离子通过，阴膜理论上只允许阴离子通过）进行过滤的过程。使水中阴、阳离子做定向迁移，从而实现溶液的浓缩、淡化、精制和提纯。它具有耗能少、经济效益好、使用寿命长、装置设计与系统应用灵活、操作维修方便等特点，因此，越来越受到人们的关注。

6.4.1 电渗析的基本原理

电渗析过程的原理如图 6-15 所示，该过程使用带可电离的活性基团膜从水溶液中去除离子。在阴极和阳极之间交替安置一系列阳离子交换膜和阴离子交换膜，并用特制的隔板将这两种膜隔开，隔板内有水流通道，当离子原料液（如氯化钠溶液）通过两张膜之间的腔室时，如果不施加直流电，则溶液不会发生任何变化；但当施加直流电时，带正电的钠离子会向阴极迁移，带负电的氯离子会向阳极迁移。阴离子不能通过带负电的膜，阳离子不能通过带正电的膜，这意味着，在每隔一个腔室中离子浓度

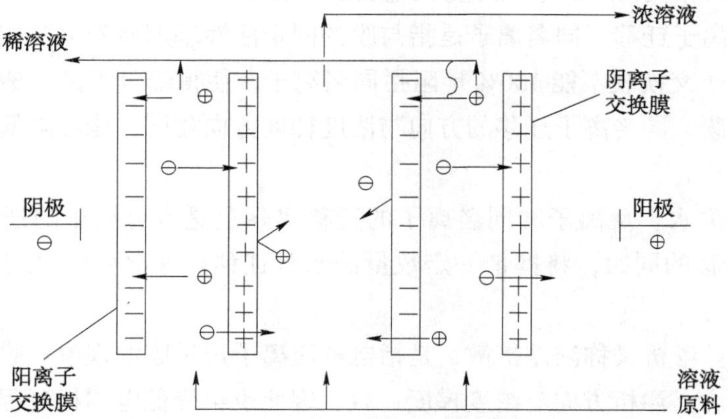

图 6-15 电渗析原理示意图

会提高而在与之相邻的腔室中离子浓度会下降，从而形成交替排列的稀溶液（淡化水）和浓溶液（浓盐水）。与此同时，在电极和溶液的界面上，通过氧化、还原反应，发生电子与离子之间的转换，即电极反应。在负极（阴极）处形成 OH^- 和 H_2，而在正极（阳极）处形成 Cl_2 和 O_2。发生的电极反应如下：

$$阴极：2H_2O+2e^- \longrightarrow H_2\uparrow +2OH^-$$

$$阳极：2Cl^- \longrightarrow Cl_2\uparrow +2e^-$$

$$H_2O \longrightarrow \frac{1}{2}O_2\uparrow +2H^+ +2e^-$$

所以，在阴极不断排出氢气，在阳极则不断有氧气或氯气放出。此时，阴极室溶液呈碱性，当水中有 Ca^{2+}、Mg^{2+}、HCO_3^- 等离子时，会生成 $CaCO_3$ 和 $Mg(OH)_2$ 水垢，集结在阴极上，而阳极室则呈酸性，对电极造成强烈的腐蚀。在电渗析过程中，电能的消耗主要用来克服电流通过溶液、膜时所受到的阻力，以及进行电极反应。

6.4.2 电渗析过程

在电渗析过程中除了阴离子、阳离子在直流电的作用下发生电迁移和电极反应外，同时将有许多其他过程伴随发生（图 6-16），这是由电解质溶液的性质、膜的性能与运转条件所引起的。主要有：

（1）电解过程。电解质溶液在电场作用下，其阴离子向阳极方向迁移，在阳极界面发生氧化反应；阳离子向阴极方向迁移，在阴极界面发生还原反应。使原来的电解质分解为其他物质的过程称为电解过程，电渗析电极反应过程就是电解过程，这是电渗析工作必不可少的条件，以此引起离子透过膜的迁移。

（2）反离子迁移。反离子是指与膜的固定活性基团所带电荷相反的离子，也称平衡离子。在直流电场的作用下，反离子透过膜的迁移是电渗析唯一需要的基本过程。一般简单定义的电渗析过程就是反离子迁移过程。在这一过程中，离子迁移的方向与浓度梯度的方向相反，所以才能产生脱盐或浓缩效果。

（3）同名离子迁移。同名离子是指与膜的固定活性基团所带电荷相同的离子。由于许多原因离子交换膜不能 100% 地阻拦同名离子，使得部分阳离子透过阴膜，部分阴离子透过阳膜。同名离子迁移的方向与浓度梯度方向相同，能够降低电渗析过程的效率。

（4）电渗失水。反离子和同名离子的迁移实际上是水合离子的迁移。在反离子和同名离子迁移的同时，将携带一定数量的水分迁移。这部分失水就是所谓的电渗失水。

（5）渗析。渗析又称浓差扩散，是指电解质离子透过膜的现象。膜两侧的浓度差是渗析的推动力。渗析方向与浓度梯度一致，因此也会降低电渗析过程的效率，同时伴有水的流失。

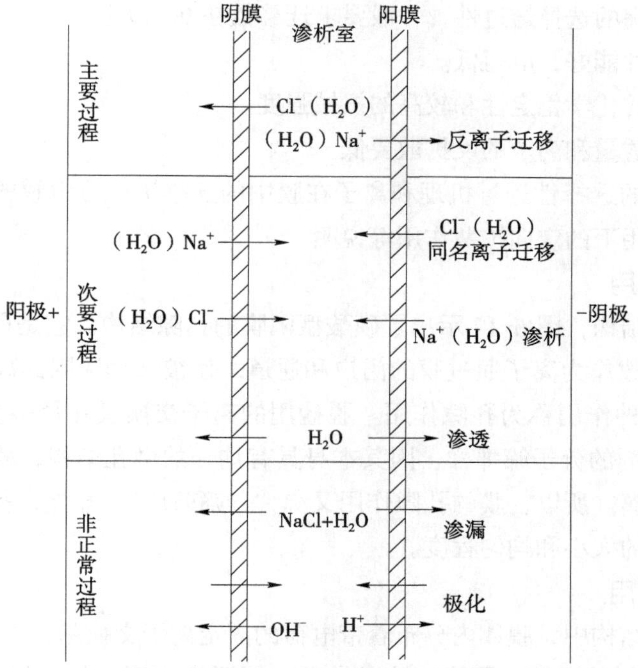

图 6-16　电渗析运行时发生的各种过程（以 NaCl 溶液为例）

（6）渗透。渗透是指在渗透压的作用下水透过膜的现象。

（7）渗漏。当膜的两侧存在压力差时，溶液由压力大的一侧向压力小的一侧渗透的现象。它是一个物理过程，一般来说应该可以避免。

（8）极化。极化现象在电渗析过程中是一个非常重要的问题。简言之，极化是指在一定电压下迫使膜液界面上的水离解为 H^+ 与 OH^- 的现象。将中性水离解为 H^+ 与 OH^- 以后，会透过膜迁移，引起浓、淡水液流的中性紊乱，带来若干难以处理的问题。一般要求电渗析装置不在极化状态下运行。

上述过程可以分为主要过程、次要过程和非正常过程。电渗析运行时，同时发生着多种复杂过程，除反离子迁移是电渗析的主要过程外，其他过程均会影响电渗析的除盐或浓缩效率，增加电耗。因此，在生产过程中必须选择理想的离子交换膜和最佳的操作条件，以消除或改善这些不良因素的影响。

6.4.3　离子交换膜及其作用机理

离子交换膜是电渗析器的重要组成部分，它是一种具有选择透过性能的高分子片状薄膜。按其选择透过性能，主要分为阳膜与阴膜；按其膜体结构，可分为异相膜、均相膜和半均相膜三种。其性能的优劣，决定了电渗析器的性能。因此实用的离子交换膜应具有以下基本要求。

①膜具有较高的选择透过性，一般要求迁移数在 0.9 以上。

②膜的导电性能好，电阻低。

③具有较好的化学稳定性和较高的机械强度。

④水的电渗透量和离子的反扩散要低。

离子交换膜的选择性透过机理和离子在膜中的迁移历程可由膜的孔隙作用、静电作用和在外力作用下的定向扩散作用等说明。

6.4.3.1 孔隙作用

膜具有孔隙结构，图 6-17 示出了磺酸型阳膜的孔隙结构。它是贯穿膜体内部的弯曲通道。这些孔隙作为离子通过膜的门户和通道，使被选择吸附的离子得以从膜的一侧到另一侧，这种作用称为孔隙作用。脱盐用的离子交换膜孔径多在几个 Å 至 20Å。像作为固体吸附剂的分子筛那样，因其本身具有均一的微孔结构，故能将不同体积大小的分子加以分离。所以，膜的孔隙作用又称“分筛效应”。显然，孔隙作用的强弱主要取决于孔隙度的大小和均匀程度。

6.4.3.2 静电作用

在膜的化学结构中，膜体内分布着带电荷的固定离子交换基，如图 6-17 所示。因此，膜内构成强烈的电场：阳膜产生负电场；阴膜产生正电场。根据静电效应原理，膜与带电离子将发生静电作用：同电性相斥，异电性相吸。作用的结果：阳膜只能选择吸附阳离子，阴膜只能选择吸附阴离子。它们分别排斥与各自电场性质相同的同名离子。对于双性膜，因为它们同时存在正、负电场，对阴离子、阳离子选择透过能力取决于正负电场之间强度的大小。

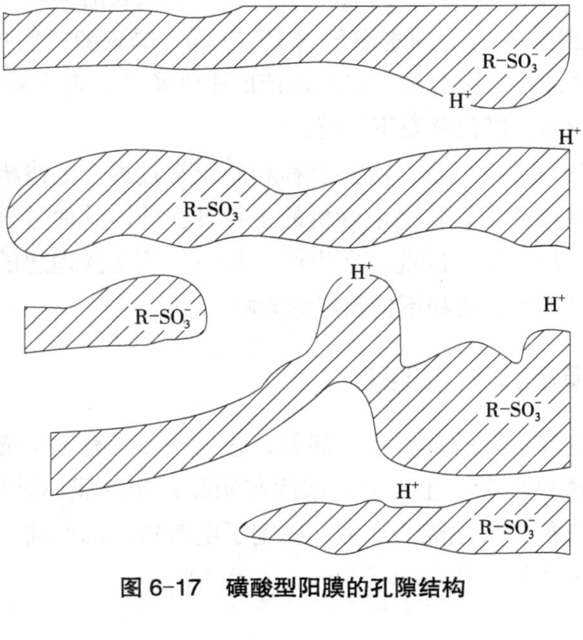

图 6-17　磺酸型阳膜的孔隙结构

6.4.3.3 扩散作用

膜对溶液中离子所具有的传质迁移能力，通常称为扩散作用，或称溶解扩散作用。扩散作用依赖于膜内活性离子交换基和孔隙的存在，然而离子的定向迁移是外加电场力推动的结果。孔穴形成无数迂回曲折的通道，在通道口和内壁上分布有活性离子交换基，对进入膜相的溶液离子继续进行鉴别选择。这种吸附—解吸—迁移的方式，就像接力赛那样，交替地一个传一个，直至把离子从膜的一端输送到另一端，这就是膜对溶解离子定向扩散作用的全过程。

6.4.4 极化与极限电流密度

6.4.4.1 极化

在电渗析过程中，由于膜内反离子的迁移数大于溶液中的迁移数，从而造成淡水隔室中在膜与溶液的界面处形成离子亏空现象，当操作电流密度增大到一定程度时，主体溶液内的离子不能迅速补充到膜的界面上，从而迫使水分子电离产生 H^+ 和 OH^- 来负载电流，这就是电渗析的极化现象。使水分子产生离解反应时的操作电流密度称为极限电流密度。电流密度是指单位面积膜通过的电流。

电渗析的极化现象对电渗析的运行有很大的影响，主要表现在：

（1）极化时一部分电能消耗在水的电离与 H^+ 和 OH^- 的迁移上，使电流效率下降。

（2）正常运行时，淡水和浓水的腔室为中性，极化时，OH^- 透过阴膜进入浓水室，这时阳膜迁移过来的 Mg^{2+}、Ca^{2+} 因受阴膜的阻挡，则在浓水侧的阴膜界面上与 OH^- 发生反应：

$$Mg^{2+}+2OH^- \longrightarrow Mg(OH)_2\downarrow$$

$$Ca^{2+}+OH^-+HCO_3^- \longrightarrow CaCO_3\downarrow$$

$Ca(OH)_2$、$Mg(OH)_2$、$CaCO_3$ 的沉淀会堵塞水流通道，增加水流阻力，增加电耗，影响出水水质、水量和电渗析器的安全运行。

（3）由于沉淀、结垢的影响，使膜的性能发生了变化，导致膜易裂，机械强度下降，膜电阻增大，缩短了膜的使用寿命。

为了避免极化和结垢的影响，目前主要采取的措施有：

①控制工作电流密度在极限电流密度以下运行，以避免极化现象的产生，减缓水垢的生成。

②定时倒换电极，使浓、淡室随之相应变换，这样，阴膜两侧表面上的水垢，溶解与沉淀相互交替，处于不稳定状态（图 6-18）。

③定期酸洗，电渗析在运行一段时间后，总会有少量的沉淀物生成，累积到一定程度时，用倒换电极也不能有效地去除，此时可用酸洗，视具体情况而定。

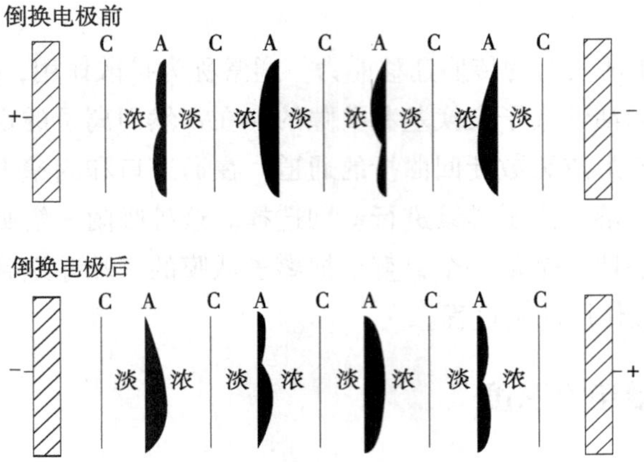

图 6-18　倒换电极前、后结垢情况示意图

注：C 表示阳膜；A 表示阴膜。

6.4.4.2　极限电流密度的推导

以阳膜淡室一侧为例（图 6-19），膜表面存在一层厚为δ的界面层（或称滞流层）。当电流密度为i，阳离子在阳膜内的迁移数为$\bar{t}_+$，其迁移量为$\frac{i}{F}\bar{t}_+$，相当于单位时间、单位面积所迁移的物质的量。阳离子在溶液中的迁移数为t_+，其迁移量为$\frac{i}{F}t_+$，由于$\frac{i}{F}\bar{t}_+>\frac{i}{F}t_+$，造成膜表面处阳离子的亏空，使界面层两侧出现浓度差，从而产生了离子扩散的推动力。此时，离子迁移的亏空量由离子扩散的补充量来补偿。根据菲克定律，扩散物质的通量表示为

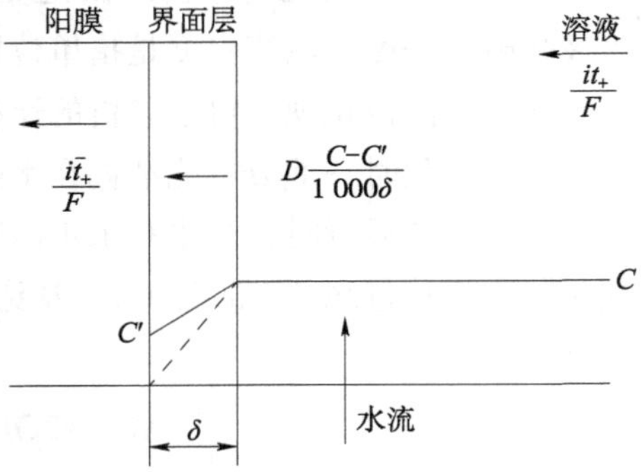

图 6-19　浓差极化示意图

$$\phi=D(C-C')/(\delta\cdot 1\,000)$$

式中：ϕ——单位时间、单位面积通过的物质的量，mmol/（$cm^2\cdot s$）；

D——扩散系数，cm^2/s；

C、C'——分别表示界面层两侧溶液的浓度，mmol/L；

δ——界面层厚度，cm。

当处于稳定状态时，离子的迁移与扩散之间存在如下平衡关系：

$$\frac{i}{F}(\bar{t}_+-t_+)=D\frac{C-C'}{1\,000\delta}$$

若逐渐增大i值，则膜表面的离子浓度C'必将逐渐降低，当i达到某一数值时，$C'\to 0$。如若再提高i值，由于离子扩散不及，在膜界面处引起水的离解，H^+透过阳膜来

传递电流，这种膜界面现象称为浓差极化。此时，电流密度称为极限电流密度 $i_{\lim}$，有

$$i_{\lim}=\frac{FD}{\bar{t}_{+}-t_{+}}\cdot\frac{C}{1000\delta}$$

实验表明，δ 主要与水流速度有关，可由下式表示：

$$\delta=\frac{k}{v^{n}}$$

其中，n 值为 0.3～0.9，n 值越接近于 1，说明隔网造成水流紊乱的效果越好。系数 k 与隔板形式及厚度等因素有关。将上述两式整理得

$$i_{\lim}=\frac{FD}{1000\left(\bar{t}_{+}-t_{+}\right)k}Cv^{n}$$

在水沿隔板流水道流动过程中，水的离子浓度逐渐降低。其变化规律是沿流向按指数关系分布，式中 C 值一般采用对数平均值表示，即

$$C=\frac{C_1-C_2}{2.31\lg\dfrac{C_1}{C_2}}$$

极限电流密度与流速、平均浓度之间的关系最后可写为

$$i_{\lim}=KCv^{n} \tag{6-18}$$

式中：v——淡水隔板流水道中的水流速度，cm/s；

C——淡室中水的对数平均离子浓度，mmol/L；

$K=\dfrac{FD}{1000\left(\bar{t}_{+}-t_{+}\right)k}$，称为水力特性系数，主要与膜的性能、隔板形式与厚度、隔网形式、水的离子组成、水温等因素有关。

式（6-18）称为极限电流密度公式。在给定条件下，式中 K 和 n 值可通过试验确定。

极限电流密度的测定，通常采用电压—电流法。其测定步骤为：①在进水浓度稳定的条件下，固定浓、淡水和极室水的流量与进口压力；②逐次提高操作电压，待工作稳定后，测定与其相应的电流值；③用膜对电压、电流密度作图，并从曲线两端分别通过各试验点作一直线，如图 6-20 所示，从两直线交点 P 引垂线交曲线于 C，点 C 的电流密度和膜对电压即为极限电流密度和与其相对应的膜对电压。这

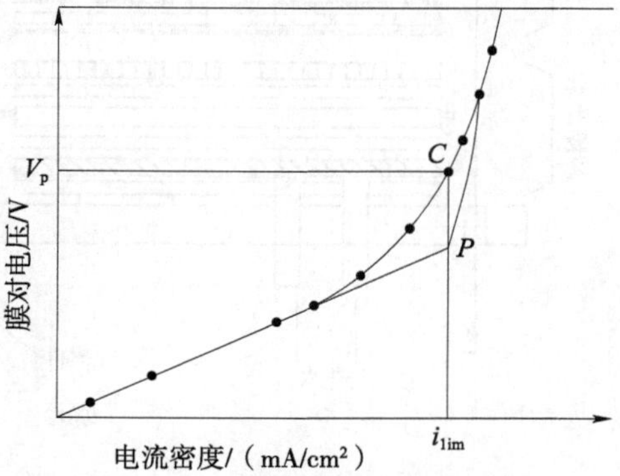

图 6-20 极限电流密度的确定

样，对应于每一流速 V，可得出相应的 $i_{\lim}$ 值以及淡室中水的对数平均离子浓度 C 值，再用图解法即可确定 K 值和 n 值。

6.4.5 电渗析器装置与组装

6.4.5.1 电渗析器装置

电渗析器装置主要由电渗析器本体和辅助设备两部分组成。电渗析器本体包括压板、电极托板、电极、板框、阴膜、阳膜、浓水隔板、淡水隔板等部件。这些部件按一定顺序组装并压紧，组成一定形式的电渗析器。整个本体可分为膜堆、极区、紧固装置三部分，如图 6-21 所示。电渗析器的辅助设备包括整流器、水泵、转子流量计等。

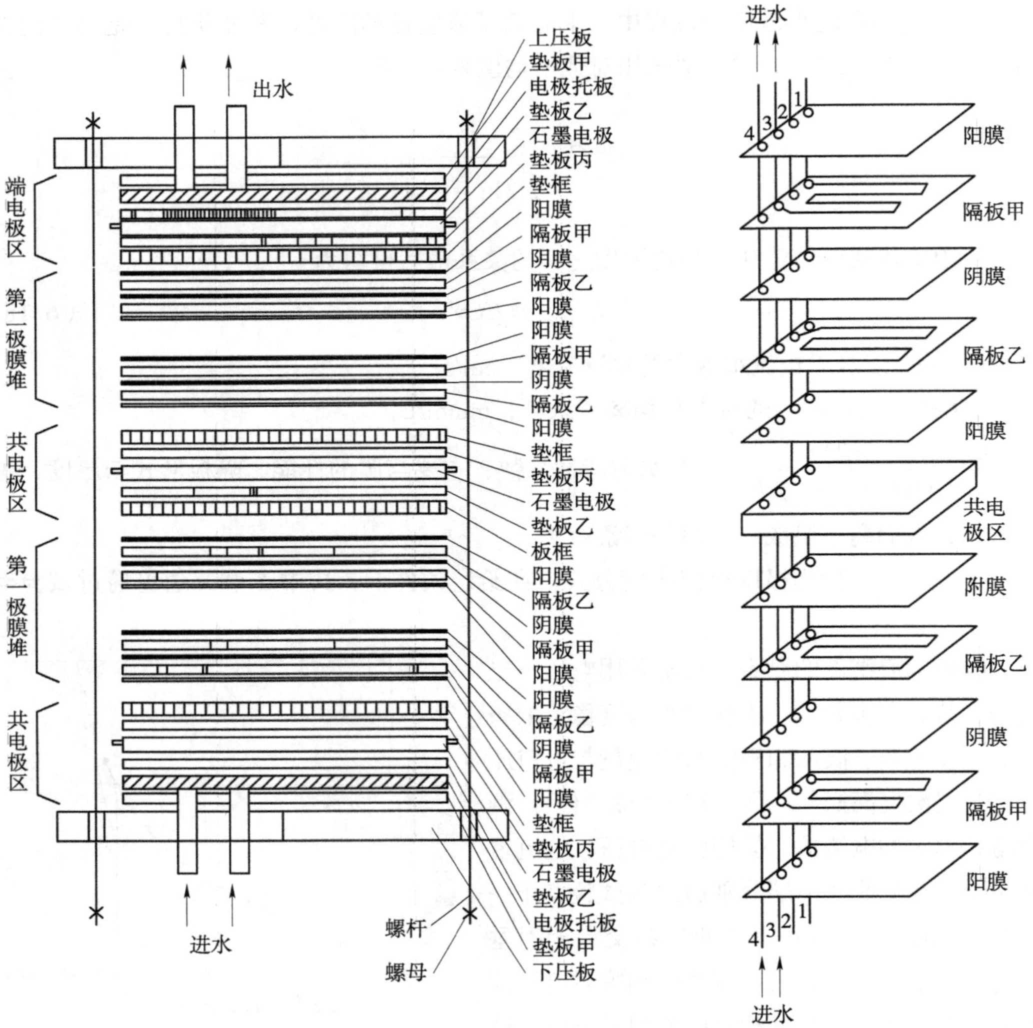

图 6-21　电渗析器组成示意图（带有共电极）

（1）膜堆

一对阴、阳极膜和一对浓、淡水隔板交替排列，组成最基本的脱盐单元，称为膜对。电极（包括共电极）之间由若干组膜对堆叠在一起即为膜堆。

隔板放在阴、阳膜之间，起着分隔和支撑阴、阳膜的作用，并形成水流通道，构成浓、淡室。隔板上有进出水孔、配水槽和集水槽、流水道及过水道。

隔板常和隔网配合粘接在一起使用，隔板材料有聚氯乙烯、聚丙烯、合成橡胶等。常用隔网有鱼鳞网、编织网、冲膜式网等。隔网起着搅拌作用，以增加液流的紊流程度。隔板流水道分为有回路式和无回路式两种，如图6-22所示。有回路式隔板流程长、流速高、电流效率高、一次除盐效果好，适用于流量较小而除盐率要求较高的场合。无回路式隔板流程短、流速低，要求隔网搅动作用强，水流分布均匀，适用于流量较大的除盐系统。

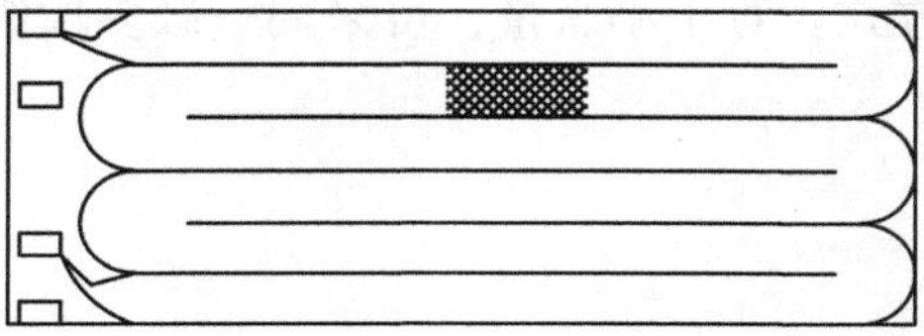
（a）有回路式隔板

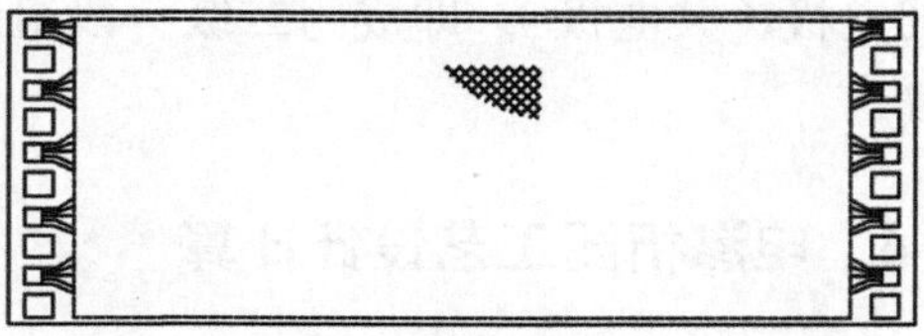
（b）无回路式隔板

图6-22 隔板示意图

（2）极区

电渗析器两端的电极区连接直流电源，还设有原水进口，淡水、浓水出口以及极室水的通路。电极区由电极、极框、电极托板、橡胶垫板等组成。极框比浓、淡水隔板厚，内通极水，放置在电极与阳膜（紧靠阴、阳电极的膜均用抗腐蚀性较强的阳膜）之间，以防止膜贴到电极上，保证极室水流通畅，及时排除电极反应产物。电极应具有良好的化学稳定性、电化学稳定性、导电性、机械性等。常用电极材料有石墨、钛涂钌、铅、不锈钢等。

（3）紧固装置

紧固装置用来把整个极区与膜堆均匀夹紧，使电渗析器在压力下运行时不致漏水。压板由槽钢加强的钢板制成，紧固时四周用螺杆锁紧或用压机锁紧。

6.4.5.2 电渗析器的组装

电渗析器的组装方式有串联、并联和串联－并联相结合几种方式。常用术语“级”和“段”来说明。一对电极之间的膜堆称为一级，具有同向水流的并联膜堆称为一段。增加段数就等于增加脱盐流程，亦即提高脱盐效率。增加膜对数，则可提高水处理量。一台电渗析器的组装方式有一级一段、多级一段、一级多段和多级多段等（图6-23）。

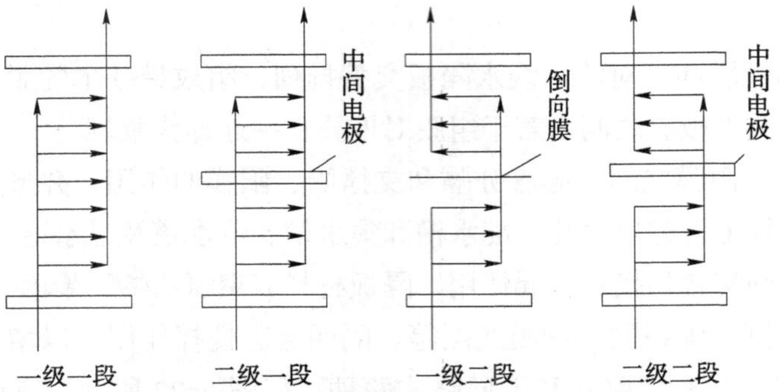

图 6-23 电渗析的组装方式

一级一段是电渗析器的基本组装方式。可采用多台并联来增加产水量，亦可采用多台串联以提高除盐率。为了降低一级一段组装方式的操作电压，在膜堆中增设中间电极（共电极），即成为二级一段组装方式。对于小水量，可采用一级多段组装方式。

6.4.6 电渗析器工艺设计计算

6.4.6.1 电流效率

电渗析器用于水的淡化时，一个淡室（相当于一对膜）实际去除的盐量等于：

$$m_1=q(c_1-c_2)tM_B/1\,000\ (\text{g}) \tag{6-19}$$

式中：q——一个淡室的出水量，L/s；

c_1、c_2——分别表示进、出水的含盐量，计算时均以当量粒子作为基本单元，mmol/L；

t——通电时间，s；

M_B——物质的摩尔质量，以当量粒子作为基本单元，g/mol。

依据法拉第定律，应析出的盐量为

$$m=\frac{ItM_B}{F^L}\ (\text{g}) \tag{6-20}$$

式中：I——电流，A；

F——法拉第常数，96 500 C/mol。

电渗析器电流效率等于一个淡室实际去除的盐量与应析出的盐量之比，即

$$\eta=\frac{m_1}{m}=\frac{q(c_1-c_2)F}{1\,000I}\times100\% \tag{6-21}$$

电流效率与膜对数无关，电压随膜对增加而增大，电流则保持不变。

6.4.6.2 电渗析器总流程长度的计算

电渗析器总流程长度即在给定条件下需要的脱盐流程长度。对于一级一段或多级

一段组装的电渗析器，脱盐流程长度也就是隔板的流水道长度。

设隔板厚为 d（cm），隔板流水槽宽度为 b（cm），隔板流水道长度为 L（cm），膜的有效面积为 b_L（cm^2），则平均电流密度等于

$$i=\frac{1000I}{b_L}\ (\mathrm{mA/cm^2}) \tag{6-22}$$

一个淡室的流量可表示为

$$q=\frac{dbv}{1000} \tag{6-23}$$

式中：v——隔板流水道中的水流速度，cm/s。

将式（6-22）、式（6-23）代入式（6-21），得出所需要的脱盐流程长度为

$$L=\frac{vd\,(c_1-c_2)\,F}{1000\,\eta i} \tag{6-24}$$

将式（6-18）代入式（6-24），得出在极限电流密度下的脱盐流程长度表达式：

$$L_{\mathrm{lim}}=\frac{2.3Fd\cdot v^{1-n}}{1000\,\eta K}\lg\frac{c_1}{c_2} \tag{6-25}$$

电渗析器并联膜对数n_p可由下式求出

$$n_p=278\frac{Q}{dbv} \tag{6-26}$$

式中：Q——电渗析器淡水产量；

278——单位换算系数。

6.4.6.3 电流、电压及电耗的计算

（1）电流计算

$$I=1000\,iA \tag{6-27}$$

式中：I——电流，A；

A——膜的有效面积，cm^2；

i——平均电流密度，mA/cm^2。

工作电流一般为极限电流的 70% 左右。

（2）电压计算

$$U=U_{\mathrm{j}}+U_{\mathrm{m}} \tag{6-28}$$

式中：U——一级的总电压降，V；

U_{j}——极区电压降，V，15～20 V；

U_{m}——膜堆电压降，V。

（3）电耗计算

电渗析器直流电耗为

$$W=\frac{UI}{Q}\times 10^{-3}$$

考虑整流器的效率（$\eta_{整}$），其耗电量为

$$W=\frac{UI}{Q\eta_{整}}\times 10^{-3}\ (\mathrm{kW\cdot h/m^3}) \tag{6-29}$$

6.5 膜过滤技术在水处理领域中的应用

随着水体污染的加剧以及人们对水质要求的提高，开发新的水处理技术与工艺已成为研究的热点。膜过滤技术具有节能、高效、经济、适应性强、无二次污染等优点而被广泛地应用于饮用水处理、海水与苦咸水淡化、工业给水处理、纯水及超纯水制备、废水处理、污水处理与回用等领域。

6.5.1 在海水和苦咸水淡化中的应用

世界范围内的淡水资源匮乏已成为制约全球经济持续增长的因素之一，不少国家成立了专门的机构，投入大量资金来研究海水与苦咸水淡化技术。目前，已经实用化的淡化技术有蒸发法［包括多级闪蒸（MSF）、多效蒸发（MED）和压汽蒸馏（VC）等］和膜过滤方法［主要有反渗透（RO）和电渗析（ED）］。与蒸发法相比，膜过滤法具有投资省、能耗低、占地少、建造周期短、操作方便、易于自动控制、启动运行快等优点，因而发展迅速。中东不少国家用反渗透技术进行海水淡化，世界五大海水淡化工厂有四家在中东的沙特阿拉伯。我国分别在浙江省和辽宁省兴建了大型的海水反渗透淡化装置。原国家海洋局杭州水处理技术开发中心开发的适用于苦咸水、海水淡化流动性作业的行业集装式水处理移动车已经在全国推广。我国利用纳滤进行高硬度海岛苦咸水软化已获得成功，并于1997年在山东省长岛南隍城建成144 m^3/d高硬度海岛苦咸水软化示范工程，其中的技术关键是纳滤膜技术。整个系统连续运行正常，所产软化水达到国家规定的饮用水水质标准。

首钢京唐钢铁厂膜法浓海水淡化工程产水规模为10 000 m^3/d，采用UF超滤＋SWRO海水反渗透双膜法工艺，淡化产品水应用于钢铁厂生产新水补充。本工程是国内首次采用以热法海水淡化排放浓海水为进水的膜法海水淡化系统，有效解决了北方地区冬季海水水温低不适宜反渗透的生产问题，产生淡化水的同时可进一步提高浓海水的含盐量至70 000 mg/L，其可作为下游盐化工企业的原料。

热法海水淡化装置排放浓海水水质指标详见表6–6。

表 6-6 热法海水淡化排放浓海水主要水质指标

序号	项目	指标值
1	pH	8.11
2	TDS	43 900 mg/L
3	氯化物	24 000 mg/L
4	硫酸盐	3 560 mg/L
5	Ca^{2+}	483 mg/L
6	Mg^{2+}	1 460 mg/L
7	Na^{+}	12 800 mg/L

注：表中指标为《海水淡化浓盐水排放要求》（HY/T 0289—2020），表 6-7、表 6-8 同。

将冷却后的热法海水淡化浓盐水引至海水淡化厂区的原水池，通过提升泵提升至预处理系统多介质过滤器，滤后水经自清洗过滤器直接进入超滤装置。超滤系统的作用是脱除海水中悬浮物、颗粒、胶体、细菌、微生物以及大分子有机物，使其产水SDI<3，保证后续反渗透系统长期稳定地运行。本工程采用外压式 PVDF 超滤膜，在保证性能和机械强度的同时，可以经受高强度化学清洗和气水反洗，从而满足超滤系统长时间稳定运行的要求。海水反渗透（SWRO）装置通过 SWRO 提升泵由超滤水池提升至 SWRO 装置，SWRO 采用芳香聚酰胺复合膜，其具有高脱盐率、大通量以及运行压力低等优点。SWRO 装置产水进入淡水池贮存，可由水泵外供至厂区生产水管网。同时，SWRO 装置排放的浓盐水由管道输送至下游化工企业作为原料使用。膜法海水淡化工艺流程如下：

冷却后的热法海水淡化浓盐水→原水池→提升泵→多介质过滤器→自清洗过滤器→超滤装置→超滤产水池→海水反渗透提升泵→保安过滤器→海水反渗透高压泵组（含能量回收装置）→海水反渗透装置→淡水池→供水泵→厂区生产水用户。

首钢京唐钢铁厂膜法海水淡化工程为我国首个利用热法海水淡化浓盐水作为原料水的万吨级淡化项目，于 2020 年年底投入运行，至今产水水质良好且运行稳定。淡化后产水用于工业用水，其含盐量、氯离子满足厂区生产水要求，经过二次浓缩后的浓盐水送至下游盐化工企业作为原料进行利用。膜法海水淡化产品水水质情况见表 6-7，二次浓缩的浓盐水水质详见表 6-8。

表 6-7 膜法海水淡化产品水水质

序号	项目	单位	指标值
1	水温	℃	≤33
2	TDS	mg/L	<380
3	pH	—	7～8

表 6-8 膜法海水淡化浓盐水水质

序号	项目	指标值
1	pH	8.1
2	TDS	72 900 mg/L
3	氯化物	39 800 mg/L
4	硫酸盐	5 928 mg/L
5	Ca^{2+}	804 mg/L
6	Mg^{2+}	2 430 mg/L
7	Na^{+}	21 300 mg/L

通过长期的运行及对比，使用热法海水淡化浓盐水作为原料水具有进水水质好、预处理加药量少的优点。此外，虽然由于进水含盐量较高导致反渗透渗透压较高，吨水电耗略高，产水水质略差于常规膜法海水淡化。但由于其排放浓水含盐量较高（＞70 000 mg/L），在浓水零排放的同时具有一定经济价值。

6.5.2 在饮用水处理中的应用

传统饮用水的生产流程为加氯预氧化、混凝、沉淀、砂滤以及后加氯消毒，这种传统工艺虽然可以去除水中大部分悬浮物和细菌，但是存在难以杀灭抗氯性病原体，并增加致癌物质三卤甲烷（THMs）形成的可能性等一系列缺点，应用膜过滤技术能有效克服传统水处理工艺的局限性，提供优质饮用水，不仅可以降低浊度，去除铁、锰化合物，而且还可以减少混凝剂用量，甚至无须投加混凝剂。UF 可截留部分有机物，NF 和 RO 能完全去除病毒和有机物，UF 和 MF 可使处理后水的浊度显著降低。

在日本，较早地开展了用膜过滤取代传统的混凝、沉淀和过滤的研究，膜过滤技术可极大地简化自来水处理的工艺流程，并通过实验证明膜过滤是一种很有前景的自来水生产方法。日本某净水厂采用的处理工艺流程为：利根河水取水—超滤—杀菌—自来水。利根河水浊度为 5.2～405 NTU，色度为 15～48 度，检测大肠杆菌为 70～100 个 /mL，制得的自来水的浊度为 0～0.12 NTU，色度为 1～5 度，大肠杆菌为 0 个 /mL。该工艺比常规方法制得的自来水的水质要好得多，而且电费和药剂费比传统方法节省 60%。该方法存在的问题是如何提高膜的寿命和寻找高效的清洗膜的方法。

我国经济处于发展阶段，难以将原有自来水企业进行大规模技术改造，集中采用膜过滤技术，但作为发展方向和国际自来水行业的趋势，我国应对膜过滤法自来水处理工艺进行充分的研究，并在新建的小型水厂进行试验。

6.5.3 在污水处理中的应用——膜生物反应器

近年来，水处理专家将膜过滤技术引入废水生物处理系统中，开发了一种新型高效的水处理系统——膜生物反应器（MBR）。它是膜组件与生物反应器相结合的一个生化反应系统，具有固液分离效果好、基建费用低、处理效率高、抗冲击负荷能力较强、出水水质好以及工艺流程简单、结构紧凑、运行管理简单方便、易于实现自动控制等一系列优点。目前主要有三种形式的膜生物反应器，即分置式MBR、一体式MBR和复合式MBR。

（1）分置式MBR

分置式MBR是指膜组件与生物反应器分开设置，相对独立，膜组件与生物反应器通过泵与管路相连接。分置式膜生物反应器的工艺流程如图6-24所示。

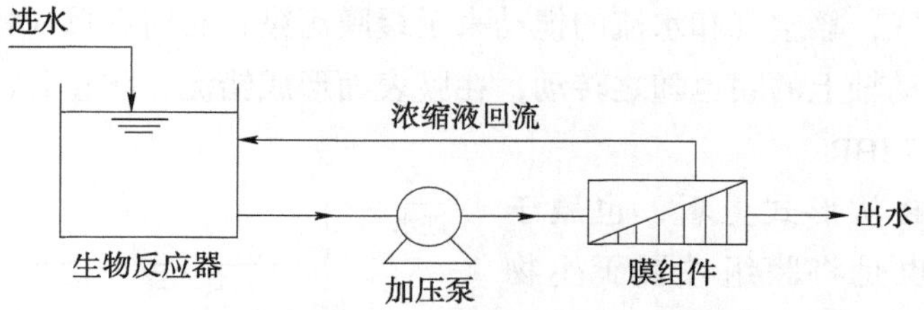

图6-24 分置式MBR工艺流程

分置式MBR，有时也称错流式MBR，还有的称为横向流MBR，通常都采用加压型过滤。加压泵从生物反应器抽水，压入膜组件中，膜过滤后水排出系统，浓缩液回流至生物反应器。分置式膜生物反应器具有以下特点：膜组件和生物反应器各自分开，独立运行，因而相互干扰较小，易于调节控制；膜组件置于生物反应器之外，更易于清洗更换；膜组件在有压条件下工作，膜通量较大，且加压泵产生的工作压力在膜组件承受压力范围内可以进行调节，从而可根据需要增加膜的透水率；分置式膜生物反应器的动力消耗较大，但加压泵提供较高的压力，造成膜表面高速错流，延缓膜污染，这是其动力费用大的主要原因；生物反应器中的活性污泥始终都在加压泵的作用下进行循环，由于叶轮的高速旋转而产生的剪切力会使某些微生物菌体产生失活现象；分置式膜生物反应器和另外两种膜生物反应器相比，结构稍复杂，占地面积也稍大。

目前，已经规模化应用的膜生物反应器大多采用分置式，但其动力费用过高，每吨出水的能耗为2～10 kW · h，为传统活性污泥法能耗的10～20倍，因此能耗较低的一体式膜生物反应器的研究逐渐引起了人们的重视。

（2）一体式MBR

一体式MBR是将膜组件直接安置在生物反应器内部，有时又称淹没式MBR（SMBR），依靠重力或水泵抽吸产生的负压或真空泵作为出水动力。一体式MBR工艺流程如图 6-25 所示。

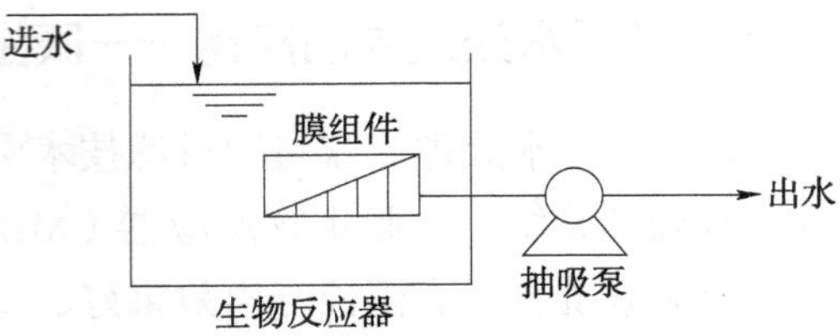

图 6-25　一体式 MBR 工艺流程

一体式 MBR 的主要特点有：膜组件置于生物反应器之中，减少了处理系统的占地面积；用抽吸泵或真空泵抽吸出水，动力消耗费用远低于分置式 MBR，资料表明，一体式 MBR 每吨出水的动力消耗为 0.2～0.4 kW·h，约为分置式的 1/10，如果采用重力出水，则可完全节省这部分费用；一体式 MBR 不使用加压泵，因此可避免微生物菌体受到剪切而失活；膜组件浸没在生物反应器的混合液中，污染较快，而且清洗起来较为麻烦，需要将膜组件从反应器中取出；一体式 MBR 的膜通量低于分置式 MBR。

为了有效防止一体式 MBR 的膜污染问题，人们研究了许多方法：在膜组件下方进行高强度的曝气，靠空气和水流的搅动来延缓膜污染；有时在反应器内设置中空轴，通过它的旋转带动轴上的膜也随之转动，在膜表面形成错流，防止其污染。

（3）复合式 MBR

复合式 MBR 从形式上看，也属于一体式 MBR，也是将膜组件置于生物反应器之中，通过重力或负压出水，所不同的是生物反应器的形式。复合式 MBR 是在生物反应器中安装填料，形成复合式处理系统，其工艺流程如图 6-26 所示。

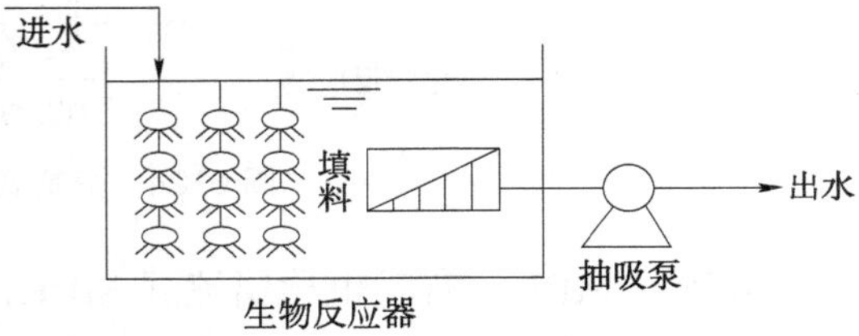

图 6-26　复合式 MBR 工艺流程

在复合式 MBR 中安装填料的目的有两个：一是提高处理系统的抗冲击负荷，保证系统的处理效果；二是降低反应器中悬浮性活性污泥浓度，减小膜污染的程度，保证较高的膜通量。

20 世纪 90 年代以后，MBR 在国外已有应用实例。加拿大 Zenon 公司开发的膜生物反应器已在美国、德国、法国等国家应用，规模从 380 m^3/d 到 7 600 m^3/d。日本的 MBR 发展最快，1983—1987 年，日本就有 13 家公司采用 MBR 工艺来处理大楼废水和粪便废水，处理后的水可作为非饮用水回用。世界上约 66% 的 MBR 应用工程分布在日本，其余主要分布在北美和欧洲，我国的膜生物反应器也开始有很多的工程应用。

（4）应用实例

由于医院综合污水中的病原微生物需要进行灭活和无害化处理，广西某环保投资有限公司设计出集成式陶瓷膜医疗污水净化消毒设备。该设备选用无机陶瓷膜生物反应器作为医院污水处理的主体工艺，集成了污水处理子系统、废气处理子系统和污泥处理子系统三个单元。其中，污水处理子系统结合了生物法、膜分离技术以及化学消毒技术；废气处理子系统采用高能离子、紫外、活性炭吸附三合一技术。该系统模块化安装、无须人员值守，并结合微负压运行、远程监控等技术确保其安全、稳定地运行，对污水中的有机污染物进行生物降解，对固、液、气三相体系中的病原微生物进行无缝灭活，防止医院污水成为二次传染源，通过膜分离可以有效减少消毒药剂因无效消毒带来的额外投加量，保证了消毒药剂投加量的稳定性，这可以有效规避医院污水余氯过量对排放水体带来的生态风险。膜工艺泥龄长，污泥产量少，无机陶瓷膜寿命长，可大幅减少污泥、膜材料等带来的二次污染。同时，系统还充分发挥无机陶瓷膜的耐氧化性能，通过消毒出水的反冲洗作用实现膜污染的有效控制。目前该技术已经具备一整套完整的生产运行管理体系，严格按照国家相关标准规范以及企业标准生产膜组件，标准化生产、标准化管理保证了膜组件的可靠性，运行管理已经相对成熟。

该技术处理出水达到《城镇污水处理厂污染物排放标准》（GB 18918—2002）一级 A 排放标准。主要的技术经济指标如下：

（1）水力停留时间 4～8 小时，污泥浓度宜为 6 000～15 000 mg/L；

（2）污泥负荷为 0.03～0.15 kg BOD_5/（kg MLSS · d）；

（3）氮负荷为 0.006～0.012 kgN/（kg MLSS · d）；

（4）污泥产率为 0.05～0.1 kg MLVSS/kg BOD_5；

（5）投资成本通常 3 000～4 000 元 /t，直接运行成本 0.4～0.8 元 /t，综合运行成本 0.8～1.2 元 /t。

技术示范情况：

（1）广西玉林某医院因扩建新增 2 000 张床位，原已建成的污水处理系统已不能满足处理需求，因此需对医疗废水处理系统进行改（扩）建，其处理规模为 1 600 m^3/d，改（扩）建后处理工艺为：格栅调节池 + 集成式陶瓷膜医疗污水净化消毒设备，出水符合《医疗机构水污染物排放标准》（GB 18466—2005）的要求，同时，由于工艺先进，可在疫情防控期间通过运行调控达到要求，无须再次提标。

（2）梧州市某中医院废水处理应急项目主要处理医院化粪池出水以及洗衣房废水，其处理规模为 60 m^3/d，在现有污水处理设施基础上增加水质水量调节池、集成式陶瓷膜医疗废水净化设备及其附属设施，保留并利用现有预处理设施以及末端消毒系统。出水水质主要指标执行《医疗机构水污染物排放标准》（GB 18466—2005）中传染病、结核病医疗机构水污染排放限值标准。

6.5.4 污水处理中的应用——反渗透膜法

煤化工厂废水先经过均质池进行均质化处理，其间需要加入石灰乳、混凝剂或絮凝剂。后通过高效澄清池，其主要功能有三个，分别为沉淀、反应及混凝，煤化工厂在回用水处理过程中，所选取的处理量规格应是 150 m^3/h。多介质过滤器可以彻底清除煤化工厂污水中的胶体及悬浮物，其滤料以石英砂、无烟煤为主，在实际应用过程中，需要配备两台多介质过滤器。将保安过滤器装置于反渗透膜前端，该过滤器准确度要控制在 4 μm 以内，以不锈钢作为过滤器外壳，可以有效提升其抗腐蚀性。以卧式离心感压泵为反渗透高压泵。该装置产水量的设计值约为 98 m^3/h，回收率在 80% 左右，1 年脱盐率的设计值超过 97%，3 年脱盐率的设计最小值为 96%。以型号为 BW30-400/34I-FR 的反渗透膜元件为例，该元件具有抗污性强、产水量较高及端面自锁等特性。

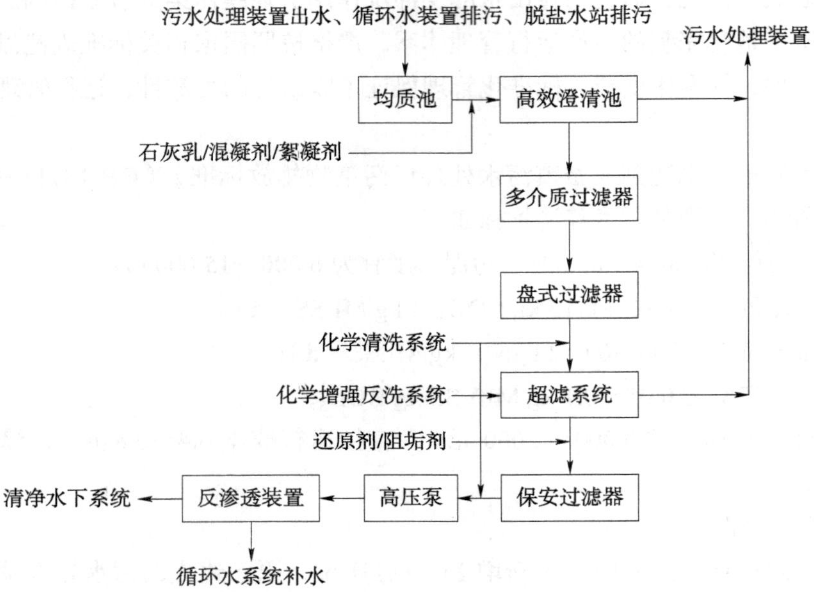

图 6-27　回用水处理工艺流程

煤化工厂遵照上述流程构建超滤 - 反渗透设施，并将其应用于回用水处理工程。通过监测分析，回用水的出水具有良好的稳定性，且质量符合中国相关设计规范要求标准，具体出水质量如表 6-9 所示。

表 6-9　回用水进出水的水质

项目	进水	出水
浊度 /NTU	—	＜1
SS/（mg/L）	45	—
NH_4^+/（mg/L）	13	4
COD_{Cr}/（mmol/L）	97	0
总硬度	580	0
pH	6～9	6～9

课后习题

1. 试述膜分离的原理。
2. 膜材料为什么具有选择渗透性?
3. 电渗析工作原理和离子交换膜的性能有哪些?
4. 什么是膜的浓差极化?预防浓差极化的措施有哪些?
5. 生物膜污染和劣化的预防方法有哪些?
6. 什么是反渗透过程?反渗透过程发生的必要条件是什么?
7. 微滤的过程及分离原理是什么?微滤的操作模型有哪些?

第7章

厌氧生物处理

7.1 厌氧生物处理概述

厌氧生物处理工艺（Anaerobic Bio-treatment Process）过去主要用于剩余污泥的厌氧处理，传统上称为厌氧消化，亦称污泥消化，它是在无氧条件下，利用厌氧微生物的生命活动，将各种有机物转化为甲烷、二氧化碳等的过程。随着人们对厌氧生物处理研究的不断深入，该技术已应用于废水处理，同时还开发出生物相分离等技术，因此广义的厌氧生物处理技术是指在无氧条件下，利用厌氧微生物的生命活动，将各种有机物或无机物加以转化的过程。

长期以来，厌氧生物处理工艺被认为是一种较慢的生物处理过程，而且仅适用于一些有限的有机物处理。所以，很长一段时期内该技术主要用于污泥在脱水处置前、为减少有机质含量和尽可能避免腐败所进行的污泥厌氧生物处理，而废水处理几乎都是采用好氧生物处理工艺。20 世纪 70 年代，随着全球性能源问题日益突出，在废水处理领域，人们开始对厌氧生物处理工艺产生了新的认识，并随着对参与厌氧处理过程的主要微生物，特别是对产甲烷细菌的生理学、生态学和生物化学等研究的进一步深入及工程实践经验的积累，不断开发出新的厌氧生物处理工艺和设备，克服了传统工艺的缺点，使得这项处理技术的理论和实践都有了很大进步，在高浓度有机废水处理方面取得了良好的效果和显著的经济效益。

7.1.1 厌氧生物处理的发展

7.1.1.1 厌氧生物处理的发展概述

厌氧生物处理，自问世以来已有 100 多年的历史，它的发展和应用大致经历了 3 个阶段。初级阶段是 20 世纪 20 年代以前，主要应用于废水和粪便处理，其中具有代表性的构筑物包括法国的自动净化器（1881 年）、英国的化粪池（1895 年）和 Travis 池（1904 年）以及德国的 Imhoff Tank 池（1905 年）。它们的共同点是停留时间长，出水水质较差。尽管如此，由于结构简单，曾在美国、德国等国家得到大范围推广，有些工艺沿用至今。

随着活性污泥法、生物滤池等好氧工艺的开发和应用，厌氧生物处理逐步被取代而仅应用于污泥的稳定化，应用的构筑物为消化池。20世纪40年代之前，普通消化池是唯一的实用装置，这是厌氧生物处理发展史中第二阶段的主要特征。

20世纪50年代以后，厌氧生物处理技术进入第三阶段。由于工业的飞速发展，环境污染日趋严重，同时面临着能源危机的挑战，使厌氧生物处理作为节省能源的方法日益受到重视，有机废水、废渣厌氧生物处理的各种新工艺的研究日趋深入。特别是20世纪70年代以来研究的一批厌氧生物处理工艺和装置，使废水厌氧生物处理系统的有机负荷和处理效率大幅提高，进一步拓展了厌氧生物处理的应用领域。在第三个阶段，厌氧生物处理技术主要朝着两个方向发展：①最大限度地提高反应器中生物持有量，通过比好氧反应器中高几倍甚至几十倍的生物量，使处理效率接近或达到好氧处理的效率。在此基础上开发出大量新型厌氧反应器，其共同特征为有机负荷高、处理能力强。1896年出现了厌氧接触法，由于其中生物固体浓度的增加和污泥龄的延长，使处理能力大幅提高，停留时间大为缩短，这被认为是现代高效厌氧生物处理的开端。此后又发明了厌氧填充床反应器（1969年）、升流式厌氧污泥床反应器（1979年）、厌氧流化床反应器（1979年）、厌氧膨胀床反应器（1981年）以及复合式厌氧反应器、厌氧生物转盘、厌氧序批式反应器、厌氧折流板反应器和内循环升流式厌氧污泥床反应器等一大批先进的高效厌氧生物处理反应器。此方向的典型代表是升流式厌氧污泥床反应器。②利用厌氧细菌的特点，采取相分离技术，开发出两相厌氧反应器，发挥不同厌氧菌群各自的特点，在各自的反应器中各司其职，充分发挥作用，从而提高转化效率。

7.1.1.2 厌氧生物处理工艺的应用现状

厌氧生物处理以其独有的特点，在诸多方面都获得了广泛应用。它在废水、废物处理及其资源化方面的应用概述如下。

（1）厌氧生物处理工艺在工业废水处理中的应用

厌氧生物处理工艺在工业废水处理中应用广泛，可应用于酿酒、制糖、淀粉生产、造纸、医药、食品加工以及化学工业等高浓度及难降解有机工业废水的处理。在大多数的高浓度工业废水处理中，厌氧生物处理都是作为初级处理与好氧处理联合应用。例如，在柠檬酸废水处理中，由于其属于高浓度有机废水，COD最高值达到2.5×10^4 mg/L，直接采用好氧生物处理的运行费很高，所以经厌氧生物处理，使其COD值降到平均3 000 mg/L，然后再进行好氧处理。

（2）厌氧生物处理工艺在污泥和垃圾处理中的应用

资料表明，近10年，随着污水处理厂的大量兴建，污水、污泥大量增加，同时城市垃圾的年平均增长率9%左右，并且垃圾中有机成分明显增加，严重污染人们的居住环境，对其进行处理已经迫在眉睫。厌氧生物处理污泥和垃圾是一种较为理想的处理方式，污泥中1 kg挥发性有机物可产生沼气1～1.5 m^3，甲烷含量为60%～75%；1 kg垃圾可产生0.331 m^3的沼气，其甲烷含量为50%～60%。同时，厌氧消化后的剩余物用来喂蚯蚓，再以蚯蚓饲养鸡、貂等，取得了较好的综合利用效果。厌氧消化残留物经压榨脱水处理后，TS 含量为 70%，可作为土壤改良剂。厌氧反应器示意图如图 7-1 所示。

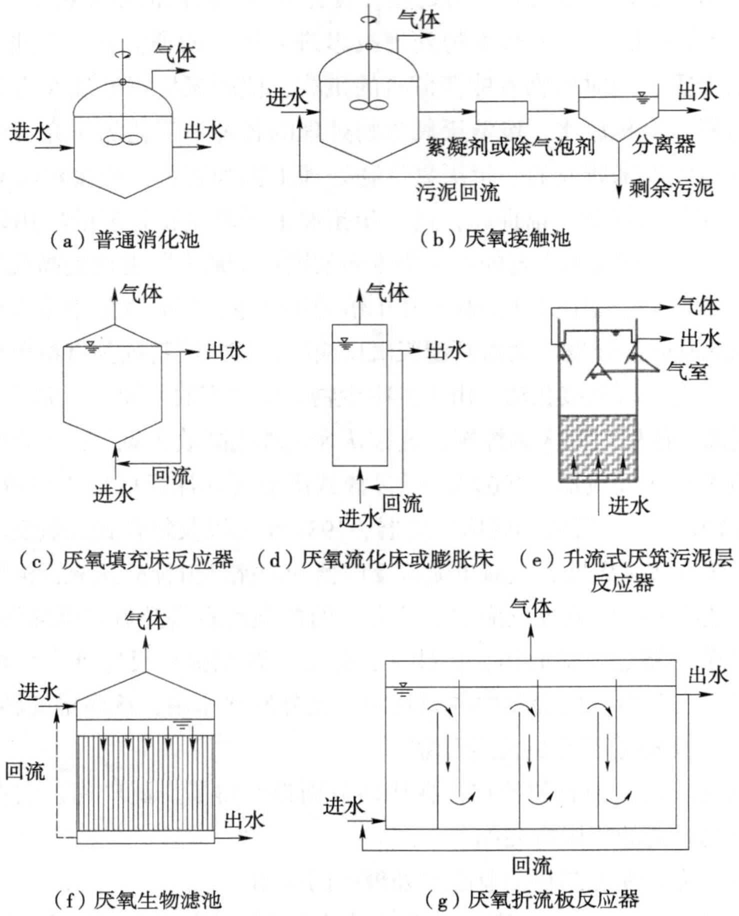

图 7-1　厌氧反应器示意图

（3）秸秆等生物质的资源化和能源化

20 世纪末，中国有 70% 的人口生活在农村，有 6 500 万人没有供电，7 000 万人缺少燃料，主要能源来自秸秆燃烧，但利用率极低。据统计，我国农村目前用作柴薪直接烧掉的农作物秸秆占总量的 65%～84%，这只利用其热能的 10% 左右；另外，在经济发展快速的农村，农民的能源供应来自煤、油的燃烧以及电力，大部分秸秆直接在地里燃烧，造成了生物质能源的浪费及环境污染等问题。厌氧生物处理是解决这些问题的途径之一，因为各种有机废弃物通过发酵生产沼气可以明显提高热效率，沼气燃烧可使热效率提高 94%。据不完全统计，到 1996 年年底，全国有 600 万座沼气池，每年的总产气量有 1.5 亿～2.7 亿 m^3，相当于 1.05 亿～1.89 亿 t 标准煤。研究证明，厌氧消化可以去除 99% 的寄生虫卵，并可以大幅减少排泄物中的大肠菌群数。研究表明，利用产氢产乙酸发酵过程，以秸秆等生物质中的纤维素为底物可产生氢气，从而开发出具有应用前景的清洁能源。

例 7-1 某肉类加工厂废水设计流量 800 m^3/d，进水 COD 为 400 mg/L，拟采用高温（50～55℃）厌氧生物滤池处理，要求 COD 去除率达到 85% 以上，请确定该厌氧生物滤池的有效容积。

解：

根据经验，85% 去除率对应的容积负荷为 7 kg COD/（m^3 · d）

$$V=\frac{QS_0}{1\,000\,L_V}=\frac{800\times 4\,000}{1\,000\times 7}=450\text{（m}^3\text{）}$$

去除率大于 85% 对应的容积应小于 450 m^3。

式中：Q——设计流量，m^3/d；

L_V——容积负荷，kg COD/（m^3/d）；

S_0——进水 COD 浓度，mg/L。

7.1.2 厌氧生物处理的特点

厌氧生物处理之所以有如此广泛的应用，是因为它有着许多好氧处理所没有的优点。但任何事物都要一分为二来看待，有利必有弊，厌氧生物处理工艺亦有许多缺点（表 7-1）。所以，厌氧生物处理与好氧生物处理各有其适用范围。尽管厌氧生物处理有许多缺点，但是它的发展前景依然广阔。随着人们对厌氧微生物研究的进一步深入，以及利用其生理生化与生态特点的新型设备和技术开发，厌氧生物处理技术必将发挥更大的优势。

表 7-1 厌氧生物处理法的优缺点

优点	能耗少、运行费用低；污泥产量少；营养盐需要少；产生甲烷，可作为潜在的能源；可消除气体排放的污染；能处理高浓度的有机废水；可承受较高的有机负荷和容积负荷；厌氧污泥可长期储存，添加底物后可实现快速响应
缺点	欲达到理想的生物量，启动周期长；有时需要提高碱度；常需进一步通过好氧处理达到排放要求；低温条件下降解速率低；对某些有毒物质敏感；产生臭味和腐蚀性物质

7.1.3 厌氧生物处理的发展趋势

提高厌氧生物处理能力和稳定性是此项技术应用的关键。厌氧生物处理技术之所以能够得到广泛应用，节能、运行成本低是一方面因素，但更重要的是 20 世纪 70 年代以后，由于世界性的能源危机以及人们对厌氧微生物的生理、生态特性的不断了解，通过推出新型反应器或利用厌氧细菌的种群特性，使生物处理能力和稳定性大幅提高。从目前厌氧生物处理工艺技术和设备发展前景来看，进一步提高生物处理能力和稳定性的途径主要有以下几种：①提高反应器中生物持有量。与好氧微生物相比，厌氧微生物的代谢速率普遍较低，通过提高反应器中的生物量，使其比好氧反应器中生物量高几倍甚至几十倍，从而接近甚至超过好氧生物处理反应器的处理能力和效率。②利用厌氧生物处理中微生物种群的特点，实现相分离。产酸细菌与产甲烷细菌具有一定的协同作用，但由于两类种群生理、生态特性以及代谢速率差异较大，同处一个反应器有时将导致生态系统不稳定，通过两类种群分别处于不同的反应器，各司其职，从而提高厌氧生物处理系统的降解速率和稳定性。③研制新型反应器使之形成特殊的水力流态，从而创造厌氧微生物的最适生态条件。研制不同的厌氧反应器，形成一定的水力流态，满足不同种群厌氧细菌的生态需求，是今后研发高效厌氧生物处理反应器的方向之一。

7.2 厌氧生物处理的基本原理

1776 年，意大利科学家沃尔塔（Volta）发现沼泽中可产生可燃气体，他认为这种气体的产生与有机质的分解有关。赫里（Herry）在 1806 年发现这种气体是甲烷。贝尚（Bechamp）于 1868 年首次从微生物学角度阐述了甲烷的形成机理。1875 年，波波夫（Popoff）系统地研究了各种底物发酵的产甲烷过程。由于微生物学技术的局限，当时没有人能从发酵液中分离出纯的菌种。直到 1906 年，泽恩根（Sohngen）培养出一种八叠球菌和杆状细菌的共生培养物，但他未能将它们进一步分离鉴定。施内伦（Schnellen）继泽恩根之后分离出甲烷八叠球菌属和甲烷杆菌属的两个纯种，分别命名为巴氏甲烷八叠球菌和甲酸甲烷杆菌，该研究是微生物学厌氧发酵原理上的一大突破。

1967 年，布莱恩特（Bryant）发现，可将乙醇转化为甲烷的奥氏产甲烷杆菌并非如人们认为的一种微生物，而是 2 种共生菌。其中一种微生物把乙醇转化为乙酸和氢气，而另一种微生物利用氢气把二氧化碳转化为甲烷。这个发现揭示出能够被产甲烷细菌利用的底物种类是有限的，其中主要有 2 碳的乙酸和 1 碳的甲酸、甲醇、甲胺和 CO_2/H_2 等。

7.2.1 复杂有机物的厌氧降解

在废水的厌氧处理过程中，有机物经大量微生物的共同作用，最终转化为甲烷、二氧化碳、硫化氢和氮气等。在此过程中，不同微生物的代谢过程相互影响，相互制约，形成复杂的生态系统。对复杂有机物的厌氧过程的叙述，有助于我们了解这一过程的基本内容。复杂有机物即高分子有机物，这些有机物在废水中以悬浮态或胶体形式存在。

传统观点认为，有机物的厌氧生物处理分为两个阶段：产酸（或酸化）阶段和产甲烷（或甲烷化）阶段。产酸阶段主要为产酸细菌的发酵过程，几乎包括所有的兼性细菌；产甲烷阶段的细菌为产甲烷细菌。1967 年，Bryant 报告认为，复杂有机物的厌氧反应过程经历 3 个阶段。此后人们又归纳出 4 个阶段的厌氧生物代谢过程（图 7-2）：①水解阶段；②产酸发酵阶段；③产氢产乙酸阶段；④产甲烷阶段。从厌氧细菌类型来看，以上各阶段可划分为两大菌群：产酸细菌（亦称非产甲烷细菌），包括水解、产酸发酵、产氢产乙酸阶段的细菌群体；产甲烷细菌。

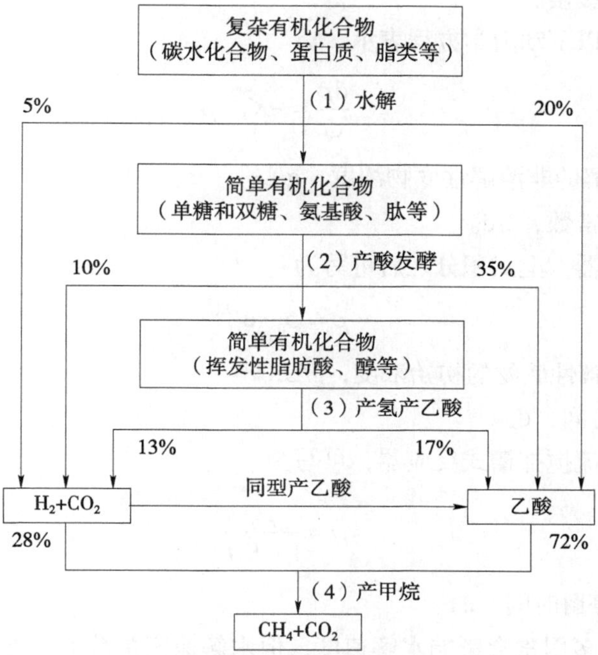

图 7-2 厌氧生物代谢过程示意图

在厌氧条件下，除以上过程之外，当废水中含有硫酸盐时还会存在硫酸盐还原过程，含有硝酸盐和亚硝酸盐时还会发生反硝化以及厌氧氨氧化等作用。

7.2.2 水解阶段

水解可以定义为复杂的非溶解性的有机物质在产酸细菌胞外水解酶的作用下被转化为简单的溶解性单体或二聚体的过程。非溶解性有机物是以胶体或悬浮固体形态存在的高分子有机物，由于相对分子量大，不能透过细胞膜，因此不可能为细菌直接利用，它们需在第一阶段被胞外水解酶分解为小分子有机物。例如，纤维素被纤维酶水解为纤维二糖与葡萄糖，淀粉被淀粉酶分解为麦芽糖和葡萄糖，蛋白质被蛋白酶水解为多肽与氨基酸等。这些小分子有机物的水解产物能够溶解于水并透过细胞膜为细菌所利用。

对于含有难降解或高分子有机物的废水，水解过程通常较为缓慢，因此被认为是此类废水厌氧降解的限速步骤之一。多种因素可影响水解的速度和水解的程度，例如：温度；水力停留时间；有机物质的组成成分，如木质素、碳水化合物、蛋白质与脂肪的质量分数；有机质颗粒的大小；pH；氨的浓度；水解产物的浓度。

胞外水解酶能否有效地接触到底物对水解速率的影响很大，因此大颗粒底物比小颗粒底物降解要缓慢得多。例如，来自植物中的底物，其生物降解性很大程度上取决于纤维素和半纤维素被木质素包裹的程度。纤维素和半纤维素是可以生物降解的，但木质素难以降解，当木质素包裹在纤维素和半纤维素表面时，酶无法接触纤维素和半纤维素，导致降解缓慢。

水解速度可由以下动力学方程表示：

$$\frac{d\rho}{dt} = -K_h \cdot \rho \tag{7-1}$$

式中：ρ——可降解的非溶解性底物浓度，g/L；

K_h——水解常数，1/d。

对于间歇反应器，上式积分之后可写为

$$\rho = \rho_0 \cdot e^{-K_h t} \tag{7-2}$$

式中：ρ_0——非溶解性底物的初始浓度，g/L；

t——反应时间，d。

对于一个连续流搅拌槽式反应器，可写为

$$\rho = \frac{\rho_0}{1 + K_h t} \tag{7-3}$$

式中：t——水力停留时间，d。

如前所述，许多因素会影响水解速度，但水解速度常数K_h与这些因素的关系尚不完全清楚。K_h值的大小通常只适用于某种条件下某一特定底物，需要通过试验获得，并可预测最佳停留时间和沼气产量。表 7-2 所示为不同底物在不同温度和停留时间下的K_h值。

表 7-2　温度与停留时间对污泥中不同组分的K_h值的影响

温度 /℃	停留时间 /d					
	脂肪		纤维素		蛋白质	
	15	60	15	60	15	60
15	0	0	0.03	0.018	0.02	0.01
25	0.09	0.03	0.27	0.16	0.03	0.01
35	0.11	0.04	0.62	0.21	0.03	0.01

7.2.3　产酸发酵阶段

发酵被定义为有机物既作为电子受体也是电子供体的生物降解过程。产酸发酵过程中，产酸发酵细菌将溶解性单体或二聚体有机物转化为以挥发性脂肪酸和醇为主的末端产物，同时产生新的细胞物质，这一过程也称酸化。产酸发酵速率较快，末端产物主要有甲酸、乙酸、丙酸、丁酸、戊酸、己酸、乳酸等挥发性脂肪酸，乙醇等醇类，二氧化碳、氢气，以及氨、氮气、硫化氢等，并且均为自发进行（表 7-3）。因为发酵产物是产甲烷细菌的底物，所以，发酵产物的种类和产率对产甲烷过程影响较大。

表 7-3　产酸发酵细菌以葡萄糖为发酵底物的标准吉布斯自由能变化

反应（pH=7，T=298.15 K）	ΔG_0/（kJ/mol）
$C_6H_{12}O_6+4H_2O+2NAD^+ \longrightarrow 2CH_3COO^-+2HCO_3^-+2NADH+2H_2+6H^+$	−215.67
$C_6H_{12}O_6+2NADH \longrightarrow 2CH_3CH_2COO^-+2H_2O+2NAD^+$	−357.87
$C_6H_{12}O_6+2H_2O \longrightarrow CH_3CH_2COO^-+2HCO_3^-+2H_2+3H^+$	−261.46
$C_6H_{12}O_6+2H_2O+2NADH \longrightarrow 2CH_3CH_2OH+2HCO_3^-+2NAD^++2H_2$	−234.83
$C_6H_{12}O_6 \longrightarrow 2CH_3CHOHCOO^-+2H^+$	−217.70

产酸发酵细菌种类、数量众多，其中重要的类群有梭状芽孢杆菌属和拟杆菌属，梭状芽孢杆菌属是厌氧、产芽孢的细菌，因此它们能在恶劣的环境条件下存活。拟杆菌属大量存在于有机物丰富的地方，它们分解糖、氨基酸和有机酸。上述细菌大多数是严格厌氧的，但随着反应器中缺氧条件的不同，兼性厌氧细菌的数量也随之改变。当厌氧反应器进水中溶有氧气时，这些兼性厌氧细菌能够保护像产甲烷细菌这样的严格厌氧细菌免受氧的损害与抑制。

产酸发酵的末端产物组成取决于厌氧生态条件、底物种类以及参与的微生物种群。例如，如果产酸发酵过程在一个专门的产酸反应器（两相厌氧生物处理的产酸反应器）中进行，则末端产物组成将受生态因子（pH、氧化还原电位、有机负荷、水力停留时间和碱度等）影响。根据研究结果，科昂（Cohen）等提出有机废水产酸发酵存在 2 种发酵类型：丁酸型发酵和丙酸型发酵。丁酸型发酵的典型末端产物是丁酸、乙酸和 H_2/CO_2，丙酸型发酵的主要末端产物是丙酸、乙酸和 CO_2，氢气产量很少。1994 年，有研究提出了产酸发酵的又一种新类型——乙醇型发酵，其主要末端产物为乙醇、乙酸和 H_2/CO_2，以及少量的丁酸。

7.2.4　产氢产乙酸阶段

产氢产乙酸阶段是将产酸发酵阶段 2C 以上的有机酸（除乙酸）和醇转化为乙酸、氢气、二氧化碳的过程，并产生新的细胞物质。这类细菌称为产氢产乙酸细菌。产氢产乙酸过程的某些反应见表 7-4，表中$\Delta G_0'$是反应的标准吉布斯自由能，假定水为纯液体，所有化合物在溶液中的浓度为 1 mol/L。

表 7-4　产氢产乙酸细菌对几种有机酸和醇代谢的标准吉布斯自由能变化

反应（pH=7，T=298.15 K）	$\Delta G_0'$/（kJ/mol）
$CH_3CH_2OH+H_2O \longrightarrow CH_3COO^-+H^++2H_2$	+9.6
$CH_3CH_2COO^-+3H_2O \longrightarrow CH_3COO^-+HCO_3^-+H^++3H_2$	+76.1
$CH_3CH_2CH_2COO^-+2H_2O \longrightarrow 2CH_3COO^-+H^++2H_2$	+48.1
$CH_3CHOHCOO^-+2H_2O \longrightarrow CH_3COO^-+HCO_3^-+H^++2H_2$	−4.2

由表 7-4 可以看出，在标准条件下，乙醇、丁酸和丙酸的产氢产乙酸过程不能自发进行，因为在这些反应中$\Delta G_0'$为正值，但氢分压降低有利于产物产生。假如反应为$a\mathrm{A}+b\mathrm{B} \longrightarrow c\mathrm{C}+d\mathrm{D}$，则实际自由能计算公式如下。

$$\Delta G = \Delta G_0' + RT\ln\frac{[\mathrm{C}]^c[\mathrm{D}]^d}{[\mathrm{A}]^a[\mathrm{B}]^b} \tag{7-4}$$

式中，R 为气体常数，氢分压一般不高于 0.1 hPa，平均值约为 10^{-3} hPa，当作为反应产物之一的氢分压（P_{H_2}）≤0.1 hPa 时，乙醇、丁酸和丙酸的降解均可以自发进行，即反应的实际自由能ΔG成为负值，参见图 7-3。由此可见，对于单相厌氧生物处理反应器，只有在产氢产乙酸细菌产生的氢被产甲烷细菌有效利用时，系统中的氢才能维持在很低的分压，这说明生化反应需要密切的菌种之间的共生关系，这种现象称为“种间氢传递”。研究结果表明，几种有机酸的产氢产乙酸速率顺序为乙醇＞乳酸＞丁酸＞丙酸。

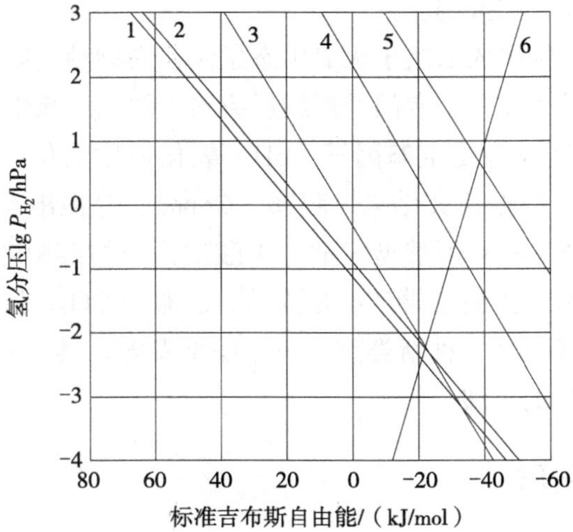

[乙酸]=[乙醇]=20 mmol/L；[丁酸]=[乳酸]=10 mmol/L；[丙酸]=5 mmol/L；[HCO_3^-]=20 mmol/L；pH=7；1—丁酸→丙酸；2—丙酸→乙酸；3—丁酸→乙酸；4—乙醇→乙酸；5—乳酸→乙酸；6—乳酸→丙酸

图 7-3　产氢产乙酸（及产丙酸）的吉布斯自由能（$\Delta G_0'$）变化

在反应器中，各类菌群往往构成微生态系统，在该系统中，产氢产乙酸细菌靠近利用氢的细菌生长，因此氢很容易被消耗掉并使产乙酸过程顺利进行。除许多产甲烷细菌可以利用氢以外，硫酸盐还原菌和反硝化细菌等也能消耗氢。

有少量的产氢产乙酸细菌可以利用 H_2+CO_2 或甲醇作为底物形成乙酸，此类细菌称为同型产乙酸细菌。例如，醋酸梭菌（clostridium aceticum）和通木叶醋杆菌（acetobacterium woodii），这类细菌以氢作为电子供体将二氧化碳和甲醇还原为乙酸。表 7-5 表明，在标准状况下，同型产乙酸过程可自发进行。但事实上，此代谢过程只有当氢分压较高时，细菌为维持生态环境处于适宜条件才会发生。一般来说，当生态系统中存在足够的氢利用细菌（如产甲烷细菌），或可将氢气及时排出生态系统时，同型产乙酸过程不会发生。

表 7-5　同型产乙酸细菌的标准吉布斯自由能变化

反应（pH=7，T=298.15 K）	$\Delta G_0'$/（kJ/mol）
$CH_3OH+HCO_3^-+H_2 \longrightarrow CH_3COO^-+2H_2O$	−2.9
$2HCO_3^-+4H_2+H^+ \longrightarrow CH_3COO^-+4H_2O$	−70.3

7.2.5　产甲烷阶段

产甲烷阶段是由严格专性厌氧的产甲烷细菌将乙酸、甲酸、甲醇、甲胺和 CO_2/H_2 等转化为 CH_4（沼气）和 CO_2 的过程。产甲烷细菌是一类古细菌，截至 20 世纪 90 年代初，人们已经发现产甲烷细菌 65 个种，它们分属于 3 个目，7 个科，1 个属。

根据产甲烷细菌对底物利用的类型，可将其分为 3 类：氧化氢产甲烷细菌、氧化氢利用乙酸产甲烷细菌和非氧化氢利用乙酸产甲烷细菌。尽管这一分类并不严格，但在厌氧反应器中，以上种群常分别出现在不同的生境，构成优势种群，对理论研究和实际工程运行具有重要的指导意义。

重要的产甲烷过程如下：

$$CH_3COO^-+H_2O \longrightarrow CH_4+HCO_3^- \qquad \Delta G_0'=-31.0\ \text{kJ/mol}$$

$$HCO_3^-+H^++4H_2 \longrightarrow CH_4+3H_2O \qquad \Delta G_0'=-135.6\ \text{kJ/mol}$$

$$4CH_3OH \longrightarrow 3CH_4+CO_2+2H_2O \qquad \Delta G_0'=-312.0\ \text{kJ/mol}$$

$$4HCOO^-+2H^+ \longrightarrow CH_4+CO_2+2HCO_3^- \qquad \Delta G_0'=-32.9\ \text{kJ/mol}$$

在甲烷形成的生物化学过程中，主要的中间产物是甲基辅酶 M（可记作 CH_3—S—CoM）。二氧化碳转化为甲基辅酶 M 包括多步以氢为电子供体、涉及相当多的中间产物的还原过程（图 7-4）。

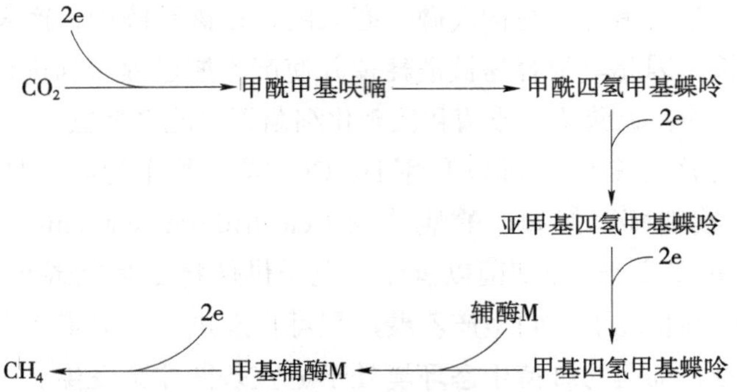

图 7-4　利用氢产甲烷细菌还原二氧化碳产生甲烷示意图

甲基辅酶 M 转化为甲烷和辅酶 M（可记作 HS-CoM）被认为是一个涉及不同辅助因子（cofactor）和电子载体的复杂过程。这些辅助因子和电子载体被称为甲基还原酶系，这是产甲烷的古细菌所特有的。这一过程可记作：

$$CH_3—S—CH_2—SO_3^- + H_2 \xrightarrow{Mg^{2+}, \text{FAD}, \text{ATP}} CH_4 + HS\text{-}CoM$$

其中，FAD 为黄素腺嘌呤二核苷酸。

利用厌氧生物处理工艺实现有机废水的无机化往往需达到产甲烷阶段，欲最大限度地发挥产甲烷细菌的功能和作用，不但应掌握工艺参数和操作运行的知识，而且应了解产甲烷细菌的生理和生态特性。由于产甲烷细菌对生态条件要求苛刻，并且对环境改变较敏感，因此，需要我们对废水厌氧生物处理的调试和运行不断积累经验。由以上所述厌氧生物处理各阶段可见，厌氧生物处理工艺包含着几类细菌和一系列反应，其中反应最慢的步骤将决定整个系统的生物处理速率和能力，这一步骤可称限速步骤。产甲烷细菌的代谢速率一般较慢，因此，对于溶解性有机物厌氧生物处理，产甲烷阶段是整个厌氧生物处理工艺的限速步骤。而对于难降解有机废水的处理，如含木质素和纤维素废水的处理，水解阶段将成为限速步骤。因此，对于不同的有机物种类和浓度，有经验的专家往往针对不同的厌氧生物处理阶段选用不同的设备和工艺，所以，掌握各种厌氧生物处理技术和设备是十分必要的。

7.2.6　其他厌氧生物处理过程

7.2.6.1　硫酸盐还原过程

硫酸盐还原又称硫酸盐呼吸或反硫化作用，是指在厌氧条件下，化能异养型硫酸盐还原细菌（SRB）利用废水中的有机物作为电子供体，将氧化态硫化合物（硫酸盐、亚硫酸盐、硫代硫酸盐等）还原为硫化物（包括 HS^-、H_2S 和 S^{2-}）的过程。以乳酸为电子供体的化学反应式可表示为

$$2CH_3CHOHCOOH + SO_4^{2-} + 4ADP + 4H_3PO_4 \longrightarrow 2CH_3COOH + 2CO_2 + S^{2-} + 6H_2O + 4ATP$$

近20年来，人们对SRB的分类法和生理学研究取得了重大突破，成功地掌握了15个属，其中参与废水处理的9个属中，主要的2个属为脱硫弧菌属和脱硫肠状菌属。前者一般为中温或低温型，不形成孢子，环境温度超过43℃会死亡；后者是中温或高温型，形成孢子。二者均为革兰氏阴性菌。这些SRB分布广泛，在利用多种有机物作为电子供体方面有相当惊人的能力和多样性，可以列出的作为SRB生长底物的物质有100种之多。可以作为硫酸盐还原电子供体的物质主要有氢、醇、脂肪酸、某些氨基酸、糖、环状芳香族化合物、多种苯环取代基的酸类及长链溶解性烷烃等。据此将SRB分为4类：利用氢的硫酸盐还原菌、利用乙酸的硫酸盐还原菌、利用脂肪酸的硫酸盐还原菌、利用芳香族化合物的硫酸盐还原菌。硫酸盐还原作用产生的H_2S有强烈的腐蚀性，且气味恶臭，严重影响环境卫生，破坏水体的生态平衡。影响硫酸盐还原过程的环境因素主要有pH、电子供体的种类、温度、抑制剂、ORP（氧化还原电位）、代谢中间产物、盐度、重金属、超声波、可见光、紫外线等。

在自然界和人工处理构筑物中，当硫酸盐浓度较低时，硫酸盐还原作用较弱，不会给正常的有机物厌氧生物处理带来不利影响，而且由于硫酸盐还原菌可以利用H_2从而降低厌氧生物处理中的氢分压，一定程度上可以促进有机物的厌氧生物处理过程。但是，当废水中含有高浓度的硫酸盐时，则对有机物的厌氧生物处理带来极为不利的影响，它会改变和抑制有机物的代谢过程。其影响机制可以归纳为两个类型：一是由于SRB与产甲烷细菌竞争共同底物（乙酸和氢气）而对产甲烷细菌产生的抑制作用；二是由于硫酸盐还原产生的H_2S对产甲烷细菌和其他厌氧细菌的抑制作用。同时，产生的H_2S对沼气的产量和利用也造成严重影响。因此，如何避免或减轻硫酸盐还原作用对有机物厌氧生物处理的影响，是废水处理工程中关注的问题之一。

对于某些含高浓度硫酸盐的废水（如味精生产废水），宜采用专门的厌氧生物处理反应器进行硫酸盐还原。目前，有效的解决方式是利用两相厌氧生物处理工艺中的产酸相先期还原硫酸盐，从而避免硫酸盐还原对产甲烷过程的影响。产酸相中产酸细菌可以为SRB提供适宜的电子供体，而且产酸细菌对H_2S的耐受能力比产甲烷细菌大，而且低pH状态有利于H_2S释放进入气相中。一般来说，对于完全混合搅拌槽式硫酸盐还原反应器，反应器内形成絮状厌氧污泥，在最佳控制参数下，COD去除率可达85%～90%，硫酸盐去除率可达90%以上。

7.2.6.2 反硝化与厌氧氨氧化

（1）生物反硝化是指污水中的硝酸盐氮（NO_3^--N）和亚硝酸盐氮（NO_2^--N），在无氧或缺氧条件下，被微生物还原转化为氮气（N_2）的过程。这个过程可用下式表示：

$$NO_3^- + 5H\text{（电子供给体—有机物）} \longrightarrow 0.5N_2 + 2H_2O + OH^-$$

$$NO_2^- + 3H\text{（电子供给体—有机物）} \longrightarrow 0.5N_2 + H_2O + OH^-$$

反硝化过程中NO_3^-和NO_2^-的转化是通过反硝化细菌的异化作用（分解代谢）来完成的。反硝化细菌是异养型兼性厌氧细菌，在有分子态氧存在时，反硝化菌氧化分解有机物，利用分子态氧作为最终电子受体。在无分子态氧的条件下，反硝化菌利用硝酸盐和亚硝酸盐中的 N^{5+} 和 N^{3+} 作为电子受体，O^{2-} 作为受氢体生成 H_2O 和 OH^- 碱度，有机物则作为碳源及电子供体提供能量并得到氧化稳定。目前已鉴别出来的反硝化细菌有几十种，主要包括无色杆菌属、产碱杆菌属、杆菌属和色杆菌属等。反硝化细菌在厌氧、好氧和缺氧条件下都能够生存，喜欢中性至微碱性环境，温度的改变对反硝化细菌影响很大。

（2）在无氧环境条件下，同时存在铵态氮和亚硝酸盐氮时，以铵态氮为无机电子供体，亚硝酸盐氮为电子受体，生成氮气，这一过程称为厌氧氨氧化（Anammox）。厌氧氨氧化是在厌氧氨氧化菌（Anaerobic Ammonia Oxidation Bacteria，AnAOB）作用下的生化反应。该反应包括两个过程：一是分解（产能）代谢，即在 AnAOB 的作用下，以氨为电子供体，亚硝酸盐为电子受体，二者以 1∶1 的比例反应生成氮气，并把产生的能量以 ATP 的形式储存起来；二是合成代谢，即以亚硝酸盐为电子受体，利用碳源二氧化碳以及分解代谢产生的 ATP 合成细胞物质，并在这一过程中产生硝酸盐。在厌氧氨氧化过程中，大约 89% 的无机氮被转化产生氮气，另外 11% 的无机氮被转化为硝酸盐氮。

厌氧氨氧化工艺省略反硝化反应，直接由氨氮硝化产生的亚硝态氮与剩余的氨氮直接反应生成氮气，即短程硝化－厌氧氨氧化（PN/A）。与传统的硝化/反硝化工艺相比，厌氧氨氧化工艺有着巨大的技术优势，其曝气能耗只有传统工艺的 60% 左右；该工艺几乎无须碳源，如果为了去除硝酸盐产物需要在厌氧氨氧化过程中投加碳源，其投加量也比传统工艺中碳源投加量降低 90%；厌氧氨氧化工艺可以减少 45% 碱度消耗量。同时，厌氧氨氧化工艺的污泥产量也远低于传统脱氮工艺，这将显著降低剩余污泥的处理和处置成本。厌氧氨氧化工艺是目前最有应用前景的污水生物脱氮技术，因其具有曝气量少、无须格外投加碳源、产泥量相对于传统的硝化/反硝化技术较少、占地面积小等特性，已广泛用于高氨氮的工业废水处理领域中。

$$HNO_2 \longrightarrow NH_2OH \xrightarrow{NH_3} N_2H_4 \longrightarrow N_2$$

含有高浓度氨氮的污水，将其控制在 57% 亚硝化时，进入厌氧氨氧化反应器，生成的亚硝酸盐和剩余的氨氮刚好安全去除，这种半硝化－厌氧氨氧化组合的自养脱氮工艺能节省碳源和供氧消耗的能源。此外，控制环境中的氨氮和溶解氧，采用生物膜系统的一体化自养脱氮工艺，利用生物膜表层生长亚硝化菌，内层生长厌氧氨氧化细菌，也可以实现自养脱氮过程。

7.3 厌氧微生物生态学

一般认为，产酸细菌种群多、代谢速率和生长速率快，所以常将产甲烷阶段作为厌氧生物处理的限速步骤。由于产甲烷细菌对生态条件要求苛刻，并且对环境改变较敏感，因此，多年来对产甲烷细菌的影响因子研究十分重视。但是，由于厌氧生物菌群间存在相互制约、相互依赖关系，而产酸细菌和产甲烷细菌所需最佳生态条件差异较大，特别是由于近年来对难降解有机废水厌氧生物处理研究的不断深入，要想最大限度地发挥两类菌群的作用，应根据菌群特点和不同废水性质决定的限速步骤制定不同的工艺技术和路线，因此有必要对各菌群的影响因子给予充分的重视。

7.3.1 影响产酸细菌的主要生态因子

对于易降解的溶解性有机物来说，产酸细菌的代谢过程在厌氧生物处理中并不构成限速步骤，影响产酸细菌的生态因子主要有pH、氧化还原电位（ORP）、温度、水力停留时间、有机负荷等。对产酸细菌的研究不但要关注其降解速率，更重要的是考虑产酸阶段要为产甲烷阶段提供适宜的底物，因此不能不重视对产酸发酵类型的研究。目前，根据产酸细菌生理生态学研究，三种发酵类型（丁酸型发酵、丙酸型发酵和乙酸型发酵）发生的生态因子研究已取得进展。研究结果表明，各种生态因子对产酸细菌的代谢速率均有不同程度的影响，但影响发酵类型的限制性生态因子（起决定性的生态因子）主要有pH和ORP。

7.3.1.1 pH

pH是非常重要的生态因子之一，不但影响产酸发酵的代谢速率及生长速率，而且影响发酵类型。产酸细菌生存的pH范围很宽，pH为3.5～8均可生存，一般认为，最适pH为6～7。但事实上，最佳代谢速率的适宜pH随不同发酵类型细菌种类而差异较大。研究结果表明，在正常厌氧条件下的ORP（-400～-150 mV）范围内，pH为4～4.5往往发生乙醇型发酵；pH为4.5～5常发生丁酸型发酵，但亦可发生乙醇型发酵；pH为5左右时，乙酸、丙酸、丁酸和乙醇等产物的产量相差无几，并随ORP的高低主要产物种类有所差异，此时可称为混合酸型发酵的发酵类型；pH为5.5左右发生丙酸型发酵；pH＞6往往发生丁酸型发酵。在单相反应器中，由于必须考虑产甲烷细菌的生存条件，所以反应器中产酸发酵区域的pH不应低于5.5，而对于两相厌氧生物处理的产酸相反应器来说，应根据废水性质和运行控制能力控制不同的发酵类型，以获得目的产物。

7.3.1.2 氧化还原电位

与pH一样，ORP也是一个非常重要的生态因子。ORP的高低主要影响生物种群中专性厌氧和兼性厌氧细菌的比例，一般认为，产酸细菌的最适ORP范围为-300～-200 mV。反应器中的ORP高低主要与进水的废水种类、反应器密闭性等有关。一般来说，当ORP高于-100 mV时，丙酸产率较高，特别是当ORP高于-50 mV时，几乎在所有pH范围内均易发生丙酸型发酵。为了降低氧化还原电位，厌氧反应系统可适当添加还原剂，也可添加铁粉获得较低的ORP，同时可避免乳酸大量产生，因为乳酸存在生成丙酸的潜在危害。

氧是产生氧化还原电位最普遍的原因，氧浓度可用能斯特（Nernst）于1889年导出的关系式确定。

$$E_h = E_h^\circ + \frac{2.3RT}{nF}\lg\frac{[氧化态]}{[还原态]} \tag{7-5}$$

式中：E_h——相对于标准氢电极的还原电位；

E_h°——平衡条件下的电位；

F——法拉第常数；

n——反应过程中的电子转移数目。

在下列反应中，$O_2+4H^++4e^- \longrightarrow 2H_2O$，系统还原电位只是氧浓度的函数。根据电位与浓度的关系，即可确定出氧浓度。

7.3.1.3 碱度

水中碱度是中和酸能力的一个指标，主要来源于弱酸盐，在厌氧生物处理中主要形成碳酸氢盐碱度，而在pH较低的体系（产酸反应器）中还存在乙酸盐碱度。在产酸发酵过程中，足够的碱度可保证系统具有良好的缓冲能力，避免pH迅速降低而导致某些厌氧细菌受到抑制。因此，碱度是厌氧生物处理中重要的控制参数。

厌氧反应器液相中的CO_2（aq）与气相中的CO_2（g）处于两相平衡状态，并构成碳酸盐缓冲系统（pH＜8的体系中CO_3^{2-}形态不存在）。

$$CO_2(g) \xleftrightarrow{k} CO_2(aq) + H_2O \xleftrightarrow{K} H_2CO_3 \xleftrightarrow{K_a} HCO_3^- + H^+$$

根据亨利定律，CO_2（g）与CO_2（aq）间的气－液平衡由下式给定。

$$[CO_2(aq)] = kP_{CO_2} \tag{7-6}$$

式中：k——亨利常数，30℃时为2.82×10^{-5} mol（hPa·L）；

P_{CO_2}——相平衡时CO_2分压，hPa，$P_{CO_2} = V_{CO_2}(P-30)/V_T$；

V_{CO_2}/V_T——发酵气中CO_2占总气体体积的比率；

P——气相总压力，hPa；

30——30℃条件下体系中水蒸气分压近似值，hPa。

反应器内的分子态碳酸以CO_2（aq）形态存在，而不是以H_2CO_3的形态存在。液相碳酸平衡如下：

$$CO_2(aq) + H_2O \longleftrightarrow HCO_3^- + H^+$$

$$K_a' = K \cdot K_a = \frac{[H^+][HCO_3^-]}{[CO_2(aq)]} \tag{7-7}$$

式中：K——CO_2（aq）与H_2CO_3间平衡常数，30℃时为3.9×10^{-3}；

K_a——H_2CO_3 与 HCO_3^- 间电离平衡常数，30℃时为 1.66×10^{-4}；

K_a'——综合平衡常数，30℃时为 6.47×10^{-7}，$pK_a'=6.19$。

由式（7-6）和式（7-7）可得

$$k \cdot K_a' = \frac{[H^+][HCO_3^-]}{P_{CO_2}} \tag{7-8}$$

根据亨德森－黑赛巴切公式，缓冲溶液的 pH 为

$$pH = pkK_a' + \lg\frac{[HCO_3^-]}{P_{CO_2}} \tag{7-9}$$

可见，厌氧反应器 CO_2 分压较高的体系中将形成二氧化碳－碳酸氢盐缓冲系统，缓冲强度最大值发生在 pH 等于 6 左右，介质的 pH 主要取决于 CO_2 分压和 $[HCO_3^-]$ 的相对浓度平衡。如果系统中挥发酸浓度提高，可消耗 HCO_3^-，CO_2 分压提高，使 pH 下降。

采用厌氧生物处理法处理某些工业废水时，为提高碱度而投加碱（如石灰等），需要较高的运行成本。清楚地了解各种缓冲体系，可利用工艺特点和废水性质开发新型反应器，从而降低运行费用。

总碱度中除碳酸氢盐碱度外，还有挥发性脂肪酸（如乙酸、HAc）盐碱度。乙酸盐碱度常发生于 pH 为 4.7 左右的厌氧环境中。

$$HAc \longleftrightarrow H^+ + Ac^-$$

$$K_{Ac} = \frac{[H^+][Ac^-]}{[HAc]} \tag{7-10}$$

式中：K_{Ac}——HAc 与 Ac^- 间平衡常数，30℃时为 3.9×10^{-3}。

蛋白质等含氮有机废水厌氧代谢中通过氨化作用可产生大量的氨（NH_3），氨与铵离子（NH_4^+）亦可构成碱度。

$$NH_3+H_2O+CO_2 \longleftrightarrow NH_4^+ + HCO_3^- \text{（}NH_3+H^+ \longleftrightarrow NH_4^+\text{）}$$

$$K_{NH} = \frac{[NH_4^+]}{[NH_3][H^+]} \tag{7-11}$$

此外，硫酸盐和亚硫酸盐的还原过程亦可产生碱度，如

$$4H_2 + SO_4^{2-} + CO_2 \longleftrightarrow HS^- + HCO_3^- + 3H_2O$$

由此可见，在厌氧生物处理中除可通过投加碱提高缓冲能力外，厌氧微生物代谢过程中所产生的 CO_2、挥发性脂肪酸、氨以及硫酸盐等对环境中的酸碱平衡起到了不同方向和程度的作用。

7.3.1.4 温度

温度对厌氧微生物的生长和代谢速率普遍有较大的影响。一般来说，产酸细菌最佳工作温度为 35℃左右，当温度低于 25℃时，产酸速率迅速降低，温度降至 20℃以下产酸速率将降低 50% 以上。

7.3.1.5 水力停留时间和有机负荷

有机负荷对产酸细菌的影响不是很大，在正常范围内，如有机负荷为 5～60 kg COD/（m^3·d），产酸细菌可发挥良好的作用。一般来说，当有机负荷超过 100 kg COD/（m^3·d），由于渗透压（水活度）等影响，产酸细菌所形成的活性污泥易发生解体，并且污泥颜色变浅，生物活性迅速降低。水力停留时间过短将影响底物的转化程度，出水中含有较多的未完全降解的底物，同时相对密度较小的微生物絮体很容易随水流出。

7.3.2 影响产甲烷细菌的主要生态因子

研究表明，产甲烷细菌在亲缘关系上既不属于真核生物，也不属于原核生物，人们把它们划归于古细菌。古细菌与原核生物极其接近，但在分子生物学方面又明显区别于原核生物，特别是 DNA 组成区别明显。产甲烷细菌的细胞壁组成也与其他细菌不同，由于不含胞壁酸，产甲烷细菌对作用于细胞壁的高效抗菌素（如青霉素、右旋环丝氨酸、万古霉素和头孢 M 菌素等）不敏感，利用这一特性，在分离产甲烷细菌时可在培养基中加入青霉素等制成选择性培养基。

如前所述，产甲烷细菌是一种严格的专性厌氧菌，它们对营养要求较简单，而对环境条件变化的反应特别敏感。产甲烷细菌繁殖世代时间长，代谢速率较缓慢，所以产甲烷细菌是控制厌氧生物处理效率的主要微生物。一般情况下，在整个厌氧生物处理过程中，产甲烷发酵过程是限速步骤，现今开发研究的各种新型厌氧生物反应装置，大多是以促进和提高产甲烷阶段效率为基本出发点的。

产甲烷阶段之所以成为厌氧生物处理的主要限速步骤，原因在于产甲烷细菌生理、生态上的独特性，所以首先需要了解不同生态因子下产甲烷细菌生理、生态变化规律。

7.3.2.1 pH

产甲烷细菌对环境 pH 变化的适应性很差，具有一定的范围限度。早在 1937 年霍伊克莱安等就报道过，在污泥厌氧生物处理中，产甲烷细菌的最适 pH 为 7.0。实际上，产甲烷细菌的最适 pH 随着菌种的不同而异。一般来说，产甲烷细菌的最适 pH 为 6.5～7.5，但也有研究表明，pH 为 5.5 或 8.0 时产甲烷细菌也能生存。传统观点认为，pH＜6 时产甲烷细菌受到抑制甚至死亡，而周雪飞等在对高浓度甲醇废水的研究中发现，对于颗粒污泥，当 pH 为 4.5 时产甲烷细菌在 48 h 内仍然具有较高的产甲烷活性，即使将颗粒污泥破碎，pH 为 5 时产甲烷细菌仍能够生存，并具有产甲烷活性，经生物相观察，主要的产甲烷细菌为八叠球菌属。

7.3.2.2 氧化还原电位

无氧环境是严格厌氧的产甲烷细菌繁殖的基本条件之一。对于厌氧反应器介质中的氧浓度判断，可用氧化还原电位（ORP）表达。

资料表明，产甲烷细菌初始繁殖的条件是氧化还原电位不能高于 -330 mV。按照 Nernst 关系式，氧化还原电位为 -330 mV 相当于 2.36×10^{56} L 水中有 1 mol 氧。可见专性厌氧的产甲烷细菌对介质中分子态氧的存在极为敏感。对环境的严格厌氧要求是由产甲烷细菌本身的严格厌氧特性决定的。在厌氧发酵全过程中，非产甲烷阶段可在兼氧条件下完成，氧化还原电位在 100～250 mV；而产甲烷阶段最适氧化还原电位为 -500～-300 mV。

氧化还原电位还受 pH 的影响，pH 越低，ORP 越高；pH 越高，ORP 越低。因此，在初始富集产甲烷细菌阶段，应尽可能保持介质 pH 接近中性，并应保持反应装置的密封性。

7.3.2.3 有机负荷率

有机负荷率直接反映了底物与微生物之间的平衡关系，是生物处理中主要的控制参数，厌氧过程也不例外。在厌氧处理有机污泥时，负荷率常以投配率表达，即每日投加的生污泥容积占反应器容积的百分数。投配率的倒数相当于污泥在反应器中的平均停留时间。而对于厌氧生物处理有机废水，大多以容积负荷率［kg COD/（m^3 · d）］为参数，悬浮生长工艺（厌氧活性污泥法等）除容积负荷率之外，也可用污泥负荷率（kg COD/kg SS · d）做指标。

有机废水厌氧生物处理中，负荷率对有机物去除率的影响比较明显。无论在厌氧生物处理的试验研究中或在实际运转中，欲维持底物与微生物量之间的平衡、维持产酸发酵与产甲烷发酵阶段的平衡，负荷率都起到非常重要的作用。

7.3.2.4 温度

一般认为，厌氧生物适应的温度范围较宽（5～83℃），并且在 5～35℃范围内，温度每升高 1～15℃，生物代谢速率提高 1～2 倍。经过大量试验发现，在 5～83℃范围内，最适温度有 2 个区。中温区在 30～39℃，高温区在 50～60℃（图 7-5），在这 2 个区内厌氧产沼气量和有机物去除量均较高。最适温度之所以出现 2 个区，主要原因是在作为限速步骤的产甲烷阶段中，产甲烷细菌主要分为嗜中温细菌（如布氏产甲烷杆菌、巴氏产甲烷八叠球菌、万氏产甲烷球菌等）和嗜高温细菌（如嗜热产甲烷丝菌、嗜热产甲烷八叠球菌等）。一般来说，40～50℃不利于产甲烷细菌生长，因此很少在厌氧生物处理工艺中采用此温度区。此外，人们正在考虑将更高的温度用于废水厌氧生物处理工艺中，如德国已将 70℃超高温厌氧工艺用于实际工程中。尽管温度提高生物降解速率总体是提高的，但由于提高温度需消耗大量能源，所以选择哪个最适温度区应进行技术经济比较。

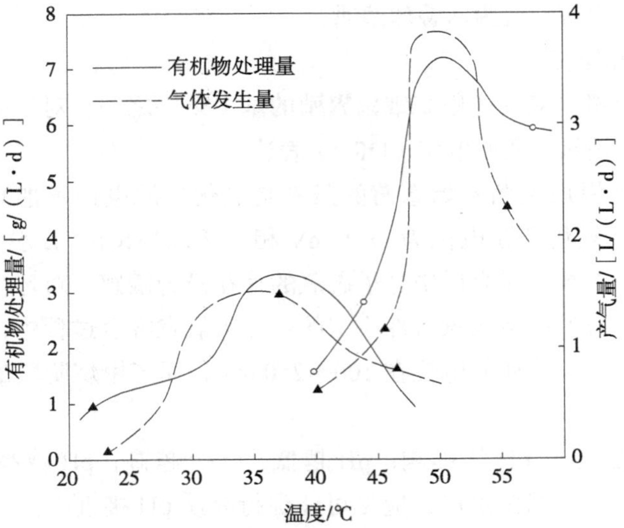

图 7-5　厌氧生物处理系统温度对有机物处理量的影响

7.3.2.5　污泥浓度

在生物处理中，底物与微生物之间的关系最为密切。生物反应器中的活性微生物保有量高，反应器的转化率及允许承受的有机负荷率就高。在连续流厌氧生物处理有机废水系统中，新开发的工艺均以污泥保有量高为主要特点。例如，上流式厌氧污泥床反应器，平均污泥浓度可达到 30～50 g/L，比好氧曝气池中生物量高 10～20 倍，从而使厌氧生物处理效率显著提高。

当然，污泥浓度并不等于反应器中的活性生物量。一般认为，在带有出水回流系统的固着生长厌氧处理（膜法）工艺中，来自进水中的悬浮物易随出水带出反应器；而悬浮生长厌氧活性污泥法中由于非活性悬浮物易沉降，有时会在反应器中积累，所以，活性生物量所占比例偏低。

7.3.2.6　碱度

碱度对产甲烷细菌有较大的影响，特别是产甲烷细菌的生存条件一般为 pH 在 6 以上，所以碳酸氢盐碱度起着非常重要的作用。

7.3.2.7　接触与搅拌

在生物反应器中，底物首先需传质到细菌表面，进而被代谢，而传质速率将起到较重要的作用。搅拌是提高传质速率的重要因素之一，但对于产甲烷细菌来说，缓慢地混合与急剧搅拌对于不同的反应器形式可以产生不同的效果。一般认为，产甲烷细菌的生长需要相对稳定的环境，对于推流形式的反应器来说，当混合强度较大时，因为微生物的生长环境条件发生改变，产甲烷细菌的活性可能会受到影响。但是从某些厌氧反应器（如后述的内循环反应器）的研究结果来看，频繁更替环境条件并未对产甲烷细菌带来严重的影响。

影响传质速率的因素主要有厌氧污泥（或生物膜）与介质间的液膜厚度，以及颗粒状的污泥内部不同细菌菌群间代谢产物的传质速率。液膜厚度大将影响底物的传质速率，可通过搅拌（机械的或自身代谢产气搅拌）降低液膜厚度。颗粒污泥越小传质速率越快，但颗粒减小将降低反应器中的生物持有量。

在厌氧处理的连续流投配系统中，为了达到良好的传质效果，需要注意布水系统对接触的影响，应避免在反应器中出现短流的现象。有时可采取连续式或间歇式回流，或脉冲式进水来避免短流，加强接触。

7.3.2.8 营养

厌氧细菌由于生长速率低，所以对氮、磷等营养盐要求较少。一般来说，处理含天然有机物的废水时不用投加营养盐。实验表明，COD：N：P 控制在 500：5：1 左右为宜，在厌氧处理装置启动时，可稍微增加氮素，有利于微生物的增殖，并有利于提高反应器的缓冲能力。塔瓦伊等研究证明，增加 NH_4^+-N 会因提高消化液的氧化还原电位而使甲烷产率降低，所以氮素以加入有机氮为宜。

7.3.2.9 抑制物和激活剂

所谓“有毒”是相对的，任何一种物质对微生物的生长都有两方面的作用，既有激活作用又有抑制作用，关键在于它们的浓度界限，即毒阈浓度。

在工业废水中，常含有重金属。微量的重金属对厌氧细菌的生长可能起到刺激作用，但当其过量时，却有抑制微生物生长的可能性。海斯等研究表明，重金属的毒性大小排列次序为 Ni＞Cu＞Pb＞Cr＞Cd＞Zn。但是，各种重金属离子对厌氧发酵产生抑制的阈限浓度，不同学者的研究结果并不统一。由于试验条件、底物成分、厌氧工艺不一，污泥驯化程度不同，其结果差别也就较大。如经驯化后的污泥对氰化物的忍受能力将提高几十倍（从 0.5～1 mg/L 提高到 30～50 mg/L）。

氨氮对厌氧微生物的生长亦有刺激浓度和抑制浓度之分。氨氮浓度在 50～200 mg/L 时，对厌氧反应器中的微生物有刺激作用，在 1 500～3 000 mg/L 时则有明显的抑制作用。值得注意的是，反应液的 pH 决定了水中氨和铵离子间的分配百分比。当 pH 较高时，对产甲烷细菌有毒性的游离氨的比例也会相应提高。

硫酸盐、硝酸盐和亚硝酸盐的存在将对产甲烷阶段构成一定的竞争抑制。研究表明，厌氧处理有机废水时生物氧化的顺序是：反硝化、反硫化、产酸发酵、产甲烷等。只有在前一种反应条件不具备时才进行后一种反应。在厌氧生物处理反应器中，始终存在硝化细菌、反硝化细菌、硫酸盐还原细菌，虽然硝化细菌为专性好氧菌，但它可在缺氧环境中存活下来，硝化作用能够发生在氧浓度为 6 μmol/L 的环境中。莱廷格（Lettinga）认为，运行中应控制 COD/SO_4^{2-}＞10 g/g，这时所产生的沼气可将还原的 H_2S 带出，使反应液中的 H_2S 维持在 100 mg/L 水平以下，否则，未离解的 H_2S 将存在抑制作用。因此，必须严格控制厌氧反应器进水中的硫酸盐、硝酸盐和亚硝酸盐的含量，才能使反应器保持有利于产甲烷阶段的运行状态。

在一些工业废水中，常含有一定浓度的有毒有机物质，其中有天然有机物，也有相当一部分是人工合成的。有毒有机物的毒性由两种原因引起：①非极性的有机化合物可能损害细胞的膜系统；②通过氢键与菌体蛋白质结合，使酶失去活性。对有机物来说，分子结构将影响其对微生物的抑制作用。例如，醛基、双键、氯取代基、苯环等结构，可增加对微生物的抑制作用。在脂肪酸中，3 碳、6 碳、12 碳，即丙酸、己酸、十二烷酸对厌氧微生物具有抑制作用。此外，几乎所有的苯环化合物对厌氧过程都有一定的抑制性，其中以硝基苯毒性最大。

在厌氧处理中，有些物质在低浓度时对厌氧微生物有激活作用，能促进有机物分解并提高甲烷产率，表 7-6 所示为部分物质对厌氧处理的激活作用浓度范围。

表 7-6　部分物质对厌氧处理的激活作用

种类	浓度	效果
纤维素酶	—	产气量提高 1.4～1.6 倍
黑曲霉	—	同上
稀土元素	5 mg/L	产气量提高 17% 以上
Na	100～200 mg/L	刺激发酵过程
K	200～400 mg/L	刺激发酵过程
Ca	100～200 mg/L	刺激发酵过程
Mg	75～150 mg/L	刺激发酵过程
Li	10～200 mg/L	刺激发酵过程
活性炭	500～4 000 mg/L	提高产气量
甲醇	0.25%～0.5%	提高产气量
醋酸钠	0.25 %～0.5%	提高产气量
吐温（TWcen20）	0.001%	提高产气量 40%

7.3.3　影响硫酸盐还原菌的主要生态因子

硫酸盐还原菌（SRB）比产甲烷细菌有较高的生长速率、较好的底物亲和力和较高的细胞产率。因此，SRB 比产甲烷细菌利用氢的能力强，假如有足够的硫酸盐，所有的氢都可以被 SRB 利用。在厌氧反应器中，与 SRB 共同生长的产甲烷细菌几乎没有利用氢的能力，这可以解释为什么 SRB 能更有效地利用氢。

乙酸是厌氧分解最主要的中间产物，通常降解 COD 的 70% 要经过乙酸来降解。SRB 与产甲烷细菌的热力学性质和生长动力学性质比较表明，在竞争乙酸时 SRB 比产甲烷细菌有优势，特别是在乙酸浓度比较低时，但在有些厌氧反应器中得出的结果存在矛盾，这可能是由于在反应器中 SRB 与产甲烷细菌的竞争受温度、细胞的固定化、硫酸盐浓度、污泥的类型和驯化等环境因子的影响。

影响硫酸盐还原菌活性的因素很多，主要包括以下几方面：①同产甲烷细菌相似，硫酸盐还原菌也在两个温度段表现出较强的活性，一个是中温段，另一个是高温段。中温段的硫酸盐还原菌最适生长温度为30～35℃，但可以承受42℃以下的温度。高温菌种能够在50～70℃的范围内生长。②硫酸盐还原菌可以在pH为4.5～9.5的范围内生长，而最适的pH范围则是6.5～8.0。在不同pH条件下硫化氢的存在形态如图7-6所示。③硫酸盐还原菌是严格的厌氧菌，其生长环境的氧化还原电位一般保持在-100 mV以下，故在好氧生物反应器中它们是不可能生长的。研究表明，硫酸盐还原菌能够在有分子氧存在的情况下存活，甚至能够利用分子氧，硫酸盐还原菌暴露于分子氧环境中可以保持活性几小时甚至几天。已经在硫酸盐还原菌的几个属中发现了存在好氧呼吸能力，发现在脱硫弧菌属的几个亚属中有抗分子氧保护酶，如超氧化歧化酶、NADH氧化酶、过氧化氢酶。④碳硫比（COD/SO_4^{2-}）对硫酸盐还原能力影响较大，为了有效地去除硫酸盐，碳硫比应不小于1.5。采用溶解性的小分子有机物（如甲醇、乙醇等）作为电子供体，硫酸盐还原速率较高。⑤根据盐度要求的不同，硫酸盐还原菌可以分为嗜盐性菌和非嗜盐性菌。嗜盐性的硫酸盐还原菌培养基的pH宜调至7.6，非嗜盐性的硫酸盐还原菌培养基的pH应调至7.1。嗜盐性菌一般分布在海洋环境中，要求NaCl浓度大于0.6%，最适宜的浓度为1%～3%。脱硫弧菌属中的*Desulfovibrio salexigen*具有耐盐性，可以在高盐度硫酸盐废水处理构筑物中存活。

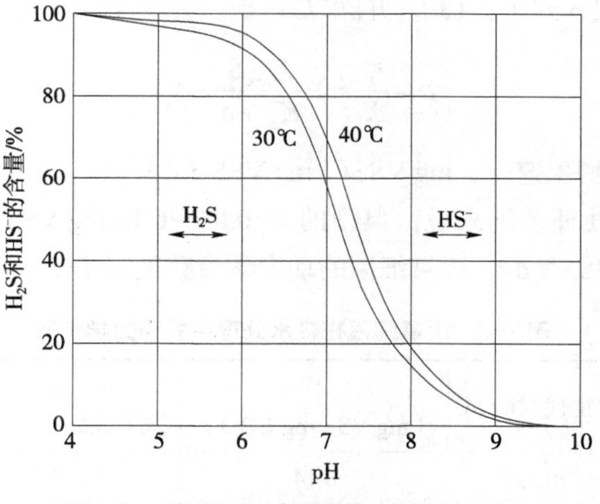

图7-6 不同pH条件下H_2S和HS^-含量

7.3.4 厌氧生化反应动力学

厌氧生化反应动力学是研究厌氧生物化学反应进行速度、反应历程，以及描述厌氧降解过程特性的一种数学方法。通过厌氧生化反应动力学的研究，可以将微生物学和生物化学的实验资料用于生物处理构筑物的设计和实际运行的控制，更加系统地理解各种工艺参数之间的关系。

在厌氧条件下，BOD_5去除也遵循一级反应动力学规律，因此好氧反应动力学方程式也适用于厌氧反应。由于产甲烷阶段是厌氧生物处理速率的控制因素，因此，反应动力学是以该阶段作为基础建立的。

厌氧生化反应动力学方程式为

$$\frac{\mathrm{d}S}{\mathrm{d}t}=r_{su}=-\frac{k_{\max}SX}{K_S+S} \tag{7-12}$$

$$\frac{\mathrm{d}X}{\mathrm{d}t}=r_g=-Yr_{su}-k_dX \tag{7-13}$$

式中：$\mathrm{d}S/\mathrm{d}t=r_{su}$——底物去除速率，mg/（L·d）；

$k_{\max}$——最大比底物利用速率，g COD/（gVSS·d）；

S——可降解的底物浓度，mg/L；

K_S——半速度常数，即最大比底物利用速率为一半时的底物浓度，mg/L；

X——生物浓度，mg/L；

$\mathrm{d}X/\mathrm{d}t=r_g$——菌增殖速率，mg VSS/（L·d）；

Y——细菌产率系数，mg VSS/（mg VSS·d）；

k_d——细菌衰亡速率系数，mg VSS/（mg VSS·d）。

将式（7-12）代入式（7-13），并除以X得

$$\mu=\frac{r_g}{X}=Y\frac{k_{\max}S}{K_S+S}-k_d \tag{7-14}$$

式中：μ——细菌比增殖速率，mg VSS/（mg VSS·d）。

对于厌氧生物处理系统来说，典型的Y=0.04～0.10 mg VSS/mg COD，k_d=0.02～0.04 mg VSS/（mg VSS·d），厌氧细菌的动力学参数见表7-7。

表7-7　厌氧细菌在废水处理中的动力学参数

细菌类型	世代时间 /d	Y/（mg VSS/mg COD）	$k_{\max}$/［g COD/（g VSS·d）］	K_S/（mmol/L）
产酸发酵细菌	0.125	0.14	39.6	未报道
产氢产乙酸细菌	3.5	0.03	6.6	0.40
利用氢产甲烷细菌	0.5	0.07	19.6	0.004
产甲烷细菌	0.7	0.02	5.0	0.30
甲烷八叠球菌	1.5	0.04	11.6	5.0
好氧活性污泥	0.03	0.40	57.8	0.25

7.3.5 厌氧生物处理过程中微生物优势种群的演替及相互关系

在厌氧生物处理中，存在种类繁多、关系非常复杂的微生物区系。甲烷的产生是这个微生物区系中各种微生物相互平衡、协同作用的结果。厌氧生物处理过程是这些微生物所进行的一系列生物化学的偶联反应，而产甲烷细菌则是厌氧生物链上的最后一个成员。在厌氧生物处理系统（如厌氧反应器）中，由于内部各区域生态环境的差异，造成产酸细菌［产酸发酵细菌（AFB）、产氢产乙酸细菌（HPA）、同型产乙酸细菌（HOMA）］、产甲烷细菌［氧化氢产甲烷细菌（HOM）、氧化氢利用乙酸产甲烷细菌（HOAM）、非氧化氢利用乙酸产甲烷细菌（NHOAM）］中各类群细菌有规律地出现演替。在推流式反应器中，优势种群沿水流方向的典型演替规律如下：

通过各种群间相互利用、相互制约，构成一个稳定的生态系统，保证生物代谢过程正常进行。当这一演替规律被破坏，往往会影响代谢平衡，甚至导致整个处理系统的运行失败。对于厌氧颗粒污泥，其自身构成微小的生态系统，其内外层细菌种类根据颗粒所处反应器的空间位置和代谢进程将有所不同，并遵循以上演替规律。因此，以上演替规律对于科学研究和反应器开发具有一定的指导意义。

厌氧微生物的相互关系包括：产酸细菌与产甲烷细菌之间的相互关系；产酸细菌之间的相互关系；产甲烷细菌之间的相互关系。上述第一种关系最为重要，在厌氧处理系统中，产酸细菌和产甲烷细菌相互依赖，互为对方创造良好的环境和条件，构成互生关系。同时，双方又互为制约，在厌氧生物处理系统中处于平衡状态。

7.3.5.1 产酸细菌为产甲烷细菌提供生长繁殖的底物

产酸细菌中的发酵细菌可将各种复杂的有机物，如高分子的碳水化合物、脂肪、蛋白质等进行发酵，生成 H_2、CO_2、NH_3、VFA（挥发性有机酸），丙酸、丁酸、乙醇等又可被产氢产乙酸细菌转化生成 H_2、CO_2 和乙酸。这样，产酸细菌通过生命活动，为产甲烷细菌提供了生长和代谢所需要的碳源与能源。

$$CH_3COO^- + H^+ \longrightarrow CH_4 + CO_2\text{（aq）}\quad \Delta G'_0 = -50.8\ \text{kJ/mol 乙酸}$$

$$CO_2\text{（aq）} + 4H_2 \longrightarrow CH_4 + 2H_2O\quad \Delta G'_0 = -139.1\ \text{kJ/mol}\ CO_2$$

7.3.5.2 产酸细菌为产甲烷细菌创造了适宜的氧化还原电位

在厌氧反应器运转过程中，由于进水过程难免使空气进入装置，有时液体原料里也含有微量溶解氧，这显然对产甲烷细菌是有害的。氧的去除可依赖产酸细菌类群中那些兼性厌氧或兼性好氧微生物的活动，将氧消耗掉，从而降低反应器中氧化还原电位。

在厌氧装置中的各种厌氧性微生物，如纤维素分解菌、硫酸盐还原菌、硝酸盐还原菌等，对氧化还原电位的适应性各不相同。通过这些微生物有序地生长和代谢活动，反应液的氧化还原电位逐渐下降，最终为产甲烷细菌的生长创造适宜的氧化还原电位条件。

7.3.5.3 产酸细菌为产甲烷细菌清除了有毒物质

以工业废水或废弃物为发酵原料时，可能含有酚、氰、苯甲酸、长链脂肪酸和重金属离子等，这些物质对产甲烷细菌有毒害作用。但产酸细菌中有许多种类能裂解苯环，有些菌还能以氰化物作为碳源和能源，这些作用不仅解除了它们对产甲烷细菌的毒害作用，而且同时给产甲烷细菌提供了底物。此外，产酸细菌的代谢产物硫化氢，可以和一些重金属离子作用，生成不溶性的金属硫化物沉淀，从而解除了一些重金属的毒害作用。但反应系统内的 H_2S 浓度不能过高，否则亦会毒害产甲烷细菌。

7.3.5.4 产甲烷细菌为产酸细菌的生化反应解除了反馈抑制

产酸细菌的发酵产物可以抑制其本身的生命活动。在正常厌氧反应器中，产甲烷细菌能连续利用由产酸细菌产生的氢、乙酸、二氧化碳等生成 CH_4，不会由于氢和酸的积累而产生反馈抑制作用，使产酸细菌的代谢能够正常进行。

7.3.5.5 产酸细菌和产甲烷细菌共同维持环境中的适宜 pH

在厌氧代谢初期，产酸细菌首先降解废水中的有机物质，产生大量的有机酸和碳酸盐，使发酵液中 pH 明显下降。同时，产酸细菌类群中还有一类氨化细菌，能迅速分解蛋白质产生氨。氨可和部分酸反应起到一定的缓冲作用。另外，产甲烷细菌可利用乙酸、氢和 CO_2 形成甲烷，从而避免乙酸的积累，使 pH 稳定在一个适宜的范围，不会使发酵液 pH 达到对产甲烷过程不利的程度。但如果发酵条件控制不当，如进水负荷过高、C：N 失调则可造成 pH 过低或过高，前者较为多见，称为酸化。这将严重影响产甲烷细菌的代谢活动，甚至使产甲烷作用中断。

7.4 升流式厌氧污泥床工艺

升流式厌氧污泥床（UASB）反应器，是由荷兰瓦赫宁恩（Wagwning）农业大学莱廷格（Lettinga）等在 1971—1978 年研制的，此反应器的发明使有机废水高效厌氧生物处理产生飞跃性发展，引起人们的高度重视，至今仍有很多专家在从事这一技术的研究。UASB 反应器的特点是本身结构配有气、液、固三相分离装置，不配备回流污泥装置，特别是在运行过程中能形成具有良好沉降性能的颗粒污泥，大幅提高了反应器中的生物量，使厌氧处理效率显著提高。尽管 UASB 工艺的理论研究较深，并已得到较为广泛的应用，但反应器中颗粒污泥的形成机理，颗粒污泥结构、化学组分及其微生物生态构成仍有待进一步探讨。

7.4.1 工艺的工作原理

UASB 反应器中废水为上向流，最大特点是在反应器上部设置了一个特殊的气、液、固三相分离系统（简称三相分离器），三相分离器的下部是反应区。在反应区中根据污泥的分布状况和密实程度可分为下部的污泥层（床）与上部的悬浮层（图 7-7）。

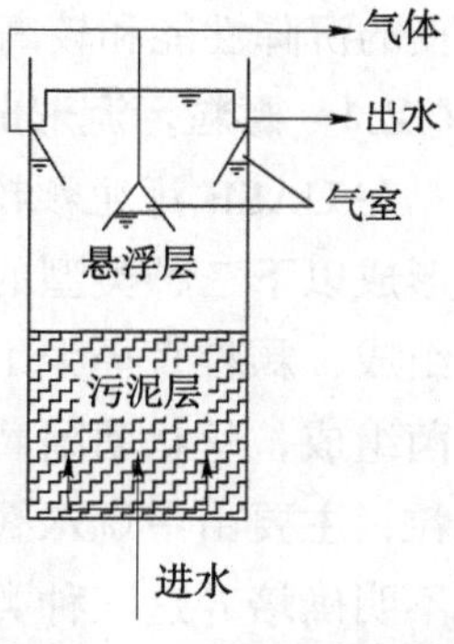

图 7-7 UASB 反应器示意图

当反应器运行时，废水自下部进入反应器，并以一定上升流速通过污泥层向上流动，进水底物与厌氧活性污泥充分接触而得到降解，并产生沼气，产生的沼气形成小气泡，由于小气泡上升将污泥托起，即使在较低负荷下也能看到污泥层有明显的膨胀，而随着产气量增加，这种搅拌混合作用更强，气体从污泥层内不断逸出，引起污泥层呈沸腾流化状态。污泥层由大量的颗粒污泥构成，污泥层的颗粒随着颗粒表面气泡的成长向上浮动，当浮到一定高度由于减压使气泡释放，颗粒再回到污泥层。很小的颗粒或絮状污泥一般存在于污泥层之上，形成悬浮层。悬浮层生物量较少，由于相对密度小，上升流速较大时易流失。污泥在 UASB 反应器的分布规律如图 7-8 所示。气、液、固的混合液上升至三相分离器内，气体可被收集，污泥和水则进入上部相对静止的沉淀区，在重力作用下，水与污泥分离，上清液从沉淀区上部排出，污泥被截留在三相分离器下部并通过斜壁返回到反应区内。

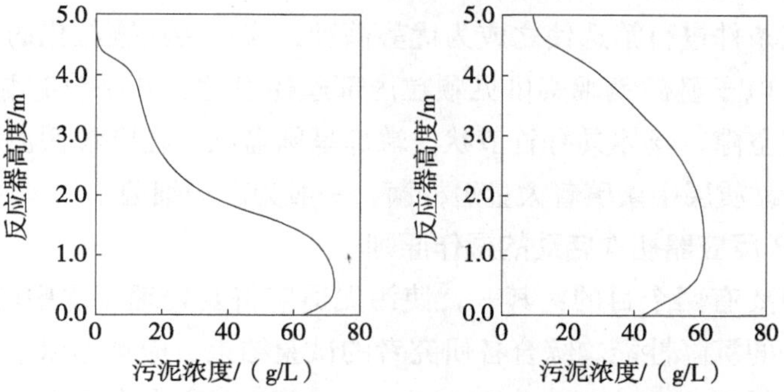

图 7-8 UASB 反应器中沿高度的污泥浓度分布示意图

7.4.2 颗粒污泥形成的原理及主要工艺条件

UASB 反应器能够在高负荷条件下处理废水的最主要原因，是在反应器内以产甲烷细菌为主体的厌氧微生物形成了 1～5 mm 的颗粒污泥，从而保证了较高的生物量。因此，探索培养颗粒污泥的工艺条件，是研究 UASB 工艺的一个重要部分，是解决该工艺实际应用的关键技术问题。国内外研究者一直对UASB反应器的启动与形成颗粒污泥的条件、机理等进行研究，以求在初次启动阶段获得满意的厌氧污泥，使其具备优良的沉降性能和较高的产甲烷能力。

7.4.2.1 颗粒污泥形成的原理

在UASB污泥颗粒化过程中，根据接种污泥的性质、底物的成分及启动条件，可能形成以下三种类型的颗粒污泥。①杆菌颗粒：紧密球形颗粒，主要由杆状菌、丝状菌组成，颗粒直径为1～3 mm；②丝菌颗粒：颗粒大致呈球形，主要由松散互卷的丝状菌组成，丝状菌附着在惰性粒子上，颗粒直径为1～5 mm；③球菌颗粒：紧密球状颗粒，主要由甲烷八叠球菌属组成，颗粒直径为0.1～0.5 mm。根据目前的研究成果，尚不明确培养这三种类型的颗粒污泥所需的各自工艺条件及相互关系。对这三种颗粒污泥来说，杆菌颗粒和丝菌颗粒的沉淀性能好，虽然球菌颗粒的产甲烷活性较高，但是其形成的颗粒小，使反应器所能承受的有机负荷不如前两种颗粒污泥的高。

莱廷格等研究认为，细菌很容易在惰性材料表面附着并结团（絮凝）。污泥结团的主要核心是较重的污泥及颗粒，细菌则以某种程度附着在上面。通过新生成细菌的附着、截留使这些较重的“基本核心”增长为较密实的污泥絮体。当反应器有利于微生物生长时，这一过程进行得很快。在启动后期，污泥絮体及附着其上不断繁殖的细菌，在重力（压力）、水流及逸出的气泡剪切力的扰动和影响下发生生物团聚作用。

研究结果表明，颗粒污泥中存在大量的丝状甲烷菌属，如索氏丝状甲烷菌，这些丝状菌具有极强的附着能力，可促进颗粒的形成。研究表明，丝状甲烷菌属可以通过控制适当的工艺条件进行筛选使之成为优势菌种，这对污泥颗粒化的理论研究与应用具有重要意义。电子显微镜观察可见颗粒内部丝体发达，几乎没有黏质物和无机物，菌体间保持一定空隙，丝体具有竹节状，端部呈圆盘状。在颗粒污泥表面覆盖着薄层黏质层，在这些黏质层中繁殖着大量短杆菌，一般为产酸细菌。

7.4.2.2 UASB反应器初次启动的操作原则

启动阶段主要有两个目的：其一，使污泥适应将要处理废水中的有机物；其二，使污泥具有良好的沉降性能。综合各研究者的试验结果，应遵循以下5条原则：①最初的污泥负荷应低于0.1～0.2 kg COD/（kg SS·d）；②废水中原来存在和产生出来的各种挥发酸未能有效地分解之前，不应增加反应器负荷；③反应器内的环境条件应控制在有利于厌氧细菌（产甲烷菌）繁殖的范围内；④接种污泥量应尽可能多，一般为10～15 kg VSS/m^3；⑤控制一定的上升流速，允许多余的（稳定性差的）污泥冲洗出来，截留住重质污泥。根据一些研究者的研究报告及笔者的实践体会，形成颗粒污泥的过程可以归纳为以下三个阶段。

第1阶段：启动与提高污泥活性阶段。有机负荷量≤2 kg COD/（m^3·d），时间为1～1.5个月，有机负荷逐步增加，水力筛选将细小污泥洗出，较重的污泥成分留在反应器内，最终沉淀性能较好的污泥不被冲洗流失。

第2阶段：形成颗粒污泥阶段。根据废水性质，有机负荷选择1～3 kg COD/(m^3·d)，颗粒逐渐成长为直径1～3 mm的颗粒污泥。该阶段需1～1.5个月，污泥的活性（产甲烷能力）得到提高。

第3阶段：逐渐形成颗粒污泥层阶段。反应器的有机负荷大于3～5 kg COD/(m^3·d)，随着负荷的提高，反应器的污泥总量逐渐增加，污泥层逐渐增高。

一般来说，在接种污泥充足、操作控制得当的情况下，形成具有一定高度的颗粒污泥层需要3～4个月时间。

7.4.2.3 影响污泥颗粒化的因素

总体来说，颗粒污泥的形成受污泥接种物的性质、底物成分、反应器的工艺条件、微生物的性质以及微生物菌种间、微生物与底物间的相互作用等影响，是生物、化学及物理因素等多种作用的结果。

（1）接种污泥：莱廷格提出稠密型厌氧污泥（60 kg/m^3）比稀薄型的污泥要好。前者的单位生物量产甲烷能力（产甲烷活性）虽然低于后者，但前者的沉淀性能好，不易因产生过度膨胀而流失。

（2）废水的性质：废水的性质包括有机组分、浓度、悬浮物含量及可生物降解性能等，这些对污泥结团（颗粒化）都有影响。

底物种类对污泥颗粒化影响较大，含碳水化合物和易降解废水易形成颗粒污泥。对于生物降解性差的化工等废水，在启动时适当加入淀粉等易生物降解物质是有利的。

COD浓度对污泥的颗粒化有一定影响，在低浓度的废水里结团会更快，其原因尚不清楚。启动时，COD浓度以4 000～5 000 mg//L为宜，浓度过高的废水最好采用稀释的方法。

进水悬浮物的含量应控制在一定范围，为成功地培养形成颗粒污泥，通常应将悬浮物浓度控制在2 g/L以下。一般来说，高浓度的惰性分散固体（如黏土等）不利于颗粒污泥的形成。

（3）反应器的工艺条件：在培养颗粒污泥的过程中，各种条件都应控制在有利于细菌生长的范围内，主要控制参数有温度、挥发酸、固体停留时间（SRT）以及有机负荷等。

到目前为止，中试及生产性装置成功地培养出颗粒污泥的研究报道均在中温范围（33～41℃），高温下污泥结团过程与中温类似，但颗粒较小，易流失。UASB反应器排泥量很少，特别是在启动和运行最初的100～200 d几乎不需排泥，因此污泥龄（SRT）很长。反应器在启动和运行期间的有机负荷影响较大，前已叙及，此处不再赘述。

控制反应器出水的挥发酸浓度可选择污泥的优势菌种。由于甲烷八叠球菌属的底物亲合力低、比产甲烷速率高，因而可以用维持较高的出水乙酸浓度的方法选择甲烷八叠球菌属。为了培养以丝状菌为主的颗粒污泥，利用甲烷丝菌属对底物亲合力较高的特点，维持低的出水乙酸浓度来达到使甲烷丝菌属成为主要降解乙酸的产甲烷优势菌的目的。

7.4.2.4 影响颗粒污泥直径大小的因素

颗粒污泥的直径随有机负荷提高而增大，实际上，颗粒污泥的大小受底物在传质过程中所能进入颗粒内部的深度支配。当颗粒大小与传质之间不相适应时，颗粒内就会因营养不足发生细胞自溶，最终导致颗粒破碎。高的负荷或高的进水有机物浓度可使底物更多地进入颗粒内部，从而允许有大的颗粒存在和生长。一般来说，当反应器有机负荷降低一段时间后，会导致颗粒污泥强度降低，但由于低负荷下产气减少，与此有关的流体剪切力与内部产气压力也相应减少，负荷的突然降低虽然会导致中空的颗粒污泥产生，但并不一定使颗粒明显破裂。当突然降低有机负荷一段时间后再增加负荷，会产生颗粒污泥的破碎。这种情形可发生在用颗粒污泥接种的二次启动过程及反应器停止运行后再次启动中。

虽然颗粒化过程与很多因素有关，但较大的上升流速与产气量可选择性地洗出较小的颗粒和絮状污泥，这无疑是其中关键因素之一。高负荷产生大量生物气也有助于洗出细小污泥，这是高负荷下颗粒污泥平均直径较大的又一原因。

7.4.3 颗粒污泥的性质

7.4.3.1 颗粒污泥的物理性质

颗粒污泥的物理性质可归纳如下：①形状不规则，一般呈球形或椭球形，直径为0.1～2 mm，最大可达3～5 mm；②颜色呈灰黑色或褐黑色，肉眼可见表面包裹着的灰白色的生物膜；③相对密度一般为1.01～1.05；④污泥指数（SVI）与颗粒大小有关，细小颗粒一般为20 mL/g SS左右，颗粒污泥一般为10 mL/g SS，沉淀性能较好的絮凝状污泥沉降速率为0.3～0.8 m/h；⑤颗粒污泥在反应器中的沉降速率一般为0.3～0.8 m/h，而清水中自由沉降速率可达2 m/h。污泥沉降速率是UASB反应器设计的重要依据，反应器中反应区的面积负荷［$m^3/(m^2 \cdot h)$］及三相分离器的设计要根据颗粒污泥的沉降速率确定。

7.4.3.2 颗粒污泥的成分

颗粒污泥除含有微生物及分泌物外，一般都含有惰性物质，如碳酸钙类无机盐晶体、纤维、砂粒、碎屑等，还含有多种金属离子。成熟的颗粒污泥，VSS/SS一般为7%～80%，但根据废水性质其范围可在30%～90%。VSS/SS上限是小试培养的颗粒污泥，下限则是由废水中含有$CaCO_3$或其他无机颗粒等所致。

7.4.3.3 颗粒污泥的活性

活性可用最大比底物利用速率（k_{max}）来表示，不同底物培养的颗粒污泥的活性不同，如葡萄糖培养的颗粒污泥活性为 1.2 g COD/（g VSS · d），啤酒废水（培养）的为 1.9 g COD/（g VSS · d），挥发酸混合底物培养的为 2.2～2.5 g COD/（g VSS · d），酒精糟滤出液的为 0.8～1.2 g COD/（g VSS · d），而高温条件下甲烷丝菌属（以乙酸、丁酸为底物）颗粒污泥的活性 k_{max} 为 4.2～7.3 g COD/（g VSS · d）。

7.4.3.4 颗粒污泥的微生物组成

每一个颗粒污泥都相当于一个微小的生态系统，其上有各类产酸细菌和产甲烷细菌，在反应器的不同区域形成不同的微生物群落。一般来说，反应器沿高度的群落演替遵循 7.3.5 中所述规律，而单一颗粒污泥的生物构成遵循生物代谢规律，即产酸细菌主要在颗粒表面，产甲烷细菌主要在颗粒内部。污泥颗粒生物菌群的这一分布有利于种间的物质转移，但由于颗粒本身密实度较大，颗粒内传质将成为限速步骤。有资料表明，破碎后的颗粒污泥，其代谢速率可提高 2～3 倍，但由于形成颗粒污泥后厌氧反应器的总生物量比絮体污泥的高 1～20 倍，所以总的处理能力仍十分显著。

7.4.4 反应器的结构设计原理

UASB 反应器主要包括反应器的池体、进水配水系统及三相分离器。UASB 结构示意图如图 7-9 所示。

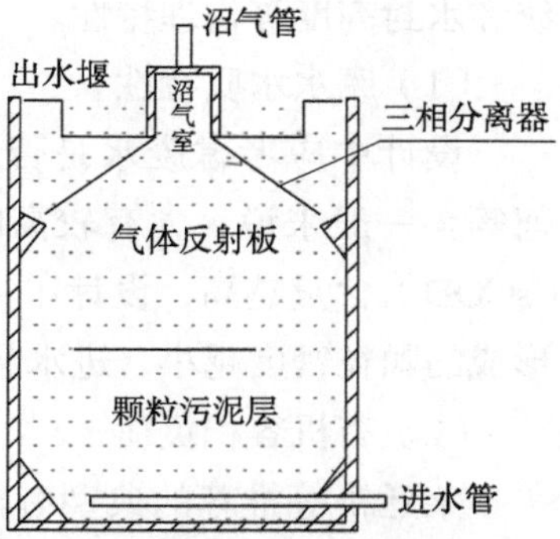

图 7-9 UASB 结构示意图

污水中的有机物在反应区消解为 CH_4、CO_2 和 H_2O 等，使水质净化。反应区不设搅拌，采用布水器均匀布水，布水器出水口高速水流的冲击和上升气泡的扰动使污水与污泥混合。

7.4.4.1 UASB 池体

池体采用的形式主要有圆形和方型。单个或小反应器采用圆形可以节约造价。从布水均匀性和经济性考虑，矩形池长、宽比在 2：1 以下较为合适。

7.4.4.2 三相分离器

三相分离器安装在反应器的顶部，是 UASB 的核心，包括气封、气室、污泥回流缝和沉淀室。反应器分为下部反应区及上部沉淀区，使水、气、泥发生分离。沼气进入气室再经水封排出，污泥在沉淀室沉淀后回流至反应区以保持反应区较高的生物量，净化水从集水槽排放。三相分离器结构示意图如图 7-10 所示。

图 7-10 三相分离器结构示意图

三相分离器是 UASB 反应器最有特点和最重要的装置。它同时具有两个功能：①能收集分离器下的反应室产生的沼气；②使在分离器之上的悬浮物沉淀下来。

7.4.4.3 布水器

布水器是 UASB 的重要组成部分，进水分配系统的合理设计对于一个运转良好的 UASB 处理器是至关重要的，进水系统兼有配水和水力搅拌的功能，可使污水沿底面均布，在底部与污泥充分混合。

在生产装置中采用的进水方式大致可分为间歇式（脉冲式）、连续流、连续与间歇相结合等方式；根据布水管的形式可分为一管多孔、一管一孔和分枝状等多种形式。

根据目前运行的生产性处理装置来看，USAB 反应器高度一般为 3.5～6.5 m，最高为 10 m 左右。对于形成絮凝污泥层的 USAB 反应器来说，在有机负荷为 5～6 kg COD/（m^3·d）的情况下，表面水力负荷约为 0.5 m^3/（m^2·h），最高达 1.5 m^3/（m^2·h），在这种情况下，反应器高度以 6 m 为宜。对于颗粒污泥层的反应器来说，表面水力负荷相当高，有时可达 10 m^3/（m^2·h）以上，所以，原则上说，反应器的高度可以更高。

UASB 反应器设计需要考虑的主要因素为：①废水组成成分和固体含量；②有机容积负荷和反应器容积；③上升流速和反应器截面面积；④三相分离系统；⑤布水系统和水封高度等物理特性。

（1）废水水质特性

设计中应考虑废水是否影响污泥的颗粒化，是否形成泡沫和浮渣，降解速率如何等。一般来说，含有较高的蛋白质或脂肪的废水需考虑前 2 个问题。溶解性 COD（sCOD）含量越高，设计中可选择的容积负荷越高。废水中含有的悬浮固体越多，所形成的颗粒密度越小，进水悬浮固体浓度不应大于 6 g TSS/L。

（2）有机容积负荷

莱廷格等推荐的典型有机容积负荷如表 7-8 和表 7-9 所示。有机容积负荷的选择与处理废水的水质、预期达到的处理效率，以及不同废水水质下所形成的颗粒污泥大小和特性有关。根据设定的有机容积负荷，以及进水流量和进水 COD，可以确定反应器的有效容积。由表 7-9 可见，对于经产酸发酵后的废水，UASB 可在较高的负荷下运行。

表 7-8　sCOD 含量为 70%～90% 的废水，在 30℃时 COD 去除率达 85%～90% 时推荐的 COD 容积负荷

废水 COD/（mg/L）	容积负荷 /［kg COD/（m^3·d）］		
	絮凝状污泥	高 TSS 去除率的颗粒污泥	低 TSS 去除率的颗粒污泥
1 000～2 000	2～4	2～4	8～12
2 000～6 000	3～5	3～5	12～18
6 000～9 000	4～6	4～6	15～20
9 000～18 000	5～8	4～6	15～24

表 7-9 不同温度下平均污泥浓度 25 g/L，COD 去除率达 85%～90% 时推荐的 sCOD 容积负荷

温度 /℃	容积负荷 /［kg sCOD/（m^3·d）］			
	VFA 废水		非 VFA 废水	
	范围	典型值	范围	典型值
15	2～4	3	2～3	2
20	4～6	5	2～4	3
25	6～12	6	4～8	4
30	10～18	12	8～12	10
35	15～24	18	12～18	14
40	20～32	25	15～24	18

（3）上升流速

上升流速亦称表面水力负荷 u_c［m^3/（m^2·h）］，与进水流量和反应器横截面积有关，是重要的设计参数。上升流速的设计主要考虑颗粒污泥的沉降速率，与废水种类和反应器高度有直接关系。废水种类可决定颗粒的大小和密实程度，而反应器高度可决定污泥挟带量。莱廷格推荐的典型上升流速和反应器高度如表 7-10 所示。已知反应器的有效容积和上升流速，即可计算出反应器的截面面积和反应器反应区高度。

表 7-10 莱廷格等推荐的上升流速和反应器高度

废水种类	上升流速 /（m/h）		反应器高度 /m	
	范围	典型值	范围	典型值
sCOD 接近 100% 的	1.0～3.0	1.5	6～10	8
部分 sCOD	1.0～1.25	1.0	3～7	6
城市污水	0.8～1.0	0.9	3～5	5

（4）三相分离系统的结构

UASB 反应器的三相分离器结构与反应器的进水系统设计是难点，特别是对于生产规模较大的构筑物。到目前为止，反应器的三相分离系统与进水系统大多属于专利技术。

由于需分离的混合物是由气体、液体和固体（污泥）组成的，所以这一系统要具有气、液、固三相分离的功能，必须满足以下条件：①在水和污泥的混合物进入沉淀区前，必须首先将气泡分离出来；②为避免在沉淀区里产气，污泥在沉淀器里的滞留时间必须足够短；③由于厌氧污泥具有积聚的特征，沉淀器内形成的颗粒污泥层对液体通过它向上流动影响不大。

一般来说，分离器的设计（图 7-11）应考虑以下几方面因素：①由于厌氧污泥较黏，沉淀器底部倾角应较大，可选择 a=40°～60°；②沉淀器内最大截面的表面水力负

荷应保持在 u_s=0.7 m³/（m²·h）以下，水流通过液－固分离孔隙（a 值）的平均流速应保持在 u_0=2 m³/（m²·h）以下；③气体收集器间缝隙的截面面积不小于总面积的 15%～20%；④对于高为 5～7 m 的反应器，气体收集器的高度应为 1.5～2 m；⑤气室与液－固分离的交叉板应重叠 b=100～200 mm，以免气泡进入沉淀区；⑥应避免气室内产生大量泡沫和浮渣，通过水封系统（见后）控制气室的液汽界面上形成气囊，压破泡沫并减少浮渣的形成，此外，应考虑气室上部排气管直径足够大，避免泡沫挟带污泥堵塞排气系统。

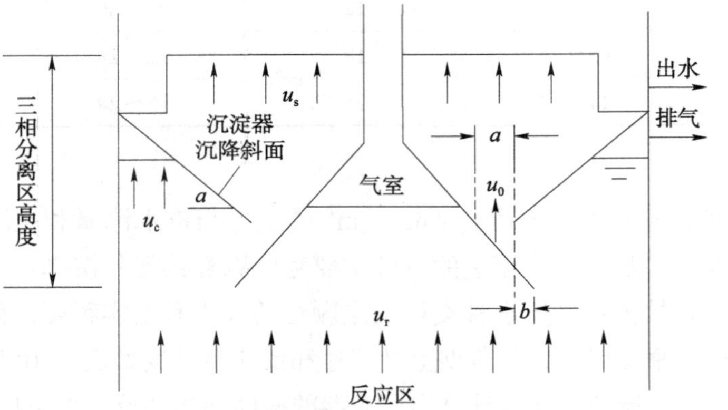

图 7-11　三相分离器基本参数

图 7-12 为几种可供参考的典型三相分离器。小型 UASB 反应器的三相分离器较容易设计，而大型的设计难度较大。小型设备常采用圆柱形钢结构，而大型设备均采用矩形钢结构或钢筋混凝土结构，三相分离器的设计结构存在差异，但遵循的原则是一致的。在设计中，考虑三相分离器的结构与环境条件要求，反应器池顶可以是密闭的，也可以是敞开的，池顶敞开式结构便于操作管理与维修，但可能有少量臭气溢出。

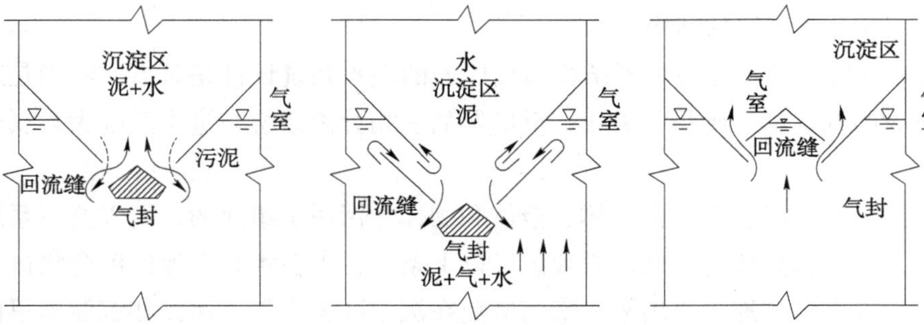

图 7-12　各种三相分离器形式

（5）布水系统

为了使底物与污泥充分接触，布水应尽量均匀，避免沟流，布水点的设置很重要，这也是提高反应器处理能力的重要因素之一。原则上，UASB 反应器的进水可参考滤池大阻力布水系统形式，在反应器底部均匀设置布水点，布水的不均匀系数为0.95，可以达到布水均匀的目的。但对于大型UASB构筑物来说，应在反应器底部多点进水。布水点的服务面积与有机负荷和颗粒污泥特性有关，一般每个进水点服务1～2 m^2底面积，并应考虑每个布水点的阻力相等，即出流量相等。布水点过少，装置长期停运后再启动，底物与污泥不能充分接触，在反应器底部形成死区，并形成沟流，需要很长时间才能达到设计负荷，从而影响装置的快速启动和处理能力。

图7-13所示为一种德国专利布水系统，反应器底部均匀设置许多布水点（布水点高度不同），如图7-13（a）所示。从水泵来的水通过配水设备流进布水管，从管口流出。配水设备由一根可旋转的配水管与配水槽构成［图7-13（b）］，配水槽为圆环形，被分割为多个单元，每一单元与通进反应器的布水管相连。从水泵来的水管与可旋转的配水管［图7-13（c）］相连接，工作时配水管旋转，在一定的时间间隙内，污水流进配水槽的一个单元，由此流进一根布水管进入反应器。这种布水方式对反应器来说是连续进水，而对每个布水点而言，则是间歇（脉冲）进水，布水管的瞬间流量与整个反应器流量相等。

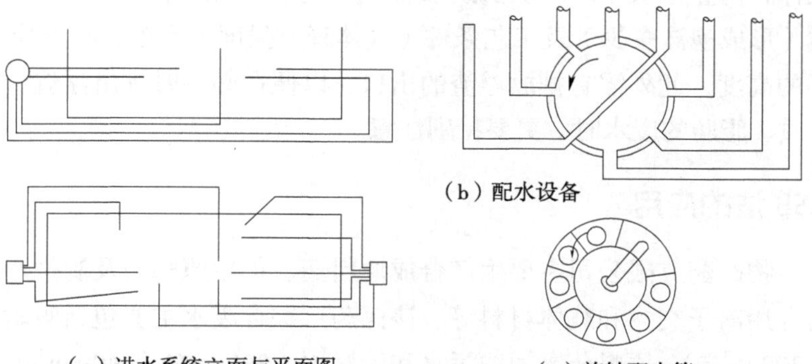

（a）进水系统立面与平面图　（b）配水设备　（c）旋转配水管

图7-13　大型UASB反应器的布水系统

目前，在生产运行装置中所采用的进水方式大致可分为间歇式、脉冲式、连续均匀流、连续与间歇回流相结合等。

（6）水封高度

对于UASB反应器，气室中气囊高度的控制是十分重要的。控制一定的气囊高度可压破泡沫，并可避免泡沫和浮泥进入排气系统而使污泥流失或堵塞排气系统。气室中气囊的高度是由水封的有效高度来控制和调节的。

设计水封高度的计算原理见图7-14，其计算式为

$$H=H_1-H_2=(h_1+h_2)-H_2$$

式中：H——水封有效高度，m；

H_1——气室液面至出水（反应器最高水面）的高度，m；

H_2——水封后面的阻力，包括计量设备、管道系统的水头损失和沼气用户所要求的贮气柜压力，m；

h_1——气室顶部到出水水面的高度（由沉淀器尺寸决定），m；

h_2——气室高度，m。

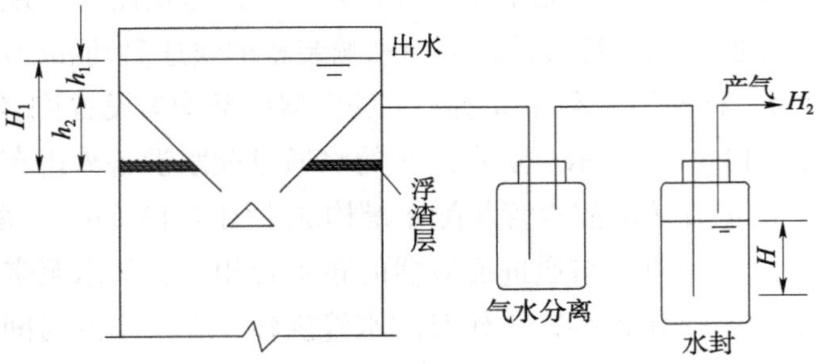

图 7-14　水封高度计算示意图

气室高度（h_2）的选择应保证气室出气管在反应器运行中不被淹没，能畅通地将沼气排出池体，防止浮渣堵塞。从实践来看，气室水面上经常有一层浮渣，浮渣层的厚度与水质（形成泡沫多少）及工艺条件（气体释放强度）有关。在选择 h_2 时，应当留有浮渣层的高度，此外需有排放浮渣的出口，以便在必要时排出浮渣。在处理含有高浓度蛋白质、脂肪的废水时，更要特别注意。

7.4.5　UASB 法的应用

山东某生物医药有限公司主要生产合成原料药、兽用原料药及制剂产品、医药中间体、医药专用离子交换和载体材料等。该医药厂综合废水主要包括吸附分离材料车间浓污水（200 m^3/d）、原料药车间浓污水和清污水（200 m^3/d 和 400 m^3/d）、制剂车间清污水（100 m^3/d）以及生活污水（100 m^3/d），其中浓污水具有高 COD 和高 NH_3-N 等特点；清污水则具有成分简单、处理过程容易等特点。

对此，确定采用微电解和生化处理相结合的方法进行处理。废水设计规模为 1 000 m^3/d，其中，生产浓污水为 400 m^3/d，清污水为 500 m^3/d，生活污水为 100 m^3/d。所设计的工艺进出水水质如表 7-11 所示。

表 7-11　设计工艺进出水水质情况

进出水类型		COD/（mg/L）	NH_3-N/（mg/L）	TN/（mg/L）	pH
进水	浓污水	≤15 000	≤300	≤350	6.5～9.5
	清污水	≤400	≤50	≤70	6.5～9.5
	生活污水	300～500	≤40	≤65	6.5～9.5
出水		≤300	≤35	≤70	6.5～9.5

浓污水经收集池收集后，需经微电解和絮凝沉淀预处理，分离出其中的铁离子，并去除少部分有机物，提高其生化性能。其中，微电解使用的是铁碳微电解填料，pH控制在3～4。清污水在清污水收集池中被收集，经泵提升至综合调节池与预处理后的浓污水混合，然后经泵提升至UASB配水池，再进入UASB反应器中进行COD的去除，并进一步提高废水的可生化性能。废水经UASB反应后进入改良型两级A/O池进行生化处理，最后出水自流至序批沉淀池，实现泥水分离。对于生活污水，经过初沉后去除悬浮物，再经泵引流至综合调节池与预处理后的浓污水和清污水充分混合后进入后续处理设施进一步深度处理。经过该工艺处理后，其出水水质达到国家排放标准进行排放，工艺运行所产生的剩余污泥采用叠螺脱水机进行脱水减量化。废水处理工艺流程如图7-15所示。

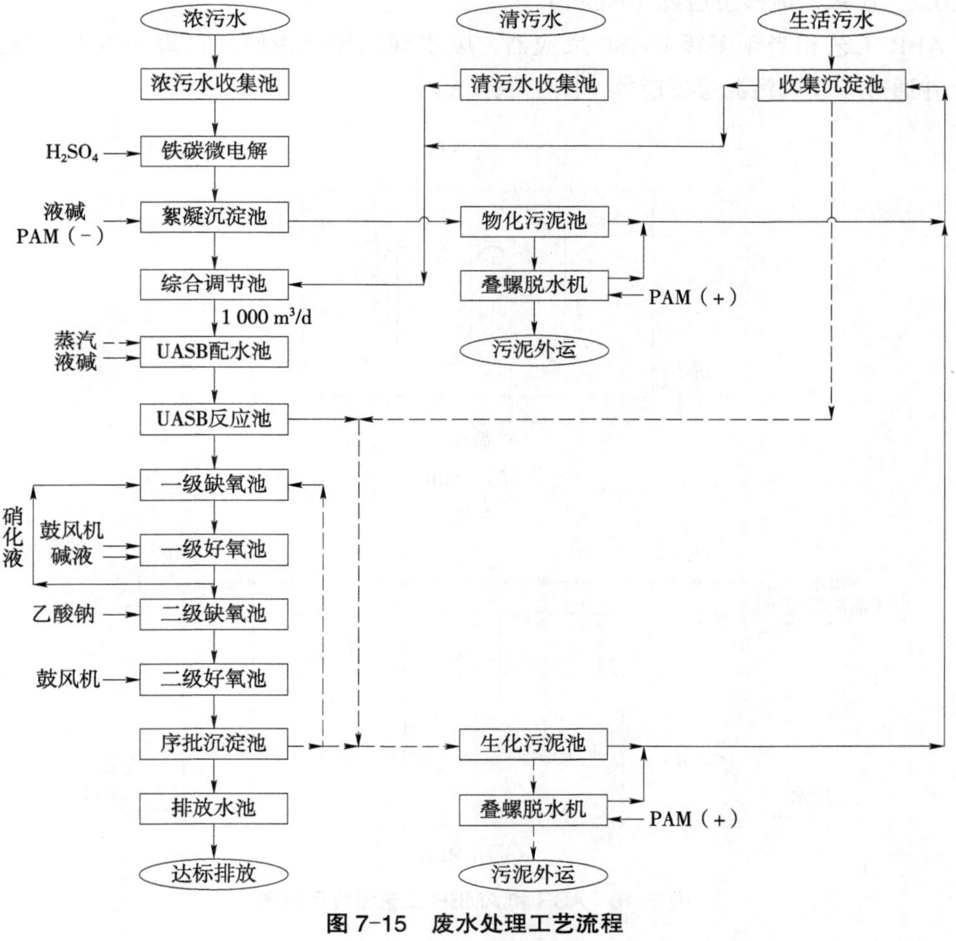

图7-15 废水处理工艺流程

该工程设备安装完成后，进行试运行调试，试运行期间COD为3 000～5 000 mg/L。废水经微电解—UASB—改良型两级A/O—序批沉淀组合工艺处理后，出水达标排放。

7.4.6 UASB 反应器的若干形式

7.4.6.1 复合式厌氧反应器（亦称厌氧升流式污泥层滤器，UBF）

UASB 反应器污泥层的膨胀高度有一定限度，一般最高不超过 4 m，而悬浮层中生物量较少。在实际工程中，为了减少 UASB 反应器的占地面积，有时需要 UASB 反应器向高度发展，当反应器反应区高度超过 4 m 时，上部空间发挥的作用相对较小。为了使 UASB 反应器既减少占地面积，又能充分利用空间发挥最大的降解作用，王宝贞等提出了复合式厌氧污泥层反应器形式，即在 UASB 反应器的污泥层（或悬浮层）上部填加生物填料，填料上可生长大量厌氧细菌，从而起到污泥拦截和增加生物量的作用。此项技术已在我国废水处理实际工程中得到应用，效果良好。

7.4.6.2 厌氧折流板反应器（ABR）

ABR 工艺相当于多级 UASB 反应器，废水利用导流板使其在每一级中形成上向流，并通过一系列污泥层反应器［图 7-16（a）］。

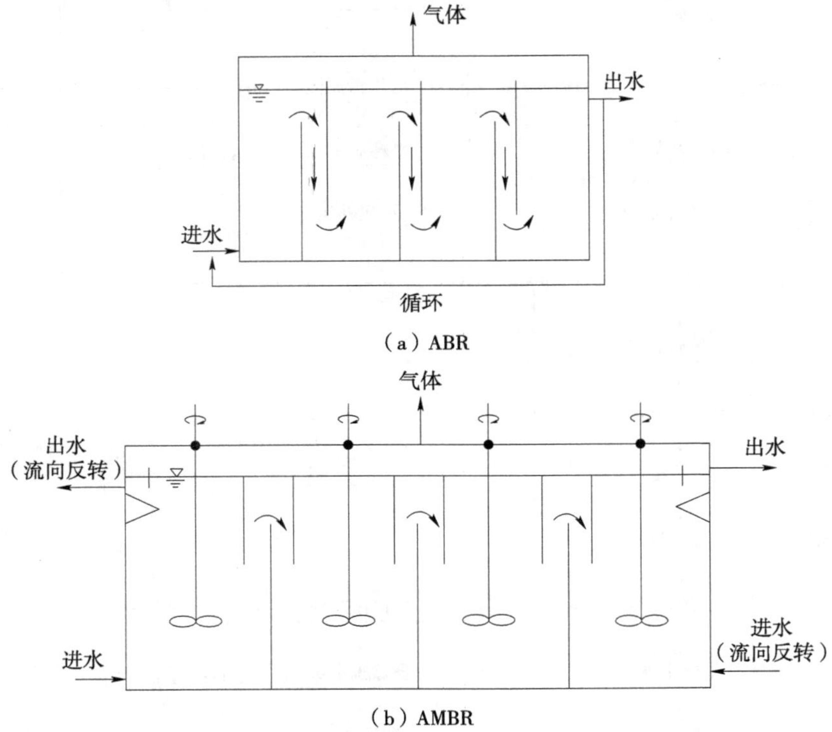

图 7-16　ABR 和 AMBR 工艺流程示意图

ABR 工艺的优越性主要有以下几方面：运行简单，如不需特殊的气体分离器，不需要机械混合，堵塞的可能性小；在较短的水力停留时间（HRT）下可实现较长的污泥龄（SRT）；不需要特殊的污泥特性，生物适应能力强；可处理各种废水；多级运行可改善降解动力学条件；耐冲击负荷。

ABR工艺迄今生产性规模的应用较少，尚需进一步研究。

7.4.6.3 厌氧往复床反应器（AMBR）

AMBR工艺是在ABR反应器的基础上加入机械搅拌，从而保证系统中的污泥不沉降［图7-16（b）］。AMBR工艺中进、出水位置交替转换，从而保证反应器中污泥层的生物相基本相同。

AMBR反应器现已开展了中试研究。

7.4.6.4 内循环（IC）厌氧工艺

IC厌氧反应器是由荷兰Paques公司于1985年在UASB基础上推出的第三代高效厌氧反应器，1988年第一座生产规模的IC反应器投入运行。IC反应器以其处理容量高、投资少、占地省、运行稳定等优点备受瞩目，并已成功地应用于啤酒生产、造纸及食品加工等行业的工业废水处理中。

IC反应器可看作由2个UASB反应器串联构成，具有很大的高径比，直径一般为4～8 m，高度可达16～25 m，由5个基本部分组成：①混合区，进水与回流污泥混合；②颗粒污泥膨胀床区，第一反应室；③精处理区，第二反应室；④内循环系统，是IC工艺的核心构造，由一级三相分离器、沼气提升管、气液分离器和泥水下降管组成；⑤二级三相分离区，包括集气管和沉淀区（图7-17）。

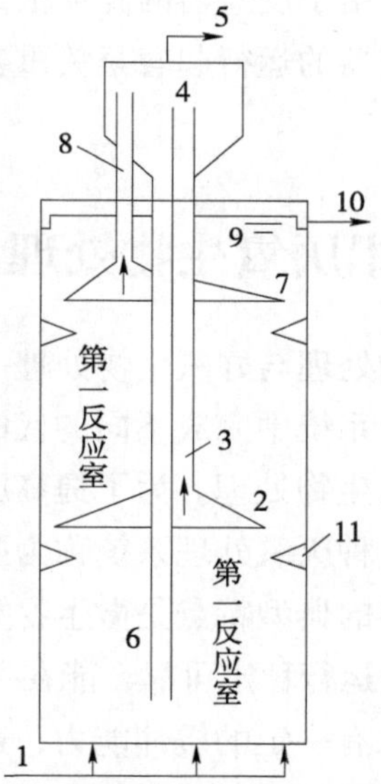

1—进水；2—一级三相分离器；3—沼气提升管；4—气液分离器；5—沼气排出管；6—回流管；7—二级三相分离器；8—集气管；9—沉淀区；10—出水管；11—气封

图7-17 IC反应器结构示意图

UASB反应器虽然有较多优点，但在保持泥水的良好接触，强化传质过程，最大限度地利用颗粒污泥的生物处理能力，减轻由于传质的限制对生化反应速率的负面影响方面却存在不足。IC反应器利用自身的特点较好地解决了以上问题，其主要创新点如下：①实现自发的内循环污泥回流。在较高的COD容积负荷条件下，利用产甲烷细菌产生的沼气形成气提，在无须外加能源的条件下实现了内循环污泥回流，从而进一步加大生物量，延长污泥龄。②引入分级处理，并赋予其新的功能。通过膨胀床去除大部分进水中的COD，通过精处理区降解剩余COD及一些难降解物质，从而提高了出水水质。更重要的是，由于污泥内循环，精处理区的水流上升速度（2～10 m/h）远低于膨胀床区的上升流速（10～20 m/h），而且该区只产生少量的沼气，创造了颗粒污泥沉降的良好环境，解决了在高 COD 容积负荷下污泥被冲出系统的问题，保证运行的稳定性。③泥水充分接触，提高传质速率。由于采用了较高的 COD 负荷，所以第一反应室的沼气产量高，加之内循环液的作用，使污泥处于膨胀流化状态，既达到了泥水充分接触的目的，又强化了传质效果。

据有关研究报道，IC 反应器处理易生物降解的高浓度有机废水（COD 5 000～9 000 mg/L）时，相应的 COD 容积负荷可达 35～50 kg COD/（m^3・d），并成功地应用于啤酒废水、土豆加工废水等。此外，对于难降解的造纸废水，进水 COD 浓度为 1 250～3 515 mg/L，实际运行容积负荷为 9～24 kg COD/（m^3・d），处理效率为 61%～86%，反应器容积仅为 UASB 反应器的 1/2。

尽管 IC 反应器有很多优点，但也存在不足。反应器结构较复杂，施工、安装和日常维护困难；由于反应器的高度很大，水泵的动力消耗有所增加；反应器的构造和结构尺寸对反应器的运行起着至关重要的作用，相关的结构尺寸和设计参数尚需进一步探索。

7.5 两相厌氧生物处理工艺

厌氧生物处理与好氧生物处理一样，可采用单个反应器来处理污水，各种厌氧微生物在同一个系统中完成不同的代谢阶段，为区别多个反应器串联系统，可将该系统称为单相厌氧生物处理。为了提高厌氧生物处理的稳定性，亦可采取 2 个单相反应器串联运行，此种厌氧处理系统称为两段或两级厌氧生物处理系统。两段厌氧生物处理的 2 个反应器的典型特点是微生物类群相差不大，均存在产酸细菌和产甲烷细菌。两段厌氧处理法运行稳定可靠，能在一定程度上承受 pH、毒物等的冲击，对水质水量变化较大的废水有一定的缓冲能力，避免冲击负荷破坏整个厌氧处理系统。事实上，两段厌氧生物处理相当于多级串联的厌氧系统，对废水厌氧处理效率的提高有一定作用，其与单相厌氧反应器的原理相同。

传统观点认为，厌氧生物处理的限速步骤是产甲烷阶段，因而，国内外的研究工作大多集中在产甲烷细菌的生理生化和生态学方面，产酸发酵过程的研究尚少。而事实上，产酸发酵细菌的微生物学、生物化学、生态学及运行控制对策等的研究，无疑对厌氧处理系统的成败起着关键作用。一方面，产酸速率要快，并尽可能消除由于有机酸的大量产生而抑制或阻遏了产酸细菌的代谢活性；另一方面，因为产酸细菌的产物作为产甲烷细菌的底物，所以提供易于被产甲烷菌利用，并且减少丙酸含量和可能转化为丙酸的产物，是保证产甲烷阶段高效、稳定运行的关键。

7.5.1 两相厌氧生物处理原理

1971 年，高希和波兰德提出相分离的概念，也就是建造两个独立控制的反应器，分别培养产酸细菌和产甲烷细菌，即所谓的两相厌氧生物处理系统。通过分别调控产酸相和产甲烷相的运行参数，供给它们各自的最佳生态条件，提高了废水处理能力和反应器运行的稳定性。

对两相厌氧生物处理技术的研究，早期的工作主要集中在研究应用动力学控制法实现相分离的可行性，所采用的试验装置多为完全混合反应器。试验结果表明，控制水力停留时间或有机负荷能够成功地实现相分离。

为了提高两相厌氧生物处理能力，控制产酸相的发酵类型，以便提供易于产甲烷细菌所利用的底物，是当今人们所关注的课题。为了获得较佳的产酸相末端产物（即发酵类型），人们对产酸相反应器的主要运行参数如水力停留时间、有机负荷、温度、pH 和 ORP 等进行了大量研究。在一个稳定的单相反应器（即产酸与产甲烷在同一反应器进行）中，由于产酸发酵细菌与产甲烷细菌的协同作用，出水中可检测到的发酵产物主要有乙酸和二氧化碳。但由于丙酸的产氢产乙酸速率非常缓慢，一旦有机负荷较高，常发生反应器内丙酸积累，出水中丙酸含量较高。若长期处于超负荷状态，反应器内丙酸积累过多，将导致反应器内 pH 过低，使产甲烷细菌受到抑制甚至死亡，导致反应器的处理功能失效，即发生所谓的反应器“酸化”。由此可见，无论是两相厌氧生物处理的产酸反应器还是单相反应器，避免丙酸型发酵都是十分重要的。两相厌氧生物处理在避免反应器“酸化”方面有较大的优势。

关于何种废水适用于采用两相厌氧生物处理工艺，观点不一。普遍认为两相厌氧生物处理工艺适用于处理易酸化的可溶性有机废水，两相分离易于控制运行的稳定性。任何一种废水处理技术都有其局限性，两相厌氧生物处理工艺亦并非对任何有机废水的处理都具有优越性。从运行稳定性考虑，易酸化废水采用两相厌氧生物处理工艺是适宜的，可避免易酸化、易降解废水负荷过高时，因单相反应器中产酸速率远大于产甲烷速率而导致厌氧系统 pH 迅速下降，使反应器中生态系统崩溃。但欲发挥其优越性，采用两相厌氧工艺处理复杂的大分子有机污染物，甚至难降解的有机污染物似乎更为有效。复杂的有机污染物（包括剩余活性污泥）的水解需较长的时间，限速步骤往往为水解阶段，采用相分离技术，创造有利于水解和产酸发酵细菌的生态环境，无疑会提高系统的处理能力，相对缩短水力停留时间，使其优于单相厌氧生物处理工艺。

为了取得较佳的产酸相末端产物，人们对产酸反应器的运行参数，主要包括水力停留时间、有机负荷、温度和 pH 等进行了大量研究。水力停留时间对末端产物含量及组成的影响说法不一。pH 的影响也有类似结果。有学者认为 pH 在 5～7 对挥发性有机酸的含量及组成几乎无影响，而大多数研究结果表明 pH 的影响较大。Kisualita 等认为 pH 大于 6.5 时细胞产量最大。普遍认为温度提高可获得较高的产物浓度和生物增长速率，而有机负荷的提高往往导致较高的丙酸产率。

两相厌氧生物处理产甲烷相中的生物菌群，除不发生水解阶段外，与单相反应器中的基本相同，只是在种群数量和各类菌群所存在的区域略有不同。

7.5.2 两相厌氧生物处理技术

从国内外的两相厌氧生物处理工艺研究中所采用的反应器形式来看，主要有两种：一种是两相均采用 UASB 反应器；另一种称作 Anodek 工艺，其特点是产酸相为接触式反应器（即完全混合式反应器后设沉淀池，同时进行污泥回流），产甲烷相则采用 UASB 反应器。国内常采用前一种方式，欧洲常采用后者。国外部分工业废水采用两相和单相厌氧生物处理工艺的试验结果表明，经产酸相处理后的废水，可使产甲烷相的处理能力有所提高，特别是沤麻、纸浆等难降解废水的效果更为显著，而对酒精、啤酒等废水的处理，并无显著优越性。高希（Ghash）等报道，采用两相厌氧生物处理工艺处理剩余活性污泥，总停留时间约 7 d 的处理效果，接近单相厌氧反应器 21 d 的处理效果。

7.5.3 最适液相末端发酵产物的选择

在废水两相厌氧生物处理中，为了提高产甲烷相的反应速率，研究产酸相反应器应提供何种最适液相末端发酵产物和如何获得产率较高的目的产物，是十分重要的课题。

皮皮恩（Pipyn）等从发酵产物转化为 CH_4 时所释放能量的角度考虑，认为最适末端发酵产物宜选择乳酸和乙醇，由于乳酸在产氢产乙酸菌的作用下易于转化为丙酸，所以，这一观点值得商榷。Pipyn 等认为，在实际产酸相反应器中，控制乳酸和乙醇形成的运行条件比较苛刻，而且受厌氧条件下细菌生长特性及环境条件的限制。

产甲烷细菌能够直接利用的底物种类很少，仅有二碳的乙酸及一碳的甲酸、甲醇、甲胺、CO_2（aq），所以，产酸相若仅产生以上液相末端产物，毫无疑问将是最为理想的。但废水厌氧发酵中不可避免地产生丙酸、丁酸、戊酸、己酸、乳酸及乙醇等，而这些有机酸和醇能否被产甲烷菌利用，主要取决于产氢产乙酸菌等能否将二碳以上有机酸和乙醇等转化为产甲烷细菌可利用的底物。众所周知，丙酸的产氢产乙酸速率很低，它很容易在产甲烷相积累，并因导致 pH 降低而影响产甲烷细菌的活性，所以可排除的不能作为最适末端发酵产物的是丙酸。产酸相最适液相末端发酵产物的选择应考虑以下两方面因素：①该产物在产甲烷相中易于发生产氢产乙酸转化（即 $\Delta G_0' \leqslant 0$ 且反应速率快）；②该产物在产甲烷相中无转化为丙酸的可能性。

根据国内外资料，产甲烷相的氢分压（P_{H_2}）一般为 1 hPa 左右，此时乙醇、丁酸和乳酸产氢产乙酸过程均能不同程度地自发进行，其中乙醇在 $P_{H_2}= 10^2$ hPa 时仍不断地转化为乙酸。然而，当氢分压大于 1 hPa，乳酸转化为丙酸比转化为乙酸的可能性更大。特别是对于 UASB 型产甲烷相反应器，由于底部产氢产乙酸作用导致氢分压较高，所以，产酸相产生的乳酸进入产甲烷相后更易于转化为丙酸，并且丙酸一旦形成，则进一步转化为乙酸较困难。所以，Pipyn 认为产酸相最适末端发酵产物选择乳酸是不适宜的。

根据研究成果，产酸相应提供的最适液相末端产物除乙酸外，其次应选择乙醇，再次是丁酸。事实上，乙醇不仅没有转化为丙酸的可能性，而且在 $P_{H_2}= 10^2$ hPa 以下均可自发转化为乙酸，并且转化速率很快。最适液相末端发酵产物的选择实质上是发酵类型的选择，也就是说可人为控制乙醇型发酵或丁酸型发酵。

7.5.4 两相厌氧生物处理法的应用

某企业废水主要为染料及中间体生产废水，设计进水水质及排放标准见表 7-12，排放标准执行《纺织染整工业水污染物排放标准》（GB 4287—2012）Ⅰ级标准。

表 7-12 设计进水水质及排放标准

项目	pH	COD/（mg/L）	BOD_5/（mg/L）	色度	苯胺 /（mg/L）
进水水质	6～7	12 000～15 000	1 000～2 000	20 000	80～120
排放标准	6～9	≤100	≤25	≤40	≤1.0

工艺流程如图 7-18 所示。

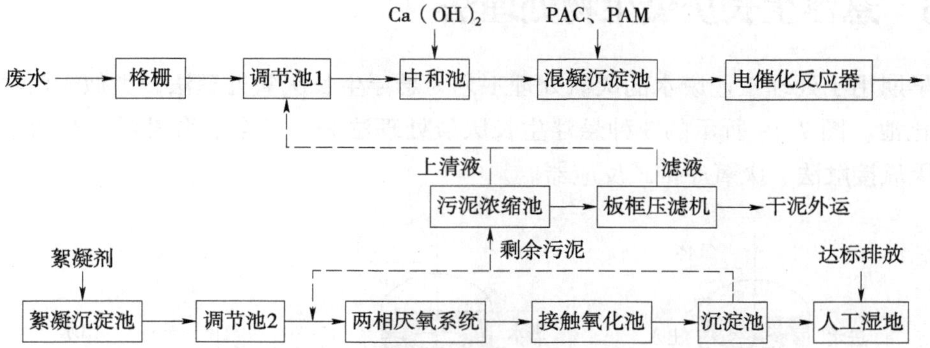

图 7-18 工艺流程

两相厌氧系统由水解酸化池和 UASB 反应器组成，可进一步去除废水中的有机物，改善废水的可生化性。两相厌氧系统出水进入生物接触池进行好氧生物处理，降低废水的 COD 和 BOD，其出水在二沉池内进行泥水分离，出水进行人工湿地处理，实现达标排放。沉淀池污泥部分回流至水解酸化池或生物接触氧化池，剩余污泥进入污泥浓缩池，浓缩后污泥经板框压滤机压滤后外运填埋。

两相厌氧系统中主要构筑物水解酸化池内设弹性填料，利用水解和产酸菌的新陈代谢作用，将不溶物有机物水解成溶解性有机物、大分子物质分解成小分子物质，使污水更适宜于后续的生化处理，可以用较短的时间完成净化过程，污水经水解酸化池，可以在较短停留时间和相对较高的水力负荷下获得较高的悬浮物去除率，出水 BOD/COD 值显著提高，增加了污水的可生化性。水解酸化池采用推流式，并且把水解酸化池分成同等体积的三格，进出水采用上下错流式，避免水流带走大量污泥，保证池内的污泥浓度。

该工艺系统从开始调试运行至运行稳定期间，各项水质指标达到或优于排放标准的要求，各单元处理效果均值见表 7-13。

表 7-13 废水处理效果

项目	pH	COD/（mg/L）	BOD_5/（mg/L）	色度	苯胺 /（mg/L）
原废水	6～7	14 000	1 500	20 000	120
混凝沉淀池出水	6～9	10 500	1 430	14 000	106
电催化出水	6～9	4 160	1 260	360	12
水解酸化池出水	6～9	2 910	1 120	—	6.3
UASB 出水	6～9	870	350	—	3.4
接触氧化池出水	6～9	115	28	40	0.9
出水	6～9	65	15	20	0.46

7.6 悬浮生长厌氧生物处理法

早期用于处理工业废水的厌氧处理工艺为悬浮生长厌氧处理法，类似于污泥处理的消化池。图 7-19 所示的 3 种悬浮生长厌氧处理法为：完全混合悬浮生长厌氧消化池、厌氧接触法、厌氧序批式反应器。

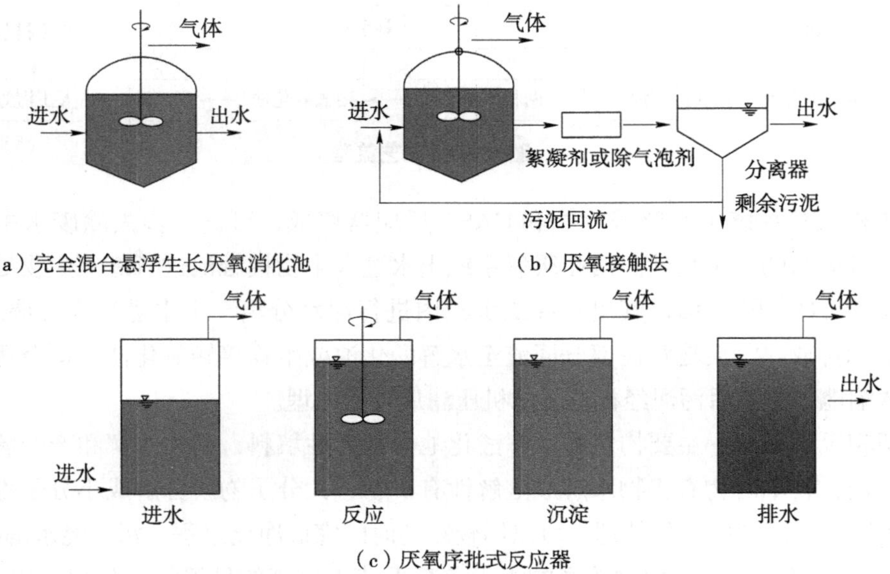

图 7-19 悬浮生长厌氧处理示意图

7.6.1 完全混合悬浮生长厌氧消化池

完全混合悬浮生长厌氧消化池属完全混合搅拌槽式反应器，没有污泥回流，水力停留时间（HRT）和固体停留时间（SRT）相等，HRT 一般为 15～20 d。由于该工艺中生物持有量少，代谢速率低，很长一段时间制约了厌氧处理技术应用于废水处理中。完全混合消化池适于处理固体含量高以及溶解性有机物浓度非常高的废水，因为对于这些废水来说出水污泥浓缩十分困难，适合于 HRT 等于 SRT 的工艺。该消化池的搅拌与污泥厌氧消化池相同，目的是提供良好的混合效果。

7.6.2 厌氧接触法

厌氧接触法克服了完全混合法无回流污泥的不足，污泥在泥水分离器中沉淀并回流至完全混合消化池。由于 SRT 大于 HRT，并且可保证较高的生物量，所以降解速率提高，反应器容积减小。但是，由于厌氧污泥在分离器中仍有气泡释放，并且污泥浓度比较大，所以沉降效果不佳。为此，人们利用厌氧生物处理所产生的气体为气源，采取溶气浮选进行泥水分离取得了良好的效果。此外，在混合液进入沉淀池之前还可采用加强搅拌释放气泡、创造真空条件释放气泡、投加化学絮凝剂等方法。厌氧接触法中分离器的表面水力负荷为 0.～1.0 m/h，VSS 可达到 4 000～8 000 mg/L。

7.6.3 厌氧序批式反应器

近年来，人们开始对厌氧序批式反应器（ASBR）工艺进行研究，厌氧序批式反应器工艺可看作反应和泥水分离在同一装置的悬浮生长厌氧工艺，其是否成功的关键之一是能否形成沉降性能良好的颗粒污泥。厌氧序批式反应器的工艺运行方式类似于好氧序批式反应器（SBRs），分为进水、反应、沉淀和排水。

达格（Dague）研究小组的小试研究成果表明，ASBR 工艺有可能在低温条件下处理低浓度废水。以脱脂奶粉配制废水，COD 浓度为 600 mg/L，在 25℃条件下，当有机容积负荷为 1.2～2.4 kg COD/（m^3・d）时，COD 去除率可达 92%～98%；而在 5℃条件下，当有机容积负荷为 0.9～2.4 kg COD/（m^3・d）时，COD 去除率可达 75%～85%。

例 7–2 一座厌氧生物处理池的进水流量为 1 000 m^3/d，进水 COD 浓度为 2 000 mg/L，出水 COD 浓度为 600 mg/L，计算该系统的 COD 去除量。

解：

$$\text{COD 去除量} = \text{进水流量} \times（\text{进水 COD 浓度} - \text{出水 COD 浓度}）$$

$$= 1\,000 \times（2\,000-600）= 1\,400\,000（\text{mg/d}）= 1\,400（\text{g/d}）$$

7.6.4 悬浮生长厌氧生物处理法的应用

某尼龙化工厂对原有工艺进行改进，在前期试验的基础上，建成后 3 套 A/O 系统并联运行，同时引入装填了高效生物载体的固定化厌氧生物池（3T-AF），使初沉池的出水先进入 3T-AF 处理后再进行 A/O 处理，目的是使绝大部分 NO_3-N、NO_2-N、COD 在 3T-AF 段得到去除，以减轻后续 A/O 段的运行负荷。废水的水质及排放标准如表 7-14 所示。

表 7-14　废水的水质及排放标准

废水	COD/（mg/L）	NH_3-N/（mg/L）	NO_3^--N/（mg/L）	pH	水量 /（m^3/h）
设计值	≤1 500	≤200	≤300	3～10	400
实际值	400～3 000	30～100	50～300	3～10	—
排放标准	100	15	—	6～9	—

3T-AF 中的高效微生物是通过人工筛选、驯化、复壮的专用工程复合菌，由多种微生物和复合酶配制而成，对大分子、难降解、毒性大的污染物有较强的降解能力和适应性。3T-AF 是通过生物活性分子固定化技术，将大量生物和酶固定在载体上进行厌氧反应，由此可以提高废水的可生化性并降解部分有机物，相较于水解酸化池，3T-AF 不只进行水解酸化反应，同时对有机物的降解具有很大的贡献。改进后的工艺流程如图 7-20 所示。

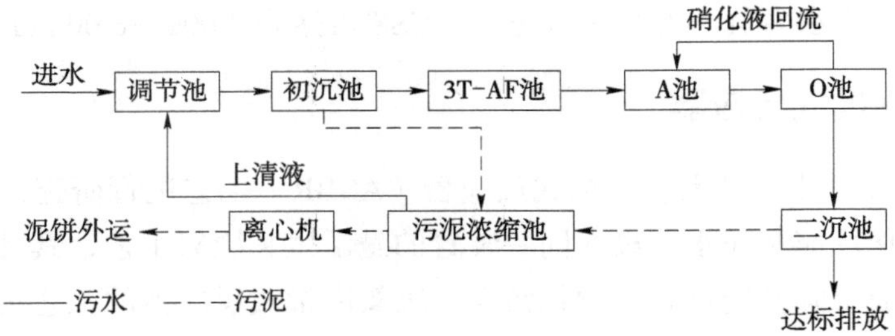

图 7-20　改进后 3T-AF 的工艺流程

生产废水首先进入调节池调节水质和水量，然后由提升泵提升至初沉池去除废水中的 SS，出水自流进入 3T-AF 池并在池内进行反硝化以去除废水中的 NO、-N、NO-N 和部分 COD，同时通过厌氧作用提高废水的可生化性。3T-AF 池出水进入 A/O 池进一步去除氨氮和有机物。

首先在带有曝气装置的微生物培养罐中激活优选高效微生物菌种，激活周期为 8 d。微生物菌种激活后投加到 3T-AF 池内，用生产废水进行驯化，驯化阶段进水流量为设计流量的 1/3，COD 和氨氮负荷为设计值的 1/2，驯化 15 d 后进水 COD 平均为 750 mg/L，出水 COD 平均为 200 mg/L 左右，达到预期要求，进出水的氨氮含量几乎没有变化，在这个时期 3T-AF 池的表面出现大量的气泡。经检测气泡主要是由 3T-AF 池中的反硝化反应形成，3T-AF 池挂成功。将生产废水直接进入 3T-AF 池，并逐步提高进水水量至设计值，连续监测 3T-AF 池进出水的特征污染物 7 d，运行效果如图 7-21、图 7-22 所示。

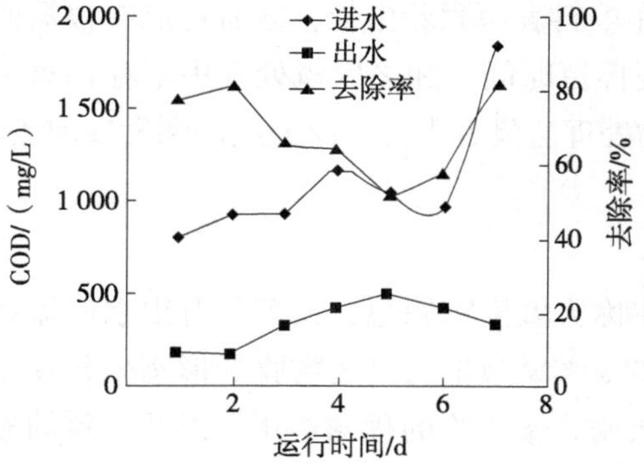

图 7-21　3T-AF 池对 COD 去除效果

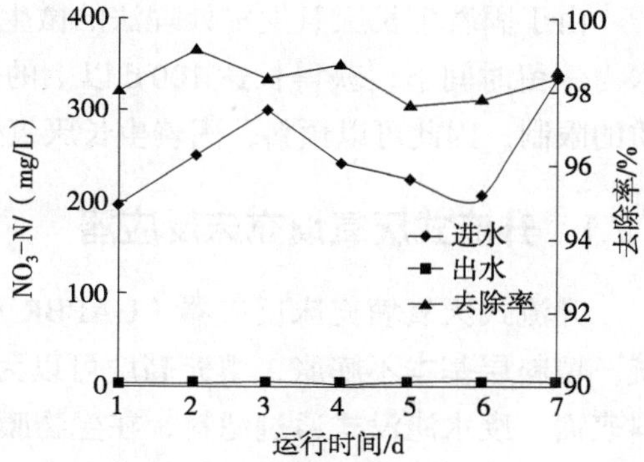

图 7-22　3T-AF 池对 NO_3-N 去除效果

由图 7-21 可知，原水的 COD 在 800～1 800 mg/L 范围内经厌氧生物池处理后下降到 200～750 mg/L，说明厌氧生物池填料上附着的高效微生物对 COD 的去除贡献较大。

由图 7-22 可知，原水的 NO_3-N 质量浓度在 200～350 mg/L 范围内，经厌氧生物池处理后 NO_3-N 质量浓度稳定在 5 mg/L 以下，系统对 NO_3-N 的去除率稳定在 98% 以上，反硝化效果较好。

7.7　固着生长厌氧生物处理法

固着生长厌氧生物处理法亦称厌氧生物膜法，是在厌氧反应器中利用载体上生长的厌氧微生物处理废水。目前常见的工艺有：升流式厌氧填充床反应器、厌氧膨胀床反应器、厌氧流化床反应器、降流式厌氧固着生长反应器等。填充床、膨胀床和流化床反应器具有很多的共同特点：①升流式；②添加填料；③出水回流（图 7-23）。唯一不同的是填料膨胀高度不同，由此决定了运行方式、填料种类和处理废水的水质及能力。

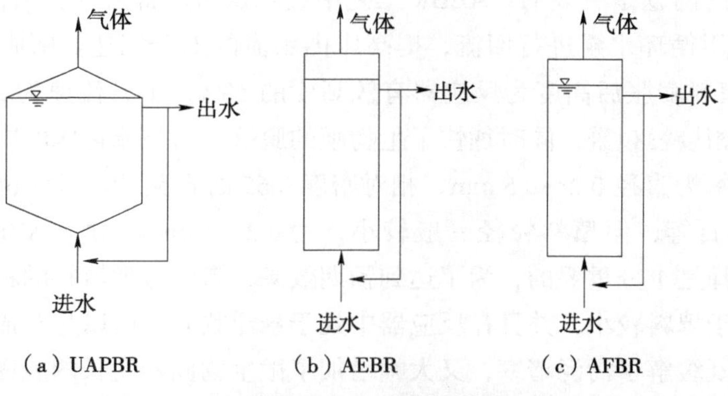

图 7-23　升流式固着生长厌氧生物处理反应器

由于固着生长厌氧生物处理法的微生物在填料表面固着生长，故有可能在很短的水力停留时间下，获得长达 100 d 以上的污泥停留时间，加之厌氧处理中不存在氧传质的限制，因此可以预料，固着生长厌氧生物处理法具有十分广泛的应用和发展前景。

7.7.1 升流式厌氧填充床反应器

升流式厌氧填充床反应器（UAPBR），亦称厌氧生物滤池，大多具有出水回流系统。填料层基本不膨胀，填充高度可以为 100% 厌氧微生物以生物膜的形态生长在填料表面，废水淹没式通过滤料，在生物膜的吸附、微生物的代谢作用，以及填料的截留作用下，废水中有机污染物得到去除。

在厌氧填充床的研究中发现，污泥和 COD 的去除主要发生在进水端，此区域生物生长量较多，很容易堵塞。为防止堵塞，填料的粒径或填料间空隙不能太小，一般采用粒径为 10～25 mm 填料，如常用的塑料花（管、环）等，填料的平均比表面积为 100 m^2/m^3。因此，该工艺的生物量较低，限制了 UAPBR 的有机物负荷。厌氧填充床反应器的发展与填料的开发密切相关，从截污的角度讲，要求填料具有足够大的截污能力而不致被堵塞。滤料应具备以下条件：比表面积较大、孔隙率高、表面粗糙、生物膜易于附着、化学及生物学的稳定性强、机械强度高等。

升流式厌氧填充床反应器工艺的特点是：能够承受水量或水质的冲击负荷；无须污泥回流；设备简单，能耗低，运行费用低；无污泥流失，处理水挟带污泥较少。

在 35℃条件下，有机容积负荷为 1～6 kg COD/（$m^3 \cdot d$）时，COD 去除率可达 90% 左右。实际规模的 UAPBR 直径为 2～8 m，高度为 3～13 m。目前，这一工艺应用的限制性因素主要有填料价格过高、运行管理复杂、污泥积累和填料堵塞等。UAPBR 工艺仅适用于处理溶解性的、悬浮固体含量不超过 200 mg/L 的有机废水。

7.7.2 厌氧膨胀床反应器

厌氧膨胀床反应器（AEBR）和厌氧流化床反应器对于解决升流式厌氧填充床反应器所存在的问题是有效的。AEBR 工艺中废水从床底部进入，为使填料层膨胀，需将部分出水用循环水泵进行回流，提高床内水流的上升流速。膨胀床的膨胀率为 10%～20%，填料膨胀后高度为反应器有效高度的 50%，上升流速为 2 m/h 左右。膨胀床中颗粒互相接触频繁，同时加快了生物膜的脱落，这与流化床的颗粒运动状况不同。常用的填料为直径 0.2～0.5 mm、相对密度 0.65 的石英砂，目前也采用活性炭颗粒、陶粒和沸石等，但填料粒径一般较小，为 0.2～1 mm。对于 AEBR 和 AFBR 来说，填料的选择是十分重要的，为了达到预期效果，需要考虑填料的粒径、密度及粒径分布等。由于填料较小，并且在反应器中处于悬浮状态，所以与升流式厌氧填充床反应器相比，既缓解了污泥堵塞，又大幅增加了微生物固着生长的表面积，提高了反应器中的微生物浓度（一般为 30 g VSS/L 左右），从而大幅提高了有机容积负荷，并且运行稳定，耐冲击负荷能力强。此外，由于床内生物固体停留时间较长，因此剩余污泥量少。由于膨胀床填料的比表面积为 10 000 m^2/m^3，膨胀率较小，如此细小的填料和填料层孔隙率，仍需要考虑床体的堵塞问题。

由于膨胀床可承受的上升流速较高，对于高浓度废水尚需出水回流来保证，所以该工艺既可用于高浓度有机废水的厌氧处理，也可用于低浓度的城市污水处理。奥尔德曼（Alderman）等所进行的实验室规模研究表明，对于城市污水的处理，在1～20℃条件下有机负荷为 4.0～4.4 kg COD/（m^3・d），COD 去除率为 80%～90%，但在 10℃以下，即使有机负荷小于 0.4 kg COD/（m^3・d），COD 去除率仍较低。

7.7.3 厌氧流化床反应器

厌氧流化床反应器（AFBR）工艺的反应器形式和运行方式与厌氧膨胀床反应器（AEBR）基本相同，填料种类亦相同。不同之处主要是膨胀率为 20%～70%，甚至高达 100%，上升流速最高可达 20 m/h。为了实现流化状态，填料粒径一般不大于 3 mm（对于相对密度小的填料直径稍大），反应器高度为 4～6 m。

流化床中颗粒在床中做无规则自由运动，由于上升流速较大，水流的剪切力使颗粒液膜阻力减小，与 AEBR 相比，底物在生物膜表面的传质速率提高。同时，流化床的填料比表面积大，可保证较高的生物量。由于 AFBR 反应器的效率很高，并且弥补了以上两种工艺的不足，所以受很多专家的重视。但由于实现流化的动力消耗较大，实际工程应用受一定限制。

与膨胀床相同，流化床可以处理各种浓度的有机废水。在 35℃条件下，AFBR 工艺的有机负荷一般为 10～40 kg COD/（m^3・d）。Tay 等在实验室以葡萄糖为主要底物，采用 AFBR、UASB 和 UAPBR 三种反应器进行对比试验，分别控制相同的运行参数［35℃，进水 COD 5 000 mg/L，10 kg COD/（m^3・d），HRT 12 h］，结果表明，AFBR 和 UASB 的 COD 去除率均为 96%，而 UAPBR 的 COD 去除率为 90%。

7.7.4 降流式厌氧固着生长反应器

降流式厌氧固着生长反应器（图 7-24）亦称下向流厌氧生物滤池，用于高浓度有机废水的处理，填料可采用各种材质，如煤渣、不规则塑料和管状塑料等，填料填充高度 2～4 m，反应器可采用出水循环方式。反应器上部配水应均匀，同时考虑填料的堵塞，应选用高孔隙率填料，如竖向放置的塑料管等。该工艺的优越性是不存在污泥堵塞问题，运行管理简单，产生的脱落生物膜和悬浮固

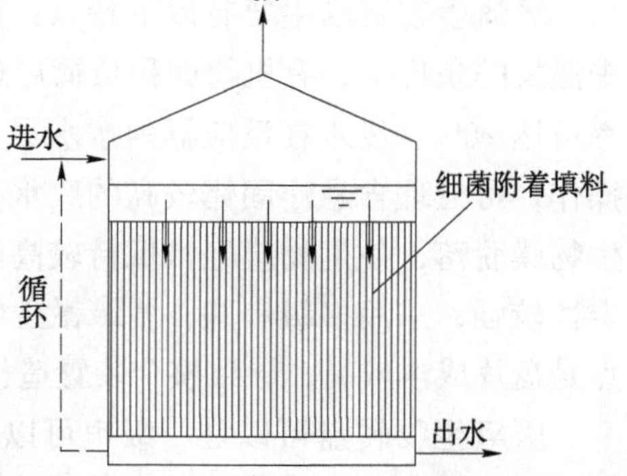

图 7-24　降流式厌氧固着生长反应器示意图

体可随出水进入后续构筑物。缺点是填料成本高，效率低于 UASB 和 AFBR。

降流式厌氧固着生长反应器主要用于处理易降解废水，运行的有机负荷一般为 5～20 kg COD/（m^3·d），COD 去除率达 70%～90%。

7.7.5 厌氧生物转盘

厌氧生物转盘是比勒陀利乌斯（Pretorius）等于 1975 年在进行废水的反硝化脱氮处理时提出的。1980 年，塔蒂（Tati）等首先开展了应用厌氧生物转盘处理有机废水的试验研究工作。厌氧生物转盘在构造上与好氧生物转盘相似，不同之处是反应器是密封的，而且圆盘全部浸没于水中。图 7-25 为厌氧生物转盘的两种布置形式。

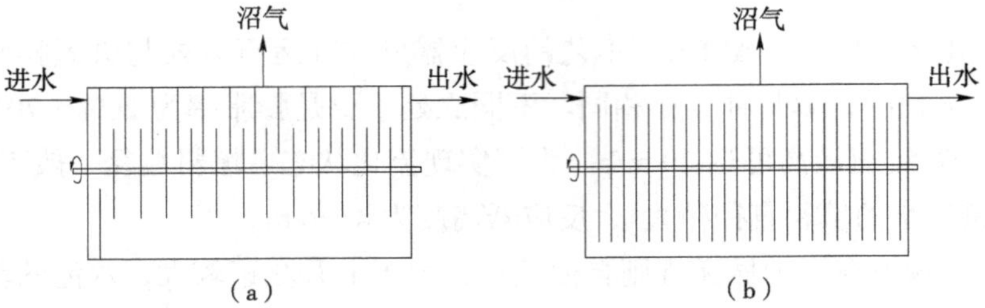

图 7-25 厌氧生物转盘布置示意图

厌氧生物转盘与其他厌氧生物膜工艺相比，最大的特点是转盘缓慢地转动产生了搅拌混合反应，使其流态接近于完全混合反应器。反应器的进出水是水平流向，不致形成沟流、短流以及引起堵塞等问题。厌氧生物转盘的盘片要求质轻、耐腐蚀，具有一定的强度，且表面粗糙便于挂膜。目前试验研究中常用的盘片材料有聚乙烯和聚丙烯等，盘片的厚度为 3～5 mm。盘片之间的间距直接影响着厌氧生物转盘的工作容量和生物量。盘片间距可适当小一些，以增加片数和载体的总表面积，加大单位容积反应器的生物量，提高处理能力。但是间距过小可能引起堵塞，在厌氧生物转盘中生长良好的厌氧生物膜厚度可达 3 mm，因此要求盘片净间距至少 6 mm。厌氧生物转盘的有机负荷率以单位盘片面积在单位时间内所承受（或去除）的有机物量来表示。

厌氧生物转盘主要有以下特点：微生物浓度高，可承受较高的有机负荷，一般在中温发酵条件下，有机物面积负荷可达 0.4 kg COD/（m^2 盘片·d），相应的 COD 去除率可达 90%；废水在反应器内按水平方向流动，无须提升废水和回流，既节能又便于操作；可处理含悬浮固体较高的废水，不存在堵塞问题；由于转盘转动，不断使老化生物膜脱落，使生物膜经常保持较高的活性；具有承受冲击负荷的能力，处理过程稳定性较强；采用多级串联，各级微生物处于最佳生存条件下。厌氧生物转盘的主要缺点是盘片成本较高，导致整个装置造价很高。

厌氧生物转盘可以是一级也可以是多级串联，级数为 4～10。一般认为，多级串联可以提高系统的稳定性，增强系统运行的灵活性。研究结果表明，影响厌氧生物转盘运行性能的主要因素有水力停留时间、进水水质、有机负荷率及系统的分级等。

7.7.6 固着生长厌氧生物处理法的应用

某县乡镇污水处理工程共涉及 18 个乡镇，建设规模为 300～8 000 m^3/d，总设计规模为 2 940 m^3/d，具体包括 16 座乡镇污水处理厂的投资建设运营，采用生物转盘组合工艺，主要由预处理、生物转盘和双效滤池（水平滤网 + 纤维转盘滤池）三部分组成，具体工艺流程如图 7-26 所示。

格栅井和提升泵站合建，污水经过格栅和提升泵站后进入多功能预处理池，设计停留时间为 6～8 h，该池集沉淀、水质水量调节、污泥储存等功能于一体，将传统预处理流程中包含的初沉池及调节池功能合并，同时具备短期储存初沉污泥和剩余污泥功能。调节区设置浮筒式灌水器，将污水提升至生物转盘进一步去除污染物质，生物转盘出水自流进入双效滤池，进一步去除 SS；滤池出水进入紫外消毒渠，经过紫外灯管杀菌消毒后再通过厂外的出水管排入附近水体。该县进出水水质如表 7-15 所示。

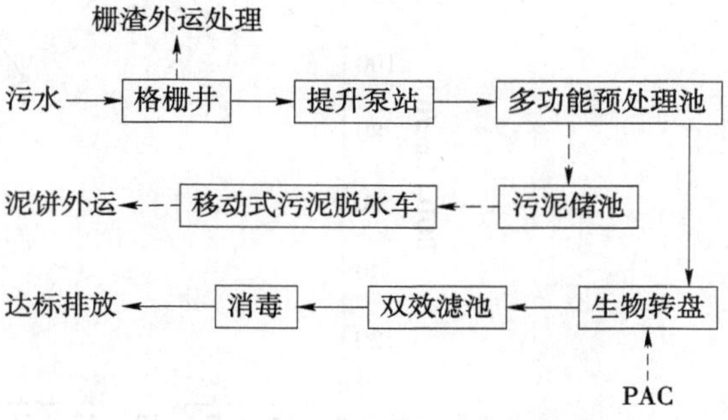

图 7-26　污水处理工艺流程

表 7-15　进出水水质情况　　单位：mg/L

项目	COD	BOD_5	SS	NH_4^+-N	TN	TP
进水水质	280	150	180	30	35	3
出水水质	≤50	≤10	≤10	≤5	≤15	≤0.5

（1）对 COD 的去除效果

系统对 COD 的去除效果如图 7-27 所示。

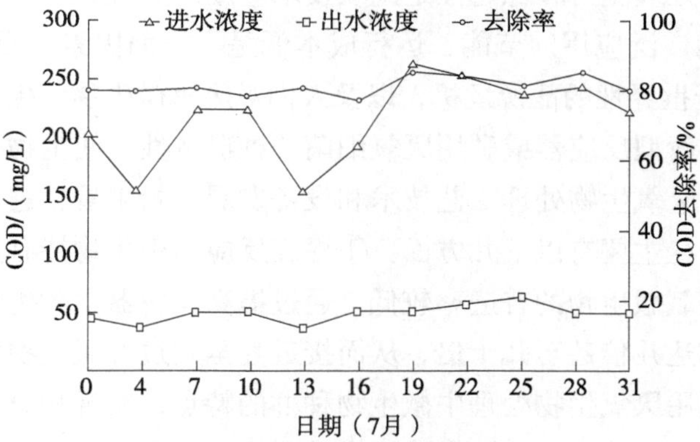

图 7-27　对 COD 的去除效果

从图 7-27 可以看出，进水 COD 变化较大，最高为 260.3 mg/ L，最低为 145.8 mg/L，但出水 COD 基本比较稳定，生物转盘对 COD 的去除率保持在 80% 左右，出水 COD 维持在 50 mg/L 以下，满足出水水质要求。

（2）对 BOD_5 的去除效果

系统对 BOD_5 的去除效果如图 7-28 所示。

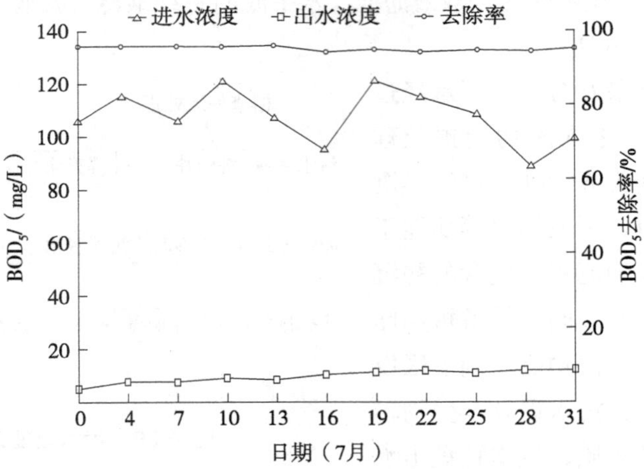

图 7-28　对 BOD_5 的去除效果

从图 7-28 可以看出，进水 BOD_5 相对稳定，维持在 100 mg/L 左右，进水 B/C 值基本保持在 0.4～0.5，说明污水可生化性好，容易处理，出水 BOD_5 保持在 10 mg/L 左右，对 BOD_5 去除率维持在 90% 左右。运行结果表明，生物转盘对 BOD_5 的去除率较高，满足设计要求。

7.8　厌氧生物处理的发展趋势

提高厌氧生物处理能力和稳定性是此项技术应用的关键。厌氧生物处理技术之所以在当今能够得到广泛应用，节能、运行成本低是一方面因素，更重要的是 20 世纪 70 年代以后，由于世界性的能源危机，以及人们对厌氧微生物的生理、生态特性的不断了解，通过推出新型反应器或利用厌氧细菌的种群特性，使生物处理能力和稳定性大幅提高。从目前厌氧生物处理工艺技术和设备发展前景来看，进一步提高生物处理能力和稳定性的途径主要有以下几方面：①提高反应器中生物持有量。与好氧微生物代谢速率相比，厌氧微生物的普遍率较低，通过提高反应器中微生物量，使之比好氧反应器中生物量高达几倍甚至几十倍，从而接近甚至超过好氧生物处理反应器的处理能力和效率。②利用厌氧生物处理中微生物种群的特点，实现相分离。产酸细菌与产甲烷细菌具有一定的协同作用，但由于两类种群生理、生态特性以及代谢速率差异较大，同处一个反应器有时导致生态系统不稳定，通过两类种群分别处于不同的反应器，各司其职，从而提高厌氧生物处理系统的降解速率和稳定性。③研制新型反应器使之形成特殊的水力流态，从而创造厌氧微生物的最适生态条件，满足不同种群厌氧细菌的生态需求。

课后习题

1. 简述厌氧生物处理法的优缺点。

2. 厌氧生物处理法常用的厌氧反应器有哪些？各有什么特点？

3. 厌氧生物处理法的基本原理是什么？分为几个阶段？各个阶段有哪些主要反应？

4. 影响厌氧生物处理效果的主要因素有哪些？

5. 简述 UASB 工艺流程，并说明其反应器是如何运行的。

6. 某石化污水处理厂，设计流量为 1 000 m^3/d，采用 2 座内径 7 m 的圆形 UASB 反应池。USAB 池的进水 COD_{Cr} 值为 4 000 mg/L，出水 COD_{Cr}≤500 mg/L，UASB 池反应区的容积负荷不大于 8 kg COD_{Cr}/（m^3·d）。计算 UASB 反应区的有效深度和上升流速的设计数值。

7. 某肉类加工厂污水处理采用上流式厌氧污泥床反应器，设计流量为 1 000 m^3/d，进水有机物浓度 COD 为 5 000 mg/L，有机物去除率为 90%，每去除 1 kg COD 产气量为 0.5 m^3，请计算该反应器生物气的产气量。

第 8 章 其他处理方法

8.1 中和法

中和法主要用于含酸或含碱废水的处理。含酸或含碱废水的浓度在 4%（含酸或含碱浓度为 2%）以下时，如果不能进行经济有效的回收、利用，则应通过中和反应，将 pH 调整到使废水呈中性状态才可排放，而对浓度较高的废水，则必须考虑回收并开展综合利用。

8.1.1 中和酸性或碱性废水的方法

8.1.1.1 酸性废水的中和处理

（1）酸性废水通过石灰石滤床。

（2）与石灰乳混合。

（3）向废水中投加碱性物质，表 8-1 所示为中和酸所需消耗的碱性物质的质量。

表 8-1 中和酸所需消耗的碱性物质的质量

酸的种类	中和 1 kg 酸所需碱性物质的质量 /kg						
	CaO	$Ca(OH)_2$	$CaCO_3$	$MgCO_3$	$CaMg(CO_3)_2$	NaOH	Na_2CO_3
硫酸	0.57	0.755	1.02	0.86	0.94	0.815	1.08
盐酸	0.77	1.01	1.37	1.15	1.26	1.10	1.45
硝酸	0.455	0.59	0.795	0.668	0.732	0.635	0.84
醋酸	0.466	0.616	0.83	0.695	—	0.666	0.88

（4）与碱性废水混合，使 pH 近于中性。

（5）向酸性废水中投加碱性废渣，如电渣、磷酸钙、碱渣等。

通常，尽量选用碱性废水（或渣）来中和酸性废水，达到以废治废的目的。

8.1.1.2 碱性废水的中和处理

（1）向碱性废水中鼓入烟道气。

（2）向碱性废水中注入压缩 CO_2 气体。

（3）向碱性废水中投入酸或酸性废水，表 8-2 所示为中和碱所需消耗的酸量。

表 8-2　中和碱所需消耗的酸量

碱类名称	中和 1 kg 碱所需消耗的酸量 /kg					
	H_2SO_4		HCl		HNO_3	
	100%	98%	100%	36%	100%	65%
NaOH	1.22	1.24	0.91	2.53	1.37	2.42
KOH	0.88	0.90	0.65	1.80	1.13	1.74
$Ca(OH)_2$	1.32	1.34	0.99	2.70	1.70	2.62
NH_3	2.88	2.93	2.12	5.90	3.71	5.70

用烟道气中和碱性废水，主要是利用烟道气中 CO_2 和 SO_2 两种酸性氧化物对碱进行中和，这是以废治废，开展综合利用的好办法。既可以降低废水的 pH，又可以除去烟道气的灰尘，并促使 CO_2 及 SO_2 气体从烟道中分离出来，防止烟道气污染大气。

8.1.2　酸性废水中和处理的方式和设备

8.1.2.1　酸性废水与碱性废水混合

若有酸性废水和碱性废水同时均匀排出，且两者各自所含的酸、碱又能互相平衡，则可将两者直接在管道内混合，不需设中和池。但是，对于排水经常波动的情况，则必须设置中和池，在中和池内进行中和反应。图 8-1 所示为酸性、碱性废水的中和处理流程。

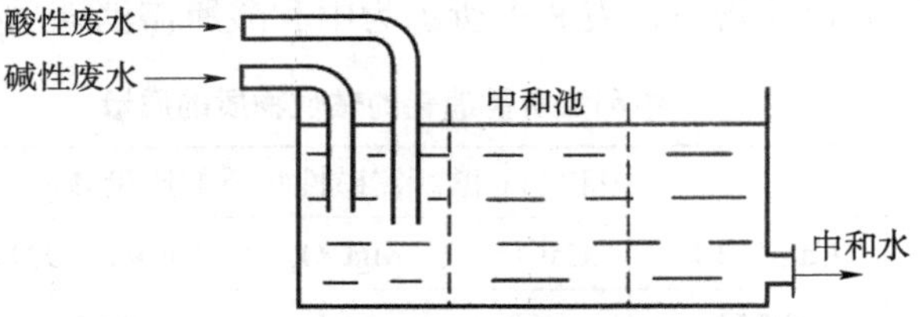

图 8-1　酸性、碱性废水的中和处理流程

中和池一般是平行设计两套，交替使用。设计时应考虑废水在中和池内停留的时间为 15 min 左右，根据具体情况，将中和后的出水 pH 控制在 5～8。

8.1.2.2　投药中和

投药中和就是将碱性中和药剂（如石灰、石灰石、电石渣、苏打等）投入酸性废水中，经充分中和反应，使废水得到治理。投药中和又分干投法和湿投法两种。

（1）干投法是将固体的中和药剂按理论用量的 1.4～1.5 倍，均匀连续地投入废水中，如图 8-2 所示。

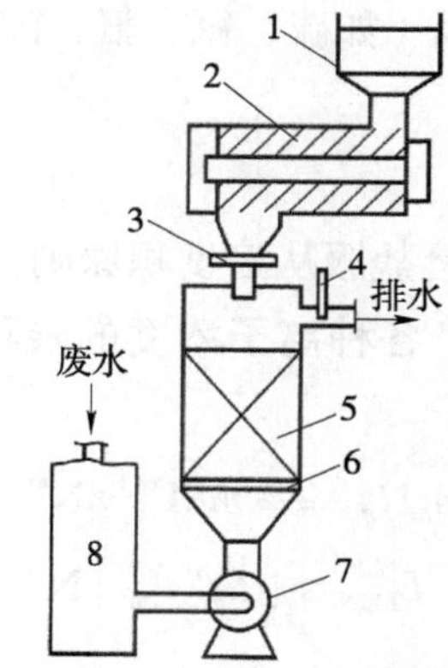

1—石灰石贮槽；2—螺旋输送器；3—计量计；4—pH 计；5—石灰石床层；6—分配板；
7—水泵；8—废水贮槽

图 8-2　用石灰石中和酸性废水的干投法流程

（2）湿投法即选用石灰消化槽，将石灰加水消化，制成 40%～50% 的乳液，在乳液槽中加水调配成浓度为 5%～10% 的石灰水，然后用泵送到投入器，与废水共同流入中和反应池，反应进行澄清，使水与沉淀分离，流程如图 8-3 所示。虽然湿投法所用设备较多，但反应迅速且较为安全，投药量为理论值的 1.05～1.10 倍，相比干投法用量少。

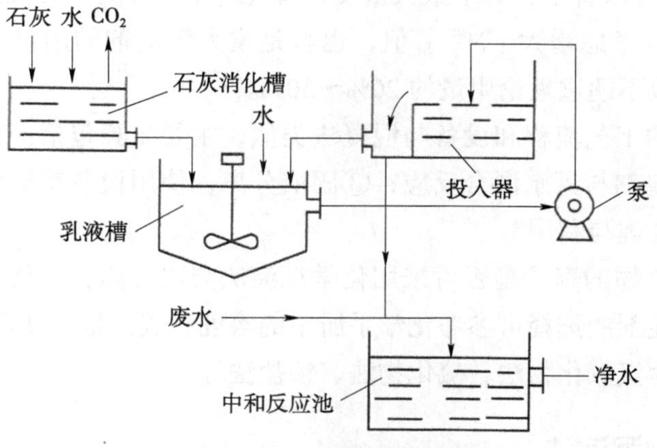

图 8-3　石灰湿投法流程

8.2　化学沉淀法

化学沉淀法是指向水中投加某种化学物质，使其和水中某些溶解性物质发生直接的化学反应，生成难溶的沉淀物，然后进行固液分离，从而主要除去水中溶解性物质的一种处理方法。采用化学沉淀法，可以将水中重金属离子（如汞、镉、铅、铬等）、碱土金属（钙、镁）及某些非金属（如硫、氰、氟、砷等）予以去除。

8.2.1 基本原理

从普通化学得知，水中的难溶盐服从溶度积原则，即在一定温度下，在含有难溶盐 M_mN_n（固体）的饱和溶液中，各种离子浓度的乘积为一常数，称为溶度积常数，记为 $L_{M_mN_n}$。

$$M_mN_n \rightleftharpoons mM^{n+}+nN^{m-}$$

$$L_{M_mN_n}=[M^{n+}]_m[N^{m-}]_n \tag{8-1}$$

式中：M^{n+}——金属阳离子；

N^{m-}——阴离子；

[ ]——摩尔浓度，mol/L。

式（8-1）对各种难溶盐都成立。当 $[M^{n+}]_m[N^{m-}]_n>L_{M_mN_n}$ 时，溶液过饱和，超过饱和那部分溶质将析出沉淀，直至符合式（8-1）时为止；如果 $[M^{n+}]_m[N^{m-}]_n<L_{M_mN_n}$，溶液不饱和，难溶盐将继续溶解，直到符合式（8-1）时为止。

根据该原理，可用它来去除水中的金属离子 M^{n+}。向水中投加具有 N^{m-} 离子的某种化合物，使 $[M^{n+}]_m[N^{m-}]_n>L_{M_mN_n}$，形成 M_mN_n 沉淀，从而降低水中金属离子的浓度。通常将具有这种作用的化学物质称为沉淀剂。

从式（8-1）可以看出，为了最大限度地降低 $[M^{n+}]_m$ 值，也就是使 M^{n+} 离子更充分地被去除，可以考虑增大 $[N^{m-}]_n$ 值，也就是增大沉淀剂的用量，但是沉淀剂的用量不宜过多，一般不超过理论用量的 20%～50%。

化学沉淀法的工艺流程和设备与混凝法类似，主要步骤包括：①化学沉淀剂的配制与投加；②沉淀剂与原水混合反应；③固液分离，使用设备有沉淀池、气浮池或过滤池等；④泥渣处理与利用。

某种无机化合物的离子是否可采用化学沉淀法与水分离，首要条件是能否找到适宜的沉淀剂，沉淀剂的选择可参考化学手册中的溶度积表。根据使用的沉淀剂的不同，化学沉淀法可分为氢氧化物法、硫化物法、钡盐法等。

8.2.2 氢氧化物沉淀法

废水中的许多金属离子可以生成氢氧化物沉淀而得以去除。氢氧化物的沉淀与溶液 pH 有很大关系。如以 $M(OH)_n$ 表示金属氢氧化物，则

$$M(OH)_n \rightleftharpoons M_n^{+}+nOH^-$$

$$L_{M(OH)_n}=[M^{n+}][OH^-]_n \tag{8-2}$$

同时发生水的离解：

$$H_2O \rightleftharpoons H^++OH^-$$

水的离子积为

$$K_{H_2O}=[H^+][OH^-]=1\times10^{-14}\ (25℃) \tag{8-3}$$

代入式（8-2），取对数得到

$$\lg[M^{n+}]=\lg L_{M(OH)_n}-\{n\lg K_{H_2O}-n\lg[H^+]\}$$

$$=pL_{M(OH)_n}+np\,K_{H_2O}-np\mathrm{H}$$

$$=x-np\mathrm{H} \tag{8-4}$$

式中，$-\lg L_{M(OH)_n}=pL_{M(OH)_n}$；$-\lg K_{H_2O}=p\,K_{H_2O}$；$x=-pL_{M(OH)_n}+np\,K_{H_2O}$，对一定的氢氧化物为一常数，见表8-3。

表8-3 金属氢氧化物的溶解度与pH的关系

金属氢氧化物	$pL_{M(OH)_n}$	$\lg[M^{n+}]=x-np\mathrm{H}$
$Cu(OH)_2$	20	$\lg[Cu^{2+}]=8.0-2pH$
$Zn(OH)_2$	17	$\lg[Zn^{2+}]=11.0-2pH$
$Ni(OH)_2$	18.1	$\lg[Ni^{2+}]=9.9-2pH$
$Pb(OH)_2$	15.3	$\lg[Pb^{2+}]=12.7-2pH$
$Fe(OH)_2$	15.2	$\lg[Fe^{2+}]=12.10-2pH$
$Ca(OH)_2$	6.26	$\lg[Ca^{2+}]=21.7-2pH$
$Cd(OH)_2$	14.2	$\lg[Cd^{2+}]=13.10-2pH$
$Mn(OH)_2$	12.8	$\lg[Mn^{2+}]=15.2-2pH$
$Fe(OH)_3$	38	$\lg[Fe^{3+}]=4.0-3pH$
$Al(OH)_3$	33	$\lg[Al^{3+}]=9.0-3pH$
$Cr(OH)_3$	10	$\lg[Cr^{3+}]=12.0-3pH$
$Mg(OH)_2$	10.74	$\lg[Mg^{2+}]=17.2-2pH$

式（8-4）为一直线方程，直线的斜率为$-n$。由此可知，对于同一价数的金属氢氧化物，它们的斜率相等为平行线；对于不同价数的金属氢氧化物，价数越高，直线越陡，表明M^{n+}离子浓度随pH的变化差异比价数低的要大。

由于水的水质比较复杂，实际上氢氧化物在水中的溶解度与pH关系和上述理论计算值有出入，因此沉淀过程的控制条件必须通过试验来确定。

应当指出的是，有些金属氢氧化物沉淀（如Zn、Pb、Cr、Sn、Al等）具有两性，既能和酸作用，又能和碱作用。以Zn为例，在pH等于9时，Zn几乎全部以$Zn(OH)_2$的形式沉淀，但是当pH＞11时，生成的$Zn(OH)_2$又能和碱起作用，溶于碱中，生成$Zn(OH)_4^{2-}$或ZnO_2^{2-}，随着pH的增大，ZnO_2^{2-}浓度呈直线增加。

综上所述，用氢氧化物法分离水中的重金属时，水中pH是操作的一个重要条件。

8.2.3 硫化物沉淀法

工业废水中许多金属能形成硫化物沉淀。由于大多数金属硫化物的溶解度一般比其氢氧化物的要小很多，采用硫化物可使金属得到更充分的去除。

在金属硫化物沉淀的饱和溶液中，有

$$MS \rightleftharpoons M^{2+}+S^{2-}$$

$$[M^{2+}]=\frac{L_{MS}}{[S^{2-}]} \tag{8-5}$$

各种金属硫化物的溶度积L_{MS}见表 8-4。

表 8-4 金属硫化物的溶度积

离子	电离反应	PL_{MS}
Mn^{2+}	$MnS \rightleftharpoons Mn^{2+}+S^{2-}$	16
Fe^{2+}	$FeS \rightleftharpoons Fe^{2+}+S^{2-}$	18.8
Ni^{2+}	$NiS \rightleftharpoons Ni^{2+}+S^{2-}$	21
Zn^{2+}	$ZnS \rightleftharpoons Zn^{2+}+S^{2-}$	24
Pb^{2+}	$PbS \rightleftharpoons Pb^{2+}+S^{2-}$	27.8
Cd^{2+}	$CdS \rightleftharpoons Cd^{2+}+S^{2-}$	28
Cu^{2+}	$CuS \rightleftharpoons Cu^{2+}+S^{2-}$	36.3
Hg^{+}	$Hg_2S \rightleftharpoons 2Hg^{+}+S^{2-}$	45
Hg^{2+}	$HgS \rightleftharpoons Hg^{2+}+S^{2-}$	52.5
Ag^{+}	$Ag_2S \rightleftharpoons 2Ag^{+}+S^{2-}$	49

硫化物沉淀法常用的沉淀剂有硫化氢、硫化钠、硫化钾等。

以硫化氢为沉淀剂时，硫化氢在水中分两步离解：

$$H_2S \rightleftharpoons H^{+}+HS^{-} \tag{8-6}$$

$$HS^{-} \rightleftharpoons H^{+}+S^{2-}$$

离解常数分别为

$$K_1=\frac{[H^+][S^-]}{[H_2S]}=9.1\times10^{-8}$$

$$K_2=\frac{[H^+][S^{2-}]}{[HS^-]}=1.2\times10^{-15}$$

将以上两式相乘，得

$$\frac{[H^+]^2[S^{2-}]}{[H_2S]}=1.1\times10^{-22}$$

$$[S^{2-}]=\frac{1.1\times10^{-22}[H_2S]}{[H^+]^2}$$

将上式代入式（8-5），得

$$[M^{2+}]=\frac{L_{MS}}{\frac{1.1\times10^{-22}[H_2S]}{[H^+]^2}}=\frac{L_{MS}[H^+]^2}{1.1\times10^{-22}[H_2S]} \tag{8-7}$$

在 0.1 MPa（1atm）和 25 ℃条件下，硫化氢在水中的饱和浓度约为 0.1 mol/L（pH≤6），把［H_2S］=1 × 10^{-1} mo1/L 代入式（8-7），得

$$[M^{2+}]=\frac{L_{MS}[H^+]^2}{1.1\times10^{-23}} \tag{8-8}$$

从式（8-8）可以看出，金属离子的浓度和 pH 有关，随着 pH 的增加而降低。

虽然硫化物法比氢氧化物法能更完全地去除金属离子，但由于它的处理费用较高，硫化物沉淀困难，常需要投加凝聚剂以加强去除效果，因此使用得并不广泛，有时作为氢氧化物沉淀法的补充法。

8.2.4 钡盐沉淀法

钡盐沉淀法主要用于处理含六价铬的废水，采用的沉淀剂有碳酸钡、氯化钡、硝酸钡、氢氧化钡等。以碳酸钡为例，它与废水中的铬酸根进行反应，生成难溶盐铬酸钡沉淀：

$$BaCO_3+CrO_4^{2-}\rightleftharpoons BaCrO_4\downarrow+CO_3^{2-}$$

碳酸钡也是一种难溶盐，它的溶度积（L_{BaCO_3}=8.0 × 10^{-9}）比铬酸钡的溶度积（L_{BaCrO_4}=2.3 × 10^{-10}）要大。在碳酸钡的饱和溶液中，钡离子的浓度比铬酸钡饱和溶液中的钡离子的浓度约大 6 倍。这就是说，$BaCO_3$ 为饱和溶液时的钡离子浓度对于 $BaCrO_4$ 溶液已过饱和。因此，向含有CrO_4^{2-}离子的废水中投加 $BaCO_3$，Ba^{2+} 就会和CrO_4^{2-}生成 $BaCrO_4$ 沉淀，从而使 Ba^{2+} 和CrO_4^{2-}浓度下降，$BaCO_3$ 溶液未被饱和，$BaCO_3$ 就会逐渐溶解，直至CrO_4^{2-}离子完全沉淀，这种由一种沉淀转化为另一种沉淀的过程称为沉淀的转化。

为了提高除铬效果，应投加过量的碳酸钡，反应时间保持 20～30 min。但是，投

加过量的碳酸钡会使出水中含有一定数量的残钡。在把这种水回用前，需要去除其中的残钡，残钡可用石膏法去除（$CaSO_4+Ba^{2+} \rightleftharpoons BaSO_4\downarrow +Ca^{2+}$）。

8.3 药剂软化法

8.3.1 水软化的目的与方法概述

硬度是水质的一个重要指标。生活用水与生产用水均对硬度指标有一定的要求，特别是锅炉用水中若含有硬度盐类，会在锅炉受热面上生成水垢，从而降低锅炉热效率、增大燃料的消耗，甚至因金属壁面局部过热而烧损部件，引起爆炸。因此，对于低压锅炉，一般要进行水的软化处理；对于中高压锅炉，则要求进行水的软化脱盐处理。

硬度盐类包括Ca^{2+}、Mg^{2+}、Fe^{2+}、Mn^{2+}、Fe^{3+}、Al^{3+}等易形成难溶盐类的金属阳离子。在一般天然水中，主要是钙离子和镁离子，其他离子含量很少，所以通常以水中钙离子、镁离子的总含量称为水的总硬度H_t。硬度又可区分为碳酸盐硬度H_c和非碳酸盐硬度H_n，前者容易在煮沸时沉淀析出，亦称暂时硬度，而后者在煮沸时不沉淀析出，亦称永久硬度。

硬度单位习惯用meq/L，国外也有以10 mg CaO/L作为一度（如德国），也有换算成mg $CaCO_3$/L表示（如美国、日本）。它们之间的换算关系为

$$1\ \text{meq/L}=2.8\ 德国度=50\ \text{mg}\ CaCO_3/\text{L}$$

按照法定计量单位规定，硬度应统一采用物质的量浓度c及法定单位（mol/L或mmol/L）表示。系统中某物质的基本单元数等于6.022×10^{23}（称为阿伏加德罗常数）时，则其物质的量n为1摩尔（mol）。基本单元可以是原子、分子、离子或是这些粒子的特定组合，但应予指明，包括由n导出的量如摩尔质量M、浓度c等。因此，物质的量n与基本单元的粒子数N和阿伏加德罗常数L之间的关系为

$$n(\mathrm{X})=N(\mathrm{X})/L$$

至于基本单元X的表示方法，可以采用Ca^{2+}、Mg^{2+}，亦可采用1/2 Ca^{2+}、1/2 Mg^{2+}，但以后者更为方便。它们之间的关系为

$$n(1/2\ Ca^{2+})=2\cdot n(Ca^{2+})$$

其通式写成

$$N\{\frac{1}{z}\mathrm{X}\}=z\cdot n(\mathrm{X})$$

这里，X等于离子电荷数。在实用中，称X为当量粒子。这里因为当选用当量粒子作为基本单元时，以往的“meq/L”可代之以“mol/L”而数值保持不变。因此，在计算离子平衡时，例如在水的分析中，引用当量粒子概念比较方便。

另外，如以 n 表示物质的量（mol），以 c 表示物质的量浓度（mol/L），以 m 表示质量（g），以 M 表示摩尔质量（g/mol），以 V 表示溶液体积（L），它们之间的关系可表示成

$$c\mathrm{B}=\frac{n_{\mathrm{B}}}{V}=\frac{m}{M_{\mathrm{B}}V}$$

或

$$m=n_{\mathrm{B}}M_{\mathrm{B}}=c\mathrm{B}\,M_{\mathrm{B}}V$$

这里B泛指基本单元。

为了便于说明，下面通过实际计算加以比较。

例8–1 根据水质分析，Ca^{2+} 和 Mg^{2+} 含量分别等于84.8 mg/L和51.0 mg/L，试用各种表达方法表示其硬度。

解：1. 以mmol/L表示

（1）基本单元选用 Ca^{2+} 和 Mg^{2+}

$$M(Ca^{2+})=40\ \mathrm{g/mol}$$
$$M(Mg^{2+})=24.3\ \mathrm{g/mol}$$

故物质的量浓度分别等于

$$c(Ca^{2+})=\frac{84.8}{40}=2.12\ \mathrm{mmol/L}$$

$$c(Mg^{2+})=\frac{51.0}{24.3}=2.10\ \mathrm{mmol/L}$$

（2）基本单元选用 $1/2\ Ca^{2+}$ 和 $1/2\ Mg^{2+}$

$$M(1/2\ Ca^{2+})=20\ \mathrm{g/mol}$$
$$M(1/2\ Mg^{2+})=12.15\ \mathrm{g/mol}$$

故物质的量浓度分别等于

$$c(1/2\ Ca^{2+})=\frac{84.8}{20}=4.24\ \mathrm{mmol/L}$$

$$c(1/2\ Mg^{2+})=\frac{51.0}{12.15}=4.20\ \mathrm{mmol/L}$$

2. 以meq/L表示

$$1\ \mathrm{meq}\ Ca^{2+}=40/2=20\ \mathrm{mg}\ Ca^{2+}$$
$$1\ \mathrm{meq}\ Mg^{2+}=24.3/2=12.15\ \mathrm{mg}\ Mg^{2+}$$

故当量浓度分别为

$$N_{\mathrm{Ca}}=\frac{84.8}{20}=4.24\ \mathrm{meq/L}$$

$$N_{Mg}=\frac{51.0}{12.15}=4.20\ meq/L$$

3. 以 mg $CaCO_3$/L 表示

基本单元选用 $CaCO_3$

$$M(CaCO_3)=100\ g/mol$$

故质量浓度分别为

$$(Ca^{2+})=2.12\ mmol/L\times100\ mg\ CaCO_3/mmol=212\ mg\ CaCO_3/L$$

$$(Mg^{2+})=2.10\ mmol/L\times100\ mg\ MgCO_3/mmol=212\ mg\ MgCO_3/L$$

4. 以德国度（°d）表示

基本单元选用 CaO

$$M(CaO)=56\ g/mol$$

$$1\ °d=10\ mg\ CaO/L$$

故硬度分别等于

$$H_{ca}=\frac{2.12\ mmol/L\times56\ mg/mmol}{10\ mg/(L\cdot d)}=11.87\ °d$$

$$H_{mg}=\frac{2.10\ mmol/L\times56\ mg/mmol}{10\ mg/(L\cdot d)}=11.76\ °d$$

根据以上实例计算可知，以物质的量浓度表示硬度，其数值大小与所选用的基本单元有关。用 Ca^{2+} 作为基本单元与用 $1/2Ca^{2+}$ 相比较，前者物质的量浓度只有后者的一半。若基本单元选用 $1/2\ Ca^{2+}$ 和 $1/2\ Mg^{2+}$，则在数值上与以往的当量浓度完全相同。至于质量 m 与质量浓度 p，均与基本单元的形式无关，因此，以 mg $CaCO_3$/L 和 °d 表示硬度，则不取决于基本单元的选用。

综上所述，基本单元选用当量粒子，如 HCl、NaOH、$1/2\ H_2SO_4$、$1/2\ Ca^{2+}$、$1/2\ Mg^{2+}$ 等，既符合合法定计量单位的使用规则，又保留了当量浓度表示方法的某些优点，且现有图表仍可继续使用，有许多方便之处，在许多场合得到广泛采用。

硬度单位表示方法及其换算关系见表 8-5。

表 8-5　硬度单位表示方法及其换算关系

表示方法		物质的量浓度 /（mmol/L）		当量浓度 /（meq/L）	$CaCO_3$ 的质量浓度 /（mg/L）	度 / 德国度（°d）
定义		$c(Ca^{2+})=n(Ca^{2+})/V$	$c(1/2\ Ca^{2+})=n(1/2\ Ca^{2+})/V$	Ca^{2+} 的毫当量数 / 体积	$CaCO_3$ 的质量 / 体积	10 mg CaO/ L
换算关系	$c(Ca^{2+})$ mmol/L	1	2.0	2.0	100	5.6
	$c(1/2Ca^{2+})$ mmol/L	0.50	1	1	50	2.8

续表

表示方法		物质的量浓度 /（mmol/L）		当量浓度 /（meq/L）	$CaCO_3$ 的质量浓度 /（mg/L）	度 / 德国度（°d）
换算关系	meq/L	0.50	1	1	50	2.8
	mg/L（$CaCO_3$）	0.01	0.02	0.02	1	0.056
	德国度（°d）	0.18	0.36	0.36	17.9	1

天然水中的阳离子主要是 Ca^{2+}、Mg^{2+}、Na^{+}（包括 K^{+}），阴离子主要是 HCO_3^-、SO_4^{2-}、Cl^-，其他离子含量均较低。就整个水体来说是电中性的，亦即水中阳离子的电荷总数等于阴离子的电荷总数。实际上，这些离子在水中很难结合成化合物，但是把水加热，溶解度变小，便会按一定规律分别结合成某些化合物从水中沉淀析出。总体来说，钙、镁的重碳酸盐转化成难溶的 $CaCO_3$ 和 $Mg(OH)_2$ 首先沉淀析出，其次是钙、镁的硫酸盐，而钠盐析出最难。在水处理中，往往根据这一现象把有关离子假想地结合，写成化合物的形式。若以当量粒子作为基本单元，则水中各种阳离子的物质的量浓度总和应等于各种阴离子的物质的量浓度总和，如表 8-6 所示。

表 8-6 水中离子的理想结合

$C(1/2\ Ca^{2+})$=2.4	$C(1/2\ Mg^{2+})$=1.2		$C(Na^{+})$=1.2	
$C(HCO_3^-)$=1.2	$C(1/2\ SO_4^{2-})$=1.8		$C(Cl^-)$=1.8	
$C[1/2\ Ca(HCO_3)_2)]$ =1.2	$C(1/2\ CaSO_4)$ =1.2	$C(1/2\ MgSO_4)$ = 0.6	$C(1/2\ MgCl_2)$ = 0.6	$C(NaCl)$ =1.2

注：数字表示物质的量浓度，以 mmo/L 计。

表 8-6 清晰地表明水中各种离子的假想结合情况以及化合物含量的大小，便于对水质进行分析研究。

目前水的软化处理主要有以下几种方法：

（1）基于溶度积原理，加入某些药剂，把水中钙离子、镁离子转变成难溶化合物使其沉淀析出，这种方法称为水的药剂软化法或沉淀软化法。

（2）基于离子交换原理，利用某些离子交换剂所具有的阳离子（Na^{+} 或 H^{+}）与水中钙离子、镁离子进行交换反应，达到软化的目的，称为水的离子交换软化法。

此外，还有基于电渗析原理，利用离子交换膜的选择透过性，在外加直流电场作用下，通过离子的迁移，在进行水的局部除盐的同时，达到软化的目的。

本章着重讨论水的药剂软化法。

8.3.2 水的药剂软化法

水处理中常见的某些难溶化合物的溶度积见表 8-7。

表 8-7 某些难溶化合物的溶度积（25℃）

化合物	$CaCO_3$	$CaSO_4$	$Ca(OH)_2$	$MgCO_3$	$Mg(OH)_2$
溶度积	4.7×10^{-9}	2.5×10^{-5}	5.0×10^{-6}	4.0×10^{-5}	8.9×10^{-12}

水的药剂软化工艺过程，就是根据溶度积原理，按一定量投加某些药剂（如石灰、苏打等）于原水中，使其与水中钙离子、镁离子反应生成沉淀物 $CaCO_3$ 和 $Mg(OH)_2$。工艺所需设备与净化过程基本相同，也要经过混合、絮凝、沉淀、过滤等工序。

8.3.3 石灰软化

石灰（CaO）是由石灰石经过煅烧制取，亦称生石灰。石灰加水反应称为消化过程，其生成物 $Ca(OH)_2$ 叫作熟石灰或消石灰。投加熟石灰时可配制成一定浓度的石灰乳液。

为除去水中钙离子、镁离子，反而加入 $Ca(OH)_2$，似乎存在矛盾。而其中道理可从下列反应中看出。

$$Ca(OH)_2 \longrightarrow Ca^{2+} + 2OH^-$$

$$2HCO_3^- + 2OH^- \longrightarrow 2CO_3^{2-} + 2H_2O$$

$$Ca^{2+} + CO_3^{2-} \longrightarrow CaCO_3\downarrow$$

$$Ca(OH)_2 + 2HCO_3^- \longrightarrow CaCO_3\downarrow + CO_3^{2-} + 2H_2O$$

根据上述反应，为使水中HCO_3^-转化为CO_3^{2-}，石灰提供了所需的 OH^-。投加石灰是为了产生过剩的CO_3^{2-}，使之与原水中的 Ca^{2+} 生成 $CaCO_3$ 沉淀析出。这样每加入 1 mol $Ca(OH)_2$，可去除水中 1 mol Ca^{2+}。

实际上，石灰软化过程包括下面几个反应：

$$CO_2 + Ca(OH)_2 \longrightarrow CaCO_3\downarrow + H_2O \tag{8-9}$$

$$Ca(HCO_3)_2 + Ca(OH)_2 \longrightarrow 2CaCO_3\downarrow + 2H_2O \tag{8-10}$$

$$\left.\begin{aligned} Mg(HCO_3)_2 + Ca(OH)_2 &\longrightarrow CaCO_3\downarrow + MgCO_3 + 2H_2O \\ MgCO_3 + Ca(OH)_2 &\longrightarrow CaCO_3\downarrow + Mg(OH)_2\downarrow \end{aligned}\right\} \tag{8-11}$$

熟石灰最容易与水中游离 CO_2 起化学反应，其次与碳酸盐硬度起化学反应，后者也是石灰软化的主要反应。在式（8-10）的反应中，去除 1 mol $Ca(HCO_3)_2$，要消耗 1 mol $Ca(OH)_2$。而式（8-11）第一步反应生成的 $MgCO_3$，其溶解度较高，还需要再与 $Ca(OH)_2$ 进行第二步反应，生成溶解度很小的 $Mg(OH)_2$ 才会沉淀析出。所以去除 1 mol $Mg(HCO_3)_2$，要消耗 2 mol $Ca(OH)_2$。

上面这些反应也就是碳酸平衡向生成 CO_3^{2-} 的方向转移，如式（8-12）、式（8-13）所示。

$$2HCO_3^- \rightleftharpoons CO_2 + CO_3^{2-}\ H_2O \tag{8-12}$$

$$CO_3^{2-} + Ca^{2+} \rightleftharpoons CaCO_3 \tag{8-13}$$

可以看出，促使$2HCO_3^-$和CO_3^{2-}相互转化的重要因素是游离CO_2。当石灰与水中游离CO_2发生反应，有利于使式（8-11）反应向右方进行，亦给式（8-13）反应创造了条件，使水中Ca^{2+}生成$CaCO_3$沉淀析出。

熟石灰虽然能与水中非碳酸盐的镁硬度发生反应生成氢氧化镁，但同时又产生了等物质的量的非碳酸盐的钙硬度：

$$MgSO_4+Ca(OH)_2 \longrightarrow Mg(OH)_2\downarrow +CaSO_4 \tag{8-14}$$

$$MgCl_2+Ca(OH)_2 \longrightarrow Mg(OH)_2\downarrow +CaCl_2 \tag{8-15}$$

所以，单纯的石灰软化不能降低水的非碳酸盐硬度。不过，通过石灰处理，还可去除水中部分铁和硅的化合物。

综上所述，石灰软化主要是去除水中的碳酸盐硬度以及降低水的碱度。但过量投加石灰，反而会增加水的硬度。石灰软化往往与混凝同时进行，有利于混凝沉淀。

石灰用量$\rho(CaO)$（以100% CaO计算）可按下列两种情况进行估算。

（1）当钙硬度大于碳酸盐硬度，此时水中碳酸盐硬度仅以$Ca(HCO_3)_2$形式出现。

$$\rho(CaO)=56\{c(CO_2)+c[Ca(HCO_3)_2]+c(Fe^{2+})+K+a\},\ mg/L \tag{8-16}$$

（2）当钙硬度小于碳酸盐硬度，此时水中碳酸盐硬度以$Ca(HCO_3)_2$和$Mg(HCO_3)_2$形式出现。

$$\rho(CaO)=56\{c(CO_2)+c[Ca(HCO_3)_2]+2c[Mg(HCO_3)_2]+c(Fe^{2+})+K+a\},\ mg/L \tag{8-17}$$

式中：$c(CO_2)$——原水中游离CO_2浓度，mmol/ L；

$c(Fe^{2+})$——原水中铁离子浓度，mmol/ L；

K——铁盐或铝盐{Y}凝剂投加量，mmol/ L;

a——CaO过剩量，一般为0.1～0.2 mmol/ L。

经石灰处理后，水的剩余碳酸盐硬度可降至0.25～0.5 mmol/ L，剩余碱度为0.8～1.2 mmol/ L，硅化合物可去除30%～35%，有机物可去除25%，铁残留量约为0.1 mg/L。

在水的药剂软化中，石灰是最常用的投加剂，由于价格低、来源广，适用于原水的碳酸盐硬度较高、非碳酸盐硬度较低且不要求深度软化的场合。石灰用量不恰当，会导致出水水质不稳定，给运行管理带来困难。所以，石灰实际投加量应在生产实践中加以调试。石灰也可以与钠离子交换法联合使用，用于原水的碳酸盐硬度较高且要求深度软化的情况，这时石灰软化可作为钠离子交换法的预处理。

8.3.4 石灰－苏打软化

这种方法是在水中同时投加石灰和苏打（Na_2CO_3）。此时，石灰用于降低水的碳酸盐硬度，苏打用于降低水的非碳酸盐硬度。该法适用于硬度大于碱度的水。软化水的剩余硬度可降至 0.15～0.2 mmol/L。与 Na_2CO_3 有关的化学反应表示如下：

$$CaSO_4+Na_2CO_3 \longrightarrow CaCO_3\downarrow+Na_2SO_4 \tag{8-18}$$

$$CaCl_2+NaCO_3 \longrightarrow CaCO_3\downarrow+2NaCl \tag{8-19}$$

$$MgSO_4+Na_2CO_3 \longrightarrow MgCO_3+Na_2SO_4 \tag{8-20}$$

$$MgCl_2+Na_2CO_3 \longrightarrow MgCO_3+2NaCl \tag{8-21}$$

$$MgCO_3+Ca(OH)_2 \longrightarrow Mg(OH)_2\downarrow+CaCO_3\downarrow \tag{8-22}$$

8.4 吹脱汽提法

水和废水中有时会含有溶解气体，如用石灰石中和酸性废水时产生大量 CO_2；地下水常含有大量的 CO_2；水在软化除盐过程中经过氢离子交换器，产生大量 CO_2；某些工业废水中含有 H_2S、HCN、NH_3、CS_2 及挥发性有机物等，这些物质可能对系统产生侵蚀作用，或者本身有害，或对后续处理不利，因此必须除去。

吹脱汽提法用于脱除水中溶解气体和某些挥发性物质，即将气体（载气）通入水中，使之相互充分接触，使水中溶解气体和挥发性溶质穿过气液界面，向气相转移，从而达到脱除目标物的目的。常用空气或水蒸气做载气，前者称为吹脱，后者称为汽提。应用吹脱汽提法处理废水时应将脱出的组分收集利用或送锅炉焚烧，防止污染物转移。

8.4.1 基本原理

吹脱汽提法的基本原理是气液相平衡和传质速度理论。对于稀溶液，在一定温度下，当气液之间达到相平衡时，溶质气体在气相中的分压与该气体在液相中的浓度成正比（亨利定律）。

$$P=Ex \tag{8-23}$$

式中：P——溶质气体在气相中的平衡分压，Pa；

x——溶质气体在液相中的平衡浓度，摩尔分率，量纲一；

E——比例系数，称亨利系数，Pa。

当该组分的气相分压低于其溶液中该组分浓度对应的气相平衡分压时，就会发生溶质组分从液相向气相的传质过程。传质速度取决于组分平衡分压和气相分压的差值。气液相平衡关系和传质速度因物系、温度和两相接触状况而异。

汽提法处理水时，可认为溶质在气相中的浓度与在水中的浓度比为一常数，遵循分配定律，即

$$k=C_{气}/C_{水} \tag{8-24}$$

式中：$C_{气}$、$C_{水}$——气液平衡时，溶质在蒸汽冷凝液中及水中的浓度，g/L；

k——分配系数。

可见，k值越大，越适于用汽提法脱除。

单位体积水所需的蒸汽量称为汽水比V_0（kg/m³），平衡时可按下式计算：

$$V_0 = \frac{C_0 - C_e}{kC_0} \tag{8-25}$$

式中：C_0、C_e——分别为原水和平衡时出水中的溶质（气体）浓度，g/L。

实际生产中，汽提都是在不平衡的状态下进行的，同时还有热损失，故水蒸气的实际耗量比理论值大，为理论值的2～2.5倍。

对给定的物系，通过提高水温，使用新鲜载气或负压操作，增大气液接触面积和接触时间，减少传质阻力，可以达到降低水中溶质浓度，增大传质速率的目的。

8.4.2 设备及工艺过程

吹脱法一般采用吹脱池（也称曝气池）和吹脱塔两类设备，前者占地面积较大，而且易污染周围环境，所以有毒气体的吹脱都采用塔式设备。而汽提都在塔式设备中进行。

8.4.2.1 吹脱池

自然吹脱池依靠水面与空气自然接触而脱除溶解性气体，它适用于溶解气体极易挥发，水温较高，风速较大，有开阔地段和不产生二次污染的场合。此类池子兼有贮水作用。其吹脱效果可按下式计算：

$$0.43\lg\frac{C_0}{C_2} = D\left(\frac{\pi}{2h}\right)^2 t - 0.207 \tag{8-26}$$

式中：C_2——经t（min）时间贮存（吹脱）后气体在水中的剩余浓度，g/L；

h——水层深度，r/min；

D——气体扩散系数，cm²/min。

由式（8-26）可知，欲获得较低的C_2值，除延长贮存时间外，还应当尽量减少水层深度，或增大表面积。

为了强化吹脱过程，通常在池内鼓入空气或在池面上安装喷水管，构成强化吹脱池。其吹脱效果可按下式计算：

$$\lg\frac{C_0}{C_2} = 0.43\,\beta t\frac{A}{V} \tag{8-27}$$

式中：A——气液接触面积，m²；

V——水的体积，m³；

β——吹脱系数，其值随温度升高而增大，25℃时，CO_2、H_2S、SO_2、NH_3、O_2和H_2的吹脱系数分别为0.17、0.07、0.055、0.015、1和1，CO_2在20℃

和 40℃时的β分别为 0.15 和 0.23。

喷水管的喷头安装在高出水面 1.2～1.5 m 处。池子小时，还可以建在建筑物顶上，此时的喷水高度达 2～3 m。为了防止风吹损失，四周应加挡板或百叶窗。喷水强度可采用 12 $m^3/(m^2 \cdot h)$。

8.4.2.2 填料吹脱塔

填料吹脱塔的主要特征是在塔内装填一定高度的填料层，原水从塔顶喷下，沿填料表面呈薄膜状向下流动。空气由塔底鼓入，呈连续相由下而上同水逆流接触。塔内水相和气相组成沿塔高连续变化，流程如图 8-4 所示。

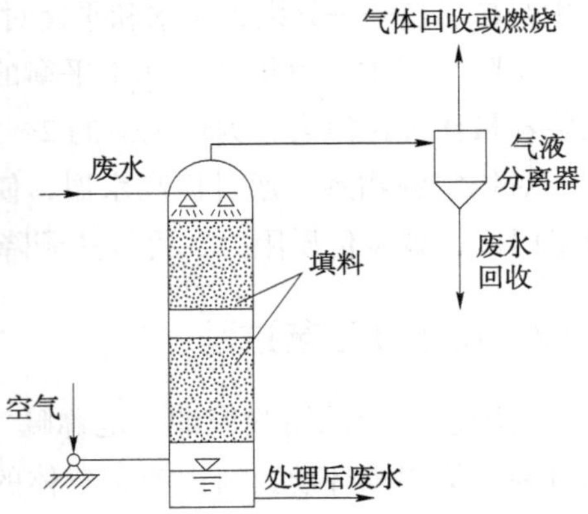

图 8-4 填料吹脱塔流程示意图

填料分为实体填料（如拉西环等）、网体填料（由很细的金属或网制成）和整体填料（如金属波形板、纸蜂窝填料等）三大类。整体填料的比表面积比实体填料大，空隙大，流体分布均匀，分离效率也高。填料吹脱塔的优点是结构简单，空气阻力小；缺点是传质效率不够高，设备比较庞大，填料容易堵塞。

8.4.2.3 真空除气器

真空除气器可以在不提高水温或水温提高较少的情况下除去水中的各种气体，可用于需同时去除 O_2、CO_2 及多种溶解气体的场合。通过真空除气器后水中残余的 CO_2 可低于 3 mg/L，残余的 O_2 可低于 0.05 mg/L。

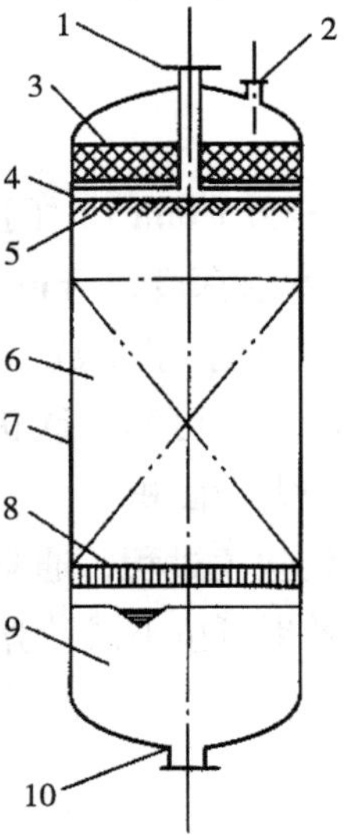

1—进水口；2—抽气口；3—收水器；4—布水管；5—喷嘴；6—填料；7—外壳；8—填料支承；9—存水部分；10—出水管

图 8-5 真空除气器简图

真空除气器的基本构造如图 8-5 所示。由于除气器需在真空状态下工作，外壳除要求密封外还应有足够的强度和稳定性。喷嘴不仅要均匀分布进水，还应使水形成小水滴或细小水雾，获得很大的水气接触面，提高脱气效率。真空除气器所用填料与填料塔基本相同，如需提高水温，则应考虑水温对填料的影响。例如，超过 40℃不应采用硬 PVC 拉西环，存水部分的大小应根据处理水量的大小及工艺要求的停留时间确定，也可在下部设卧式贮水箱，从而加大存水部分的容积。

8.4.3 影响吹脱的主要因素

影响吹脱效果的因素很多，主要因素有以下4个：

（1）温度：在一定压力下，气体在水中的溶解度随温度升高而降低，因此，升温对吹脱有利。

（2）气液比：空气量过小，气液两相接触不够；空气量过大，不仅不经济，还会发生液泛，即水被气流带走，从而破坏操作。最好使气液比接近液泛极限（超过该极限的气流量将产生液泛），此时传质效率最高。

（3）pH：在不同pH条件下，气体的存在状态不同。水中H_2S和HCN的含量与pH的关系见表8-8。只有以游离气体的形式存在时才能被吹脱，所以对含S^{2-}和CN^-的废水应在酸性条件下进行吹脱。

表8-8 游离H_2S、HCN与pH的关系

项目	pH					
	5	6	7	8	9	10
游离H_2S/%	100	95	64	15	2	0
游离HCN/%	—	99.7	99.3	99.3	58.1	12.2

（4）油类物质：水中油类物质会阻碍水中挥发物质向大气扩散，也会阻塞填料，影响吹脱，应在预处理中除去。

8.4.4 吹脱汽提法在废水处理中的应用

（1）吹脱法处理废水中的三氯甲烷

三氯甲烷属于挥发性有机物，为水体消毒副产物，采用逆向流填料吹脱塔法去除。原水经水泵提升至吹脱塔顶，自上而下喷淋至填料，与从吹脱塔底部由鼓风机送出的空气充分接触。根据原水中的三氯甲烷浓度合理调整气液比和水力负荷，三氯甲烷随空气转移至气相得以去除。实践表明，吹脱法去除三氯甲烷比固体吸附剂吸附法（如活性炭）或膜分离技术等方法更经济可靠。

（2）汽提法处理废水中的氨

以水蒸气为载气，采用汽提塔设备处理废水中的氨，废水自上而下从塔顶均匀喷下，与底部逆流而上的蒸汽充分接触。氨的去除率与汽提塔设备的尺寸、空气量、进水负荷、温度和填料型号及高度等有关，而且要保证塔内混合液满足汽提氨所需的pH条件，避免布水管线和塔内严重的碳酸盐结垢现象，寒冬季节一定要注意塔内的绝热保温措施。

8.5 萃取法

8.5.1 基本原理

液-液萃取是一种重要的水处理单元过程。向废水中投加一种与水不互溶，但能良好溶解污染物的溶剂，使其与废水充分混合接触。由于污染物在溶剂中的溶解度大于在水中的溶解度，因而大部分污染物转移到溶剂相，然后分离废水和溶剂，即可达到分离、浓缩污染物和净化废水的目的。采用的溶剂称为萃取剂，被萃取的污染物称为溶质，萃取后的萃取剂称为萃取液（萃取相），残液称为萃余液（萃余相）。

分配系数（或称分配比）D 是在萃取过程达到平衡时，溶质在萃取相中的总浓度 y 与在水相中总浓度 x 的比值，即 $D=y/x$。D 值越大，被萃取组分在萃取相的浓度越大，也就越容易被萃取。实际废水处理中，上述分配定律具有以下曲线形式：

$$D = y / x^n \tag{8-28}$$

萃取的传质速度式类似于式（8-28），过程的推动力是实际浓度与平衡浓度之差。由速度式可见，可通过以下几种途径提高萃取速度和设备生产能力。

（1）增大两相接触面积

通常使萃取剂以小液滴的形式分散到水中，分散相液滴越小，传质表面积越大。但要防止溶剂分散过度而出现乳化现象，给后续分离萃取剂带来困难。对于界面张力不大的物系，仅以重度差推动液相通过筛板或填料，即可获得适当的分散度；但对于界面张力较大的物系，需通过搅拌或脉冲装置来达到适当分散的目的。

（2）增大传质系数

在萃取设备中，通过分散相的液滴反复地破碎和聚集，或强化液相的湍动程度，使传质系数增大。但是表面活性物质和某些固体杂质的存在，可增加相界面上的传质阻力，显著降低传质系数，因而应预先除去。

（3）增大传质推动力

采用逆流操作，整个萃取系统可维持较大的推动力，既能提高萃取相中溶质浓度，又可降低萃余相中的溶质浓度。逆流萃取时的过程推动力是一个变值，其平均推动力可取废水进口处推动力和出口处推动力的对数平均值。

8.5.2 萃取剂的选择与再生

8.5.2.1 萃取剂的选择

在萃取过程中，萃取剂是影响萃取效果的关键因素之一。对于特定的溶质而言，可供选择的萃取剂有多种，选择萃取剂主要考虑以下几方面因素：

（1）萃取能力大，即分配系数越大越好。

（2）分离效果好，萃取过程中不乳化、不随水流失。要求溶剂与水的密度差越大越好；界面张力适中，既有利于传质的进行，又不易形成稳定的乳化层；黏度小。

（3）化学稳定性好，难燃不爆，毒性小，腐蚀性小，沸点高，凝固点低，蒸汽压小，便于室温下贮存和使用，安全可靠。

（4）容易制备，来源较广，价格便宜。

（5）容易再生和回收溶质。萃取剂的用量往往很大，有时达到与废水量相等，如不能将其再生回用，有可能丧失经济合理性；另外，萃取相中的溶质量也很大，如不能回收，会造成极大的浪费和二次污染。

8.5.2.2 萃取剂的再生

（1）物理法（蒸馏或蒸发）。当萃取相中各组分沸点相差较大时，最宜采用蒸馏法分离。例如，用乙酸丁酯萃取废水中的单酚时，溶剂沸点为116℃，而单酚沸点为181～202.5℃，相差较大，可控制适当的温度，用蒸馏法分离，根据分离目的，可采用简单蒸馏或精馏，设备以浮阀塔效果较好。

（2）化学法。投加某种化学药剂使其与萃取物形成不溶于萃取剂的盐类，例如，用碱液反萃取萃取相中的酚，形成酚钠盐析出，从而达到二者分离的目的，化学再生法使用的设备有板式塔和离心萃取机等。

8.5.3 萃取工艺过程

8.5.3.1 萃取操作过程

萃取操作过程包括以下三个主要工序：

（1）混合。把萃取剂与水进行充分接触，使溶质从水中转移到萃取剂中去。

（2）分离。使含有萃取物（即水中溶质）的溶剂（称为萃取相）与经过萃取的水分层分离。

（3）回收。萃取后的萃取相需再生，分离出萃取物，才能继续使用，同时回收萃取物。

8.5.3.2 萃取操作方式

根据萃取剂（或称有机相）与水（或称水相）接触方式的不同，萃取操作可分为间歇式和连续式。按照有机相与水相两者接触次数的不同，萃取过程可分为单级萃取和多级萃取，后者又分为“错流”与“逆流”两种方式。

（1）单级萃取

萃取剂与水经一次充分混合接触，达到平衡后即进行分相，称为单级萃取。这种萃取流程的操作是间歇的，在一个设备或装置中即可完成。单级萃取一般在萃取罐内进行，设备简单，灵活易行。但消耗的萃取剂量大，若大量水需进行萃取时，则操作比较复杂。因此，这种萃取方式主要用于实验室或者少量水的萃取过程。

（2）多级逆流萃取（连续逆流萃取）

多级逆流萃取是把多次单级萃取操作串联起来，实现水与萃取剂的逆流操作。在萃取过程中水和萃取剂分别由第一级和最后一级加入，萃取相和萃余相逆向流动，逐级接触传质，最终萃取相由进入端排出，最终萃余相从萃取剂加入端排出。这一过程可在混合沉降器中进行，也可在各种塔式装置（或设备）中进行。多级逆流萃取只在最后一级使用新鲜的萃取剂，其余各级都是与后一级萃取过的萃取剂接触，以充分利用萃取剂的能力。这种流程体现了逆流萃取传质推动力大、分离程度高、萃取剂用量少的特点，因此，这种方法也称多级多效萃取，简称多效萃取。

8.5.4 萃取法在废水处理中的应用

萃取法适用于能形成共沸点的恒沸化合物，不能用蒸馏、蒸发方法分离回收的废水组分；热敏性物质，在蒸发和蒸馏的高温条件下，易发生化学变化或易燃易爆的物质；沸点非常接近，难以用蒸馏方法分离的废水组分；难挥发性物质，用蒸发法需要消耗大量热能或需用高真空蒸馏，例如含乙酸、苯甲酸和多元酚的废水；对某些含金属离子的废水，如含铀和钒的洗矿水以及含铜冶炼废水，可采用有机溶剂萃取、分离和回收。

课后习题

1. 中和酸性和碱性废水有哪几种处理方法?

2. 若加入氟离子来净化水，使氟离子在水中的质量分数为 $1.0\times10^{-4}\%$。问：往含 Ca^{2+} 浓度为 2.0×10^{-4} mol/dm^3 的水中按上述情况加入氟离子时，是否会产生沉淀？

3. 请简述水的软化方法，并举出实际应用案例。

4. 简述吹脱汽提法的基本原理和影响因素。

5. 什么是萃取法？如何选择萃取剂？

第9章

工业水处理工艺系统

9.1 工业水处理工艺系统概述

工业水处理的任务是，将不符合用户要求的原水（工业用水水源水或工业排放的废水）加以处理，使其符合用户对水质的要求。对于不同的工业企业，均存在原水（水源水、排放口污水）水质不同的情况，还存在用户对用水水质或排放标准要求不同的情况，这就是选择工业水处理工艺的依据，根据原水水质与处理出水水质之间的差别，找出原水中不符合用水或排放要求的水质项目，选择一种或几种水处理方法，使不符合要求的水质项目符合用水或排放水质标准。

前面8章已经叙述了各种物理的、化学的、物理化学的以及生物的单元处理方法（还有很多处理方法未在本书中提及，请参考其他专业书籍），每一种单元处理方法都有处理水中多种杂质的功能，同时水中某项杂质也可有多种处理方法，还有的杂质需要多种方法联合使用才能达到去除要求。所以，应针对具体原水中不符合要求的水质项目，选择多种单元处理方法，将其有机地组合起来，形成一个水处理工艺系统，以达到使处理水的水质符合用水或排放要求的目的。由于处理方法的多样性，使得形成的水处理工艺系统不可能是唯一的，而是多种多样的，最终确定选用哪一种水处理工艺系统，必须进行试验或优选，通过方案比较才能确定。

9.2 工业给水处理工艺系统

9.2.1 地下水除铁除锰工艺系统

9.2.1.1 地下水除铁工艺系统

常用的地下水除铁工艺系统有曝气自然氧化除铁工艺系统和曝气接触氧化除铁工艺系统两大类（图9-1、图9-2）。

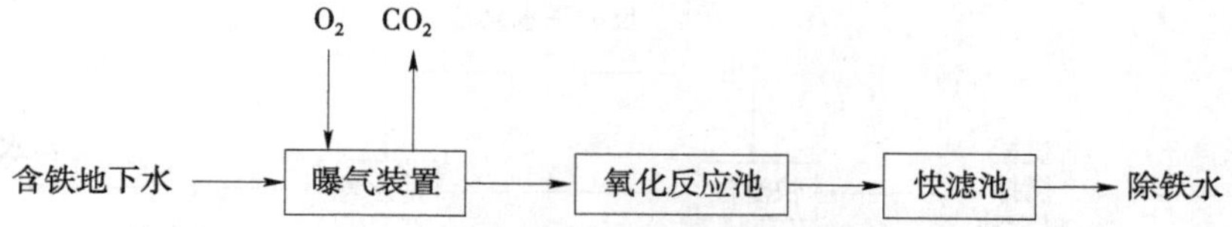

图 9-1 曝气自然氧化除铁工艺系统

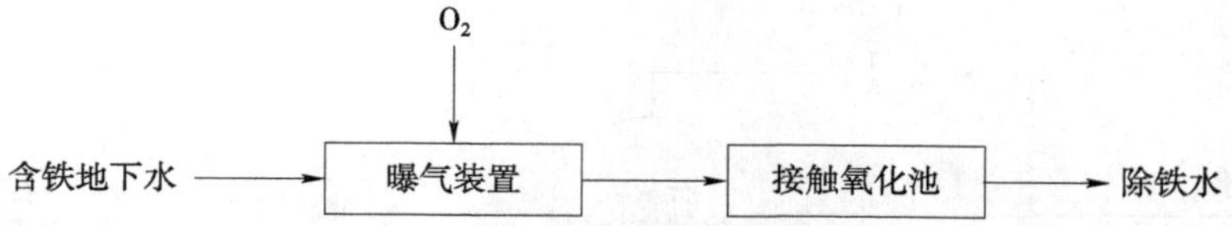

图 9-2 曝气接触氧化除铁工艺系统

9.2.1.2 地下水除锰工艺系统

一般情况下，铁、锰共生在一起，典型的同步除铁除锰工艺系统如图 9-3、图 9-4 所示。

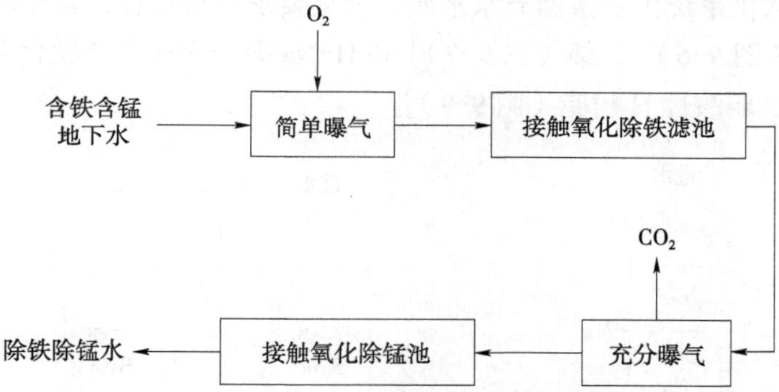

图 9-3 两级曝气、两级过滤除铁除锰工艺系统

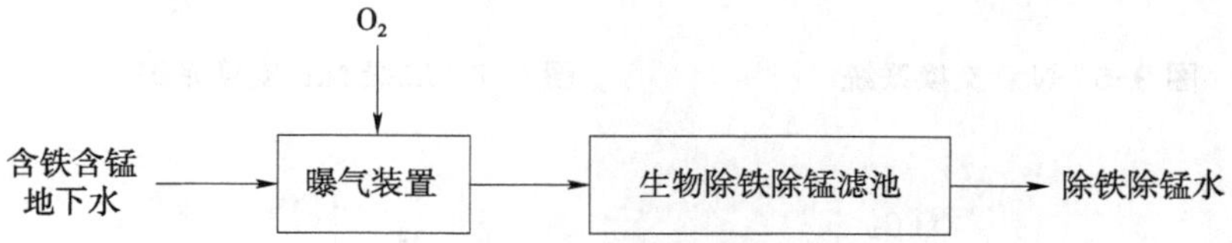

图 9-4 生物法除铁除锰工艺系统

9.2.2 水的软化工艺系统

9.2.2.1 水的药剂软化工艺系统

水的药剂软化法有石灰软化法、石灰-苏打软化磷酸盐法、掩蔽剂法等。图 9-5 所示为石灰软化法工艺流程。

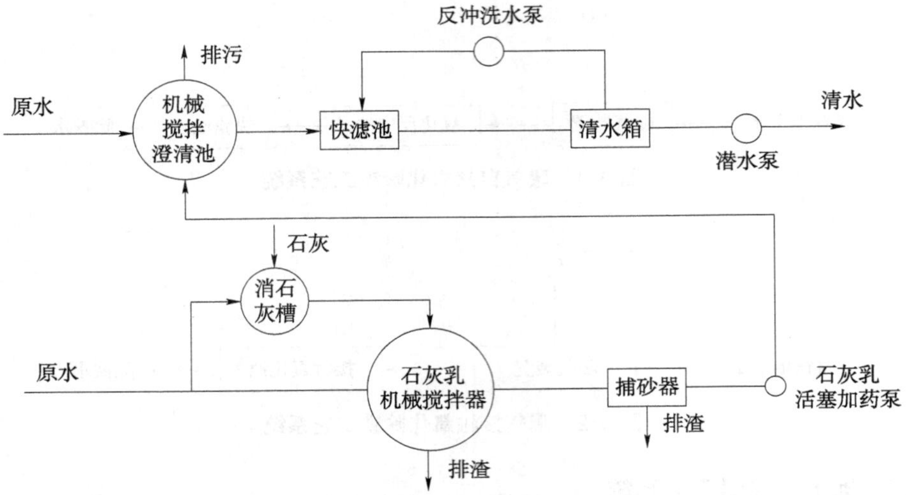

图 9-5 石灰软化法工艺流程

9.2.2.2 离子交换软化工艺系统

离子交换软化系统主要根据原水水质和处理要求进行选择，常用的有 Na^+ 交换软化系统［单级（图 9-6）、二级（图 9-7）］和 H-Na 离子交换脱碱软化系统［强酸性阳树脂（图 9-8）、弱酸性 H 树脂（图 9-9）］。

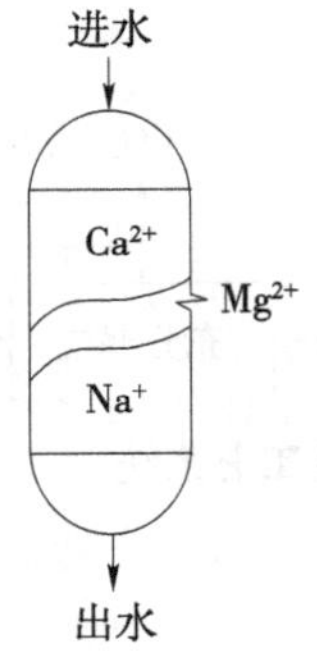

图 9-6 Na^+ 交换系统

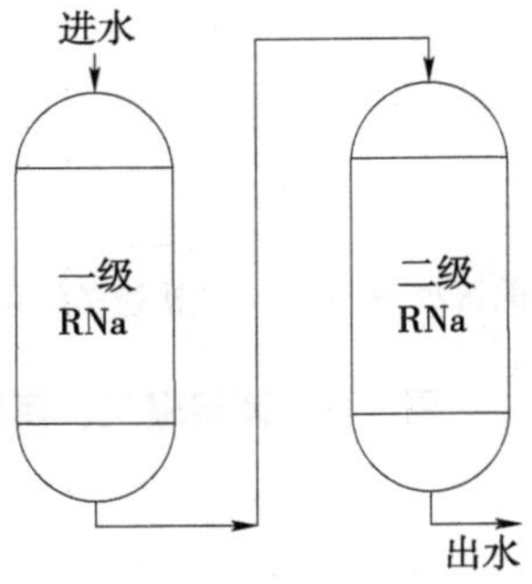

图 9-7 二级 Na^+ 交换系统

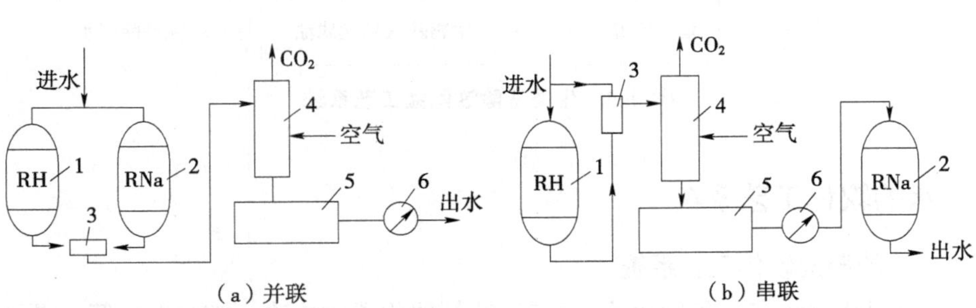

（a）并联　　（b）串联

1—强酸 H 型交换器；2—Na 型交换器；3—混合器；4—除碳器；5—水箱；6—水泵

图 9-8 强酸性阳树脂的 H-Na 软化除碱系统

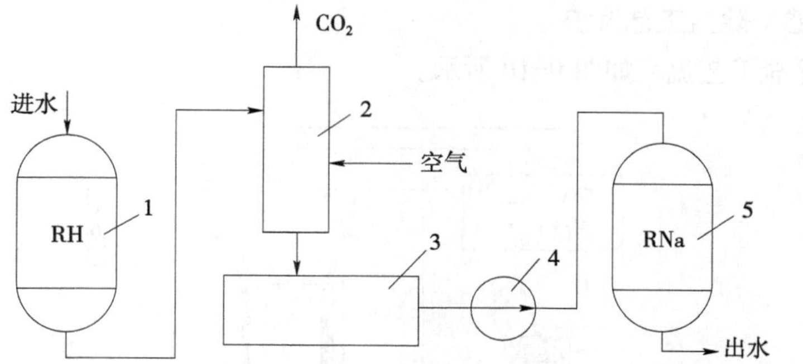

1—弱酸H型交换器；2—除碳器；3—水箱；4—水泵；5—Na型交换器

图9-9 采用弱酸H型交换树脂的H-Na软化除碱系统

9.2.3 水的除盐工艺系统

9.2.3.1 离子交换除盐工艺系统

根据被处理水质水量及对出水水质要求的不同，可采用多种离子交换除盐系统，表9-1所示为供设计采用的9种常规系统及其适用条件。

表9-1 常规离子交换除盐工艺系统

序号	系统组成	出水水质		适用的原水水质	备注
		电导率/（μS/cm）	SiO_2/（mg/L）		
1	H-OH	<10	<0.10	碱度、含盐量、硅酸含量不高	系统简单
2	H-OH′-D-OH	<10	<0.10	SO_4^{2-}、Cl^-含量高，碱度和硅酸含量不高	系统性好
3	H′-H-D-OH	<10	<0.10	碱度高、过剩碱度低、含盐量和硅酸含量低	经济性好
4	H′-H-D-OH′-OH	<10	<0.10	碱度、SO_4^{2-}、Cl^-含量高、硅酸含量不高	经济性好
5	H/OH	1～5	<0.10	碱度、含盐量低、硅酸含量低	系统简单
6	H-D-OH-H/OH	<0.2	<0.02	碱度、含盐量低、硅酸含量高	出水稳定
7	H-OH′-D-H/OH	<1.0	<0.02	碱度、硅酸含量不高、SO_4^{2-}、Cl^-含量高	经济性好
8	H′-D-H/OH	1～5	<0.10	碱度高、含盐量和含硅量低	经济性好
9	H′-H-OH′-D-OH-H/OH	<0.2	<0.02	碱度、含盐量、含硅量均高	设备多

注：H表示强酸阳离子交换器；H′表示弱酸阳离子交换器；OH表示强碱阴离子交换器；OH′表示弱碱阴离子交换器；D表示除二氧化碳器；H/OH表示混床交换器。

9.2.3.2 电渗析除盐工艺系统

电渗析除盐工艺流程如图 9-10 所示。

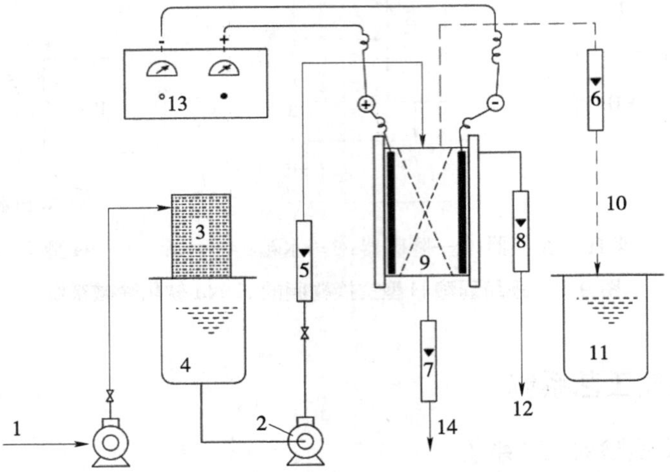

1—给水进入；2—给水泵；3—过滤器；4—给水槽；5—浓水槽流量计；6—淡水系统流量计；
7—浓水系统流量计；8—极水系统流量计；9—电渗析器；10—淡水输出；11—淡水槽；
12—极水排放；13—整流器

图 9-10 电渗析除盐工艺流程

9.2.3.3 反渗透除盐工艺系统

反渗透除盐系统一般由预处理部分、反渗透部分、终端部分组成。典型的反渗透除盐工艺系统如图 9-11 所示。

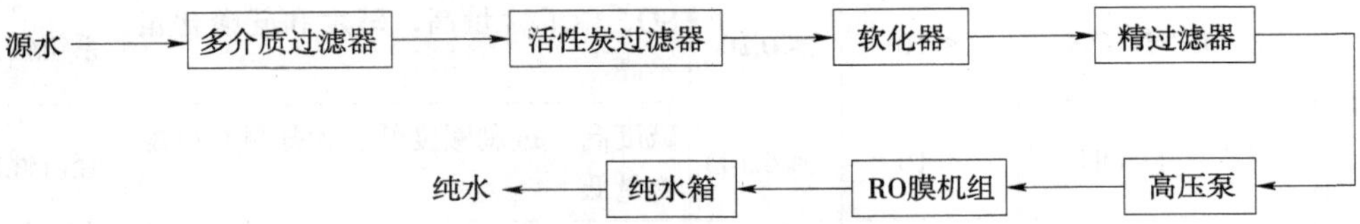

图 9-11 反渗透除盐工艺系统

9.2.3.4 组合除盐工艺系统

现在的纯水制备，通过将反渗透、离子交换及超滤进行组合，图 9-12 所示为组合除盐工艺系统。

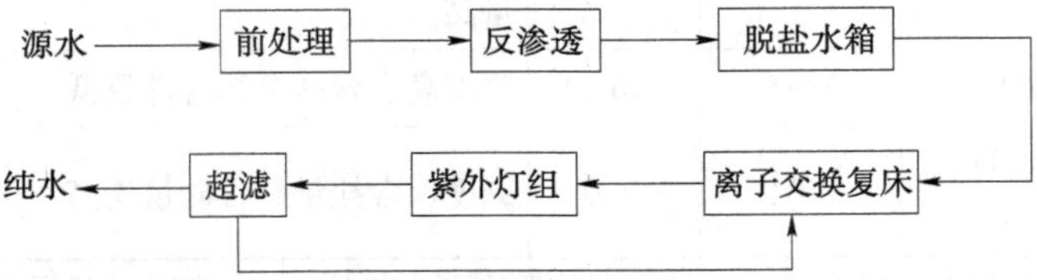

图 9-12 组合除盐工艺系统

9.3 工业废水处理工艺系统

9.3.1 含油及石油化工废水

9.3.1.1 含油废水的来源及污染特征

含油废水主要来源于石油、石油化工、钢铁、焦化、煤气发生站、机械加工等工业企业。

含油废水的含油量及其特征随工业种类不同而异，同一种工艺也因生产工艺流程、设备和操作条件等不同而相差较大。

废水中所含的油类，除重焦油的相对密度可达 1.1 以上外，其余油类相对密度都小于 1。

油类在水中存在的形式可分为浮油、分散油、乳化油和溶解油 4 类。

（1）浮油油珠粒径较大，一般大于 1 μm，易浮于水面，形成油膜或油层。

（2）分散油油珠粒径一般为 10～100 μm，以微小油珠悬浮于水中，不稳定，静止一定时间后往往形成浮油。

（3）乳化油油珠粒径小于 10 μm，一般为 0.1～2 μm，往往因为水中含有表面活性剂使油珠形成稳定的乳化液。

（4）溶解油油珠粒径比乳化油更小，有的可小到纳米级，是溶于水的油微粒。

9.3.1.2 石油化工废水的特点

石油化工废水的特点如下：

（1）废水量大：除了在生产过程中所产生的废水，还有冷却水及其他用水。国外年产 35 万 t 乙烯及其衍生物的工厂每天排出的废水量为 1.6×10^4 m^3。

（2）废水组分复杂：石油化工产品繁多，反应过程和单元操作复杂，废水性质复杂多变。

（3）有机物特别是烃类及其衍生物含量较高：有机物含量较高表现为废水中的 COD 和 BOD 含量较高。

（4）含有多种重金属：主要是由生产中使用多种金属催化剂所致。例如，辽阳某石油化纤厂在生产过程中使用的催化剂达 45 种，其中金属及其金属化合物达 36 种之多。

9.3.1.3 含油及石油化工废水处理工艺系统

石油化工废水基本上是有机废水，同厂废水可集中处理。个别装置的含油或催化剂废水，应就地回收或分离，然后与其他废水一起处理，处理工艺流程如图 9-13 所示。

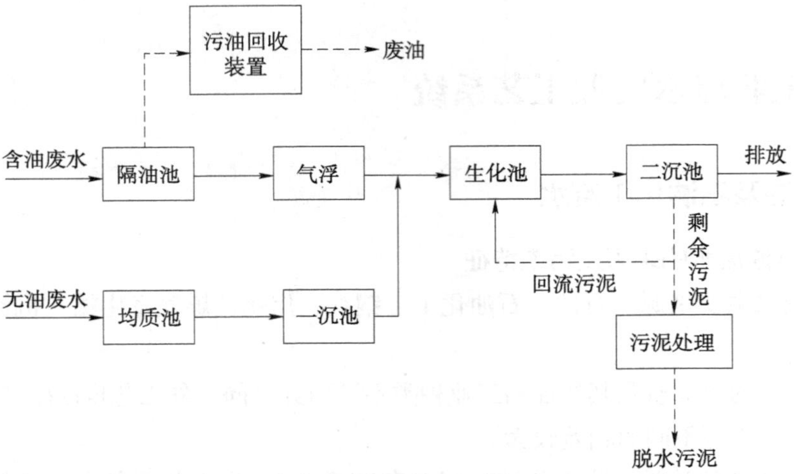

图 9-13　含油及石油化工废水处理工艺流程

9.3.2　制浆造纸工业废水

造纸工业是耗水大户，我国造纸工业由于技术和装备落后，吨产品耗水量达 40 m^3 以上，比国际先进水平高 2～8 倍，亟待改进。制浆造纸厂水污染主要发生在化学制浆过程。

由于制浆厂废液中的有机污染物难以用生物降解，而且其高色度不易处理，处理费用十分昂贵。因此，应尽量在生产过程中采取防治措施，使污染最大限度地减少或消灭在工艺过程中，即推广采用清洁生产技术，对各过程的废水实施综合治理和利用措施。

美国造纸工业主要的厂内预防措施是：提高黑液提取率及回收利用率；封闭筛浆系统；汽提及回用污冷凝液；建立纸机纤维回收和白水气浮回收系统及减少跑、冒、滴、漏等。瑞典造纸工业的厂内防治措施也大致相同。这些措施都是我国应该学习的，也是能够做到的。对于我国大多数小型草浆造纸厂，虽然回收利用制浆液的经济效益较差，但应认识到这是防治污染的重要手段，必须认真对待。

我国化学浆占总浆产量的 80%，其中烧碱及硫酸盐制浆占 70% 以上。采用碱回收工程，可以回收烧碱及硫酸盐法制浆废液中的碱和热能。发达国家中碱回收车间已成为碱法制浆厂不可缺少的一部分，已做到碱基本自给（每吨浆只需补充几十千克芒硝）、能源自给而有余并可消除有机污染 90% 以上。同样，酸法制浆厂也可通过酸回收或制浆废液的综合利用来降低污染。

对所排放的不能达到《污水综合排放标准》的混合污水，还要做进一步处理，确保其达到排放标准。

制浆造纸工业废水中的污染物来自所用的纤维原料，无论是木材还是草类原料，利用生产化学浆的主要组分纤维素含量一般都不超过 50%，还有其他组分如木素、半纤维素、无机物、可抽提物、多糖类等都混入废液中。制浆造纸过程排放的主要污染物如下：

（1）悬浮物：造纸工业中所称的悬浮物包括可沉降悬浮物和不可沉降悬浮物两种，主要是纤维和纤维细料（即破碎的纤维碎片和杂细胞）。

（2）易生物降解有机物：在制浆和漂白过程中溶出的原料组分，一般是易于生物降解的组分，其中包括低分子量的半纤维素、甲醇、醋酸、甲酸、糖类等。

（3）难生物降解有机物：制浆造纸厂排水中的难生物降解有机物主要来源于纤维原料中所含的木素和大分子碳水化合物。浆厂难生物降解的物质通常是带色的。

（4）毒性物质：制浆排放的污染物中有许多有毒物质，主要有：黑液中含有的松香酸和不饱和脂肪酸；污冷凝液中含有的对鱼类有毒的成分如硫化氢、甲基硫、甲硫醚；漂白碱抽提废水中的多种氯代有机化合物，其中剧毒的二噁英已引起广泛关注。

（5）酸碱物质：制浆废水中酸碱物质可明显改变接受水体的 pH，碱法制浆废水 pH 为 9～10；漂白废水的 pH 变化很大，可低于 2，可高于 12；而某些酸法浆厂的废水 pH 则低至 1.2～2.0。

（6）色度：制浆废水中所含残余木素是高度带色物质。

9.3.2.1 制浆过程废水水质、水量及其处置

制浆方法不同，所产生的污染及污染水平也不相同。制浆率越低，排出废弃物越多，因而污染负荷越高。

9.3.2.2 碱法制浆工艺的废水特征及回收与综合利用

硫酸盐法和碱法都属于碱法制浆。碱法制浆就是用碱性药剂处理植物纤维原料，将原料中的木素溶出，尽可能地保留纤维素与不同程度地保留半纤维素。烧碱法蒸煮所用的化学药剂主要成分是 $NaOH$。硫酸盐法所用的化学药剂主要为 $NaOH+Na_2S$。

碱法制浆废液因其色黑，故称黑液，BOD_5 负荷 250～350 kg/t 浆，占全厂 BOD_5 负荷的 90%。一般情况下，每生产 1 t 化学浆大约需要 2 t 纤维原料和 0.5 t 无机化学品，将有约 1.5 t 的原材料要进入制浆废液，这部分资源必须进行回收。

目前最常用的黑液回收法是木素回收和碱回收。采用木素回收，每吨浆可回收 250～350 kg 碱和木素；碱回收工艺回收的是黑液中的碱和热能，可在造纸厂内部全部消化，环境效益、经济效益显著。例如，佳木斯造纸厂碱回收率为 93%，仅此一项年利税达 1.3 亿元，黑液 BOD_5 负荷降低 95%。因此，碱回收是首选方案。

常规碱回收方法为燃烧法。黑液在燃烧前，须经多段蒸发。黑液中一些易挥发的物质随着蒸汽逸出，冷凝后排出。排出的 BOD_5 负荷中约有 30% 的组分是有毒性的，如酚及取代酚、硫化氢及还原性有机硫化物，这些污染物的臭味很大，也是浆厂臭气的来源。另外，蒸煮器放锅时也会排出大量蒸汽，冷凝液中也含有类似的易挥发性污染物。因此这两股废水往往合并处理，称为蒸煮污冷凝液。

浆料经提取黑液之后，还需进一步洗涤、筛选。根据黑液提取率的不同，洗涤-筛选废水的污染负荷变化较大，主要污染物及组成类似于黑液。这种废水是制浆车间除黑液之外的主要污染源之一。

最常用的纸浆漂白药剂是氧气、次氯酸盐和二氧化氯。浆料中残留的木素经漂白形成木素降解产物的氧化物。这些氯化物浓度虽不高但毒性大，并包括至今被认为是毒性最大的有机化合物——二噁英系列。为减少或消除此类剧毒物质，目前研究开发的焦点是少氯、无氯漂白。漂白废水污染物性质、污染负荷与纸浆白度要求、采用的漂白工艺有很大关系。

黑液回收后，制浆车间除上述3种主要废水之外，还有经常的“跑、冒、滴、漏”和事故性排放。

9.3.2.3 亚硫酸盐法制浆工艺的废水特征及回收与综合利用

亚硫酸盐法主要是指酸性亚硫酸盐法和亚硫酸氢盐法，盐基有钙、镁、钠、铵等。由于制浆药液pH低，多为酸性，所以又称酸法制浆，它和碱法制浆同为主要的化学制浆方法。近年来，酸法浆相对密度日益降低。我国酸法浆仅占总产量的6%左右。除其他因素以外，酸法制浆污染问题不易解决是重要原因之一。

酸法制浆废液色红，故称红液。钙盐基红液BOD_5为300～350 kg/t浆。镁和钠盐基红液和碱性制浆黑液一样，也可通过回收的方式回收盐基、SO_2等化学品和热能；铵则被分解；钙盐基红液只能通过利用废液中溶解的有机物制造不同的化学产品（如酒精、酵母黏合剂、香兰素等）加以综合利用，达到降低污染物排放的目的。

与碱法浆厂相同，在酸法蒸煮废液回收之后，洗涤筛选废水、污冷凝液、漂白废水等构成浆厂的主要污染来源。

9.3.2.4 造纸过程废水水质、水量及其处置

我国造纸机耗水量一般超过200 m^3/t，固形物流失率超过5%。纸机排水中含有溶解性物质5～10 kg/t纸，BOD_5一般为5～27 kg/t纸。这些污染物主要来自原料、辅助化学品、助剂3个方面，俗称白水。

造纸白水的循环回用系统就是使用各种方法处理纸机白水，降低悬浮物含量，代替清水再用于抄纸过程，从而减少用水量和污染物排放量。回收装置的主要作用是去除白水中的悬浮物，纸厂常用的回收装置有斜筛、沉淀或澄清槽、鼓式过滤机、气浮池、多盘式回收机共5种。鼓式过滤机是一种老式的小容量过滤设备，它是在网面上分布一层少量长纤维做滤层而将水中的悬浮物过滤分离。新式的圆盘过滤机已逐渐代替鼓式过滤机，其特点是：设备能力较强，管理简单，操作费用低。当悬浮物易于沉淀时，宜选用沉淀法，多采用斜管或斜板式。用斜管沉淀池处理白水，在不加絮凝剂的条件下SS、BOD_5、COD去除率都能达60%以上。主要设计参数：表面负荷6～8 m^3/（m^2·h），分离时间30 min以上，动力消耗0.3 kW·h/t水，泥渣含固量为1%左右。20世纪80年代以后，气浮法广泛应用于白水回收，由于气浮池表面负荷高于

沉淀池，水泥分离时间仅需15 min，因而减少了占地面积和构筑物造价，获得的泥渣含固率高，可达4%～10%，除渣方便，劳动强度低。

9.3.2.5 制浆造纸综合废水处理流程

造纸工业除根据需要对上述各种废水进行分项治理外，有时还需进行尾端综合废水处理（厂外治理）。尾端综合废水处理是把各个工段、车间经过原料回收、综合利用和封闭循环使用后排放出来的各种性质不同的废水和生活污水汇集起来，经过物化、生化等处理方法，去除水中有害物质，达到国家或地方政府规定的废水排放标准后，排入天然水体。它是制浆造纸工厂的重要组成部分之一，是工厂改建、扩建和新建时必须加以论证和投资的重要部分。

综合废水由于来自各个车间，主要污染物是经回收后剩余的纤维素、半纤维素和其他有机成分（如糖、有机质等）溶于水中所产生的腐败性有机物，它是形成BOD_5的主要因素，木素化合物和各种无机盐类等还原物质是形成COD的主要物质，细小纤维等形成悬浮性物质，颜色和木素化合物等产生色度，有机硫化物等产生臭气。

综合废水处理工艺流程如图9-14所示。

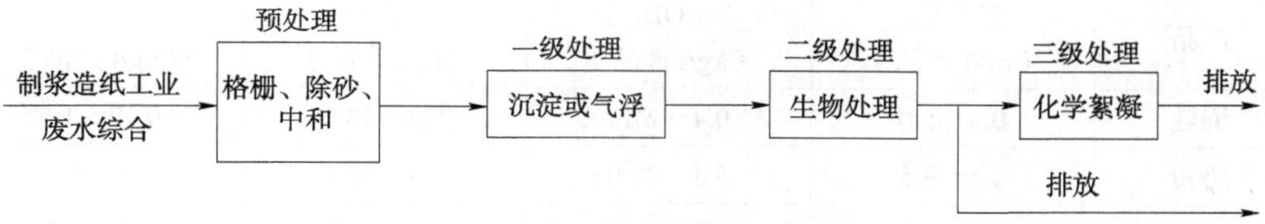

图9-14 制浆造纸综合废水处理工艺流程

9.3.3 乳制品工业废水处理

乳制品是人们的主要食品之一，乳制品以鲜奶为主要原料加工而成，有消毒鲜奶、炼乳、奶粉、奶油、干酪、酸奶和冰激凌等多个品种。

在乳制品加工过程中要排放大量的废水，废水中含有多种易生物降解的有机物，含氮量也很高。乳品废水中的有机物主要来源于原料及产品的流失，它既是污染物又是有用物质，因此，应提高乳品生产工艺和管理水平，减少产品的流失，同时对废水进行有效的处理。

9.3.3.1 乳制品废水的来源及水质水量特征

乳制品废水根据其来源可分为三大类，即冷却水、洗涤废水和产品加工废水。

冷却水由于与生产原料及产品不接触或接触很少，因此基本上未受污染，其COD值一般≤500 mg/L。这部分废水的水量较大，一般为鲜奶加工量的5～20倍，通常不用处理就可直接排入受纳水体或经过降温处理后循环使用。

洗涤废水和产品加工废水中含有较多的污染物质，主要有酪蛋白及其他乳蛋白、乳脂肪、乳糖和无机盐类等，洗涤废水中还含有一定数量的洗涤剂和杀菌剂，这些污染物质在水中呈溶解状态或胶体悬浮状态。洗涤及产品加工废水的水量，一般为乳品加工量的1～3倍，COD值常在每升数千毫克至数万毫克。这部分废水的水量和水质因产品品种、加工方法、设备情况及管理水平的不同而有很大区别。

乳品废水受生产工艺过程的限制，常常是间歇性排放，水质水量随着时间而有较大的变化。

表9-2列出了我国某乳品加工厂排放的高浓度有机废水（主要是洗涤废水）的水质指标。表9-3所示为乳制品生产中废水的排放量（不包括冷却水）和生产单位产品所排放的污染物量。随着乳品加工工艺技术的进步、设备性能的改进和管理水平的提高，生产单位乳制品所排放的废水量和污染物量都呈现逐渐下降的趋势。

表9-2　某厂乳品生产中污染物排放量

pH	COD/（mg/L）	BOD_5/（mg/L）	NH_3-N/（mg/L）	TP/（mg/L）	SS/（mg/L）
6.5～7.5	2 000～11 000	1 000～7 500	30～200	15～60	140～680

表9-3　乳制品生产中废水与污染物的排放量

产品	废水量/（m^3/t产品）	COD/（kg/t产品）	BOD_5/（kg/t产品）	SS/（kg/t产品）
炼乳	0.8～5.0	0.4～27.0	0.2～13.0	0.17～1.5
奶粉	3.5～9.5	5.5～28.0	2.4～12.4	1.4～6.8
奶油	9.0～15.0	15.0～26.0	6.3～12.8	3.1～4.4
干酪	11.5～16.0	14.0～160.0	5.5～71.0	22.1～40.4
酸奶	0.8～2.3	0.75～18.5	0.4～8.0	0.2～9.6
冰激凌	0.5～0.7	1.45～42.0	0.7～20.0	0.23～2.76

9.3.3.2　乳品废水处理技术及系统

乳品废水污染物含量有高有低，其水量差异也很大，因此，将不同的废水进行分流，并针对各自的水量水质特点，采用不同的废水处理技术，既可以合理地利用水资源，又可以降低废水处理工程造价和运行成本。

冷却水水量较大，一般应经冷却处理后循环使用。

对高浓度乳品废水，往往要经过由数个处理单元组成的工艺系统进行处理，才能达到排放要求。

乳品废水中常含有较多的可沉物、漂浮物及油脂等，因而在采用生物处理技术之前，要根据废水的水质情况进行预处理。常用的乳品废水预处理设备和构筑物有格栅、沉砂池、沉淀池和隔油池等。

处理乳品废水的主要技术是生物处理法，包括活性污泥法、生物膜法。其他可行的处理法，从经济上看均不如生物处理法。

选定乳品废水处理工艺流程的主要依据有废水水量、水质和所要达到的处理程度。处理程度的确定取决于国家或地方有关部门对受纳水体提出的水质要求与排放标准，一般乳品废水经过二级处理后即可满足该种要求。下面列举了两种常用的乳品废水处理工艺流程（图 9-15）。

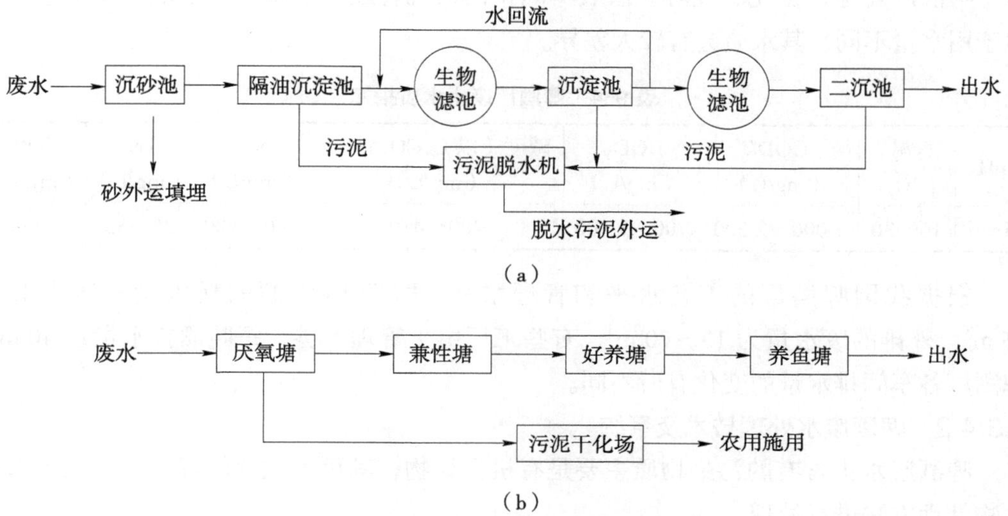

图 9-15 乳品废水常用的处理工艺流程

（1）采用二级高负荷生物滤池为主体处理设备。废水经沉砂池和隔油沉淀池去除砂、油及悬浮物；二级生物滤池之间设中间沉淀池分离脱落的生物膜；设二次沉淀池改善出水水质。为了避免两段生物滤池负荷不均的现象，可采取交替进水的方法，因生物滤池产泥量相对较低，在处理工艺中未设污泥厌氧消化池，而是将剩余污泥直接脱水，然后外运。

（2）为稳定塘处理系统。废水依次进入厌氧塘、兼性塘和好氧塘，其污染物在进入养鱼塘之前得以去除，并有一部分转化为鱼的饵料。该处理系统中的厌氧塘兼有沉淀功能，其污泥经较长时间的消化后，定期清除用于农田。

9.3.4 啤酒工业废水处理

9.3.4.1 啤酒生产废水的特征与水质水量

啤酒生产通常以大麦和大米为原料，辅之以啤酒花和鲜酵母，经较长时间的发酵酿造而成。

啤酒工业废水主要含糖类、醇类等有机物，有机物浓度较高，虽然无毒，但易于腐败，排入水体会消耗大量的溶解氧，对水体环境造成严重危害。

不同车间排出的废水水质有很大差异。麦芽车间排出的废水主要是大麦洗涤水和浸麦液，在麦粒浸泡过程中，大麦中的可溶性物质如多糖、蔗糖、葡萄糖、果胶、矿物质盐和外皮的朊蛋白和纤维素等将溶解于水中，这些可溶性物质占麦粒重量的0.5%～1.5%。其中2/3为有机物，其余为无机物。浸麦废水的颜色较深，呈黄褐色。糖化、发酵和灌装车间排出的废水含有各种糖类、多种氨基酸、醇、多种维生素、各种微量元素、酵母菌、啤酒花、纤维素以及麦糟等。

啤酒厂麦芽、糖化、发酵和灌装车间排出的混合废水水质列举于表9-4中。各厂由于用水量不同，其水质会有较大差异。

表9-4 啤酒厂废水水质指标

pH	水温/℃	COD/（mg/L）	BOD_5/（mg/L）	碱度（以 $CaCO_3$ 计）/（mg/L）	SS/（mg/L）	TN/（mg/L）	TP/（mg/L）
5～6	16～30	1 000～2 500	700～1 500	400～450	300～600	25～85	5～7

根据我国啤酒厂的工艺水平和管理水平，酿造1 t啤酒的耗水量一般为15～25 m^3，外排的废水量为12～20 m^3，有些工厂由于管理不善，每吨酒排水量达40 m^3。啤酒厂各车间排水量的变化有所不同。

9.3.4.2 啤酒废水处理技术及系统

啤酒废水中含有的污染物质主要是有机污染物，其可生化性较好，一般宜于采用生物处理方法进行处理。

目前国内外已广泛应用于啤酒废水处理的有各种好氧生物处理方法，在自然条件适宜的地方，也有采用稳定塘或土地处理的。由于啤酒废水的有机物含量较高，除采用氧化沟或延时曝气外，一般要采用二级好氧生物处理才能达到排放标准。啤酒废水经过二级好氧生物处理后，一般COD浓度≤100 mg/L，BOD_5 浓度≤20 mg/L。

近年来，采用厌氧法处理啤酒废水越来越受到人们的重视，各种高效厌氧生物反应器都有应用，其中UASB反应器应用最多。

处理啤酒废水时，厌氧生物法常作为第一级处理，其COD去除率可达85%左右，出水COD一般可降低至300～500 mg/L（包括SS的COD），尚不能达到排放标准，所以必须再加一级好氧生物处理以满足排放要求。采用厌氧处理法作为第一级处理，由于已削减了约85%的有机污染物，可大幅减轻后续好氧处理的有机物负荷量。有条件时，厌氧生物处理的出水可排入城市排水系统与城市污水合并处理，不必单独设好氧生物处理设备。

采用厌氧-好氧工艺处理啤酒废水具有诸多优点：①大部分COD、BOD_5 在厌氧反应器内被去除，从而大幅节省由于供氧而引起的电耗；②新型厌氧反应器，如UASB和AF反应器，由于其污泥浓度很高，活性也很强，可在常温下处理，其COD容积负荷可达6～8 kg COD（m^3·d），比好氧反应器的容积负荷高得多。因此，处理相同水量水质的啤酒废水，厌氧反应器所需的容积比好氧反应器小得多，从而可节省占地面积和降低基建投资；③厌氧反应器内的污泥龄很长，厌氧污泥的表观产率较低，厌氧反应器排出的污泥不仅数量少，且稳定性较好，从而可降低污泥处理费用；④废水中的大部分有机物转化为沼气，可回收数量可观的生物能。由此可知，采用厌氧-好氧处理工艺比采用二级好氧法更为经济。

啤酒废水处理技术方案的选择应综合考虑基建投资、运行管理费用、出水水质要求、操作管理难易、占地面积等多种因素，是一个多目标的决策过程，可确定出多种可供选择的处理技术方案。通过多方案的技术经济比较，确定一个较优的处理技术方案。图 9-16 所示为常见的啤酒废水处理流程。

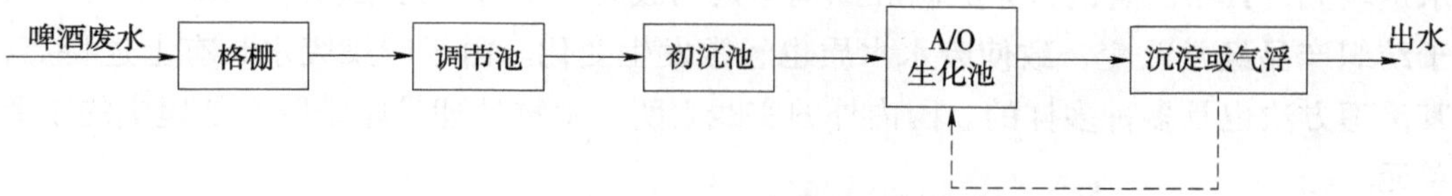

图 9-16 啤酒废水处理流程

9.3.5 纺织印染废水处理

纺织工业使用的原料主要有天然纤维及化学纤维两大类。天然纤维主要包括棉、毛、麻、丝 4 类；化学纤维则包括合成纤维（涤纶、腈纶、锦纶、维纶、丙纶等）及人造纤维（黏胶等）两类。由天然纤维生产的织物称为天然纤维织物（纯棉、纯毛、纯麻等），由化学纤维生产的织物称为化学纤维织物，由天然纤维和化学纤维按不同比例混合生产的织物称为混纺织物。

纺织工业生产过程产生多种废水。其中一些较清洁的废水（如空调废水），经过适当处理可直接再回用，而含有一定颜色和相当量有机污染物的印染废水则需进行处理。

印染废水是指织物在染色或印花过程中产生的染色残液、漂洗水，以及前处理（如洗毛、丝麻脱胶、退浆等）、后整理产生的废水的混合废水。但对毛、丝、麻前处理过程中产生的高浓度有机废水，常需先经单独处理到一定程度后再与染色废水混合处理。

为了保证纤维与各种染料更好地结合，还需要各种助剂参与作用。由于使用的染料和助剂不同，各厂排放的生产废水中污染物性质和数量也不相同。纺织印染废水可分为以下 4 类：①毛纺工业染色废水；②棉纺工业染色废水；③丝绸工业染色废水；④麻纺工业染色废水。

上述是按天然纤维为主进行分类，每类都包括天然纤维织物和混纺织物在印染过程中产生的废水。

棉纺织品（包括其混纺产品）生产过程中排放的染色废水量最大，约占纺织工业废水总量的 85%。该废水中除含有残余染料和助剂外，还含有一定量的浆料。浆料中多以较难降解的聚乙烯醇（PVA）为主。

近年来，在纯棉产品中也开始采用可生化性较好的变性淀粉浆料。由于污染物含量较高，因此棉纺印染废水属于较难治理的废水。

毛纺织品（包括其混纺产品）生产中所用的染料上染率较高，且不含任何浆料，故其染色废水中有机污染物含量相对较低。毛纺织染色废水排放量约占纺织工业废水排放总量的 10%。

丝绸产品的染色废水性质近似于毛纺染色废水。麻纺织品染色废水性质近似于棉纺织染色废水。丝、麻纺织品的生产有一定地域性，其产量较低，故废水排放量亦较少。

纺织工业生产中产生的印染废水属于含有一定量有害物质和颜色的有机废水，废水量较大，其中所含的残余染料和助剂，是构成废水中有机污染物的主体。另外，由于纺织产品经常改变，致使废水水质也经常发生变化。由于印染废水具有上述特点，其治理方法也是多种多样的。国内外的实践表明，生物处理是印染废水处理中的主要单元。

常用的印染废水处理工艺流程有以下几种。

（1）生物接触氧化 - 混凝沉淀处理工艺

生物接触氧化 - 混凝沉淀处理工艺流程如图 9-17 所示。

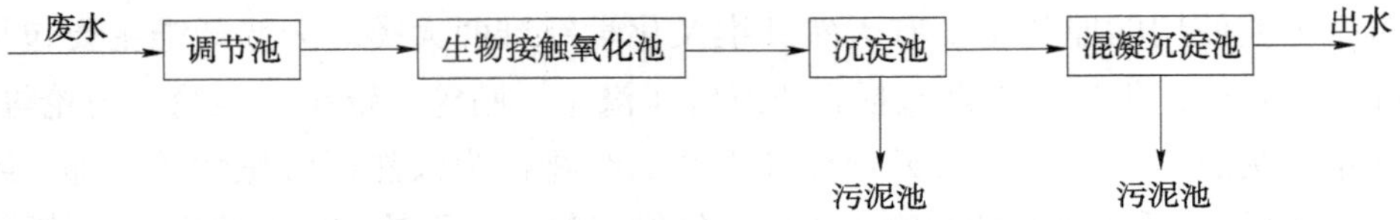

图 9-17 生物-化学二段处理工艺流程

生物接触氧化 - 混凝沉淀工艺是一个生物-化学二段处理工艺。生物接触氧化是一种兼有活性污泥法和生物膜法特点的生物处理法，生物活性好，*F*/*M* 值大，处理负荷高，处理时间短，无须污泥回流并可间歇进行，但对难降解有机物去除率低和脱色效果欠佳，有时填料可能堵塞。混凝沉淀投加碱式氯化铝（PAC）和次氯酸钠（NaClO）进行脱色，碱式氯化铝是一种高分子无机混凝剂，能使大部分染料和助剂得以絮凝，对硫化物、还原染料、分散染料能获得更好的效果。而次氯酸钠能氧化破坏染料分子中的不饱和键，从而提高脱色效果。

在该二段印染废水处理工艺中，碱式氧化铝的投加量一般需要 0.1%～0.3%，甚至高达 0.5% 才能取得较好的絮凝效果。该工艺产生的污泥量大，污泥含水量高又难以脱水，故在污泥脱水时需投加一定量的消石灰和三氯化铁。

（2）炉渣 - 化学凝聚处理工艺

实践证明，炉渣 - 化学凝聚工艺处理含不同染料和助剂的各种类型印染废水，其处理效果良好。该工艺适用于小型印染厂废水处理。

混凝剂可采用 PAC 或 $FeSO_4$ 加上聚丙烯酰胺。

炉渣过滤-化学絮凝处理工艺流程如图 9-18 所示。

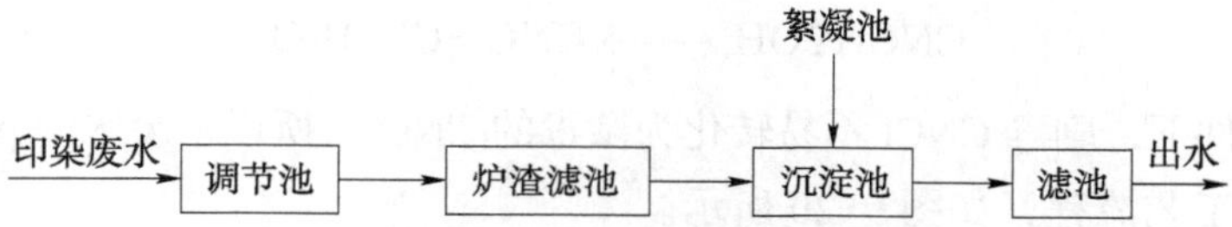

图 9-18 炉渣过滤-化学絮凝处理工艺流程

如果将该工艺接在印染废水处理流程的生化出水后面，便组成生化 - 物化工艺流程，该工艺出水可回用。

（3）厌氧-好氧-生物活性炭处理工艺

厌氧-好氧-生物活性炭处理工艺在北京、四川等多家印染厂采用，都取得了较好的处理效果，其工艺流程如图 9-19 所示。

图 9-19 厌氧-好氧-生物活性炭处理工艺流程

该工艺的厌氧处理已不是传统的厌氧消化，它只发生水解和酸化作用，一般水力停留时间（HRT）为 8～10 h，主要是改善印染废水的可生化性，为好氧生物接触氧化处理创造条件。

当进水 COD_{Cr} 为 670～810 mg/L，BOD_5 为 120～192 mg/L，色度为 55～85 度时，其 COD_{Cr} 去除率为 80%～90%，BOD_5 去除率为 94%～96%，色度去除率为 70%～80%。同时该工艺基本上不需排放剩余污泥，管理方便，能耗较低。

9.3.6 有毒、有害工业废水处理

9.3.6.1 含氰废水处理

（1）含氰废水的产生

氰化电镀是常用的镀种之一。根据各种氰化电镀镀液的配方，氰化电镀过程中产生的含氰废水中除含有剧毒的游离氰化物外，尚有铜氰、镉氰、银氰、锌氰等络合离子存在，所以破氰后，重金属离子也将进入废水中。因此，在处理含氰废水时，也应包括重金属离子的处理。

含氰废水处理，国内已有较成熟的经验。含氰废水的处理方法很多，如碱性氯化法、电解氧化法、活性炭吸附法、离子交换法、臭氧法和硫酸亚铁法等。目前国内外多采用碱性氯化法。

（2）碱性氯化法破氰工艺

碱性氧化法破氰是在碱性条件下，用 NaClO、漂白粉、液氯等氧化剂将氰化物破坏的方法。该方法的基本原理是利用 ClO^- 的氧化作用。反应式为

$$CN^- + ClO^- + H_2O \longrightarrow CNCl + 2OH^-$$

$$CNCl+2OH^- \longrightarrow CNO^-+Cl^-+H_2O$$

在酸性条件下，剧毒 CNCl 不易转化为微毒的 CNO^-，所以，废水的 pH 宜大于 11。

①连续式工艺流程，如图 9-20 所示。

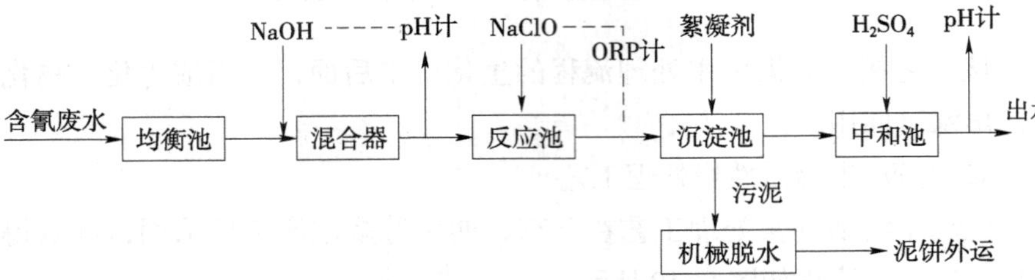

图 9-20 碱性氰化法工艺流程处理含氰废水

含氰废水在均衡池中调节浓度后，泵入管道混合器，并在管道混合器前投加碱液，其投加量由 pH 计自动控制，使废水的 pH 在 10～12，同时向反应池投加 NaClO，投加量由 ORP 计自动控制。废水于沉淀池中，在絮凝剂的作用下，加速了重金属氢氧化物的沉降。沉淀池出水 pH 很高，在中和池加 H_2SO_4 调节 pH 至 6～9，外排或回用。本工艺适合较大规模的废水处理。

②间歇式工艺流程，如图 9-21 所示。

从氰化镀槽取出的镀件先在回收槽中回收部分带出液，以节约原料，然后在化学漂洗槽中净化。漂洗槽内 pH 为 10～12，有效氯为 800～1 000 mg/L，漂洗液在贮液槽中调整 pH，补充氧化剂后回到漂洗槽循环使用，反应生成的金属氢氧化物在贮槽沉淀下来，便于处理与回收。使用若干周期后，漂洗液排入中和槽处理，重新更换漂洗液。

间歇式工艺流程的优点是间歇式操作，对管理水平要求较高，易于实现自动化，间歇式工艺设备简单，占地面积小，投资省，容易上手；缺点是镀件直接与氧化剂接触，操作不当会影响镀件质量。

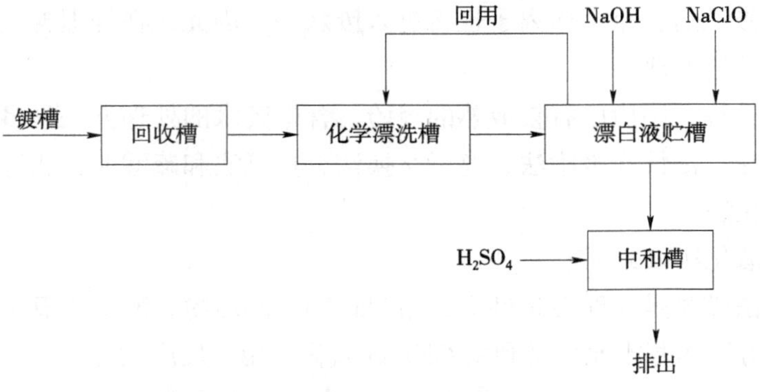

图 9-21 间歇式工艺流程处理含氰废水

9.3.6.2 含铬废水处理

（1）含铬废水的产生

含铬电镀废水来源于镀铬、钝化、铝阳极氧化等镀件的清洗水。一般含铬清洗水，其含六价铬浓度在 20～150 mg/L；钝化后清洗水含六价铬浓度甚至高达 200～300 mg/L。此外，还含有三价铬、铁、镍、锌等重金属离子以及硫酸、硝酸、氰化物等。正常清洗水的 pH 为 4～6。

含铬废水的处理方法有化学法、离子交换法、电解法、活性炭吸附法、蒸发浓缩法、表面活性剂法等。

（2）含铬废水处理流程

化学法处理含铬废水是国内外应用较为广泛的方法之一，常用的有化学还原法、铁氧体法、铁粉（屑）处理法等。

①化学还原法

化学还原法是利用硫酸亚铁、亚硫酸盐、二氧化硫等还原剂，将废水中的六价铬还原成三价铬离子，加碱调整 pH，使三价铬形成氢氧化铬沉淀除去。反应式如下：

$$2H_2Cr_2O_4+3Na_2SO_3+3H_2SO_4 \longrightarrow Cr_2(SO_4)_3+3Na_2SO_4+5H_2O$$

$$Cr_2(SO_4)_3+6NaOH \longrightarrow 2Cr(OH)_3\downarrow +3Na_2SO_4$$

反应池停留时间 10～30 min，实际还原剂用量为理论值的 1.3～1.5 倍，pH 为 2～3。沉淀池加碱调 pH 至 7～9。

这种方法设备投资和运行费用低，主要用于间歇处理。其处理流程如图 9-22 所示。

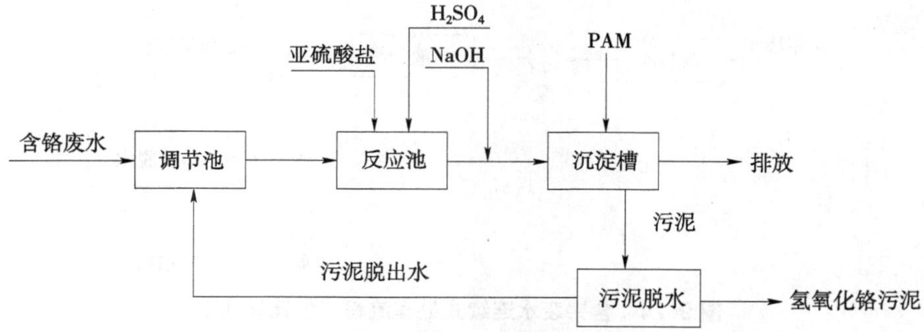

图 9-22　含铬废水间歇处理流程（化学还原法）

②铁氧体法

以硫酸亚铁为还原剂，将六价铬还原成三价铬，加碱使三价铬和其他重金属离子（以 M^{n+} 表示）发生共沉淀现象，生成 $M\cdot M(OH)_n\cdot Fe(OH)_3$，再经通入空气、加温、陈化等操作过程，使废水中的各种氢氧化物发生复杂的固相化学反应，形成复杂的铁氧体。

铁氧体法的主要优点是硫酸亚铁货源广、价格低、污泥可综合利用，避免产生二次污染；缺点是技术条件较难控制。铁氧体法能用于镀硬铬、光亮铬、黑铬、钝化等各种含铬废水。其处理流程分为间歇式和连续式两种。

间歇式处理流程于处理流量在 10 m³/d 以下时采用，如图 9-23 所示。

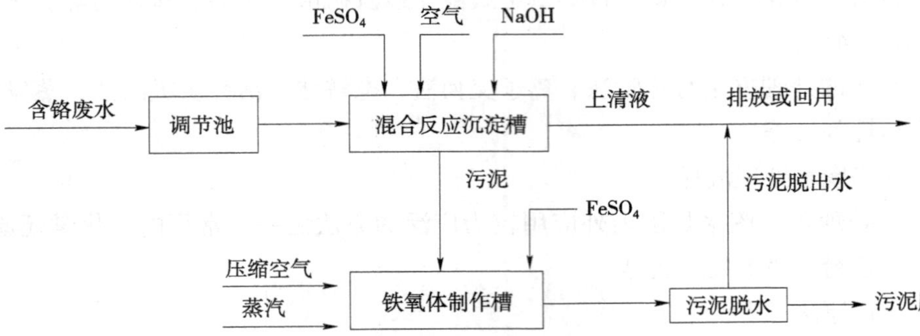

图 9-23 含铬废水间歇式处理流程（铁氧体法）

连续式处理流程当废水量在 10 m³/d 以上，或处理的废水浓度波动范围不大时采用，其流程如图 9-24 所示。

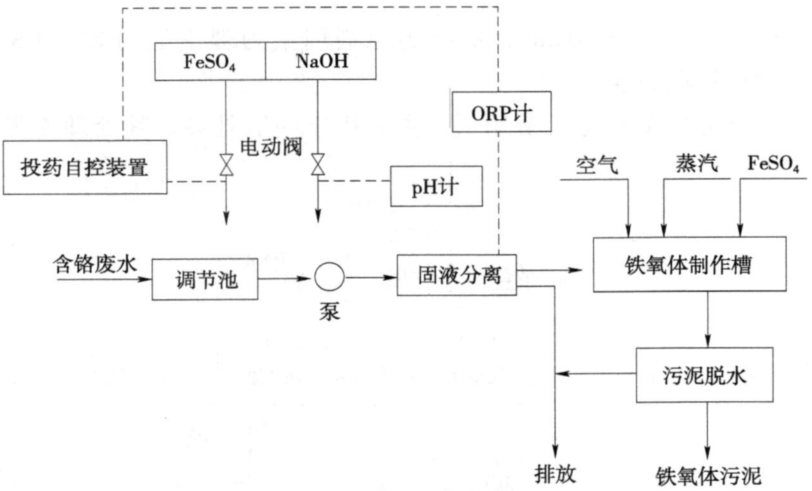

图 9-24 含铬废水连续式处理流程（铁氧体法）

9.3.6.3 工业废水的中和处理

许多工业废水呈酸性，在排放水体或进行生物处理或化学处理之前，必须进行中和使废水 pH 为 6.5～8.5。但对于工业废水中酸碱物质浓度高达 3%～5% 的废水，应首先考虑其回收，回收采用的主要方法有真空浓缩结晶法、薄膜蒸发法、加铁屑生产硫酸亚铁法（对含硫酸工业废水）等。一般低浓度的酸碱废水无回收价值，必须进行中和处理。对酸性废水来说中和处理方法一般有酸碱废水相互中和、投药中和与过滤中和3种。而对于碱性废水，一般有酸碱废水相互中和、加酸中和、与烟道气中和3种方法。

用石灰石中和硫酸废水时，应特别注意废水中硫酸的浓度，最高不能超过2～2.4 g/L，否则就会在中和剂表面生成硫酸钙硬壳层，阻隔中和反应的继续进行。如果采用石灰乳中和硫酸废水，则该问题就能避免。由于反应不能达到完全彻底，因而石灰的投加剂应比理论值高，一般湿法投加为1.05～1.10倍，干投法投加为1.4～1.5倍。

当酸碱废水流量大于10～12 m^3/h时，一般采用连续处理，否则采用间歇处理。中和剂用量由反应式计算得出。

①酸碱废水互相中和法

根据等量原则，酸碱废水互相中和，应满足下列公式：

$$Q_j C_j \geqslant Q_s C_s ak \tag{9-1}$$

式中：Q_j、Q_s——分别为碱性和酸性废水流量，L/h；

C_j、C_s——分别为碱性和酸性废水的浓度，g/L；

a——中和1 g酸所需的碱量，g；

k——考虑中和过程不完全的系数，一般取1.5～2.0，特别是含重金属离子的废水，最好根据现场试验确定。

②投药中和法

投药中和应用最普遍的中和剂为石灰乳，它能对酸起中和作用，还对废水中其他金属盐有沉淀作用，并对废水中杂质有凝聚作用。

石灰乳中和工艺由反应池、沉淀池、泥渣处理三部分组成，中和反应池混合反应时间一般小于5 min，沉淀池时间一般为1～2 h，泥渣需过滤脱水。熟石灰投药量G_a（kg/h）为

$$G_a = Q_s\left(C_s a_s + \sum C_i E_a / E_i\right) k / 1000a \tag{9-2}$$

式中：Q_s——酸性废水流量，m^3/h；

C_s——酸性废水浓度，mg/L；

C_i——废水中金属离子的浓度，mg/L；

E_a——中和剂当量（如CaO为28）；

E_i——金属离子当量；

k——反应不均匀系数，一般为1.2～1.3；

a——药剂纯度，%，熟石灰含65%～75%的$Ca(OH)_2$；

a_s——中和1 g酸所需中和药剂的数量，g。

③过滤中和法

过滤中和法常用石灰石或白云石为滤料，适用于处理含硫酸浓度不大于2～3 g/L的酸性废水，但当废水中含有大量悬浮物、油脂、重金属盐和其他毒物时，则不宜采

用过滤中和法。

过滤中和所需滤料量 M 的计算：

$$M = a_s Q_s C_s \tag{9-3}$$

式中：a_s——中和 1 kg 硫酸所消耗的石灰石滤料量，kg；

Q_s——酸性废水流量，m^3/d；

C_s——酸性废水中酸的浓度。

中和滤池有以下 4 种类型：

①普通中和滤池

滤料为固定床，分下流式和升流式两种。采用滤料粒径不宜过大，一般为 30～50 mm，滤床厚度一般为 1～1.5 m，过滤速度一般不大于 5 m/h，接触时间不少于 10 min。该种滤池一旦进水硫酸浓度稍大于 2～3 g/L 时，极易在滤料表面结垢，且滤料间无法相互碰撞摩擦将垢冲刷掉，从而阻碍中和反应继续进行，所以中和效果较差，故当前很少应用。

②恒流速升流式膨胀滤池

恒流速升流式膨胀滤池由底部大阻力穿孔管进水装置、卵石垫层、滤料层、清水层和出水槽等组成。水流由下向上流动，整个筒体过水断面不变，故上升流速为恒定。由于在中和反应过程中产生的 CO_2 气体的作用，使滤料互相碰撞摩擦，所以滤料面不断更新，滤料利用率高，中和效果好。大阻力穿孔管配水系统布水管上孔径为 9～12 mm，孔距和孔数应经计算确定。卵石承托层厚为 0.2 m，粒径为 20～40 mm，滤层厚度为 1～2 m，粒径一般为 0.5～3 mm，滤层膨胀率采用 50%，顶部清水层高度为 0.5 m。滤柱滤速为 60～70 m/h，滤柱总高度 3 m 左右，直径不大于 2 m。应设有一个以上的备用柱供倒床换料。该种滤池的缺点是小滤料可能被水挟带流出滤池。

③变流速升流式膨胀滤池

变流速升流式膨胀滤池是将恒流速升流式膨胀滤池的直筒形设计成倒圆锥状，使其下部滤速为 130～150 m/h，上部滤速为 40～60 m/h，水流上升速度逐渐减小，这样防止小滤料被出水带走，滤料反应更加完全。该滤池目前得到了广泛的应用，并有定型产品可供选用。

④滚筒式中和过滤

将酸性废水流经装有石灰石滤料的卧式旋转滚筒进行中和反应，滤料粒径小于 150 mm，由于滤料在滚筒中的激烈摩擦碰撞，故滤料表面更新更快，可处理较高浓度的酸性废水（硫酸浓度可达 3～3.5 g/L），但该设备噪声大，设备费用与动力费用较高，故很少采用。

过滤中和法操作简单，沉渣少，仅为废水量的 0.1%，出水 pH 稳定，不影响环境卫生。但它只能处理低浓度的硫酸废水，需定期倒床，其劳动强度较大。

过滤中和的出水由于含有大量由中和反应产生的CO_2，故其出水pH一般为5左右，因此需设CO_2吹脱塔，其形式一般有填料塔、筛板塔等，但最简单的为板条式脱气塔。经中和脱气后的废水应进入沉淀池以分离其沉渣。

9.3.7 医药工业废水处理

9.3.7.1 医药工业废水的产生与组成

医药产品按其特点可分为抗菌素、有机药物、无机药物和中草药四大类。目前我国生产的常用药物达2 000种。由于药物，尤其是有机合成药物的品种繁多，往往需采用多种原料经不同的有机合成路线加以制备，故其生产工艺及废水的组成十分复杂。主要有以下几种：

（1）抗菌素废水的组成与水质

①发酵废水。

发酵废水如果不含最终成品，BOD_5一般在4 000～13 000 mg/L。当发酵过程不正常时，废酵液与菌丝体往往一起排入废水中，使废水的BOD_5值高达2×10^4～3×10^4 mg/L。

②酸、碱废水和有机溶剂废水。

③设备与地板等的洗涤废水。

洗涤水的成分与发酵废水相似，BOD_5值为500～1 500 mg/L。

以青霉素生产废水为例，其发酵废水在中和并分离戊基醋酸盐后的组成如表9-5所示。

表9-5 预处理后的青霉素发酵废水水质

参数	含量/（mg/L）
BOD_5	4 190
总固体	26 800
挥发性固体	10 800
还原性碳水化合物（按葡萄糖计）	416
总碳水化合物	213
NH_3-N	91
亚硝酸氮	28
硝酸氮	1.9

抗菌素生产废水水量较大，随产品品种变化且变化幅度较大，一般在20～50 m^3/t。

（2）有机合成药物废水

本类药物品种多，生产过程多样，生产废水的水质、水量变化范围很大。废水中主要为有机污染物，还有悬浮物、氨氮、油类与各种重金属。上海某生产磺胺类药物和维生素等原料药的药厂，每年生产原料药 2 000 t，每天排放废水约 6 000 m^3。废水水质：COD 为 100～1 500 mg/L，BOD_5 为 300～500 mg/L。主要污染物为低级脂肪酸、醇、醋、苯胺及挥发酚等有机污染物。

（3）中成药废水

中成药废水中含有各种天然有机污染物，其主要成分为糖类、甙类、蒽醌、木质素、生物碱、鞣质、蛋白质、色素及其水解产物。

9.3.7.2 医药工业废水的处理流程

制药废水处理工艺流程如图 9-25 所示。

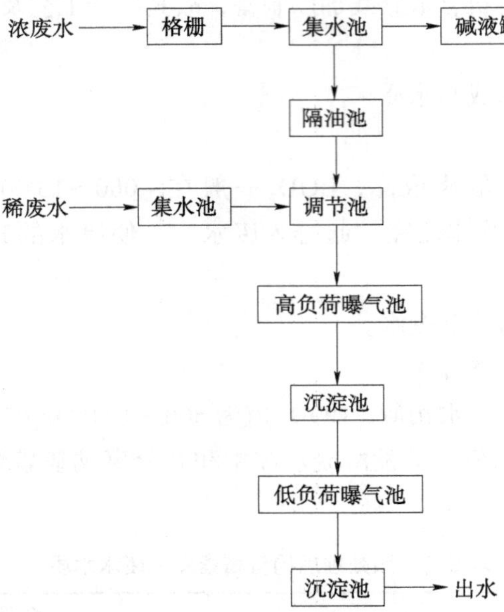

图 9-25 制药废水处理工艺流程

不同废水分别收集后经预处理进入调节池，进行水量和水质均和。然后进入高负荷曝气池，主要通过活性污泥的吸附作用完成污水中有机污染物及悬浮物的去除，之后经沉淀池进行泥水分离。沉淀后水再进入低负荷曝气池，主要通过生物氧化作用进一步分解污水中有机污染物，最后经过沉淀池完成泥水分离。

9.3.8 有机磷农药工业废水处理

9.3.8.1 有机磷农药废水的产生

有机磷农药是由有毒化学原料合成的一种化学农药，合成过程中要排放出大量废水，污染物浓度高，污染重，到目前为止，处理率不高，给环境造成极大的危害。有机磷农药有 34 个品种，最主要的有敌百虫、敌敌畏、乐果、氧化乐果、马拉硫磷、对硫磷、甲基对硫磷、甲胺磷 8 个品种。

9.3.8.2 有机磷农药废水的水质与水量

据估算，目前每合成1 t农药，会消耗3～4 t化工原料，而多余的化工原料大部分作为未反应物和副产品排出。全国农药工业每年排放废水上亿吨，其特征是：污染物多，废水量大，毒性重，有恶臭，排入水体中对环境和人类造成严重危害。

以100%农药计，每吨产品排出的废水为1.3～27.8 m^3，其COD为5 000～45 000 mg/L，总有机磷为244～55 000 mg/L（以P计）。

9.3.8.3 有机磷农药废水处理技术

国内外基本上采用生物法处理有机磷农药废水。美国、西欧、日本等国家和地区的农药废水80%采用生物法处理。我国从20世纪60年代初开始对有机磷农药工业废水处理进行研究，并确认生物法是一条可行的技术途径。

由于有机磷农药废水成分复杂，污染物浓度高，毒性大，直接用生物法处理较困难，一般在进行生物处理前需辅之以适当的预处理措施。

（1）有机磷农药废水预处理技术

①吸附法

a. 活性碳吸附：活性碳吸附是处理有机磷农药废水的有效方法之一。经活性炭处理后的废水，其污染物的浓度能降至可被生物氧化的水平。

b. 树脂吸附：采用树脂吸附法处理有机磷农药废水，具有效果好、处理量较大、性能较稳定、可回收废水中的有机物等优点。

②湿式氧化法

湿式氧化法是将农药废水在加温加压条件下，不断通入空气（或氧气），并使氧溶解于水，使有毒的有机污染物氧化分解为无毒物。当反应温度维持在230～240℃，压力为6.5～7.5 MPa时，反应1 h，COD去除50%左右，有机磷去除90%以上，有机硫去除80%以上。目前，湿式氧化法正向湿式催化氧化的方向发展。

③水解法

水解法可分为碱性水解法和酸性水解法两种。

a. 碱性水解法：有机磷农药在碱性条件下一般都不稳定，容易水解，常用的碱是液碱（NaOH）或石灰乳。当采用石灰乳时，将废水pH维持在11左右，在常温常压下搅拌6 h，水解后COD去除50%左右，有机磷去除27%左右。若将反应温度提高到60～80℃，反应30～45 min，效果显著提高，COD可去除80%左右，有机磷去除80%以上，但会产生很大的臭味。

b. 酸性水解法：酸水解法处理有机磷农药废水，可以将废水中的硫代磷酸酯水解成二烷基磷酸，再进一步水解成正磷酸与硫化氢。硫化氢从水中逸出，正磷酸与石灰乳中和，生成磷酸钙。

（2）有机磷农药废水生物处理技术

在有机磷农药废水处理中应用最多的是活性污泥法，其反应机理与其他工业废水生物处理一样。

有机磷农药废水的处理工艺流程如图 9-26 所示。

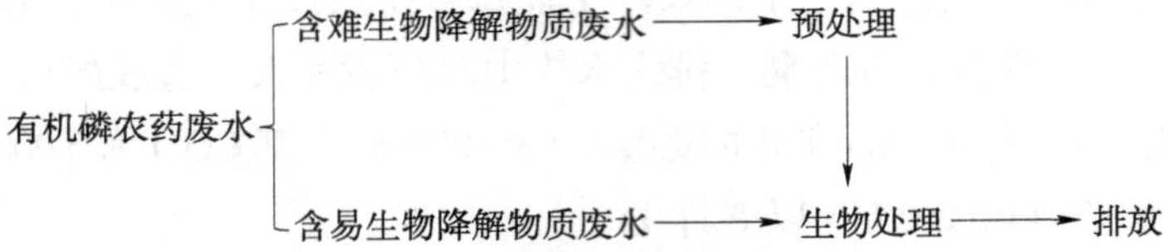

图 9-26　有机磷农药废水的处理工艺流程

预处理后的废水经调节送入生物处理构筑物，其中，活性污泥应经过驯化，适应有机磷毒性环境，生物处理出水直接排放或采用其他方法进行深度处理后排放。

生物处理构筑物进水 COD 浓度一般为 1 000 mg/L 左右，有机磷浓度为 40～120 mg/L，处理后出水 COD 为 100～250 mg/L，去除率为 70%～80%，有机磷＜30 mg/L，BOD_5 平均去除率为 90%。

由于农药废水，尤其是有机磷农药废水 COD 浓度常高达数万 mg/L 至数十万 mg/L，虽辅以一定的预处理技术，然而进入生物处理构筑物前仍需大量稀释水，故表现出处理装置较庞大、负荷较低、投资和运行费用较高等缺点。因此，研究并应用处理效率高、能耗低、处理费用低廉的生物处理技术已越来越受到重视。

（3）有机磷农药废水的回收利用

有机磷农药合成过程中，每生产 1 t 农药原药会产生 1～4 m^3 废水，废水中不仅含农药原药 1%～3%，还含有其他有用的原料，应设法加以回收利用。

参考文献

[1] 李圭白，张杰 . 水质工程学（上、下册）[M]. 2 版 . 北京：中国建筑工业出版社，2013.

[2] 严煦世，范瑾初 . 给水工程 [M]. 4 版 . 北京：中国建筑工业出版社，1999.

[3] 张自杰，林荣忱，金儒霖 . 排水工程（下册）[M]. 5 版 . 北京：中国建筑工业出版社，2015.

[4] 丁桓如 . 工业用水处理工程 [M]. 北京：清华大学出版社，2005.